WALTER J. SPIELBERGER

# DIE PANZER-KAMPFWAGEN 35 (t) UND 38 (t)

## und ihre Abarten

Maßstabskizzen: Hilary L. Doyle

Motor buch Verlag
spezial

Umschlaggestaltung: Sven Rauert unter Verwendung einer Abbildung aus dem
Bundesarchiv, Bild 101I-769-0236-23 / Borchert, Erich (Eric) / CC-BY-SA

Bildnachweis:
Doyle, Esse, Hasenzahl, Icken, Icks, Jung, Kessler, Kliment, Reuter, Ritgen,
Scultetus, Spielberger, Wasmuth, Wiener, Wüst



ISBN: 978-3-613-03600-0



Spezialausgabe: 1. Auflage 2013

Sie finden uns im Internet unter www.motorbuch-verlag.de



Reproduktionen: Gold Rose Publishing Ltd., 70190 Stuttgart
Druck und Bindung: Legoprint, Trient
Printed in: Italy

# Inhalt

# Gepanzerte Vollkettenfahrzeuge

Kein anderes Panzerfahrzeug ausländischen Ursprungs erreichte die Bedeutung tschechoslowakischer Kampffahrzeuge innerhalb der Panzerverbände der Deutschen Wehrmacht. Selbst als ihre Rolle als Kampfpanzer ausgespielt war, bildeten ihre Fahrgestelle die Grundlage für zahlreiche Abarten, die bis Kriegsende 1945 in größerer Stückzahl als zuverlässige und brauchbare Kampffahrzeuge bei der Truppe eingesetzt waren.

Als erste Panzerfahrzeuge in der nach 1918 neugeschaffenen tschechoslowakischen Armee wurden in den Jahren 1922/23, wie in vielen anderen Ländern, sieben Renault F.T. 17 Kampfpanzer aus dem Ersten Weltkrieg beschafft, die 1923 in einer »Sturmfahrzeug-Kompanie« zusammengefaßt wurden. Davon waren einige mit 3,7-cm-Kanone, andere nur mit einem MG ausgerüstet. Unter den sieben Fahrzeugen befand sich auch ein Befehlspanzer mit Funkausrüstung.

1926 wurden zum ersten Mal Haushaltsmittel für die Entwicklung von gepanzerten Kampffahrzeugen zur Verfügung gestellt, es wurden je ein leichtes und ein schweres Panzer-Fahrzeug gefordert.

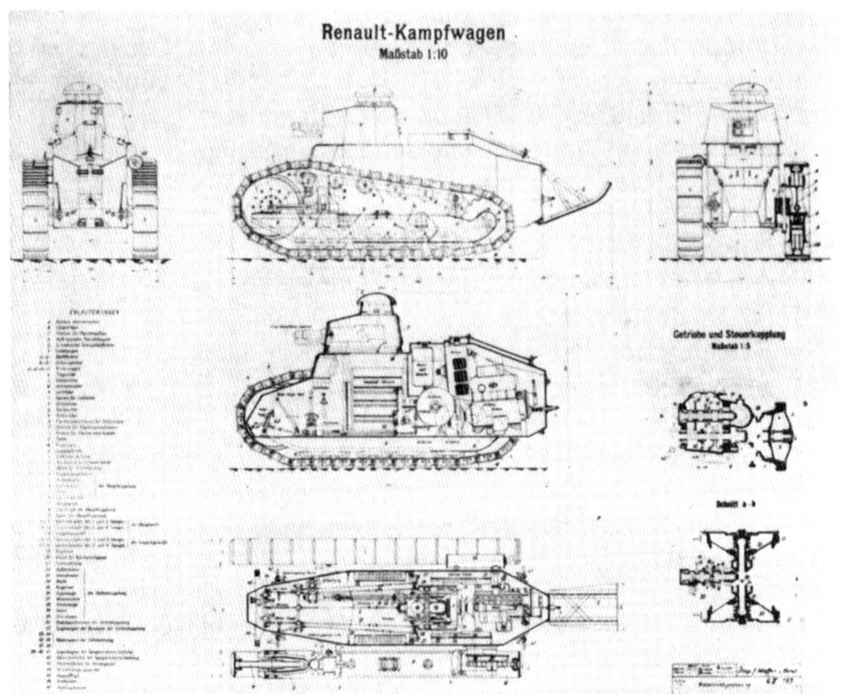

**Renault Kampfpanzer F.T. 17 aus dem Ersten Weltkrieg. Er war der erste Kampfpanzer mit Drehturm und Triebwerkblock im hinteren Teil der Wanne. Nach Beendigung des Ersten Weltkrieges bildete dieses Fahrzeug in fast allen Streitkräften den Grundstock für den Aufbau nationaler Panzerverbände. (Modell 1:10)**

# 1. Panzerentwicklungen der Firma Skoda

| Fahrzeugtyp | Herstellerbezeichnung | Heeresbezeichnung | Exportbezeichnung |
|---|---|---|---|
| Kleinpanzer | MU-4 S-I T-1 | – | – |
| Kleinpanzer | MUV-4 S-I – | – | – |
| Selbstfahrlafette | MU-6 – – | – | – |
| Kleinpanzer | MUV-6 S-I-P T-2 | – | – |
| Kleinpanzer | MUV-6 S-I-D T-2-D | – | – |
| Kleinpanzer | MUV-6 S-I-D T-3-D | – | T 32 (YU)<br>R 3 (RU) |
| le. Kampfpanzer | SU – | – | – |
| le. Kampfpanzer (3,7-cm-Kanone) | S-II-a T-11 | LT Vz 35 | R 2 (RU)<br>LT Vz 35 (Slowakei)<br>LT Vz 35 (BUL)<br>PzKpfwg 35 (t) |
| le. Kampfpanzer (4,7-cm-Kanone) | S-II-a T-12 | – | – |
| le. Kampfpanzer (3,7-cm-Kanone) | S-II-b T-13 | – | LT T13 (BUL) |
| le. Kampfpanzer (4,7-cm-Kanone) | S-II-b T-14 | – | – |
| Aufklärungspanzer (3,7-cm-Kanone) | T-15 | – | PzKpfwg T 15 |
| m. Kampfpanzer (4,7-cm-Kanone) | S-III | – | – |
| m. Kampfpanzer (4,7-cm-Kanone) | S-II-c T-21 | – | – |
| m. Kampfpanzer (4-cm-Kanone) | T-22 | – | 40 M Turán (H) |
| m. Kampfpanzer (4,7-cm-Kanone) | T-23 | – | – |

## 1.1 KLEINPANZER MU-4/MUV-4

Obwohl Škoda in den zwanziger Jahren der größte Kraftfahrzeughersteller in der Tschechoslowakei war, war das Interesse am Bau von gepanzerten Gleiskettenfahrzeugen gering. Aber als das Ministerium für Nationale Verteidigung vom Konkurrenzunternehmen Českomoravska Kolben Daněk gepanzerte Vollkettenfahrzeuge bestellte, sah auch Škoda die Gewinnchancen dieses Geschäftes.
Durch Industriespionage und andere Verbindungen hatte Škoda in Pilsen eine Militärfahrzeug-Entwicklung aufgezogen. Es waren vor allem ausländische Geschäftspartner, die aufgrund jahrelanger Waffenlieferungen auch Škoda-Panzerfahrzeuge verlangten.
In den Jahren 1930 bis 1934 entstand der Prototyp MU-4, auch S-I genannt, dem 1934 der Prototyp MUV-4 folgte. Die nur leicht gepanzerten Fahrzeuge hatten ein Gefechtsgewicht von etwa 2,5 t. Der luftgekühlte 4-Zylinder-Ottomotor in Boxerausführung hatte einen Hubraum von 2660 cm³ und eine Leistung von 40 PS bei 2500 1/min. Das Leistungsgewicht betrug 16 PS/t. Die Höchstgeschwindigkeit des mit zwei Mann besetzten Fahrzeuges lag bei 45 km/h. Die Lenkung erlaubte 90° und 180° Wendungen bei verhältnismäßig großen Geschwindigkeiten. Die Panzerung mit Blechdicken von 4 bis 10 mm war geschweißt. Es waren zwei leichte MG ZB Vz. 26, 7,92 mm eingebaut, für die im Fahrzeug 3600 Schuß Munition mitgeführt wurden. Die MUV Malý Utočný Vuz (M=klein, U=Angriff, V=Fahrzeug) wurden 1933 in Konkurrenz zu dem ČKD-Fahrzeug T-33 und dem polnischen TK-3 in Jugoslawien vorgeführt, was letztlich zur späteren Lieferung von T-3D-Kleinpanzern durch Škoda an Jugoslawien führte.

### 1.1.1 Selbstfahrlafette MU-6

Eine interessante Abart der Škoda-Kleinpanzer ergab sich 1934 unmittelbar nach der Entwicklung einer neuen Hochleistungskanone durch Škoda. Die als Flak und Pak ausgelegte 4-cm-Kanone Z 1 mit einer Rohrlänge von L/71 hatte eine Mündungsgeschwindigkeit von 950 m/s, sie konnte 30 mm dicke Panzerbleche bis zu 2500 m Entfernung durchschlagen. Diese Waffe wurde mit einem 12 mm dicken Panzeraufbau auf ein verlängertes MUV-4-Fahrgestell aufgesetzt, welches nunmehr die Bezeichnung MU-6 erhielt. Das Gefechtsgewicht lag bei 4,2 t, und mit einem 6-Zylinder-Otto-Boxermotor erreichte das Fahrzeug eine Höchstgeschwindigkeit von 40 km/h. Trotz der fortschrittlichen Auslegung des Fahrzeuges, es konnte gegen Luft- und

Der Škoda-Kleinpanzer MUV-4 von vorne und von hinten. Er hatte ein Gefechtsgewicht von 2,5 t.

Rechte Seite:

Von der Škoda Selbstfahrlafette MU-6 wurde nur ein Prototyp gebaut Sie trug die Škoda 4-cm-Kanone Z 1 L/71.

Der Škoda MUV-4 mit Spezialanstrich.

Erdziele gleich gut eingesetzt werden, zeigte sich das tschechoslowakische Verteidigungsministerium nicht interessiert.

### 1.1.2 Kleinpanzer S-ID oder T-2D (nach 1940)

1935/1936 baute Škoda Kleinpanzer-Prototypen der Ausführung S-I-d. Ein luftgekühlter Boxer-Ottomotor mit sechs Zylindern war im Heck des Fahrzeuges untergebracht. Mit 92 mm Bohrung und 100 mm Hub ergab sich ein Hubraum von 3,99 l. Die Motorleistung betrug 60 PS bei 2500 1/min, der Kraftstoffverbrauch 280 g/PS/h. Über eine Mehrscheibenkupplung wurde das Drehmoment über ein Wechselgetriebe mit sechs Vorwärts- und zwei Rückwärtsgängen auf die vorne liegenden Antriebsräder übertragen. Der Geschwindigkeitsbereich lag zwischen 2,8 bis 40 km/h. Bei einem Gefechtsgewicht von 3,9 t ergab sich bei einer Kettenbreite von 250 mm ein Bodendruck von 0,55 kg/cm². Die Bodenfreiheit betrug 280 mm. Vorne war das Fahrzeug durch 20 mm dicke Panzerbleche geschützt.
Der Besatzung von zwei Mann stand eine 3,7-cm-Škoda A3-Kanone und ein MG ZB Vz 26 zur Verfügung. Der Seitenrichtbereich der Waffen betrug je 15°, der Höhenrichtbereich –10° bis +20°. Für die Kanone wurden 30 Schuß, für das MG 1000 Schuß im Fahrzeug mitgeführt. Die Außenmasse des Kleinpanzers S-I-d betrugen 3700x2000x1630 mm.
Eine Abart des Fahrzeuges mit einem sMG ZB Vz 35 und einem leMG ZB Vz 26, von dem auch nur Prototypen gebaut wurden, führte die Bezeichnung S-I-P.

### 1.1.3 Kleinpanzer T 32 (Jugoslawien)

Aus dem Prototyp T-2D ergab sich 1938 die Lieferung von acht Fahrzeugen des Typs T-3D an Jugoslawien und weiteren an Rumänien. Sie führten in Jugoslawien die Bezeichnung T-32.

**Škoda Kleinpanzer S-I-d**

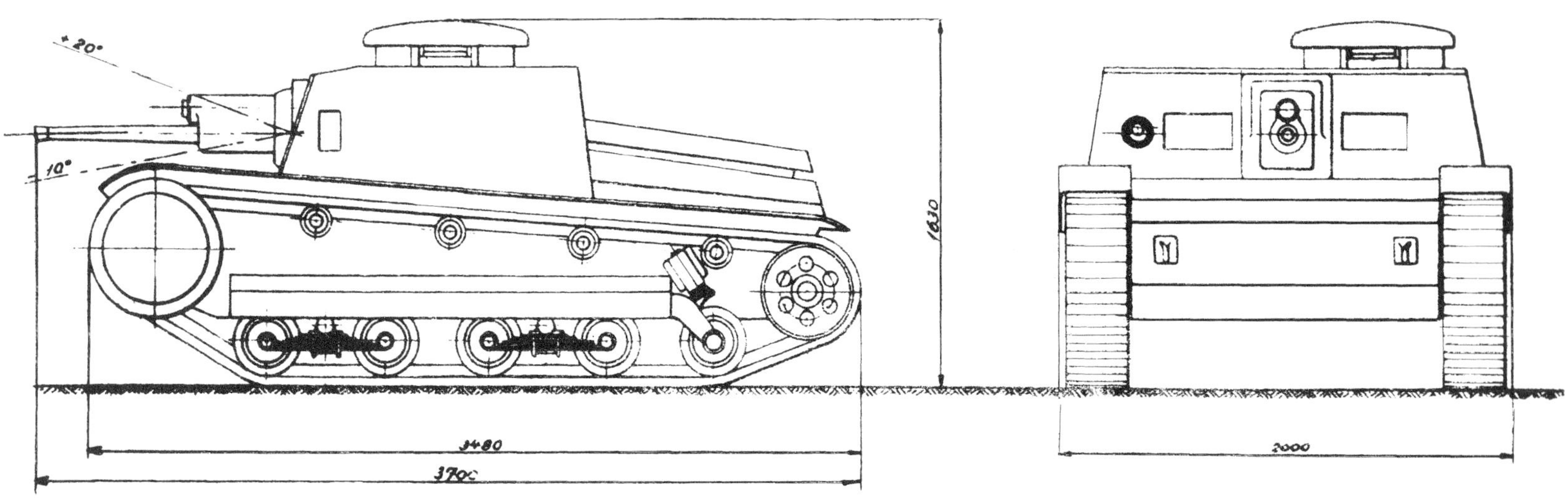


**Rechte Seite:**

**Oben: Der Škoda Kleinpanzer MUV-6 (S-I-d) mit 3,7-cm-Škoda-Kanone und einem MG.**

**Mitte: Die Infanterie-Ausführung des Kleinpanzers MUV-6 führte die Bezeichnung S-I-P und war nur mit zwei Maschinengewehren ausgerüstet.**

**Unten: Acht Fahrzeuge des Typs T-3 D wurden 1938 an Jugoslawien geliefert, die dort die Bezeichnung T 32 erhielten.**

YUGOSLAV LIGHT

### 1.1.4 Kleinpanzer R-3 (Rumänien)

In Rumänien erhielten sie die Bezeichnung R-3. Eingebaut war ein flüssigkeitsgekühlter 4-Zylinder Škoda-Dieselmotor mit 3770 $cm^3$ Hubraum und einer Leistung von 60 PS bei 2200 1/min. Das Gefechtsgewicht lag bei 5,8 t, die Höchstgeschwindigkeit bei 30 km/h.

Das tschechoslowakische Ministerium für Nationale Verteidigung zeigte wenig Interesse an den von Škoda angebotenen Panzerfahrzeugen. Die Typen MUV-4 und MUV-6 wurden zwar vorgeführt, Aufträge jedoch nicht erteilt.

### 1.1.5 Amphibisches Kleinfahrzeug SOT

Die Škoda-Werke beschäftigten sich bereits seit 1933 mit dem Entwurf eines amphibischen Kleinpanzers. Da zu dieser Zeit an einem solchen Fahrzeug kein Interesse bestand, wurde das Projekt nicht weiterverfolgt. Die im Oktober 1936 erfolgte Aufforderung des Ministeriums für Nationale Verteidigung an die Českomoravska Kolben Daněk und Škoda zur Entwicklung eines amphibischen Kleinpanzers führte bei Škoda zu Verhandlungen über den Lizenzbau eines sowjetischen Schwimmpanzers Typ T 37. Die Škoda-Werke erwogen zunächst zwei Möglichkeiten der Entwicklung – entweder eine Umkonstruktion des leichten Kampfpanzers LT Vz 35 durch Verringerung des Gefechtsgewichtes auf 9,5 t und einer Bewaffnung von zwei MG – oder die Entwicklung eines völlig neuen Fahrzeuges mit einem Gewicht von 5 bis 6 t, bewaffnet mit zwei MG. Im Januar 1937 legte Škoda den Entwurf des Fahrzeuges SOT vor, das Gefechtsgewicht war mit 6,5 bis 7,5 t angegeben. Zwei schwere MG Vz 37 waren als Bewaffnung vorgesehen, die Motorleistung sollte 120 PS betragen. Panzerbleche der Dicken 4 bis 16 mm waren vorgesehen.
Im November 1937 erfolgte der Auftrag über zwei Prototypen SOT. Škoda nützte die bereitgestellten Mittel weitgehend zu einer Experimental-Entwicklung, die die unterschiedlichsten technischen Möglichkeiten untersuchten, die mit dem Projekt nichts mehr gemeinsam hatten. So entstand u.a. eine tauchfähige Variante mit elektrischem Antrieb (Typ SET). Es wurden verschiedene Motoren eigener und fremder Konstruktion erprobt, darunter ein luftgekühlter 6-Zylindermotor aus den USA und ein 7-Zylinder Sternmotor, Typ TR 12a der Firma Avia. Versuchsweise kam auch ein französisches elektromagnetisches Cotal-Wechselgetriebe zum Einbau. Der ursprünglich verlangte Preis für den Prototyp von Kronen 754000,– wurde um mehr als das Doppelte überschritten. Die Liefertermine wurden nicht eingehalten. Zu einer Erprobung der Prototypen kam es erst im Sommer 1939, d.h. nach der Besetzung Böhmen-Mährens durch die Deutsche Wehrmacht. Die Erprobungen zeigten, daß der SOT nicht schwimmfähig war. Die Firma Škoda verlangte eine Stornierung der Vereinbarungen. Der im August 1939 vorgestellte Prototyp SOT hatte bei drei Mann Besatzung ein Gefechtsgewicht von 8,9 t. Mit zwei MG ausgerüstet erreichte das Fahrzeug eine Höchstgeschwindigkeit von 40 km/h. Die Panzerdicke betrug 6 bis 15 mm.

## 1.2 Leichter Kampfpanzer S-II-a (LT Vz 35)

Im Jahre 1934 unterrichtete das tschechoslowakische Verteidigungsministerium die Hersteller von Kampfpanzern, die Firmen Českomoravska Kolben Daněk in Prag und Škoda in Pilsen, darüber, daß ab sofort als Kampfpanzer nur noch gepanzerte Vollkettenfahrzeuge mit einem Gefechtsgewicht bis zu 15 t zu entwikkeln seien. Die Firma Českomoravska Kolben Daněk hatte sich bis zu diesem Zeitpunkt noch nicht mit der Entwicklung derartiger Fahrzeuge beschäftigt und überließ somit der Firma Škoda das Feld.

### 1.2.1 Leichter Kampfpanzer SU

Im Februar 1934 stellte die Firma Škoda drei Modelle einer Kommission des Verteidigungsministeriums vor und zwar als Kampfpanzer Typ SU mit 7,5 t Gewicht, 3,7-cm-Kanone, zwei MG und 3 Mann-Besatzung und als Selbstfahrlafette mit 3,7-cm- bzw. 6,6-cm-Kanone. Während die Selbstfahrlafetten nicht gebaut wurden, kam es beim Entwurf des Kampfpanzers mit 3,7-cm-Kanone im Drehturm zu einem Ankauf eines Prototyps im

Der Prototyp des leichten Škoda Kampfpanzers, Typ SU.

Dreiseiten-Ansichten des Kampfpanzers LT Vz 35.

Škoda Kampfpanzer Typ S-II-a, die bei den tschechoslowakischen Streitkräften als LT Vz 35 eingesetzt wurden.

Wert von Kr 500000,–. Der Antrieb erfolgte durch einen flüssigkeitsgekühlten 4-Zylinder-Ottomotor mit acht Liter Hubraum und 110 PS Leistung.
Ein Holzmodell eines weiteren Kampfpanzers, welches die Firmenbezeichnung S-II-a (S = Škoda, II = leicht, a = Kavallerie) erhielt, wurde im Oktober 1934 einer Kommission des Verteidigungsministeriums vorgestellt. Die Erprobung von zwei Kampfpanzer-Prototypen begann im Juni 1935 bei der Kraftfahrzeug-Erprobungsstelle auf dem Truppenübungsplatz Milowitz (30 km ostwärts von Prag). Ihre Konstruktion und Herstellung dauerte nur acht Monate, eine sehr kurze Zeit, vor allem für eine Firma, die bis zu diesem Zeitpunkt nur wenig Erfahrung in der Herstellung von Kampfpanzern vorweisen konnte. Der erste Auftrag über 160 Fahrzeuge, den Škoda am 30. Oktober 1935 erhielt, wurde im Verhältnis 1:1 mit ČKD geteilt. Die amtliche Bezeichnung des Kampfpanzers lautete LT Vz 35 (leichter Tank, Modell 1935).
Ab Juli 1936 wurden fünf dieser Fahrzeuge erprobt. Schon nach 45 km Fahrstrecke zeigten sich die ersten, ernsten Probleme, vor allem mit der pneumatischen Servo-Lenkung. Die Höchstgeschwindigkeit, vom Hersteller mit 34 km/h angegeben, betrug in Wirklichkeit nur 17 km/h. Weitere Versuche waren undurchführbar, die Fahrzeuge wurden daher an Škoda zurückgegeben. Die Produktion wurde jedoch trotz aller Probleme weitergeführt, noch 1936 ergaben sich Schwierigkeiten mit dem Drehturm und den Bedienungselementen. Die geforderten Liefertermine konnte daher Škoda nicht einhalten. Da es aber bereits ab 1934 zwischen den Firmen Škoda und Českomoravska Kolben Daněk (ČKD) eine Absprache über die Fertigung von Kampfpanzern gab und auch das tschechoslowakische Verteidigungsministerium in Anbetracht der immer kritischer werdenden politischen Lage eine enge Zusammenarbeit der Firmen auf dem Gebiet der Panzerproduktion wünschte, sollte der Kampfpanzer LT Vz 35 auch bei ČKD gefertigt werden. Schwierigkeiten ergaben sich dadurch, daß das Verteidigungsministerium darauf bestand, die Panzerkampfwagen beider Firmen einheitlich nach verbindlichen Zeichnungen der Fa. Škoda herzustellen, was bei dem mangelnden Erfahrungsaustausch zwischen beiden Herstellern sich sehr schwierig gestaltete. Škoda mußte nicht weniger als 675 Verbesserungen größeren Umfangs am Fahrzeug vornehmen, während ČKD weitere Änderungen vorschlug.
Auch die bei der Fa. ČKD gefertigten Panzerkampfwagen LT Vz 35 zeigten Entwicklungsprobleme. Das erste ČKD-Vorserien-Fahrzeug wurde am 3. Oktober 1936 der Erprobung zugeführt. Nach Überwinden von Anlaufschwierigkeiten erfolgte die Auslieferung der ersten Serienfahrzeuge bei ČKD am 13. Februar 1937.
Ein Anschlußauftrag über weitere 103 Panzerkampfwagen wurde im November 1937 an die Firma Škoda erteilt und nachträglich noch um 35 Fahrzeuge aufgestockt. Der Preis pro Fahrzeug betrug Kr 524984,–. ČKD lehnte es 1937 ab, weitere Aufträge für die Fertigung von Kampfpanzern LT Vz 35 zu übernehmen.
Aufgrund der vielen Mängel bezeichnete die Truppe noch am 1. Dezember 1936 den Panzerkampfwagen LT Vz 35 als ein fragwürdiges Fahrzeug. Nach 2000 km Fahrstrecke traten fast bei allen Fahrzeugen Probleme größerer Art auf. Das tschechoslowakische Verteidigungsministerium befahl daher die Zuteilung von 15 LT Vz 35 Panzerkampfwagen an die amtliche Erprobungsstelle auf dem Truppenübungsplatz Milowitz für weitere Versuche. Größere Fahrleistungen ohne Reparaturen wurden erst im Laufe des Jahres 1938 erreicht.
Škoda verstärkte von dieser Zeit an seine Anstrengungen in Richtung Export von Kampfpanzern und führte im Jahre 1938 LT Vz 35 Kampfpanzer auch einer Kommission russischer Offiziere vor, die aber kein Interesse an diesem Fahrzeug zeigte.
Ein für Afghanistan eingeleiteter Auftrag ließ sich nicht verwirklichen. Im Oktober 1938 bat Škoda das tschechoslowakische Verteidigungsministerium um Ausfuhrgenehmigung für eine größere Menge Kriegsmaterial nach Großbritannien. Darin waren auch LT Vz 35 Kampfpanzer enthalten mit der Bitte, eine größere Anzahl dieser Fahrzeuge für einen Verkauf an Großbritannien durch das tschechoslowakische Heer zur Verfügung zu stellen. Škoda erklärte sich bereit, diese Panzer durch einen verbesserten LT Vz 35 zu ersetzen oder dafür neue TNH-Kampfwagen der Firma ČKD zu liefern. Das Verteidigungsministerium stimmte diesen Plänen ursprünglich zu, machte sie aber im Februar 1939, angesichts der politischen Entwicklung, wieder rückgängig.
Der Entwurf des Kampfpanzers LT Vz 35 war für seine

Zeit technisch sehr fortschrittlich ausgelegt. Er zeigte u.a.:

- einen hinten angeordneten Triebwerkraum mit Heckantrieb, mit pneumatischer Betätigung der Kupplung, Bremse und Lenkung. Gasgeben, Schalten der Getriebegänge und Feststellen der Bremse wurde mechanisch durchgeführt. Die Druckluftbetätigung erleichterte nicht nur die Arbeit des Fahrers, sondern sparte vor allem Raum, der sowieso sehr begrenzt war, und dadurch Gewicht.
- einen kurz bauenden elastischen Motor mit kleinem, gut abgestuften Wechsel- und Lenkgetriebe, die mehr Platz für den Kampfraum ließen.
- das von Vickers in England übernommene Laufwerk mit gleichmäßiger Lastverteilung auf zwei Rollenwagen mit je vier Laufrollen an zwei nebeneinanderliegenden Blattfedern. Als Verbesserung gegenüber dem Vickers-Laufwerk ergab sich die Ausbildung der Trieb- und Leiträder mit außenliegenden Führungsschalen und einem Schmutzabweiser am Triebrad. Dadurch wurde die Gleiskette praktisch wartungsfrei, sie konnte kaum auf die Trieb- und Leiträder auflaufen oder abgeworfen werden, noch ihre unversplinteten Kettenbolzen verlieren, die von Schalen an den Trieb- und Leiträdern geführt wurden.

Die Laufleistung der Gleisketten – zu diesem Zeitpunkt noch immer ein neuralgisches Problem – lag bei 6500 km Fahrstrecke, während andere im Truppengebrauch stehende Kampfpanzer eine solche von 1600 km aufwiesen. Das Gefechtsgewicht des durch einen 4-Zylinder flüssigkeitsgekühlten Otto-Reihenmotor Typ Škoda T 11 angetriebenen Kampfpanzers betrug 11 t. Mit 8,5 l Hubraum ergab sich eine Leistung von 120 PS bei 1800 1/min. Das Leistungsgewicht des Fahrzeugs betrug somit 11 PS/t.

Der Motor hatte Trockensumpfschmierung, Zenith-Horizontalstromvergaser, zwei Vertex-Magnetzünder, eine Membran- und eine elektrische Kraftstoff-Förderpumpe, eine spannungsregelnde Lichtmaschine, zwei 12-Volt-Batterien sowie einen elektrischen Anlasser. Das 6-Gang-Wilson-Wechselgetriebe, das in britischer Lizenz hergestellt wurde, wurde von Hand geschaltet. Kupplung, Fußbremse und das Planetenlenkgetriebe wurden durch Luftdruck mit 6 bar Normaldruck betätigt. Beim Versagen der Druckluftanlage war eine Notschaltung für Getriebe, Lenkung und Bremsbetätigung auf hydraulischer Basis vorgesehen.

Die Mehrzahl der Fahrzeugkomponenten wurde von den Herstellerfirmen gefertigt und beigestellt.

Die Höchstgeschwindigkeit betrug 40 km/h. Die Außenmaße ergaben 4450x2140x2200 mm.

Nachteilig war bei den Kampfpanzern tschechoslowakischer Konstruktion die Verwendung vernieteter Panzerbleche, die beim Kampfpanzer LT Vz 35 vorne 25 mm und seitlich 16 mm dick waren. Der Kraftstoffbehälter mit 186 Liter-Inhalt ermöglichte einen Fahrbereich von 190 km.

Bewaffnung, Beweglichkeit und Panzerung ergaben ein für seine Zeit äußerst fortschrittliches Kampffahrzeug, welches auch international gesehen bestehen konnte. Seine fortschrittliche Auslegung, unzureichend erprobt und kompliziert, verursachte allerdings laufend Ausfälle und verlangte einen hohen Ausbildungsgrad für Panzerbesatzung sowie Werkstattpersonal. Zwei Langzeiterprobungen durch die Truppe im Jahre 1937 bestätigten die Tatsache, daß die Fahrzeuge nach einer Fahrstrecke von 2000 km fast ausschließlich größere Reparaturen aufwiesen. Mit diesen Panzerkampfwagen wurde ein neu aufgestelltes Panzerregiment innerhalb der tschechoslowakischen »Leichten Division« ausgestattet.

Am 15. März 1939 erfolgte die Besetzung von Böhmen-Mähren durch deutsche Panzer-Divisionen. Unter den von der Deutschen Wehrmacht übernommenen 469 tschechoslowakischen Panzerfahrzeugen befanden sich 70 Kleinpanzer LT Vz 33, 50 leichte Kampfpanzer LT Vz 34 und 298 leichte Kampfpanzer LT Vz 35.

Oberst a.D. Dipl.-Ing. Th. Icken, damals Regierungsbaurat, erinnert sich wie folgt:

*»Am 15. März 1939 war die 3. Panzer-Division, zu der das Panzer-Regiment 6 gehörte, in Prag, die »Goldene Stadt«, einmarschiert.*

*Als Regiments-Ingenieur des Panzer-Regiments 6 erhielt ich Ende März 1939 den Auftrag, auf dem Truppenübungsplatz Milowitz befindliche tschechoslowakische Kampfpanzer LT Vz 35, die später die deutsche Bezeichnung Panzerkampfwagen 35 (t) erhielten, zu begutachten. Zusammen mit einigen Panzer-Offizieren führte ich im Gelände der Kraftfahrzeug-Erprobungs-*

Ende März 1939 wurden auf dem Truppenübungsplatz Milowitz tschechische Kampfpanzer vom Typ LT Vz 35 von der Deutschen Wehrmacht übernommen.
In harten Erprobungen wurde u.a. versucht, die Gleisketten abzuwerfen, was aber nicht gelang.

Deutsche Wehrmacht auf dem Truppenübungsplatz Milowitz (oben und links). Die Kampfpanzer LT Vz 35 wurden als Panzerkampfwagen 35 (t) in den Bestand der Deutschen Wehrmacht übernommen.
Rechts: Regierungsbaurat Dipl.-Ing. Th. Icken sitzend und stehend im Fahrersitz des Kampfpanzers LT Vz 35.

13 762

Abtransport der Panzerkampfwagen 35 (t) nach Deutschland.

*stelle auf dem Truppenübungsplatz Milowitz und auf einer Hindernisbahn Erprobungsfahrten mit mehreren Fahrzeugen durch. Tschechische Offiziere gaben entgegenkommend Auskunft über die uns unbekannten Kampfpanzer. Die tschechischen Offiziere waren der Annahme, daß sie in die Deutsche Wehrmacht überführt würden, was von unserer Seite nicht bestätigt werden konnte. Sie waren daran sehr interessiert und wiesen darauf hin, daß diese Möglichkeit im ehemaligen Österreich-Ungarn auch bestand. Es ist festzustellen, daß die Zusammenarbeit mit den Tschechen stets korrekt und wenig zurückhaltend war. Zu Reibereien, Sabotageakten oder gar Widerstand ist es nie gekommen. Die Panzerkampfwagen 35 (t) wurden von mir als brauchbare, bewegliche Fahrzeuge mit für den damaligen Entwicklungsstand beachtlicher Feuerkraft (3,7-cm-Kanone und 2 MG) und einem technisch interessanten Wechsel- sowie Lenkgetriebe bezeichnet. Nachteilig, wegen höherer Beschuß-Empfindlichkeit, waren die vernieteten Panzerbleche. Der 3. Panzer-Division wurde entsprechend berichtet. Von den tschechischen Offizieren in Milowitz wurde mir mitgeteilt, daß bei der Firma Českomoravska Kolben Daněk in Prag die Serienfertigung eines neu entwickelten, später als 38 (t) bezeichneten Panzerkampfwagens mit einem Gefechtsgewicht von 9,7 t und gleicher Bewaffnung wie beim 35 (t) bevorstehe. Der Deutschen Wehrmacht war diese Tatsache nicht bekannt. Im Anschluß an unsere Fahrt nach Milowitz, die wir in einem Kübelwagen in Uniform, aber kaum bewaffnet, durchgeführt hatten, besuchten wir die Firma Českomoravska Kolben Daněk in Prag-Libeň. Es handelte sich hier um die altbekannte Erste Böhmisch-Mährische Maschinenfabrik, die schon 1907 als Prager Automobilfabrik (Praga) den Bau*

17. März 1939
Parade der deutschen Panzertruppe in Prag. Vorbeimarsch des Panzerregiments 6 der 3. Panzer-Division.

*von Kraftfahrzeugen aufgenommen hatte und bis zum Jahre 1918 Personenkraftwagen, Lastkraftwagen und Zugmaschinen an das Österreichisch-Ungarische Heer lieferte. Die Fabrikgebäude machten einen soliden, aber veralteten Eindruck (Stil der Jahrhundertwende). Später stellten wir fest, daß auch der Maschinenpark veraltet war, trotzdem aber hochwertige Arbeit geleistet wurde. Der Pförtner teilte uns in gebrochenem Deutsch mit, daß zur Zeit nicht gearbeitet würde und die Firma daher geschlossen sei. Weil wir darauf bestanden, war er bereit, telefonisch einige Ingenieure herbeizurufen, die in den Konstruktionsbüros tätig waren. Diese führten uns dann, obgleich von keiner Stelle offiziell angemeldet, durch die Fabrikanlagen, in der Maschinenteile aller Art gefertigt werden konnten, und erklärten uns vor allem die für eine Serienfertigung freigegebenen, neu entwickelten Panzerkampfwagen.*

*Beim Besuch dieser Panzerentwicklungs- und Fertigungsfirma stellte ich fest, daß die Auslieferung eines Panzers mit einem gut gestalteten einfachen Blattfederlaufwerk und vier großen Laufrollen, einem neu entwickelten Wilson-Wechselgetriebe mit Vorwählschaltung, einem richtungweisenden Lenkgetriebe sowie einer leistungsfähigen Kanone kurzfristig beginnen könne. Die Fahrzeuge wurden im Taktverfahren hergestellt.*

*Nachdem ich dem Referenten für Panzerkampfwagen im OKH/AHA AgK/In 6, Major Thomale, eine gute Beurteilung über den neu entwickelten und in Fertigung befindlichen tschechischen Panzerkampfwagen 38 (t) vorgelegt hatte, fuhr eine Kommission des OKH, bestehend aus Angehörigen der In 6, des Heereswaffenamtes, WaPrüf 6 (Entwicklung) und Wa B6 (Beschaffung), nach Prag. Das Heereswaffenamt Wa B 6 erteilte der Firma Českomoravska Kolben Daněk (deutscher Name: Böhmisch-Mährische Maschinenfabrik) noch im April 1939 einen deutschen Anschlußauftrag, der termingerecht und ohne Beanstandung abgewickelt wurde. In der Zeit von April 1939 bis August 1939 wurden etwa 100 neu gefertigte Panzerkampfwagen 38 (t) an die Deutsche Wehrmacht ausgeliefert. Die Übernahme dieses Panzerkampfwagens, einer fortschrittlichen, einfachen und standfesten Konstruktion, wurde allerdings vom Heereswaffenamt, WaPrüf 6 nie richtig unterstützt, da die Entwicklung von dort nicht gesteuert und veranlaßt worden war.«*

Da der im Heereswaffenamt bis 1937 für die deutsche Panzerentwicklung verantwortliche Chef WaPrüf 6, Oberst Dipl.-Ing. Wilhelm Philipps, nunmehr Regiments-Kommandeur des Panzer Regimentes 11 war, fiel ihm die Aufgabe zu, den Panzerkampfwagen 35 (t) deutschen Panzervorstellungen anzupassen. Durch Zufügen des Ladeschützen und Ausrüstung mit deutschen Panzerfunkgeräten sowie einer Bordsprechanlage – richtungweisend auch für die Auslegung der Panzerkampfwagen 38 (t) – löste er die Aufgabe in außerordentlich kurzer Zeit.

Interessant, in einer Zusammenfassung, gibt Oberst

**Diese interessante Aufnahme zeigt einen Panzerkampfwagen 35 (t) mit der Original-Antenne, die vorne und seitlich am Fahrzeug entlang geführt wurde.**

a. D. Helmut Ritgen zu bedenken: *»Mir war bis zum Zeitpunkt meiner Mithilfe an diesem Buch nicht klar, daß – wenn ich mich nicht irre – sämtliche 1940/41 neu aufgestellten Panzer-Regimenter, nämlich 29, 39, 27 und 21 mit Panzerkampfwagen 38 (t) ausgerüstet wurden. D. h., daß ohne den 38 (t) bzw. die tschechischen Produktionsstätten vier Panzer-Divisionen weniger zur Verfügung gestanden hätten und damit ein Angriff auf die Sowjetunion nicht möglich gewesen wäre. (Von den »alten«, mit tschechischen Panzern ausgerüsteten Divisionen 6, 7 und 8 ganz zu schweigen).«*

469 tschechoslowakische Panzerfahrzeuge wurden

Nahaufnahme des Panzerkampfwagens 35 (t) zeigt den geöffneten Fahrereinstieg sowie die auf der oberen Bugplatte angebrachte Zielvorrichtung für den Fahrer bei Drauflosfahrt auf plötzlich auftauchende Ziele.

Rechte Seite:

Oben links: Panzerkampfwagen 35 (t) im Dienst der Deutschen Wehrmacht.

Oben rechts: Panzerkampfwagen 35 (t) beim Einsatz in Polen 1939. Nur in diesem Feldzug hatten deutsche Panzerfahrzeuge das weiße Kreuz ohne schwarze Umrandung.

Mitte und unten links: Panzerkampfwagen 35 (t) zu Beginn des Frankreich-Feldzuges 1940.

Unten rechts: Panzerkampfwagen 35 (t) wurden noch zu Beginn des Feldzuges gegen die Sowjetunion 1941 eingesetzt.

733

733

701

735

durch die Deutsche Wehrmacht übernommen, darunter befanden sich 219 Kampfpanzer LT Vz 35, die unbeschädigt an die deutsche Panzertruppe (Fahrgestell Nr. 50001 bis 50298) und einige an die Versuchsanstalt für Panzer und Heeresmotorisierung in Kummersdorf übergeben wurden. Die meisten dieser Panzerkampfwagen wurden im April 1939 an das Panzerregiment 11 in Paderborn und an die Panzerabteilung 65 in Bielefeld abgegeben.

### 1.2.2 Panzerkampfwagen 35 (t)

Ursprünglich war der Panzer für eine Besatzung von drei Mann ausgelegt. Im Drehturm saß der Kommandant in der Originalausführung auf einem an drei Ketten aufgehängten Fahrradsattel. Für den Einsatz bei der Deutschen Wehrmacht wurde dafür ein abklappbarer Notsitz links von der Kanone am Turmdrehkranz eingebaut. Der Kommandant mußte beide Turmwaffen, die Kanone, welche sich leicht laden und richten ließ, sowie das MG versorgen. Er blieb auf Ruf und Sichtzeichen angewiesen, da ursprünglich keine Funkanlage zum Einbau vorgesehen war. Die Kommandantenluke war die einzige Öffnung im Turmdach. In der aufgesetzten Kuppel gab es vier Winkelspiegel, die jedoch nicht eine lückenlose Rundumsicht erlaubten. Im Deckel der Luke war eine Signalöffnung eingelassen, aufgeklappt diente der Deckel als Sitz für den Kommandanten. Der Turmdeckel war mittels eines Knebels nur so weit zu öffnen, daß der Kommandant gegen Artilleriefeuer weitgehend geschützt war, aber durch eine schmale Öffnung vorne das Gefechtsfeld direkt beobachten konnte. Für die nachträglich eingebaute Bordsprechanlage mußte der Kommandant wegen des fehlenden Schleifringübertragers direkt aus der Wanne versorgt werden, was eine lange Kopfhörerschnur verlangte. Der Kommandant bediente mit der linken Hand die Seitenrichtmaschine, mit der rechten die Höhenrichtmaschine und Abfeuerung. Eine Turmdrehbühne war nicht vorhanden.

Die 3,7-cm-Bordkanone Škoda A 3*, Kaliberlänge L/42 war mit einem Keilverschluß versehen. An Bord wurden 72 Schuß mitgeführt und zwar Sprenggranaten 34 (t), Mündungsgeschwindigkeit 704 m/s, Geschoßgewicht 860 g, mit sehr empfindlichem Aufschlagzünder und Panzergranaten 37 (t), Mündungsgeschwindigkeit 741 m/s, Geschoßgewicht 850 g. Die Kanone war in einer Jackenwiege in einer Schartenblende gelagert. Über dem Rohr war eine Kombinations-Feder-Rohrbremse/Vorholer angeordnet. Wegen des begrenzten Platzes im Turminnern war die Kanone mit einer Mündungsbremse versehen. Rechts neben der Kanone war ein Gasdrucklader-MG 7,92-mm (t) in einer Kugelblende untergebracht. Es war über ein Gestänge mit der Kanone starr verbunden, konnte aber auch abgekoppelt werden. Geladen wurde gegurtete Munition mit je Gurt 225 bis 250 Schuß. Richtmittel für beide Turmwaffen war ein Zielfernrohr beim Kommandanten mit guter Dämmerungsleistung.

Ursprünglich war kein Platz für einen Ladeschützen vorgesehen. Um den Kommandanten zu entlasten, wurde er beim Einsatz bei der Deutschen Wehrmacht zugeordnet. Ein Sitz war für ihn nicht vorgesehen. Neben der Verantwortung für die Munition und das Laden konnte der Ladeschütze das abgekoppelte Turm-MG selbständig bedienen. Zum Zielen stand nur eine kleine Öffnung über dem MG und ein Korn zur Verfügung. Andere Sichtmittel waren für ihn nicht vorhanden.

Der Fahrer saß vorne rechts in der Wanne. Bei Marschfahrt konnte er frei aus der Fahrerluke sehen, bei Gefechtsfahrt stand ihm ein Sichtblock zur Verfügung. Dieser diente auch als Kimme für eine Visiereinrichtung, deren Korn sich an einer Stange auf dem oberen Bugblech befand. Diese Einrichtung diente dem Justieren der Waffen und der Zielzuweisung des Bugschützens. Bei gezurrtem MG konnte der Fahrer notfalls das in einer Kugelblende gelagerte Bug-MG abfeuern.

Zum Lenken des Fahrzeuges dienten zwei Lenkhebel, neben dem Schalthebel für das Getriebe waren Pedale für Kupplung, Gas und Bremse vorhanden.

In der ursprünglichen Auslegung saß links neben dem Fahrer der Bugschütze für das Bug-MG. Dieser Platz wurde bei der Deutschen Wehrmacht dem Funker zugewiesen. Er bediente das Funkgerät, bestehend aus UKW (noch nicht frequenzmoduliert) – Sender und Empfänger sowie Bordsprechanlage. Der Funker konnte bei geschlossenen Luken das Gefechtsfeld

* Im Laufe des Jahres 1938 sollte die Umrüstung auf die wirkungsvollere Kampfwagenkanone A 7 (3,7-cm-KwK Vz 37) erfolgen

Die Bildreihe auf dieser und folgender Doppelseite zeigt Einzelheiten der Konstruktion des Panzerkampfwagens 35 (t). Aufnahmen auf dem Versuchsgelände der US-Armee in Aberdeen, Md. USA.

**Schematische Darstellung des Wilson-Wechsel-Getriebes.**

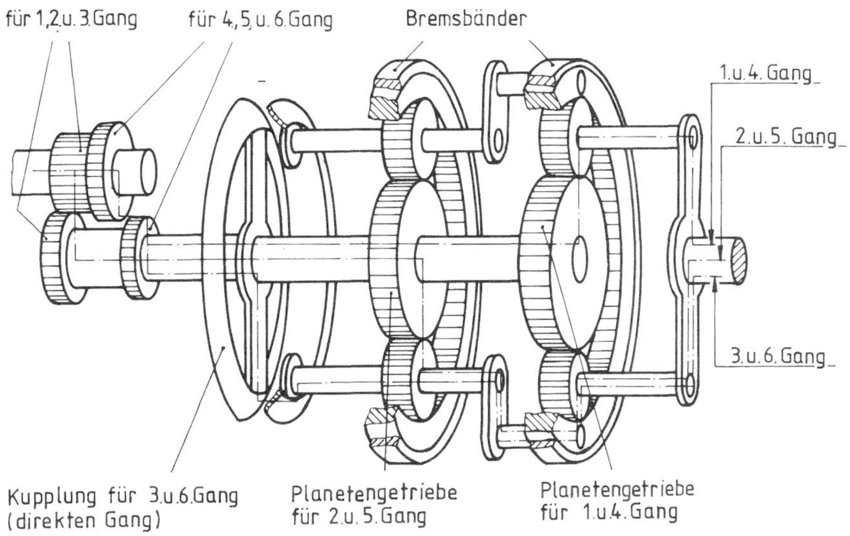

durch einen Sichtblock beobachten. Für beide MG standen 1800 Schuß Munition zur Verfügung.

Da 186 l Kraftstoffvorrat für die Forderung, fünf Stunden lang ohne Nachtanken kämpfen zu können, nicht ausreichte, wurden beim Panzer-Regiment 11 Zusatzhalterungen auf dem Heck links für fünf weitere 20-l-Kanister angebracht.

Die in Paderborn* ankommenden Panzer waren in einem schlechten Zustand. Sie mußten fast ausschließlich vom Bahnhof zur Kaserne geschleppt werden. In der Werkstatt wurden alle Panzer gründlich untersucht

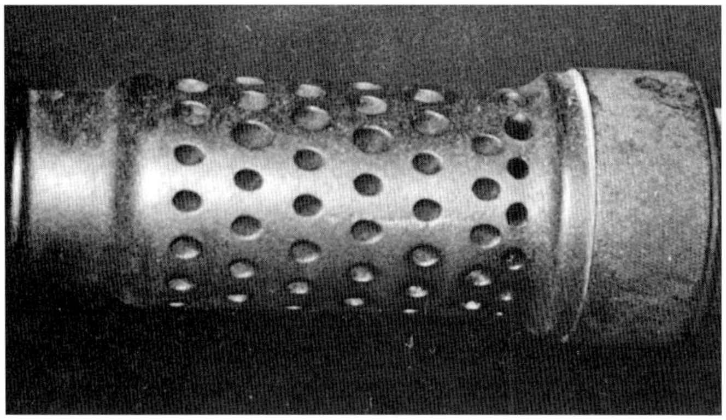

**Die Mündungsbremse der Škoda 3,7-cm-Kampfwagenkanone A 3 L/42.**

und repariert. Da zum 9. Juni 1939 für das Panzerregiment 11 die Einsatzbereitschaft angeordnet worden war, ergab sich die Frage, ob die Fahrzeuge bis zum 1. August 1939 einsatzbereit und die Besatzungen mit der Bedienung gut vertraut sein würden. Oberst a. D. H. Ritgen erinnert sich: »Ich war 1939 Leutnant in der 7. Kompanie des Panzerregiments 11, einer leichten, mit Panzerkampfwagen I und II ausgerüsteten, Panzerkompanie. Als am 18. April 1939, bereits einen Monat nach dem Einmarsch in die Tschechoslowakei, Škodapanzer eintrafen, waren wir sehr stolz, daß wir nun auch mit den mittleren Kompanien konkurrieren konnten und machten uns trotz fehlender Vorschriften mit Feuereifer an die Ausbildung. Während die Werkstattkompanie mit Hochdruck Funkgeräte und Halterungen einbaute und die technische Anlage überprüfte, begannen wir mit der Ausbildung im Schießen und Fahren. Gefahren wurde auf den Standortübungsplätzen Lieth und Senne. Ab Mitte Juni 1939 schossen wir mit Kanonen auf den Schießbahnen in Sennelager. Weiteres Schul- und Gefechtsschießen wurde ab Mitte Juli 1939 nach Putlos verlegt.« Das Panzerregiment 11 erhielt im Sommer 1939 die Gliederung mit Stab, drei Abteilungen und Panzer-Werkstattkompanie, die nach ihr allen mit tschechischen Panzern ausgerüsteten Panzer-Regimentern bis zu ihrer Umrüstung auf deutsches Gerät eigen war:

| | RgtSt | AbtStKp | leKp | leKp | m Kp | Sa: Abt. | Sa: Rgt. |
|---|---|---|---|---|---|---|---|
| PzKpfwg II | 5 | 5 | 5 | 5 | 5 | 20 | 65 |
| PzKpfwg III (t) | 1 | 1 | 17 | 17 | – | 35 | 106 |
| PzBefWg | 2 | 2 | | | | 2 | 8 |
| PzKpfwg IV | | | | | 14 | 14 | 42 |
| | | | | | | 71 | 221 |

Für die Panzerkampfwagen 35 (t) (t = tschechisch) wie die deutsche offizielle Bezeichnung lautete, mußten von der Truppe Bedienungsanweisungen sowie Vorschriften selbst erstellt werden, da nur Unterlagen in tschechischer Sprache zur Verfügung standen.*

106 Panzerkampfwagen 35 (t) und acht Panzerbefehlswagen 35 (t) wurden zu Beginn des Polen-Feldzuges 1939 beim Panzer-Regiment 11 der 1. leichten Division unterstellt und erfolgreich eingesetzt. Ausfälle der Panzer, teils technischer Art infolge Sand und Dauerbeanspruchung, teils durch Beschuß, blieben nicht aus. Während die Panzerkampfwagen 35 (t) Artilleriesplitter, Beschuß von Panzerbüchsen und 2-cm-Pak überstanden, erzielte die 3,7-cm-Pak Durchschüsse.

Mit Marschleistungen von etwa 600 km auf Sandwegen in Polen kehrten die Fahrzeuge in die Friedensstandorte zurück. Aus der 1. leichten Division wurde die 6. Panzer-Division. Im Mai 1940, nach gründlicher Auffrischung und weiterer Ausbildung, traten u. a. 128 Panzerkampfwagen 35 (t), davon 10 Panzerbefehlswagen 35 (t), zum Feldzug gegen Frankreich an. 62 dieser

* Die aus dem Protektorat Böhmen-Mähren übernommenen Kampfpanzer LT Vz 35 (Panzerkampfwagen 35 (t) wurden zunächst an das Heereszeugamt Magdeburg-Königsborn geliefert, wo die tschechische Funkausrüstung ausgebaut wurde. Dann erfolgte die Verlegung nach Paderborn.

* Versorgungsgutbezeichnung für Panzerkampfwagen 35 (t) = Witz

Fahrzeuge wurden beschädigt, 11 schieden als Gesamtverlust aus.
Zwar erklärte das Heereswaffenamt die Panzerkampfwagen 35 (t) im Frühjahr 1941 für nicht mehr kriegsverwendungsfähig, trotzdem wurden sie beim Angriff gegen die Sowjetunion am 22. Juni 1941 wieder eingesetzt. 160 Panzerkampfwagen 35 (t), davon 11 Panzerbefehlswagen 35 (t) waren vorhanden, wenngleich die Befehlspanzer durch Panzerbefehlswagen III deutscher serbildung bei großer Kälte (–40° C), wenn sie nicht durch Frostschutzmittel oder Alkohol gegen Einfrieren gesichert waren. Alkohol war kein Nachschubartikel. Die 6. Panzer-Division wurde Mitte 1942 in Frankreich auf deutsche Panzerkampfwagen III und IV umgerüstet. Noch am 1. Juni 1942 waren 187 Panzerkampfwagen 35 (t) im Bestand der Deutschen Wehrmacht, aber nicht mehr aktiv eingesetzt.

**Panzerkampfwagen 35 (t).**

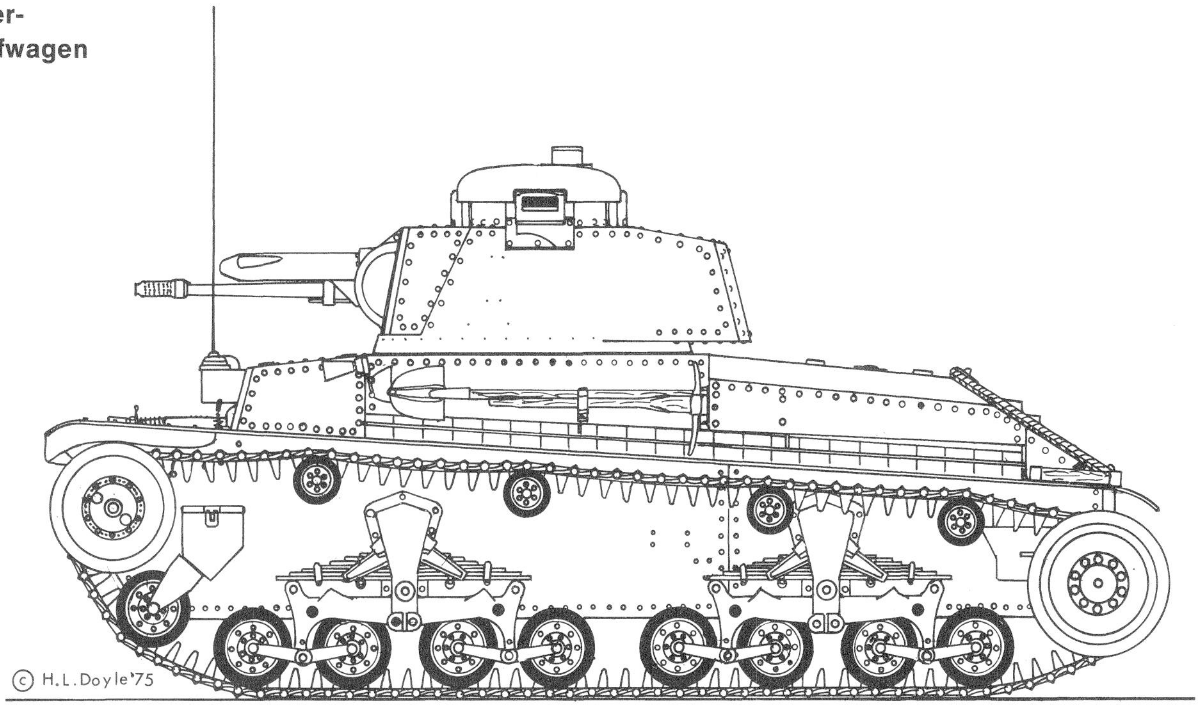


Fertigung abgelöst wurden. Das Kriegstagebuch der II. Abteilung Panzer-Regiment 11 verzeichnete am 29. Juli 1941: »Die Hauptkraft des Regiments, der Panzer Škoda 35 (t), der uns schon in drei Feldzügen begleitet hat, ist inzwischen technisch derart anfällig geworden, daß er größeren Anstrengungen nicht mehr gewachsen erscheint.« Die letzten Škodas kämpften Anfang Dezember 1941 nördlich von Moskau. Die Luftdruckbetätigungen des Panzers versagten durch Kondenswas-

### 1.2.3 LEICHTER KAMPFPANZER R-2 (Rumänien)

Die Rumänische Wehrmacht beschaffte in den Jahren 1936 bis 1939 126 S-II-a Kampfpanzer, die in Rumänien die Bezeichnung R 2 erhielten. Die 1. Königliche Panzerdivision wurde damit ausgestattet und bei Stalingrad im Winter 1942/43 zusammen mit noch etwa 100 Panzerkampfwagen R 2 eingesetzt. Nach Ausmusterung aus deutschen Beständen wurden im Sommer 1942

Kampfpanzer R-2 im Einsatz während des Krieges gegen die Sowjetunion.

Linke Seite:

Oben: In den Jahren 1936 bis 1939 erhielt Rumänien 126 Stück der Kampfpanzer LT Vz 35, welche in Rumänien die Bezeichnung R-2 hatten. Das Bild zeigt einen Teil der Fahrzeuge vor Auslieferung in den Škoda-Werken in Pilsen. An den Turmseiten ist das Wappen König Karols aufgebracht.

Unten: Kampfpanzer R-2 der rumänischen Streitkräfte.

Rumänien baute gegen Ende des Zweiten Weltkrieges die Kampfpanzer R-2 teilweise zu Selbstfahrlafetten um, die mit der russischen 7,62-cm-Pak bestückt wurden.

**Kampfpanzer LT Vz 35 beim Einsatz mit slowakischen Einheiten, die zu Beginn des Feldzuges gegen die Sowjetunion auf deutscher Seite kämpften.**

über die AgK des OKW (Ausfuhrgemeinschaft des OKW) in Dubnica (Waag, Karpaten) die noch vorhandenen Panzerkampfwagen 35 (t) an Rumänien verkauft. Die Kampfpanzer wurden in Rumänien teilweise zu Selbstfahrlafetten umgebaut und mit der russischen 7,62-cm-Pak M 42 ausgerüstet. Sie hatten einen oben offenen Kampfraum.

### 1.2.4 Leichter Kampfpanzer LT Vz 35 (Slowakei)

Die am 14. 3. 1939 entstandene selbständige slowakische Armee behielt die in diesem Gebiet vorhandenen 79 Kampfpanzer LT Vz 35 des tschechoslowakischen Heeres. Sie wurden in die 3. slowakische schnelle Division eingegliedert und bildeten somit etwa die Hälfte der Panzerausstattung der slowakischen schnellen Division, die 1939 bzw. 1941 auf deutscher Seite am Polen- und Rußlandfeldzug teilnahm.

### 1.2.5 Leichter Kampfpanzer LT Vz 35 für Afghanistan

Afghanistan bestellte 1938 bei Škoda zehn Kampfpanzer LT Vz 35, diese Fahrzeuge wurden gebaut. Sie wurden jedoch nicht an Afghanistan ausgeliefert, sondern an Bulgarien verkauft.

### 1.2.6 Leichter Kampfpanzer LT Vz 35 für Bulgarien

Bulgarien erhielt im Februar 1940 aus deutschen Be-

**Bulgarien hatte 1940 26 Kampfpanzer LT Vz 35 erhalten. Das Bild zeigt die Fahrzeuge bei einer Parade.**

**Panzer-befehls-wagen 35 (t).**

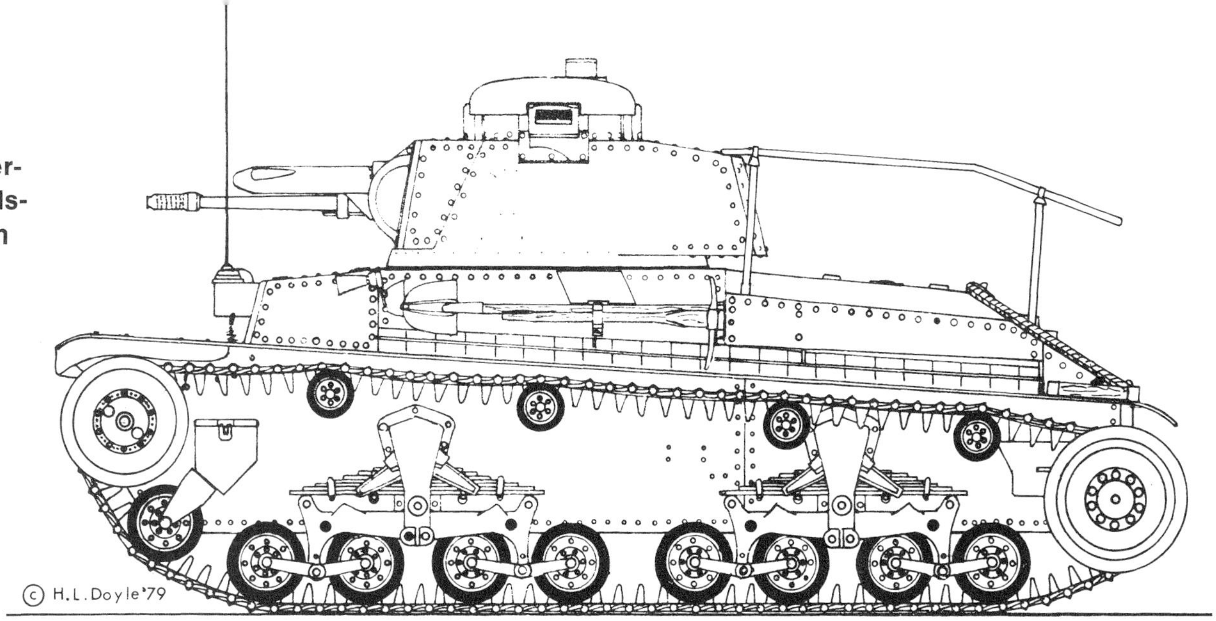


ständen 26 Panzerkampfwagen 35 (t). Sie wurden vor Auslieferung von Škoda auf den technischen Stand des Typs T 13 gebracht, vor allem was die Panzerung betraf.

### 1.2.7 Panzerbefehlswagen 35 (t)

Die im Polenfeldzug 1939 mit Panzerkampfwagen 35 (t) eingesetzten Panzerverbände hatten als Führungsfahrzeuge neben acht umgebauten Panzerbefehlswagen 35 (t), die kleinen Panzerbefehlswagen (Sd.Kfz.265) auf Panzerkampfwagen I-Fahrgestell zugeteilt. Bei den Škoda-Fahrzeugen hatten die Panzer der Kompaniechefs, dessen Ersatzwagen und die der Zugführer einen zusätzlichen Empfänger (Fu 2). Der Ladeschütze war zweiter Funker. Nach außen waren die Fahrzeuge durch eine Rahmenantenne über dem Motorraum leicht vom Kampfpanzer zu unterscheiden.

### 1.2.8 Gepanzerte Mörserzugmittel 35 (t)

Bei schweren Artillerie-Einheiten der Deutschen Wehrmacht wurden einige Fahrgestelle des Panzerkampfwagens 35 (t) ohne Drehturm als Mörserzugmittel 35 (t) für schwere Geschütze verwendet.

### 1.2.9 Gepanzerte Zugkraftwagen 35 (t)

Mit einer Anhängelast von 12 t wurden Kampfpanzer 35 (t) ohne Drehturm auch als Zugkraftwagen 35 (t) bei In-

**Der Panzerbefehlswagen 35 (t) war mit zusätzlicher Funkausrüstung und zusätzlichen Antennen ausgerüstet (Fahrzeug links im Bild).**

Oben: Der gepanzerte Zugkraftwagen 35 (t) war ein Kampfpanzer ohne Drehturm, der als Zug- und Abschlepp-fahrzeug eingesetzt wurde.
Die Bilder zeigen das Fahrzeug von verschiedenen Seiten.

Links: Das Bild zeigt das Innere des Zugkraftwagens 35 (t) mit dem Fahrer- (vorne rechts) und Beifahrersitz.

Zugkraftwagen 35 (t).

Die Škoda-Selbstfahrlafette, Typ LKMVP mit der Škoda 3,7-cm-Feldkanone Vz 37, die entweder aufgelastet oder gezogen werden konnte.

standsetzungseinheiten als Zug- und Abschleppfahrzeuge eingesetzt. Das Einsatzgewicht betrug 9 t, die Außenmaße betrugen 5300x3220x1500 mm. Drei Mann Besatzung waren vorgesehen.
Im Mai 1944 waren von den noch vorhandenen 38 Fahrzeugen dieser Art 36 bei der Truppe eingesetzt.

Gefechtsgewicht 6,7 t. Panzerbleche der Dicken 8 bis 15 mm wurden verwendet. Obwohl der Prototyp im Dezember 1938 vom tschechoslowakischen Ministerium für Nationale Verteidigung nicht abgenommen wurde, verwendete ihn Škoda laufend für Vorführungszwecke. Er wurde 1939 von der Deutschen Wehrmacht übernommen.

**Kampfpanzer Škoda S-III.**

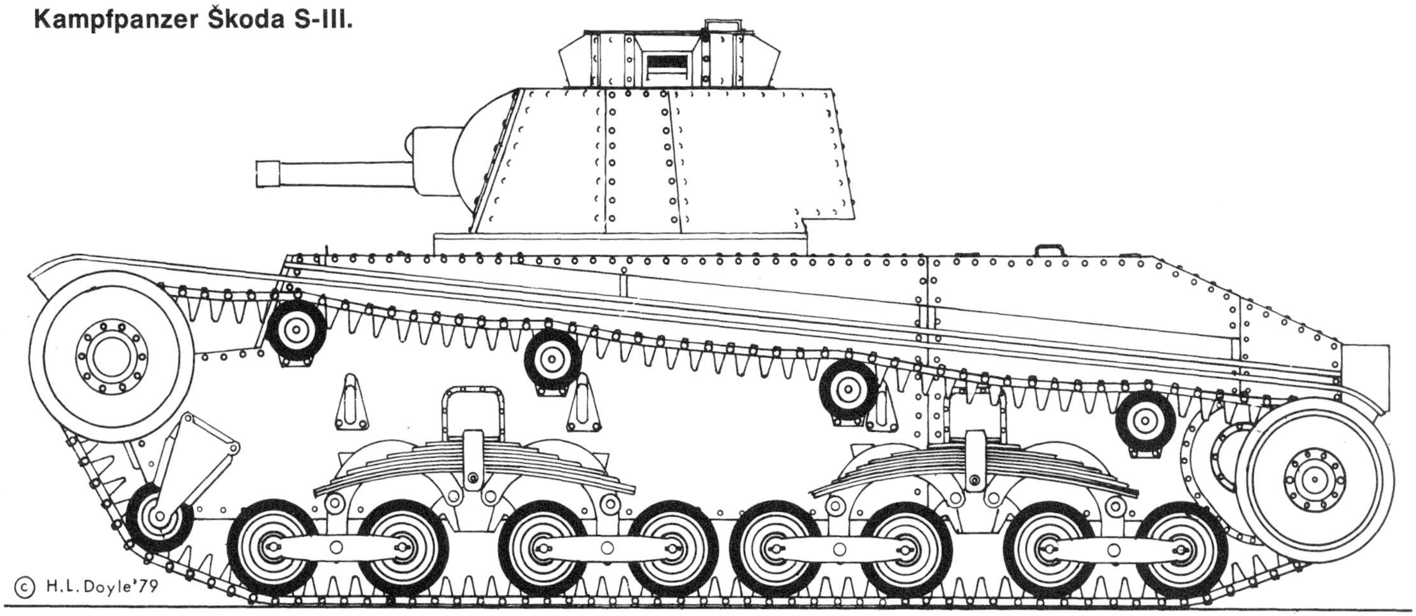


## 1.3 SELBSTFAHRLAFETTE LKMVP

Im Jahre 1938 entwickelte Škoda den Prototyp einer Selbstfahrlafette, welche in der Lage war, eine 3,7-cm-Škoda Vz 37 Feldkanone entweder aufzulasten oder zu ziehen. Das Geschütz konnte vom Fahrzeug aus eingesetzt werden. Eingebaut war ein luftgekühlter 6-Zylinder-Otto-Motor mit 105 PS Leistung. Mit sechs Mann Besatzung und 60 Schuß Munitionsvorrat betrug das

## 1.4 MITTLERER KAMPFPANZER S-III

Der ursprüngliche Auftrag über zwei Prototypen S-III erfolgte 1935. Es war vorgesehen, das Fahrzeug als Räder/Kettenfahrzeug auszulegen. Im Dezember 1935 erhielt Škoda die Genehmigung des Verteidigungsministeriums zum Export dieser Fahrzeuge nach Iran. Im Januar 1936 wurden die Baubedingungen grundsätzlich geändert. Es sollte ein Vollkettenkampfpanzer ent-

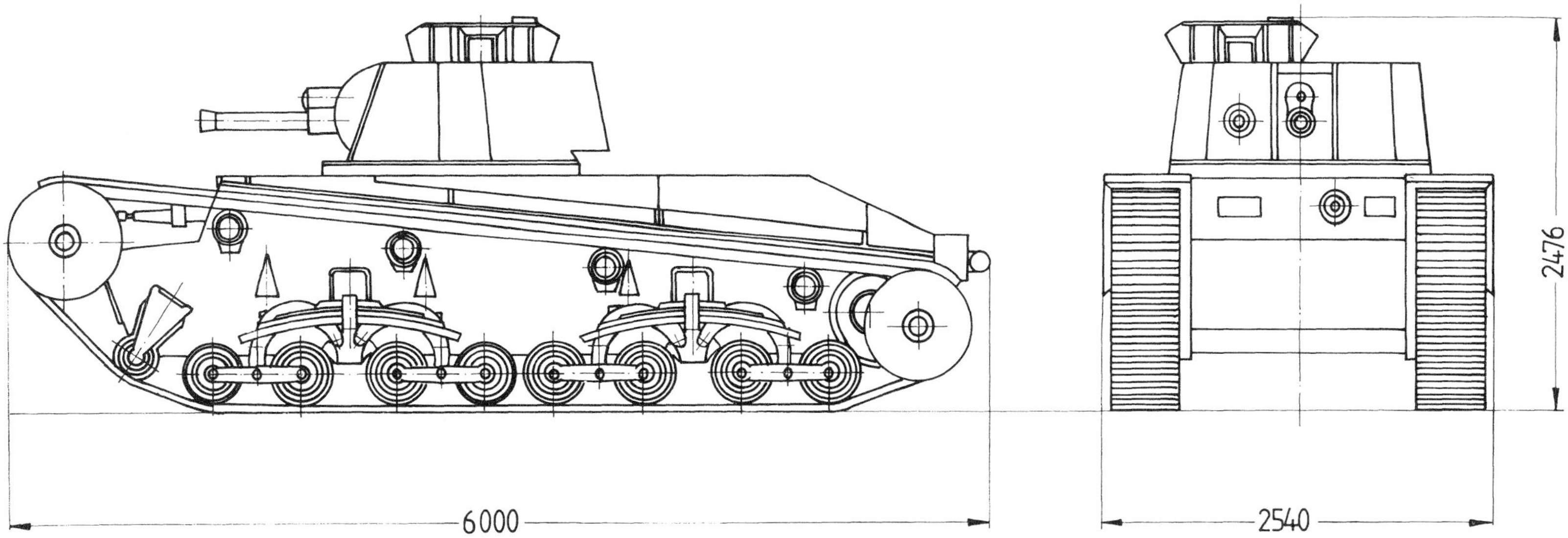


**Mittlerer Kampfpanzer Škoda S-III.**

wickelt werden. Dafür wurden 4,2 Millionen Kronen bereitgestellt. Der erste Prototyp wurde im April 1936, der zweite im Mai 1936 fertiggestellt. Die Konstruktion konnte nicht zufriedenstellend abgeschlossen werden. Škoda benachrichtigte das Verteidigungsministerium im Dezember 1937, daß für die bevorstehenden Vergleichserprobungen ein Fahrzeug vom Typ S-II-c bereitgestellt würde. Die S-III-Prototypen liefen bei Škoda im Werksversuch und dienten als Versuchsträger für neue Kampfwagenkanonen.
Die 18 t schweren Fahrzeuge hatten Panzerdicken von 16 bis 32 mm und führten bei vier Mann Besatzung im Drehturm eine 4,72-cm-Škodakanone Vz 38 sowie ein MG ZB Vz 37. Ein weiteres MG war in der Fahrerfront untergebracht. Angetrieben wurden die Fahrzeuge hinten durch einen flüssigkeitsgekühlten 6-Zylinder-Ottomotor mit 12,8 l Hubraum. Die Leistung lag bei 190 PS bei 1800 1/min. Die Höchstgeschwindigkeit betrug 25 km/h.

### 1.5 MITTLERER KAMPFPANZER S-II-c (T 21)

Unbekümmert von der Tatsache, daß der Typ S-III vom Ministerium für Nationale Verteidigung nicht abgenommen wurde, arbeitete 1938 das Entwicklungsbüro von Škoda an einer neuen Entwicklung. Es sollte wieder ein leichter Kampfpanzer werden, der sich jedoch zu einem mittleren entwickelte. Daher die etwas unverständ-

**Mittlerer Kampfpanzer Škoda S-II-c.**

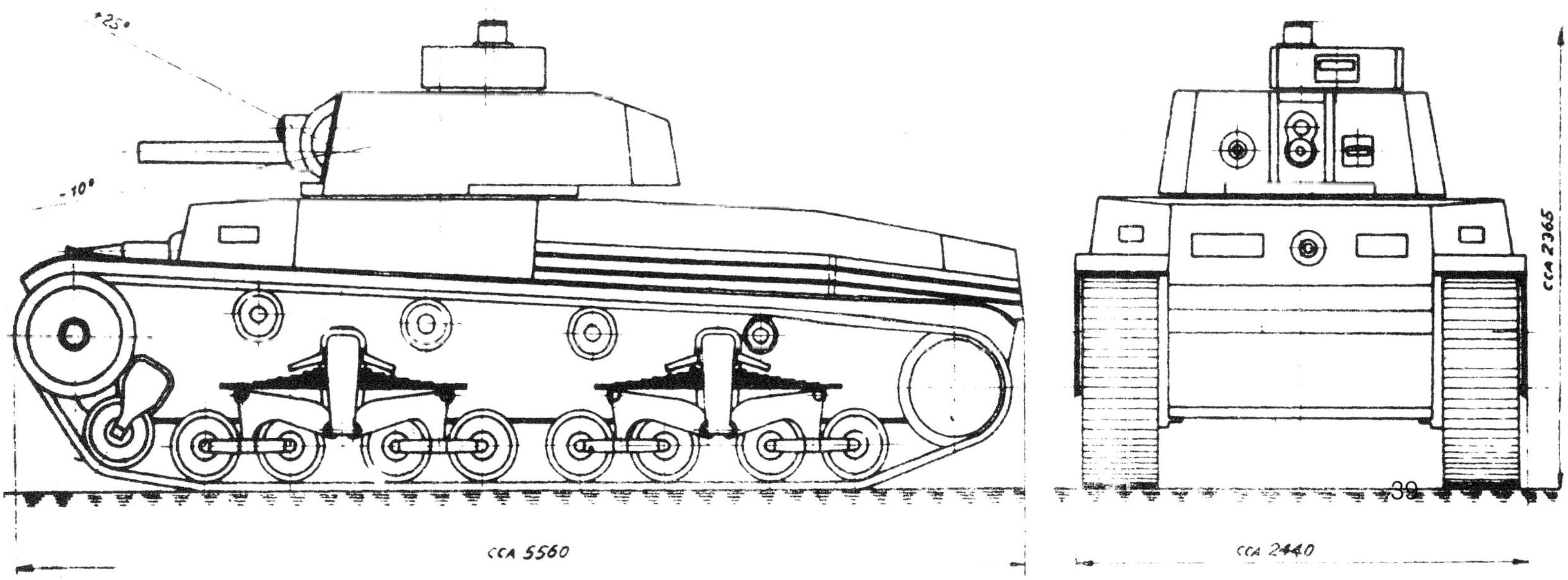

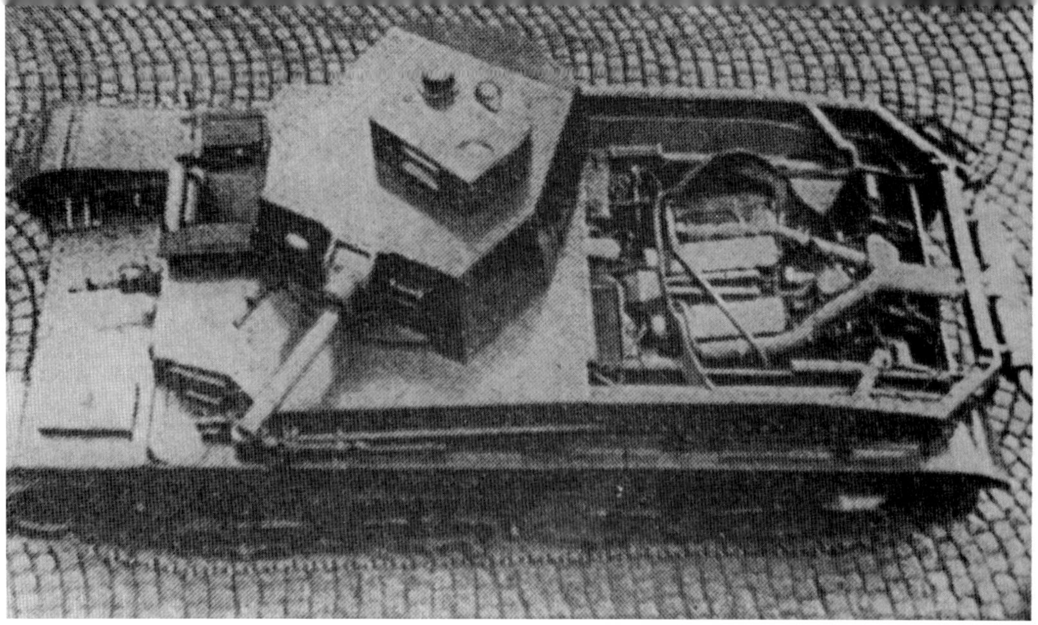

**Draufsicht auf den mittleren Kampfpanzer S-II-c (T 21) der Firma Škoda.**

liche Bezeichnung S-II-c. Die zwei ausgeführten Prototypen behielten die pneumatischen Komponenten des Typs S-II-a bei, welche zu diesem Zeitpunkt nur noch wenig störungsanfällig waren. Das 16,5 t schwere Fahrzeug verwendete Panzerbleche der Dicken 8 bis 30 mm und hatte bei vier Mann Besatzung im Drehturm eine 4,7-cm-Kanone Vz 38 (Škoda A-9) und ein MG ZB Vz 37. Daneben befand sich im Wannenbug ein weiteres MG in einer Kugelblende. Für die Kanone wurden 80, für die MG 3000 Schuß Munition mitgeführt. Der im Heck untergebrachte Škoda V-8-Ottomotor mit 250 PS Leistung bei 2200 1/min hatte 13,8 l Hubraum (Bohrung/Hub 130x130 mm). Der Kraftstoffverbrauch lag bei 255 g/PS/h. Der Motor war flüssigkeitsgekühlt, hatte zwei Vergaser und Magnetzündung. Der Geschwindigkeitsbereich erstreckte sich von 3,42 bis 50 km/h. Das 3-Gang-Wechselgetriebe mit Untersetzung wies jeweils sechs Fahrstufen für Vor- und Rückwärtsfahrt auf. Die Kettenbreite betrug 420 mm, die Bodenfreiheit 350 mm, der Bodendruck 0,55 kg/cm². Die Außenmaße waren mit 5500x2440x2365 mm angegeben.

Nachdem die Fahrzeuge für die Vergleichsversuche im Jahre 1938 nicht mehr fertig wurden, erfolgte die Weiterentwicklung ab 1939 nach deutschen Richtlinien zum T 21.

### 1.6 Panzerkampfwagen T 21

Aus dem S-II-c entwickelt, ergaben sich 1940 zwei Prototypen T 21, einem 16,7 t schweren mittleren Kampfpanzer. Ein Schreiben der Firma Škoda an das Reichsministerium für Bewaffnung und Munition vom 24. Fe-

**Der Panzerkampfwagen T 21 der Firma Škoda, von dem 200 Stück an Rumänien geliefert werden sollten. Ein deutscher Einspruch verhinderte diesen Auftrag.**

**Panzerkampfwagen T 21 in der Erprobung.**

bruar 1941 beschrieb die vorgesehene Hauptbewaffnung für die Panzerkampfwagen der Baureihen T 21 bis T 23. Dabei handelte es sich um eine neuentwickelte 4,7-cm-KwK, die in ihrer Konstruktion der bereits eingeführten 3,7-cm-KwK 38 (t) ähnlich war.
Eine Mündungsbremse war nicht vorgesehen, da das Rohr nicht über das Profil des Kampfwagens ragen sollte. Wanne und Drehturm waren vorne mit 30 mm, seitlich mit 25 mm und hinten mit 20 mm dicken Panzerblechen geschützt. Der innere Durchmesser des Drehturms betrug 1270 mm. Die Handhabung der Munition im Drehturm erwies sich als schwierig, da die Patronen verhältnismäßig lang waren. 80 Stück wurden mitgeführt. Für die beiden Maschinengewehre betrug der Munitionsvorrat 3000 Schuß. Das Fahrzeug hatte vier Mann Besatzung. Die Außenmaße des Kampfpanzers, dessen Bodendruck 0,58 kg/cm² betrug, betrugen 5500x2350x2385 mm. Als Antrieb stand ein flüssigkeitsgekühlter Škoda V-8-Ottomotor mit 14,8 l Hubraum (Bohrung/Hub 130x140 mm) und einer Leistung von 240 PS bei 2200 1/min zur Verfügung. Die Höchstgeschwindigkeit betrug 47 km/h. Rumänien erprobte die Kampfpanzer-Prototypen T 21 (Škoda) und V-8-H (ČKD) und entschloß sich 1940, 200 Kampfpanzer T 21 bei Škoda zu bestellen. Ein deutscher Einspruch verhinderte diesen Auftrag.
Die Waffen-SS zeigte großes Interesse an den Škoda-Kampfpanzern. Škoda entwickelte im Auftrag der Waffen-SS eine Selbstfahrlafette für ein 10,5-cm-Geschütz auf dem Fahrgestell des Kampfpanzers T 21.
Das Fahrzeug T 21 wurde systematisch durchentwickelt und als Typ T 22 für eine Serienfertigung vorbereitet.

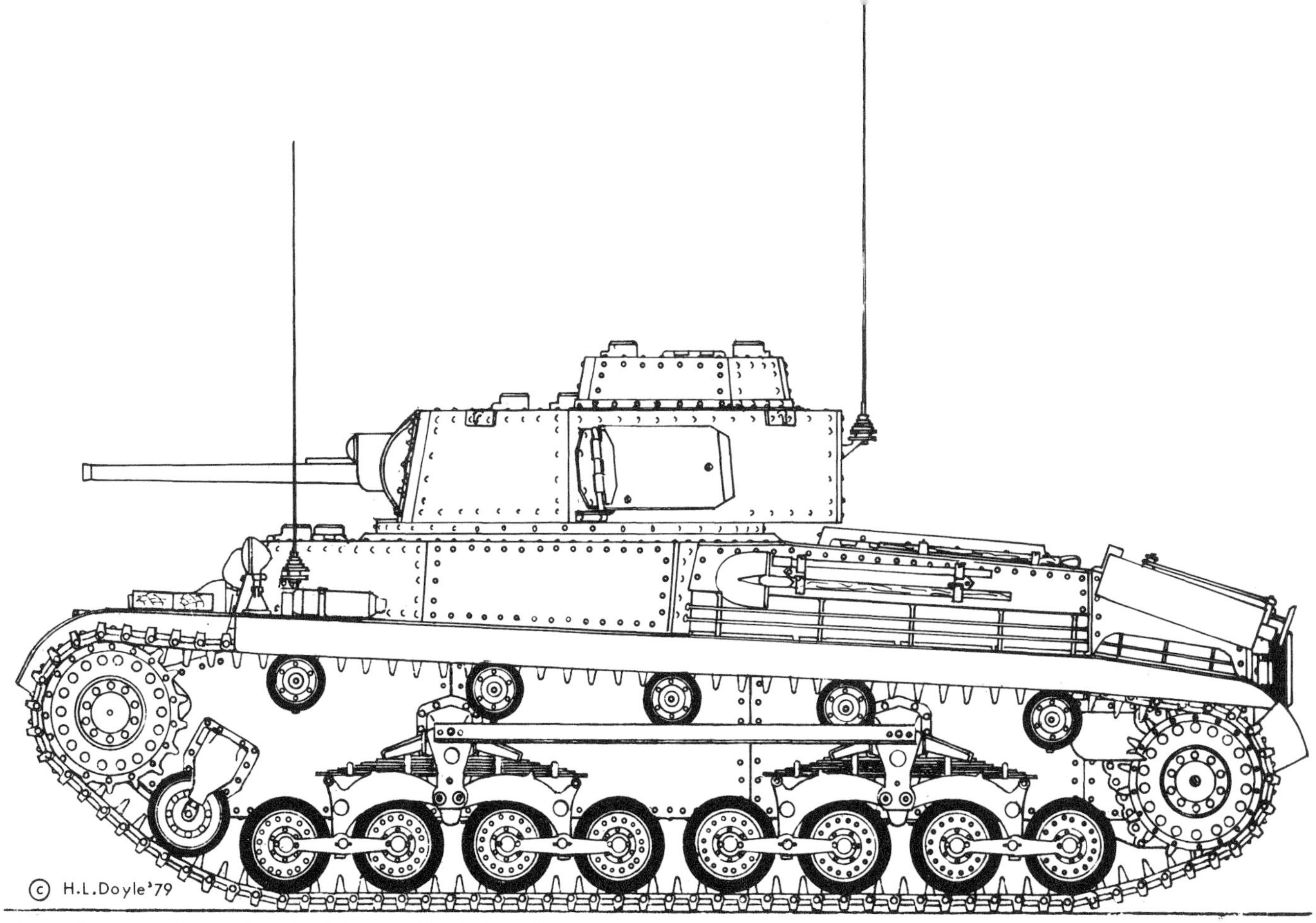


**Kampfpanzer 40 M Turán I (4-cm-KwK M 41).**

**Panzerfahrzeuge im Dienst der ungarischen Streitkräfte. (Basierend auf dem Škoda T 22)**

**Kampfpanzer 41 M Turán II (7,5-cm-KwK M 41 L/25).**

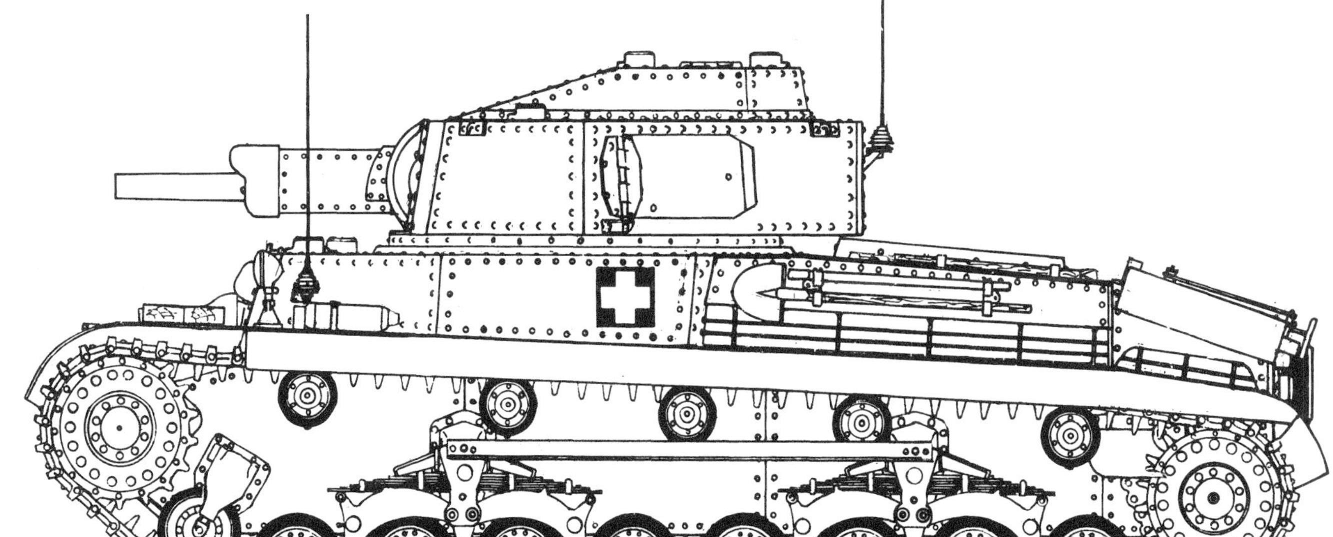

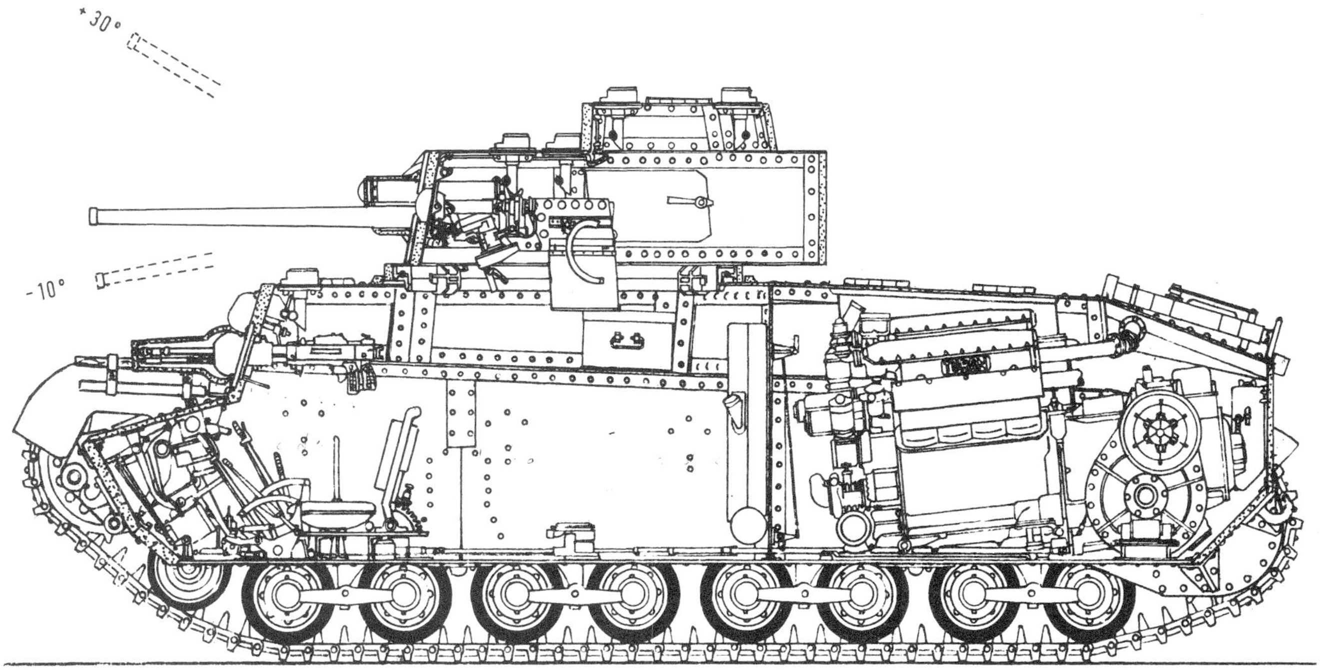


**Längsschnitt Kampfpanzer 40 M Turán I.**

**Sturmgeschütz 40/43 M Zrinyi II (10,5-cm-M 40/43 L/20,5).**

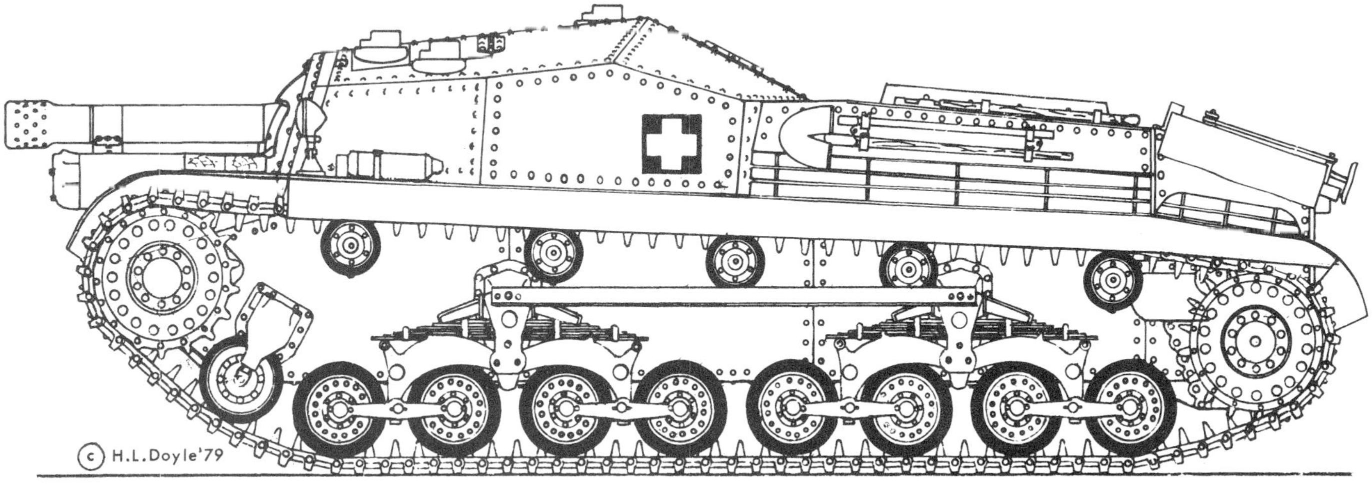

**Der Škoda Panzerkampfwagen T 22 wurde in Ungarn als Turán M. 40 in Serie gefertigt.**

## 8.7 PANZERKAMPFWAGEN T 22

Zwei Prototypen T 22 wurden 1941 nach Ungarn geliefert, wo sie als Vorserienfahrzeug für die Produktion des ungarischen Kampfpanzers TURAN M. 40 dienten. Die Panzerung war gegenüber dem T 21 von 8 bis 30 mm auf 8 bis 50 mm erhöht worden, wodurch sich das Gefechtsgewicht von 17 auf 18 t vergrößerte. Nach wie vor kam die pneumatische Aggregatbetätigung des Kampfpanzers S-II-c zum Einbau. Der Kampfpanzer-Typ T 22 war bereits im Mai 1940 in Pilsen einer ungarischen Delegation vorgestellt worden, die das Fahrzeug in den Monaten Juni/Juli 1940 in Ungarn nochmals vorführen ließ. Das Lizenzabkommen für den Nachbau des T 22 wurde im August 1940 unterschrieben, gefolgt von einem Lizenzvertrag über den Nachbau der Škoda Kanone A-17 im November 1940. Dies war eine 4-cm-Ausführung der 4,7-cm-Kanone A-7, die in der Lage war, die 4-cm-Bofors-Munition zu verschießen.

## 8.8 PANZERKAMPFWAGEN T 23 M

Ein Prototyp wurde 1941 gefertigt, der gegenüber dem Typ T 22 eine mechanische Betätigung der Bedienungsaggregate hatte. Wie schon beim T 22 hatte der flüssigkeitsgekühlte V-8-Motor von Škoda nunmehr einen Hubraum von 15 l und eine Leistung von 260 PS bei 2200 1/min.

**Kampfpanzer Turán M. 40**

Aufklärungspanzer Škoda T 15.

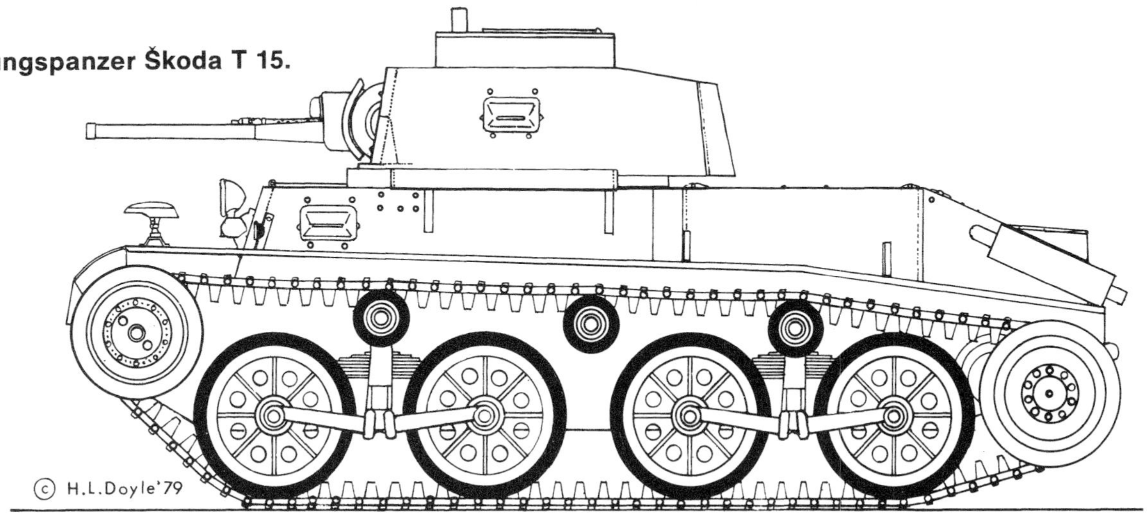


## 1.9 PANZERKAMPFWAGEN T 15 (AUFKLÄRUNGSPANZER)

Die schon seit 1939 bestehende Forderung nach einem gepanzerten Vollkettenfahrzeug für Aufklärungszwecke veranlaßte die beiden Firmen im Protektorat Böhmen-Mähren – Böhmisch-Mährische Maschinenfabrik und Škoda – sich an einer vom Heereswaffenamt, WaPrüf 6 vorgenommenen Ausschreibung zu beteiligen. Škoda baute einen Prototyp des Fahrzeuges T 15 mit einem Gefechtsgewicht von etwa 11 t, der eine Höchstgeschwindigkeit von 60 km/h erreichte. Das Leistungsgewicht betrug 21 PS/t. Der Antrieb erfolgte durch einen flüssigkeitsgekühlten Škoda V-8-Ottomotor mit 10,8 l Hubraum und einer Leistung von 235 PS bei 2800 1/min. (Bohrung/Hub 115 x 130 mm). Vom Motor ging der Antrieb über ein mechanisches Wechselgetriebe und ein hydrostatisches Lenkgetriebe zu den hinten liegenden Triebrädern. Vier Laufrollen pro Fahrzeugseite waren durch Blattfedern abgestützt. Die Kettenbreite betrug 270 mm, die Bodenfreiheit 350 mm. Der Besatzung von vier Mann stand ursprünglich eine Škoda 3,7-cm-Kanone und ein MG zur Verfügung. Später sollte in den von Daimler-Benz konzipiertem Drehturm die deutsche 5-cm-Pak 39 L/60 eingebaut werden. Am 16. März 1942 forderte Hitler nochmals die Unterlagen über dieses Fahrzeug an. Nach einer Vorführung des Prototyps in Ostpreußen sollte entschieden werden sollte. Es blieb bei dem Prototyp. (siehe auch Seite 254).

Aufklärungspanzer Škoda T 15.

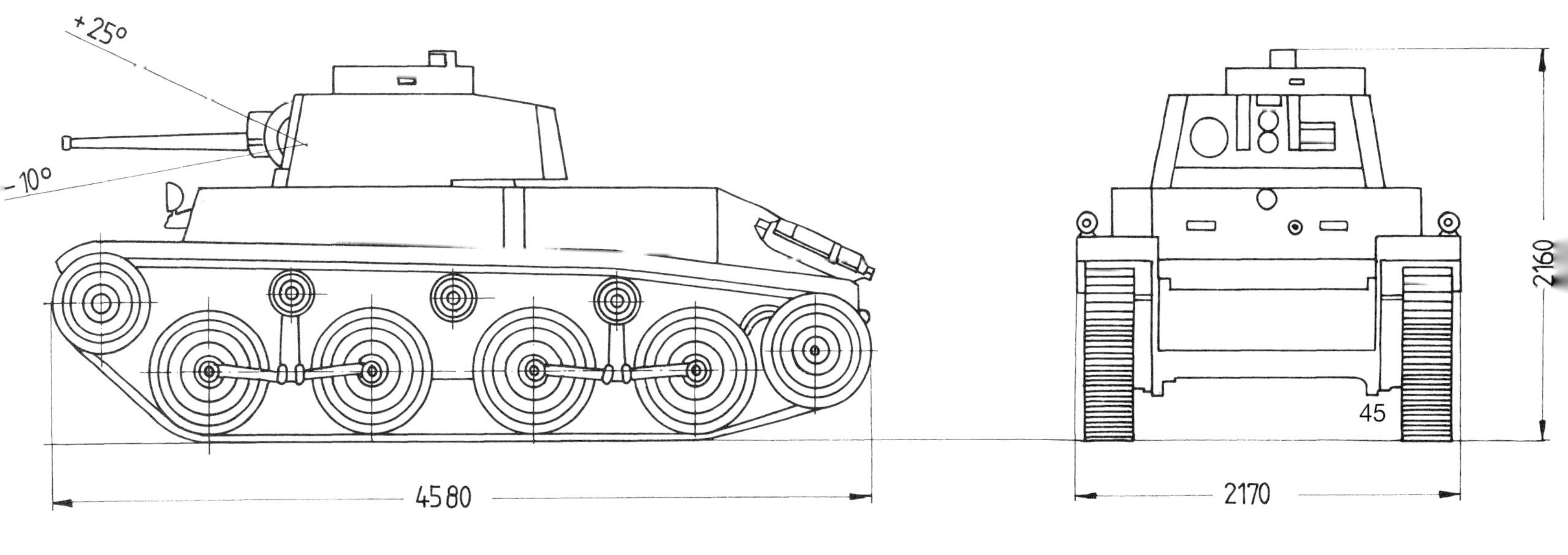

Auf der Basis des Panzerkampfwagens T 25 sollte eine Selbstfahrlafette für die 10,5-cm-leFH gefertigt werden.

Linke Seite: Der von Škoda gefertigte Aufklärungspanzer T 15 in der Erprobung. Es wurden nur Prototypen gebaut.

Einzelheiten eines Škoda-Versuchskampfpanzers mit benzinelektrischem Antrieb und Flugzeug-Sternmotor.

## 1.10 Panzerkampfwagen T 25

Der Panzerkampfwagen T 25 wurde in den Jahren 1941/42 im Auftrag des Heereswaffenamtes lediglich zeichnerisch erfaßt und als Holzmodell gebaut. Der Bau von Prototypen wurde nicht durchgeführt. Folgende Hauptmerkmale wurden in diesem Entwurf berücksichtigt:

- Hauptbewaffnung, eine von Škoda neu entwickelte 7,5-cm-Kampfwagenkanone A-18, die mit einer halbautomatischen Ladevorrichtung versehen werden sollte, deren Einzelheiten nicht bekannt sind. Der Drehturm sollte von einem durch Hydromotor angetriebenen Schwenkwerk betätigt werden.
- Starke Neigung der Panzerbleche von Turm und Wanne in Anlehnung an den russischen Kampfpanzer T 34.
- Einbau eines luftgekühlten 12-Zylinder-V-Motors mit 450 PS Leistung. Dieser Motor war ursprünglich als Ottomotor ausgelegt, sollte später als gleich großer Dieselmotor vorgesehen werden.
- Ein Hilfsmotor mit etwa 45 PS Leistung zum Antrieb der Motorkühlung, der Lichtmaschinen sowie als Anlaßmotor.
- Sechs große Laufrollen pro Fahrzeugseite erübrigten den Einbau von Stützrollen.

**Panzerkampfwagen Škoda T 25.**

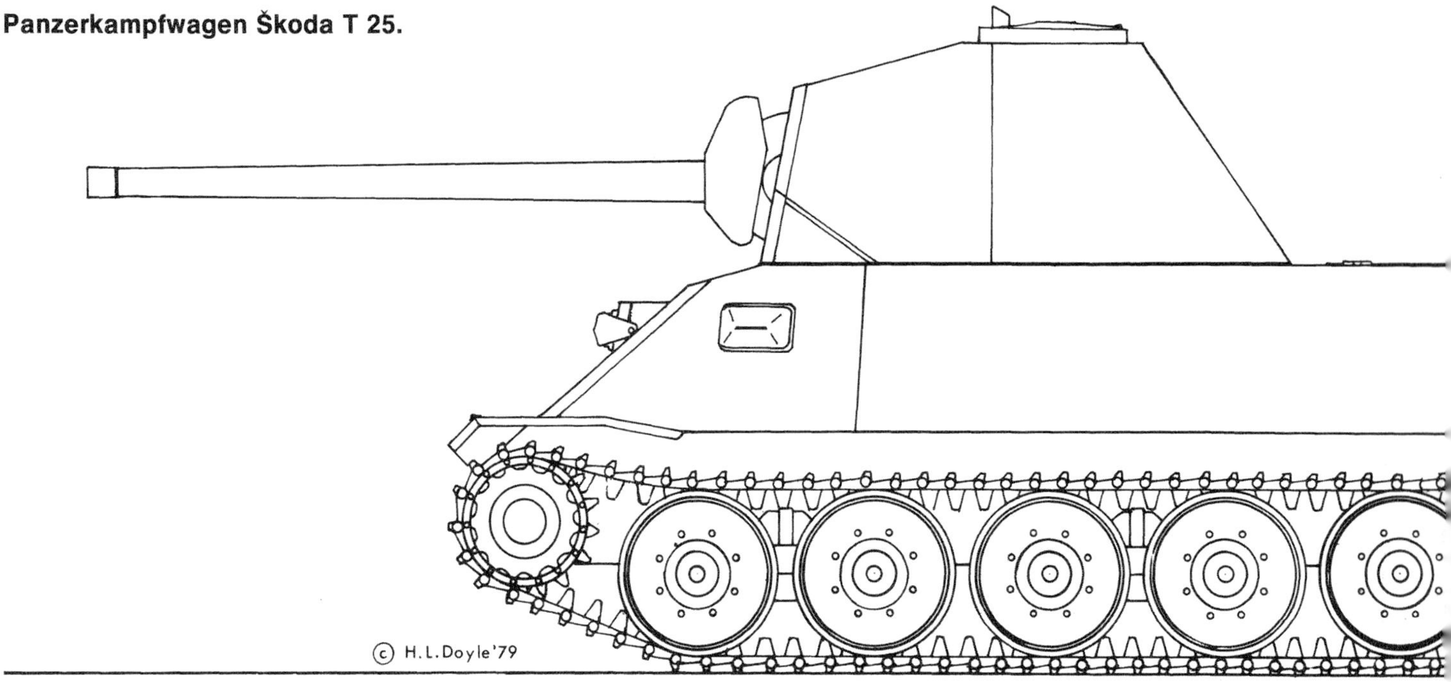


Als Panzerung waren vorne 50 mm, seitlich 20 mm und hinten 10 mm dicke Bleche vorgesehen. Die Besatzung bestand aus fünf Mann. Die Höchstgeschwindigkeit betrug 60 km/h. Der Panzerkampfwagen T 25 sollte auch als Basis für eine Artillerie-Selbstfahrlafette mit der 10,5-cm-leFH dienen. Der T 25 sowie der T 15 wurden Ende März 1942 aus dem Panzerprogramm des Heereswaffenamtes gestrichen.

## 1.11 UMBAU VON PANZERKAMPFWAGEN I DURCH DIE FIRMA SKODA

Für Umbau für verschiedene Sonderzwecke wurden zwischen September 1939 bis März 1940 229 Panzerkampfwagen I freigegeben. Anfang Februar 1940 wurde vom OKH/In6 eine Umrüstung von Panzerkampfwagen I Ausf. B auf die von der Firma Škoda entwickelte und gefertigte 4,7-cm-Pak als Panzerjäger-Selbstfahrlafette

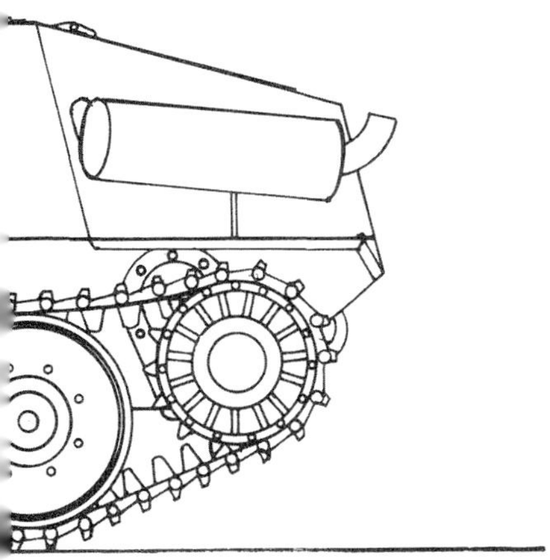

gefordert. Mit den Entwicklungsarbeiten wurde die Altmärkische Kettenwerke GmbH (Alkett) in Berlin-Spandau betraut. Am 5. Februar 1940 wurde von OKH/AHA AgK In 6 die Frage der Verwendung dieser Fahrzeuge bei Heerestruppen oder Panzer-Divisionen untersucht. Am 9. Februar 1940 wurde der Bedarf von 132 Panzerjägerfahrzeugen, davon 120 bei Panzer-Divisionen, festgelegt, der Rest sollte Heerestruppen zugeteilt werden. Nach Ansicht von OKH/In 6 sollten die Panzer-Divisionen für jede Panzerabwehr-Abteilung eine Kompanie Panzerjäger auf Selbstfahrlafetten erhalten. Der Rest sollte als Gerätereserve verbleiben. Am 10. Februar 1940 fand auf Veranlassung des Heereswaffenamtes WaPrüf 6 eine erste Besichtigung der 4,7-cm-Pak (t) Škoda auf Fahrgestell Panzerkampfwagen I bei Firma Alkett statt, die einen guten Eindruck hinterließ. Jedoch sollten nunmehr diese Waffen als Infanterie-Begleitgeschütz und nicht mehr bei den Panzer-Divisionen verwendet werden. Im März 1940 wurden von OKH/In 6 140 Panzerkampfwagen I, Ausf. B-Fahrgestelle für diese Verwendung freigegeben. Am 20. Februar 1940 wurde grundsätzlich festgestellt, daß die 4,7-cm-Pak (t) auf Panzerkampfwagen I-Fahrgestell nur in Anlehnung an die Panzertruppen-Werkstattorganisation eingesetzt werden konnte. Falls die Fahrzeuge von der Panzertruppe getrennt werden sollten, würde der Aufbau eines besonderen Werkstattdienstes notwendig sein. Für die zur Infanterie kommenden 4,7-cm-Pak (t) mußte daher eine handelsübliche Lafettierung für den Motorzug vorgesehen werden.

Am 6. März 1940 wurde die erste Selbstfahrlafetten-Abteilung bei der Panzertruppenschule in Wünsdorf aufgestellt. Sie war ab April 1940 einsatzbereit, so daß sie noch im Frankreich-Feldzug eingesetzt werden konnte.

Die bei Škoda in Pilsen laufende Serie war im Mai 1940 ausgeliefert. Die Fahrzeuge wurden von Seiten des Heereswaffenamtes WaPrüf 6 im Rahmen der Entwicklung als Typ LaS 47 bezeichnet. Die Auslieferung bei Firma Škoda erfolgte mit 40 Selbstfahrlafetten im März, 50 des Umbauauftrages im April und 42 im Mai 1940. Die Firma Daimler-Benz und Büssing-NAG, beide Berlin, standen bereit, sich, falls erforderlich, an dieser Produktion zu beteiligen.

Die 6,4 t schweren Selbstfahrlafetten hatten drei Mann Besatzung. Die 4,7-cm-Pak (t) L/43,4 war mit einem Seitenrichtfeld von je 10° und einem Höhenrichtbereich von –8° bis +17,5° hinter 14,5 mm dicken Panzerblechen aufgebaut. Der Aufbau war oben und hinten offen. 86 Schuß Munition wurden im Fahrzeug mitgeführt. Die 4,7-cm-Škoda-Pak hatte eine Rohrlänge von 2040 mm (L/43,4). Die größte Schußweite bei 25° Rohrerhöhung lag bei 6000 m. Die Feuerhöhe betrug 1720 mm. Die Panzerjäger-Selbstfahrlafetten, übrigens die ersten

Oben: Ausbildung am Panzerjäger I im Frühjahr 1941 an der Panzertruppenschule Wünsdorf bei Berlin.

Links: Umbau von Panzerkampfwagen I in Selbstfahrlafetten für die Škoda 4,7-cm-Pak. Auf dem gleichen Band werden Panzerkampfwagen 35 (t) generalüberholt.

Unten: Die 4,7-cm-Pak (t) L/43,4 auf Fahrgestell Panzerkampfwagen I Ausf. B, von der bei Škoda 132 Stück umgebaut wurden.

ihrer Art, wurden mit Erfolg in Frankreich und Nordafrika eingesetzt und in Rußland aufgebraucht.
Krupp teilte im September 1940 mit, daß weitere 70 Satz LaS 47 Panzerungen bis November 1940 zu liefern waren, die von den Deutschen Edelstahlwerken in Hannover geliefert werden sollten. Da diese aber keine Presse für die Herstellung des gebogenen Schildes zur Verfügung hatte, wurde Krupp gebeten, diesen Auftrag zu übernehmen. Als Trägerfahrzeuge kamen jedoch Fahrgestelle französischer Kampfpanzer zur Verwendung. Škoda in Pilsen beschäftigte sich auch in den Jahren 1940/41 mit der Vergrößerung der Luftein- und Austrittsöffnungen für die Kühlanlage der Panzerkampfwagen I. Diese Umbauarbeiten wurden an einer größeren Anzahl dieser Fahrzeuge durchgeführt.

## 1.12 PANZERKANONEN, HERGESTELLT VON SKODA

| Typ | | Vz 34 | Vz 37* | Vz 38 |
|---|---|---|---|---|
| Kaliber | mm | 37,2 | 37,2 | 47,0 |
| Rohrlänge | Kaliber | L/40 | L/47,8 | L/43,4 |
| Mündungsgeschwindigkeit | m/s | 675 | 750 | 775 |
| Gewicht der Granate | kg | 0,85 | 0,85 | 1,65 |

| | | Vz 34 | Vz 37 | Vz 38 |
|---|---|---|---|---|
| Mündungswucht | mt | 19,8 | 24,4 | 50,5 |
| Effektive Entfernung gegen 32 mm Panzerung | m | 550 | 1100 | 1500 |

## 1.13 GLEISKETTEN-PANZERFAHRZEUGE DER DEUTSCHEN WEHRMACHT, GEFERTIGT IM PROTEKTORAT BÖHMEN-MÄHREN

| Sd.Kfz. Nr. | Typ | | Hersteller | Baujahr | Stückzahl |
|---|---|---|---|---|---|
| – | Panzerkampfwagen 35 (t) | | Škoda<br>Nachbau bei ČKD | 1936–37 | 219 |
| – | Panzerbefehlswagen 35 (t) | | | | |
| – | Mörserzugwagen 35 (t) | Umbau-Auftrag<br>Heereswaffenamt | BMM | 1942 | |
| – | Zugkraftwagen 35 (t) | HWA-WalRü (WuG 6) | | | |
| – | Panzerkampfwagen 38 (t) | | BMM | 1938–42 | 1411 |
| – | Panzerbefehlswagen 38 (t) | | | | |
| 139 | Panzerjäger 38 (t) für 7,62-cm-Pak 36 »Marder III« | | BMM | 1942 | 344+19 Umbau |
| 138 | Panzerjäger 38 (t) für 7,5-cm-Pak 40 »Marder III« | | BMM | 1942–43 | 1277+175 Umbau |
| 138/1 | 15-cm-SIG 33 auf Geschützwagen 28 »Grille« | | BMM (Alkett) | 1943–44 | 372 |
| 140 | Flakpanzer 38 (t) 2-cm-Flak 38 | | BMM | 1943–44 | 162 |
| 140/1 | Aufklärungspanzer 38 (t) | | BMM | 1944 | 70 |
| – | Panzerkampfwagen 38 (t) n. A. | | BMM | 1943 | 15 ? |
| – | Jagdpanzer 38 »Hetzer« | | BMM+Škoda | 1944–45 | 2584 |
| – | Bergepanzer 38 | | Alkett | 1944–45 | |
| | Flammpanzer 38 | | BMM | 1944 | 20 |
| | Flakpanzer 38 | | BMM | | |
| | Aufklärungspanzer 38 | | BMM | | |
| | Panzerbefehlswagen 38 | | BMM | | |
| | Jagdpanzer 38 D | | Alkett+BMM | 1945 | nur Prototypen |

* Škoda Pak Vz 37, identisch mit Škoda Panzerkanone Vz 38 (A7)

# 2. Panzerentwicklungen der Firma Ceskomorawska Kolben Danek/ Böhmisch-Mährische Maschinenfabrik

| Fahrzeugtyp | Hersteller-bezeichnung | Heeres-bezeichnung | Export-bezeichnung |
|---|---|---|---|
| Kleinpanzer | P-I | Tančik Vz 33 | – |
| le. Kampfpanzer (3,7-cm-Kanone) | P-II | LT Vz 34 | – |
| le. Kampfpanzer | AH-IV | – | R-1 (RU)<br>RH (Iran)<br>Stvr m/37 (S)<br>Äthiopien |
| le. Kampfpanzer | LT | – | LTH (CH)<br>LTL (Lettland)<br>LTP (Peru)<br>LT Vz 40 (Slowakei)<br>PzKpfwg 38 (t) |
| le. Kampfpanzer (3,7-cm-Kanone) | TNH | LT Vz 38 | TNH (Iran)<br>TNH Sv (S) |
| m. Kampfpanzer (4,7-cm-Kanone) | V-8-H | ST Vz 39 | |

Die Gründung der »Ersten Tschecho-Mährischen Maschinenfabrik« (Prvni Českomoravská továrna na stroje) war im Jahre 1871 in Prag-Libeň erfolgt. 1909 wurde die Prager Automobilfabrik (Pražská Továrna na Automobily) Bestandteil der Ersten Tschecho-Mährischen Maschinenfabrik.

Dipl.-Ing. Kolben gründete 1896 die Elektrofirma »Kolben a spol.« in Wissotschan. Die Firma wurde 1899 Aktiengesellschaft und änderte ihren Namen in »Elektrotechnická akc. spol., dřive Kolben a spol.« Die Erste Tschecho-Mährische Maschinenfabrik und Kolben schlossen sich 1921 zur Firma »Českomoravská-Kolben a.s.« zusammen. Die neue Firma übernahm 1927 die Firma »Akciová spol. Breitfeld, Daněk a spol.« Breitfeld Daněk setzte sich zur Zeit der Übernahme aus folgenden Firmen zusammen:

- Daněk a spol., Prag-Karlin (gegründet 1854)
- Breitfeld & Evans, Prag-Karlin (gegründet 1834)
- Maschinenfabrik und Gießerei, Blansko (Strojirna a slévárna) (gegründet 1897)
- Bolzano-Tedesce, Slaný (gegründet 1872)

Nach dem Zusammenschluß hieß die Firma ab dem 1. Januar 1927 »Českomoravská Kolben Daněk a.s.«.

Vor Ausbruch des Zweiten Weltkrieges betrieb dieses Unternehmen folgende größere Werke:

| | |
|---|---|
| Prag-Libeň | Lokomotiv-Herstellung<br>Automobil-Herstellung (Praga)<br>Kampfpanzer-Herstellung<br>sonstige Maschinenbauprodukte |
| Prag-Karlin | Kampfpanzer-Baugruppen |
| Wissotschan (Vysocany) | elektrotechnische Produkte |
| (10 km nördlich von Saaz) | Gießereien<br>Wehrmaterial (Pioniergeräte, Scheinwerfer) |
| Schlan (Slaný) | Kampfpanzer-Herstellung |
| Blansko<br>(10 km nördlich von Brünn) | sollte die Kampfpanzer-Fertigung aus Prag übernehmen |

Während des Zweiten Weltkriegs blieb die ČKD weitgehend unabhängig, wenn auch enge Beziehungen zu den Reichswerken Hermann Göring bestanden. (Gesamtbelegschaft etwa 40000). Im Oktober 1940 wurde der Name des Unternehmens in »Českomoravské stroji-rny a.s.« umgeändert, um den Namen Kolben zu entfernen, der Jude war.

1943 lautete die offizielle Bezeichnung der Firma Böhmisch-Mährische Maschinenfabrik.

Im Mai 1945 wurde das Unternehmen unter nationale Aufsicht gestellt und im Oktober 1945 als ČKD n.p. (Národní podnik = nationales Unternehmen) und Automobilka Praga verstaatlicht.

## 2.1 Kleinpanzer

### 2.1.1 Kleinpanzer Carden-Loyd

1930 wurde entschieden, einige der zu dieser Zeit besonders interessanten Vickers-Carden-Loyd-Kleinpanzer-Fahrgestelle aus England zu beschaffen, um damit Panzer-Erfahrungen zu sammeln. Die Firma Českomoravska Kolben Daněk, Prag, verhandelte mit Firma Vikkers-Armstrong über den Ankauf von Prototypen und die Lizenzrechte zum Nachbau solcher Fahrzeuge. Drei Carden-Loyd-Fahrzeuge wurden durch das Ministerium für Nationale Verteidigung beschafft.

**Rechts: Der Kleinpanzer der Českomoravska Kolben Daněk, Tancik Vz 33 Typ P-I auf dem Truppenübungsplatz Milowitz. Im Hintergrund Tatra und Škoda Radpanzerfahrzeuge.**

13.421

13.421

### 2.1.2 Kleinpanzer P-I

Mit einigen Verbesserungen des Carden-Loyd lieferte die Českomoravska Kolben Daněk den ersten Kleinpanzer P-I eigener Entwicklung im Jahre 1930 aus. Das Fahrzeug erfüllte in keiner Weise die an ihn gestellten Forderungen und wurde von der Truppe als völlig unbrauchbar abgelehnt. Trotzdem erteilte das Ministerium für Nationale Verteidigung aufgrund der Wirtschaftslage als Stützungsaktion für die Kraftfahrzeugindustrie einen Auftrag über 70 Stück dieser Fahrzeuge zu einem Kostenpreis von Kr 131 200,– pro Fahrzeug. Sie wurden im Heer als TANČIK Vz 33 (Kleinpanzer, Modell 1933) eingeführt. 1933 weigerte sich die tschechoslowakische Truppe, wegen der schlechten Erfahrungen mit diesen Kleinpanzern, weitere Lieferungen entgegenzunehmen. Das Fahrzeug wog mit zwei Mann Besatzung 2,5 t, hatte Panzerdicken von 5 bis 12 mm und eine Bewaffnung von zwei MG ZB Vz 26, Kaliber 7,92 mm. Ein flüssigkeitsgekühlter Praga 4-Zylinder-Ottomotor mit 1950 $cm^3$ Hubraum und 30 PS Leistung gab dem Kleinpanzer eine Höchstgeschwindigkeit von 35 km/h.

## 2.2 LEICHTER KAMPFPANZER P-II

Aufgrund der nicht zu beseitigenden technischen Schwierigkeiten mit dem Kleinpanzer P-I stellte die Firma Českomoravska Kolben Daněk 1932 einen neuen Entwurf vor, der 1933 als Kampfpanzer Prototyp P-II der Panzerversuchsanstalt Milowitz übergeben wurde. Die ersten Versuche verliefen verhältnismäßig zufriedenstellend, der Prototyp legte 4000 km ohne größere Probleme zurück.

Wie schon beim P-I waren es wirtschaftliche Ereignisse, vor allem die chronische Arbeitslosigkeit, die das Ministerium für Nationale Verteidigung veranlaßte, von dem noch nicht fertig erprobten Kampfpanzer 50 Stück zu einem Stückpreis von Kr 346 750,– zu bestellen. Die Auftragserteilung erfolgte im April 1933 mit voraussichtlicher Lieferung der ersten sechs Fahrzeuge im September 1934. 24 weitere Fahrzeuge sollten im Oktober 1934 folgen, der Rest sollte 1935 zur Auslieferung gelangen. Tatsächlich wurde das erste Serienfahrzeug bereits im April 1934 übergeben.

Die Überlegenheit des Fahrzeuges gegenüber dem Typ P-I war offensichtlich. Die Modellbezeichnung P-II wurde später in YNH umgewandelt. Das Fahrzeug wog 7,5 t. Im Heck war ein flüssigkeitsgekühlter 4-Zylinder-Ottomotor mit 62 PS Leistung von Praga eingebaut, der eine Höchstgeschwindigkeit von 30 km/h ermöglichte. Ursprünglich sollte der P-II-Prototyp mit der neuen 4,7-cm-Škoda-Panzerkanone ausgerüstet werden. Da diese Bewaffnung aber zu diesem Zeitpunkt noch nicht restlos erprobt war, schlug Škoda seine 3,7-cm-Kanone als Hauptbewaffnung vor, bestand jedoch darauf, daß der komplette Drehturm von Škoda geliefert werden müsse. Českomoravska Kolben Daněk war mit diesem Vorschlag nicht einverstanden, da ihr laut Vertrag der Bau der gesamten Fahrzeuge zustand. Dabei zeigte sich immer wieder, obwohl die Regierung auf einer engen Zusammenarbeit zwischen Českomoravska Kolben Daněk und Škoda bestand, die offensichtliche Konkurrenz zwischen diesen Firmen, die oft zu großen Auseinandersetzungen führte.

Českomoravska Kolben Daněk sah sich gezwungen, die ersten sechs YNH-Fahrzeuge nur mit MG-Bewaffnung auszuliefern, die restlichen Kampfpanzer erhielten die 3,72-cm-Kanone Vz 34 im Drehturm. Zusätzlich waren zwei MG Vz 26 vorhanden. Das Fahrzeug war nur leicht gepanzert mit Panzerblechen der Dicken 8 bis 15 mm. Die militärische Bezeichnung lautete LT Vz 34 (leichter Tank, Modell 1934).

Produktionsschwierigkeiten im Werk Slany der Firma Českomoravska Kolben Daněk ergaben eine Verlegung der Gesamtproduktion nach Prag. Die Panzerbleche kamen von der Poldihütte in Kladno. Škoda und der Witkowitzer Hüttenverein versuchten ebenfalls, durch Panzerblechlieferungen ins Geschäft zu kommen, jedoch erschien zu diesem Zeitpunkt die angebotene Stahlqualität noch nicht ausreichend.

Mit dem LT Vz 34 wurde ein neu aufgestelltes Panzerbataillon ausgestattet, welches der Leichten Division zugeteilt wurde. Eines der LT Vz 34-Fahrzeuge wurde 1938 auf die Antriebsaggregate des Typs TNH (Panzerkampfwagen 38 (t) umgebaut. Zu einem Serienumbau ist es nicht gekommen.

Leichter Kampfpanzer P-II (YNH) der ČKD, von dem 50 Stück als LT Vz 34 bei den tschechoslowakischen Streitkräften vorhanden waren.

## 2.3 LEICHTER KAMPFPANZER AH-IV

Die sehr aktive Entwicklungsabteilung der Firma Českomoravska Kolben Daněk, unter Leitung von Ing. Alexander Surin*, konstruierte ab 1934 ein völlig neues Vollkettenfahrgestell, welches bereits das bei späteren Kampfpanzer-Entwicklungen bewährte 4-Rollenlaufwerk aufwies. Das 3,9 t schwere Kampffahrzeug war mit einem Praga AH 6-Zylinder-flüssigkeitsgekühlten-Ottomotor ausgerüstet. Er hatte 50 PS Leistung. Die Höchstgeschwindigkeit betrug 40 km/h. Panzerbleche der Dicken 6 bis 15 mm wurden verwendet. Der Besatzung von zwei Mann standen im Drehturm je ein schweres MG ZB Vz 35 und ein leichtes MG Vz 26 zur Verfügung. 3000 Schuß MG Munition wurden mitgeführt.

* Surin, der Chefingenieur für Panzerentwicklung der Firma Českomoravska Kolben Daněk, war der überragende Konstrukteur für Kampfpanzer der damaligen Epoche. Der LTH 38 (später Panzerkampfwagen 38 (t) entstand aus seinen Ideen und bewies sich als Konstruktion »aus einem Guß«. Keine der mitteleuropäischen- oder Westmächte konnte eine ähnlich hervorragende Konstruktion hervorbringen. Der Panzerkampfwagen 38 (t) ist in seiner Art nur mit dem sowjetischen Kampfpanzer T 34 zu vergleichen, der ebenfalls richtungsweisend für die Panzerentwicklung seiner Zeit war.
Surin war russischer Emigrant, der nach 1917 sein erfolgreiches Wirkungsfeld in der böhmisch-mährischen Industrie fand.

### 2.3.1 Leichter Kampfpanzer RH (Iran)

50 dieser Kampfpanzer wurden in den Jahren 1935 und 1936 als Typ RH an den Iran geliefert.

Leichter Kampfpanzer RH für den Iran. Im Hintergrund ein leichter Kampfpanzer LT Vz 34.

### 2.3.2 Leichter Kampfpanzer R-1 (Rumänien)

35 einer leicht veränderten Ausführung wurden zwischen 1936 und 1937 als Typ R-1 an Rumänien geliefert. Sie hatten 4,2 t Gefechtsgewicht und Panzerbleche der Dicken 5 bis 12 mm. Sonst blieb der Aufbau gegenüber dem Iran-Fahrzeug gleich. Bei Befehlspanzern wurde auf dem Drehturm eine Beobachtungskuppel angeordnet.

von den Aveste Stahlwerken beigestellt. Scania-Vabis lieferte die Motoren, eine 80 PS Otto-Version des 6-Zylinder Diesel-Lastkraftwagenmotors, Typ 1664. Die Kampfwagen wurden von September 1938 bis Februar 1939 dem schwedischen Heer zugeteilt, nachdem bereits im Mai 1938 vier komplette Prototypen durch die Firma ČKD an Schweden geliefert worden waren. Die 4,2 t schweren Kampfpanzer erreichten eine Höchstgeschwindigkeit von 48 km/h. Sie wurden während des Zweiten Weltkrieges als Aufklärungspanzer eingesetzt.

**Leichter Kampfpanzer R-1 (Rumänien).**

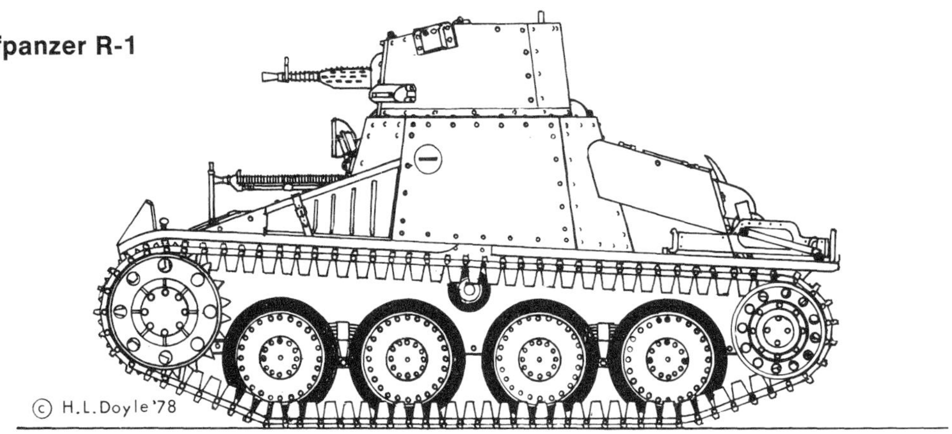


### 2.3.3 Leichter Kampfpanzer AH-IV Sv (Schweden)

Wiederum in leicht geänderter Ausführung erhielt Schweden in den Jahren 1937 und 1938 von der Českomoravska Kolben Daněk 50 Kampfpanzer Typ AH-IV Sv, die bei der schwedischen Armee als Strv m/37 bezeichnet wurden.

46 dieser Kampfpanzer wurden, zerlegt und in Kisten verpackt, an die Firma Jungner in Oskarshamn geliefert und dort zusammengebaut. Die Panzerbleche wurden

### 2.3.4 Leichter Kampfpanzer AH-IV (Äthiopien)

Interessanterweise wurde der Typ AH-IV nach Beendigung des Zweiten Weltkrieges noch einmal in Prag aufgelegt. Äthiopien suchte einen leichten Kampfpanzer, der nur mit MG bestückt und den extremen Witterungs- sowie Geländeverhältnissen des Landes gewachsen war. Der schwedische Oberst Salin, militärischer Berater des Kaisers Haile Selassie, schlug den Typ AH-IV vor, der auf Wunsch des Auftraggebers mit dem luftgekühl-

Leichter Kampfpanzer R-1 für Rumänien, geliefert von der Firma ČKD zwischen 1936 und 1937. Das untere Bild zeigt einen Befehlspanzer mit einer über dem Drehturm angeordneten Beobachtungskuppel.

Der leichte Kampfpanzer AH-IV Sv für Schweden bei der Abnahmefahrt in Prag.

ten Tatra 12-Zylinder-Dieselmotor Typ 103 ausgerüstet wurde. Die Fahrzeuge haben sich in hartem Einsatz bewährt.

## 2.4 Leichter Kampfpanzer TNH

Auf der Basis des bei der Českomoravska Kolben Daněk von Surin entwickelten Kampfpanzer TNH entstanden leistungsgesteigerten Kühlanlage gefertigt. Die 8,2 t schweren Fahrzeuge wiesen eine Panzerung von 8 bis 25 mm auf, der 3-Mann-Besatzung standen im Drehturm eine 3,7-cm-Škoda-Kanone Vz 34 und ein MG sowie in der Fahrerfront ein weiteres in einer Kugelblende gelagertes MG zur Verfügung. Für die Kanone wurden 60, für die MG 3000 Schuß Munition mitgeführt. Im Heck war ein flüssigkeitsgekühlter Praga TN 100 6-Zylinder-Ottomotor mit 100 PS Leistung eingebaut, die Höchstgeschwindigkeit betrug 42 km/h.

**Leichter Kampfpanzer TNH (Iran).**

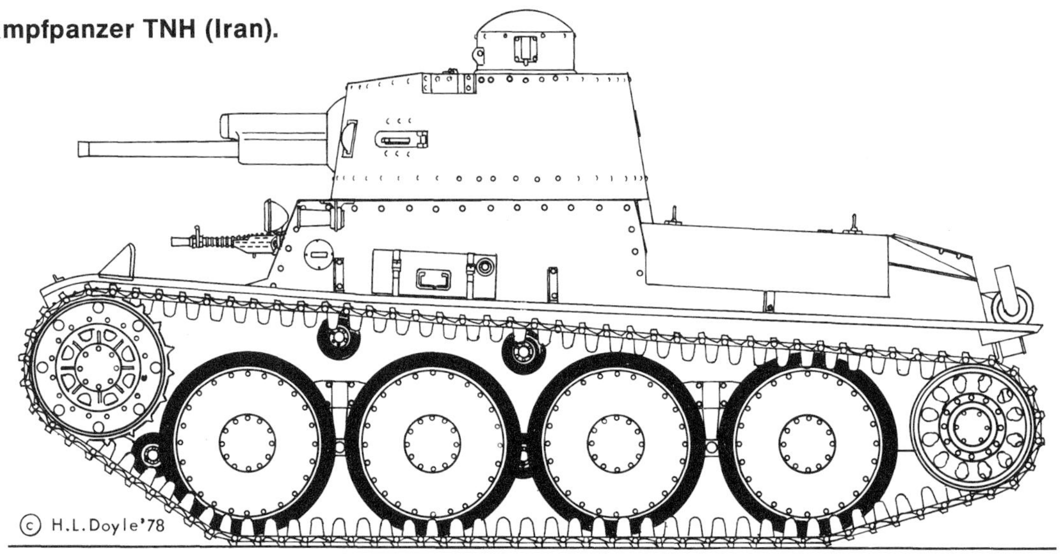


verschiedene Ausführungen, die größtenteils auf Forderungen ausländischer Auftraggeber zurückzuführen waren.

### 2.4.1 Leichter Kampfpanzer TNH (Iran)

1935 bestellte die iranische Regierung 50 TNH-Fahrzeuge, die in der Zeit von 1935 bis 1937 ausgeliefert wurden. Sie wurden als Tropenausführung mit einer

Die Fahrzeuge kamen zusammen mit den bereits gelieferten AH-IV Kampfpanzern bei der 1. und 2. Division der Kaiserlichen Garde zum Einsatz und wurden dort bis 1957 verwendet.

### 2.4.2 Leichter Kampfpanzer LTH (Schweiz)

Mit Bundesratsbeschluß vom 17. April 1936 bestellte die Schweiz bei der Českomoravska Kolben Daněk 26

Der leichte Kampfpanzer TNH für den Iran.
50 dieser Fahrzeuge wurden geliefert.

Leichter Kampfpanzer LTH (Schweiz)
(Panzerwagen 39).

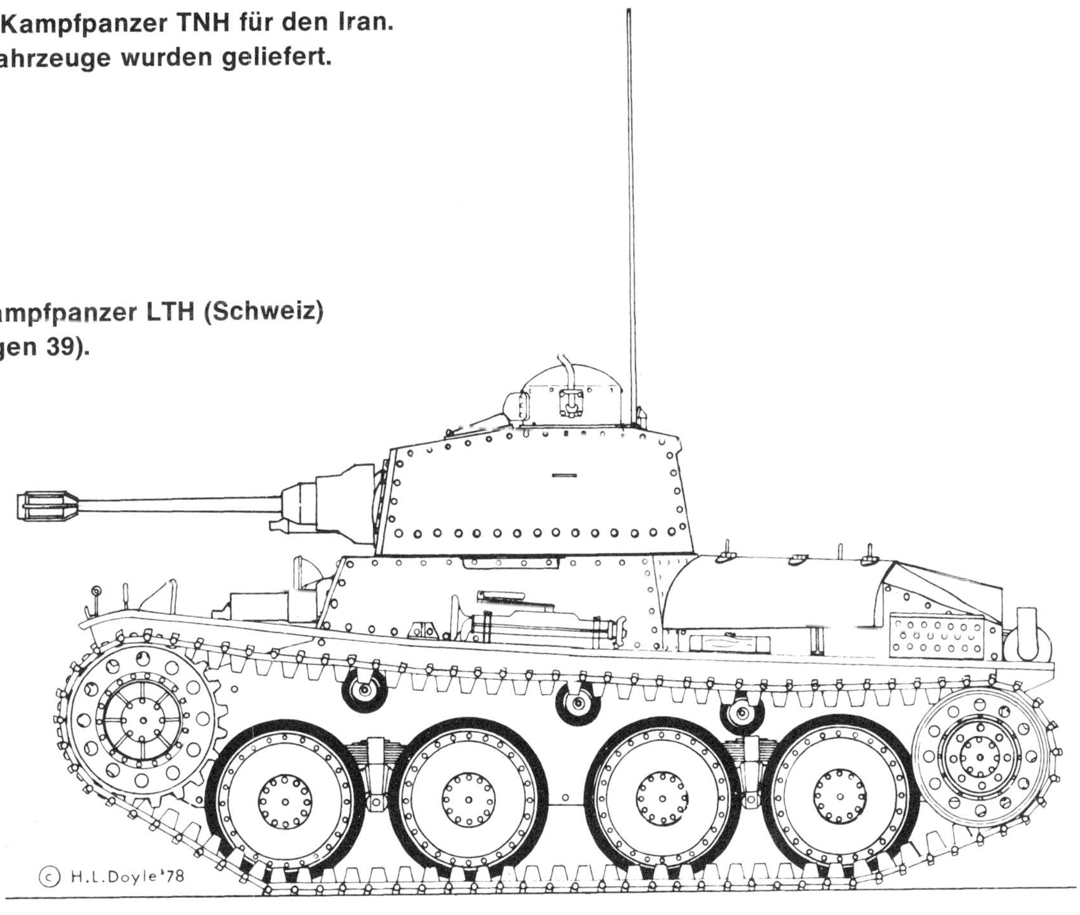

Als »Panzerwagen 39« lief bei den schweizerischen Streitkräften der leichte Kampfpanzer LTH mit Motor und Bewaffnung einheimischer Herkunft. 26 Stück wurden hergestellt.

**Untere Reihe: In der Schweiz wurden versuchsweise Fahrgestelle des »Panzerwagen 39« um eine Laufrolle verlängert und eine 7,5-cm-Kanone aufgesetzt. Der gepanzerte Aufbau war oben offen. Die Prototypen wurden als »Nahkampfkanone 1« bezeichnet.**

Kampfpanzer des Typs LTH. Sie wurden zerlegt ohne Motor und Bewaffnung geliefert und in der Schweiz montiert. Ein Saurer-Dieselmotor, 6-Zylinder und 125 PS Leistung, gab dem Fahrzeug eine Höchstgeschwindigkeit von 45 km/h. Bei 7,5 t Gefechtsgewicht und drei Mann Besatzung wurden im Drehturm eine 2,4-cm-Oerlikon-Kanone und ein MG untergebracht, ein weiteres MG war in der Fahrerfront in einer Kugelblende eingebaut. Die Dicke der Panzerbleche lag zwischen 8 und 32 mm. Die schweizerische Truppenbezeichnung lautete »Panzerwagen 39«. Mit ihnen wurden drei Panzerwagen-Kompanien gebildet, die den leichten Brigaden zugeteilt wurden. Die Fahrzeuge wurden im Jahre 1950 ausgesondert.

### 2.4.2.1 Weiterentwicklung LTH in der Schweiz

Während des Zweiten Weltkrieges wurde durch die Eidgenössischen Konstruktionswerkstätten in Thun in Zusammenarbeit mit der schweizerischen Industrie, unter Verwendung von LTH-Komponenten, die Entwicklung einer schweizerischen Selbstfahrlafetten-Eigenkonstruktion eingeleitet. Durch Verlängerung eines Fahrgestells des Panzerwagens 39 um eine Laufrolle entstand im Jahre 1942 ein Selbstfahrlafetten-Prototyp mit 7,5-cm-Kanone, die sogenannte »Nahkampfkanone 1 (NKI)«. Das Fahrzeug war oben und hinten offen. Das Gefechtsgewicht betrug 10 t. Ein zweiter Prototyp (NK II) mit 7,5-cm-Kanone, der voll gepanzert war und dessen Frontpanzerdicke 70 mm betrug, wurde in den Jahren 1943/44 gefertigt. Sein Gefechtsgewicht betrug 24 t. Das NK II-Fahrzeug war mit einem V-12-Dieselmotor ausgerüstet. Das NK II-Panzer-Fahrzeug war ein Gegenstück zum deutschen Sturmgeschütz. Auf Grund der hohen Gestehungskosten und noch nicht überwundener technischer Mängel mußte zu diesem Zeitpunkt auf eine Serienfertigung verzichtet werden.

### 2.4.3 Leichter Kampfpanzer LTP (Peru)

Gleichzeitig mit der Komponentenlieferung an die Schweiz wurden 1938 24 Fahrzeuge des Typs TNH unter der Bezeichnung LTP an Peru geliefert. Sie hatten ein

Gefechtsgewicht von 7,5 t, drei Mann Besatzung, der im Drehturm eine 3,7-cm-Škoda-Kanone Vz 34 und ein MG zur Verfügung stand. Ein weiteres MG war in der Fahrerfront in einer Kugelblende eingebaut. Der flüssigkeitsgekühlte Praga 6-Zylindermotor mit 7150 $cm^3$ Hubraum und 125 PS Leistung bei 2200 1/min war in der Zwischenzeit in Serienproduktion gegangen. Er vermittelte dem Fahrzeug eine Höchstgeschwindigkeit von 42 km/h.

### 2.4.4 Leichter Kampfpanzer LTL (Lettland)

Der letzte Exportauftrag vor Ausbruch des Zweiten Weltkrieges kam 1938 von Lettland. Es wurden 21 Stück des Kampfpanzers LTL in Auftrag gegeben, die mit einer 2-cm-Oerlikon-Kanone und zwei MG ausgerüstet werden sollten. Das Gefechtsgewicht war bei drei Mann Besatzung mit 7,2 t festgelegt. Die Panzerdicken variierten zwischen 8 bis 25 mm. Im Gegensatz zu allen anderen Fahrzeugen dieser Baureihe sollte beim LTL ein hinten liegender Antrieb verwendet werden. Die Höchstgeschwindigkeit lag bei 54 km/h. Diese Fahrzeuge wurden nicht mehr ausgeliefert*. Die bereits fertiggestellten Komponenten bildeten die Grundlage für die LT Vz 40-Kampfpanzer, die 1940 an die verbündete, selbständige Slowakei geliefert wurden.

**Leichter Kampfpanzer LTP (Peru).**

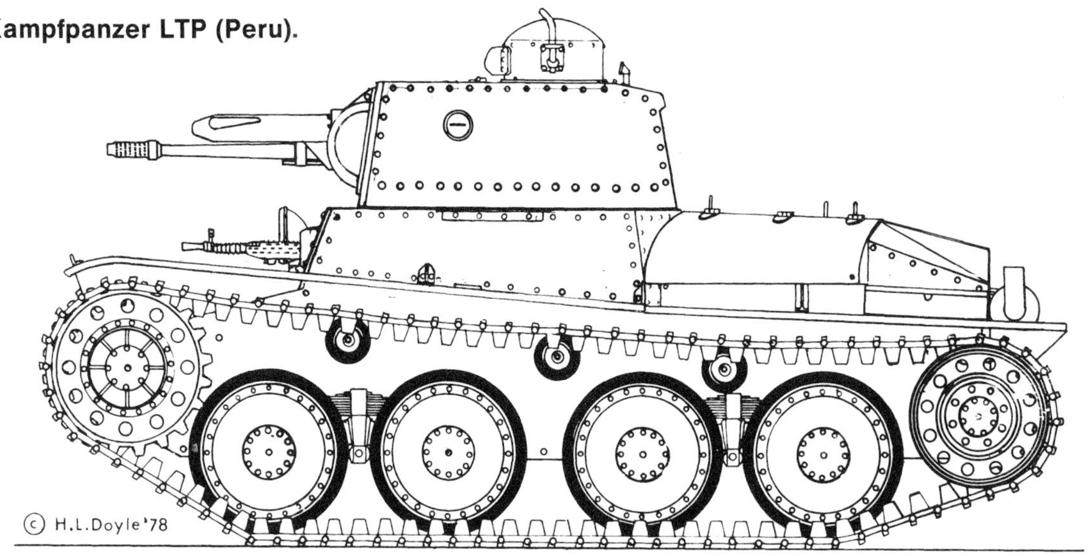


**Der nach Peru gelieferte leichte Kampfpanzer, Typ LTP.**

* Die politische Lage hatte sich geändert. Auf Grund des zwischen dem Deutschen Reich und der Sowjetunion am 23. 8. 1939 geschlossenen Nichtangriffspaktes wurde Lettland von den Sowjets besetzt und zur Sowjetrepublik Lettland.

## 2.5 AMPHIBISCHES KAMPFFAHRZEUG F-IV-H

Im Oktober 1936 hatte das Ministerium für Nationale Verteidigung die Firmen Českomoravska Kolben Daněk und Škoda mit der Entwicklung schwimmfähiger Kleinpanzer beauftragt. Beide Firmen entwickelten völlig unabhängig voneinander, von ČKD wurde das erste Projekt unter der Bezeichnung OBT 1937 vorgestellt. Der Prototyp wog 5,8 t, hatte eine maximale Panzerdicke von 14 mm und eine Bewaffnung mit zwei MG. Es war ein Praga Motor vom Typ TN eingebaut.
Das zweite Projekt, der Typ F-IV-H entsprach in Bezug auf Gewicht, Panzerung und Bewaffnung weitgehend dem Vorgänger. Er hatte jedoch Heckantrieb. Es war ein noch nicht vorhandener Motor mit 33 PS Leistung zum Einbau vorgesehen.
Im November 1937 erfolgte der Auftrag über zwei Prototypen des amphibischen Panzerfahrzeuges F-IV-H. Im Februar 1938 machte das Ministerium für Nationale Verteidigung den Vorschlag, als Bewaffnung für die amphibischen Fahrzeuge das überschwere 15-mm-MG der Brünner-Waffenwerke vorzusehen. Beide Firmen lehnten den Einbau dieser Waffe ab, da das zusätzliche Gewicht die Schwimmfähigkeit in Frage stellte. Obwohl die Entwicklung bei ČKD zielstrebig gelenkt war, kam es zu einer Verteuerung der Entwicklung und einer Verlängerung der zugesagten Liefertermine. Die Prototypen F-IV-H wurde erst im Februar 1939 fertiggestellt, am Vorabend der Besetzung durch deutsche Truppen. Die Prototypen bewiesen die Notwendigkeit einer weiteren Überarbeitung, vor allem einer Verlagerung beider Schiffsschrauben. Der Prototyp schwamm, die vorgegebene Schwimmgeschwindigkeit wurde nicht erreicht (6 km/h). Die Dicke der Panzerung betrug 12 mm. Das 6,2 t schwere Fahrzeug hatte mit drei Mann Besatzung eine Höchstgeschwindigkeit an Land von 50 km/h. Im Drehturm war ein schweres MG Vz 37 eingebaut. Dafür wurden im Fahrzeug 4000 Schuß Munition mitgeführt. Der flüssigkeitsgekühlte 4-Zylinder-Praga-Ottomotor leistete 120 PS. Funkausstattung war vorhanden.
Die Prototypen erweckten das Interesse der Deutschen Wehrmacht, die sich bis zu diesem Zeitpunkt kaum mit solchen Fahrzeugen befaßt hatte. Ein Prototyp wurde im Juli 1939 von der Deutschen Wehrmacht übernommen und eingehend erprobt. Eine Weiterentwicklung

**Vom amphibischen Kampfpanzer F-IV-H wurden zwei Prototypen gefertigt, von denen der erste die Bezeichnung OBT trug.**

**Der zweite Prototyp mit der Bezeichnung F-IV-H wurde von der Deutschen Wehrmacht eingehend erprobt.**

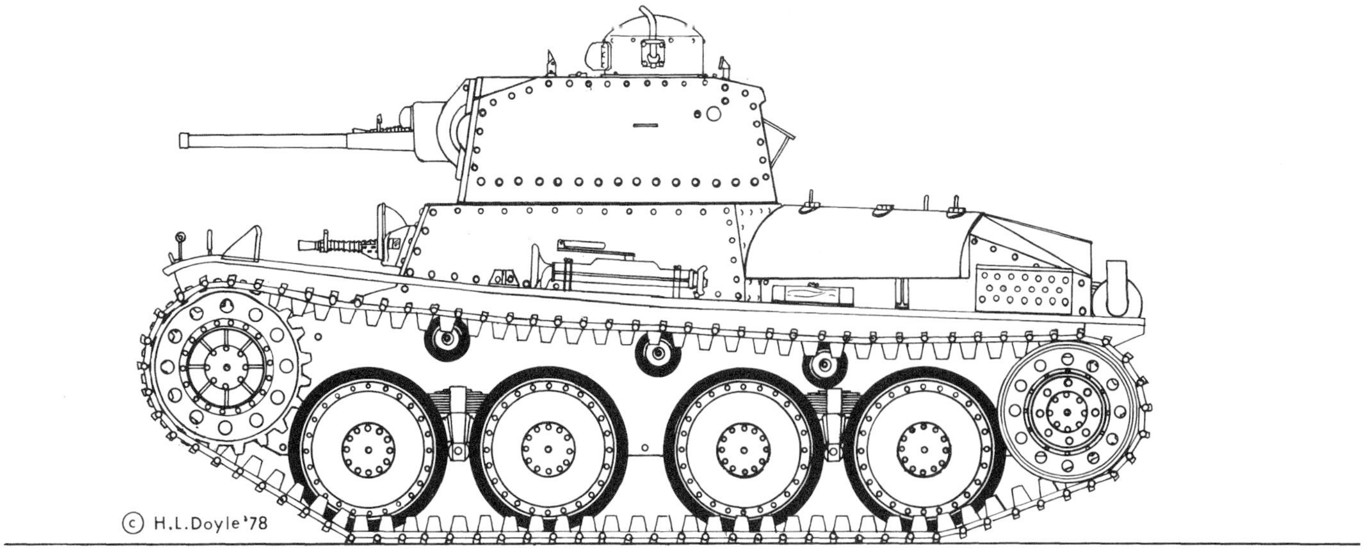

**Leichter Kampfpanzer LT Vz 40 (Slowakei).**

mit der Bezeichnung F-IV-H II wurde eingeleitet und erneut einer weiteren Erprobung unterzogen. Im September 1942 wurde die Entwicklung eingestellt.

## 2.6 LEICHTER KAMPFPANZER LT Vz 40 (Slowakei) )

Aus den Komponenten des ursprünglich für Lettland bestimmten Kampfpanzers LTL wurden 1940 21 Kampfpanzer des Typs LT Vz 40 von der Böhmisch-Mährischen Maschinenfabrik AG an die seit 14. 3. 1939 selbständige Slowakei geliefert. Gegenüber dem Panzerkampfwagen 38 (t) war das Fahrzeug kleiner – 360 mm Bodenfreiheit gegenüber 400 mm beim PzKpfwg 38 (t), 170 l Kraftstoffvorrat gegenüber 220 l des PzKpfwg 38 (t) – obwohl die Antriebsanlage und die Bewaffnung bei beiden Fahrzeugen gleich waren. Das Gefechtsgewicht betrug 7,5 t, die Besatzung bestand aus drei Mann. Der Drehturm hatte eine andere Auslegung mit einer kleinen gegossenen Kuppel, die mit der Einstiegluke integriert war. Am Laufwerk waren zwei Stützrollen vorhanden. Die Panzerdicke lag zwischen 8 und 25 mm.

**Befehlspanzer LT Vz 40 (Slowakei).**

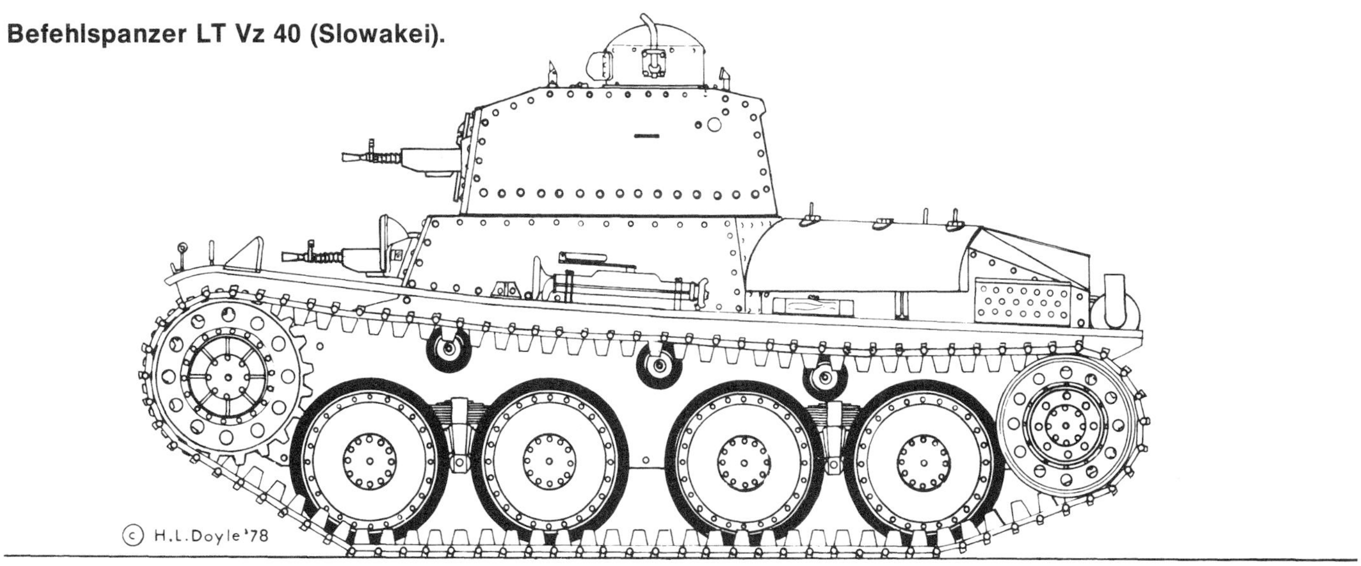

Der leichte Kampfpanzer LT Vz 40 wurde in einer Stückzahl von 21 Einheiten an die slowakischen Streitkräfte geliefert. Das Bild zeigt die Kampfpanzer-Ausführung.

Die Befehlswagen-Ausführung des LT Vz 40 hatte keine Kanone als Hauptbewaffnung, sondern nur MG.

Kampfpanzer LT Vz 35 und 40 der slowakischen Streitkräfte im Einsatz

## 2.7 LEICHTER KAMPFPANZER TNH SV (Schweden)

Schweden bestellte gegen Ende 1939 mit Genehmigung des Heereswaffenamtes 90 Kampfpanzer des Typs TNH. Zwei bereits gelieferte Prototypen sollten die Gesamtzahl der für Schweden bestimmten TNH Sv-Fahrzeuge auf 92 bringen. Die Auslieferung war für 1940 zugesagt. Aufgrund einer späteren Entscheidung des Heereswaffenamtes konnte der Auftrag jedoch nicht ausgeführt werden. Die ursprünglich für Schweden bestimmten Fahrzeuge wurden von der Deutschen Wehrmacht übernommen und liefen als Panzerkampfwagen 38 (t) Ausführung S (Fahrgestell Nr. 100 1 bis 1090, ab Herbst 1941 bei deutschen Panzereinheiten.

Die beiden ausgelieferten Prototypen jedoch bildeten die Grundlage für einen Lizenzbau des Kampfpanzers TNH in Schweden, der im Dezember 1940 von Deutschland genehmigt wurde. Scania-Vabis übernahm diese Aufgabe in enger Zusammenarbeit mit den schwedischen Streitkräften.
Anfang 1941 bestellte Schweden einen Weichstahl-Prototyp ohne Motor, Bewaffnung und optische Geräte. Ein 6-Zylinder-Ottomotor Typ 1664 der Firma Scania-Vabis war für den Einbau vorgesehen. Der Prototyp traf im Juni 1941 in Stockholm ein. Im Laufe des Jahres 1941 erhielt Scania-Vabis einen Auftrag über 116 Kampfpanzer TNH, der in der schwedischen Armee als Strv m/41 S-I eingeführt wurde. Die ersten 30 Fahrzeuge wurden

**Kampfpanzer m/41 S-I (Schweden).**

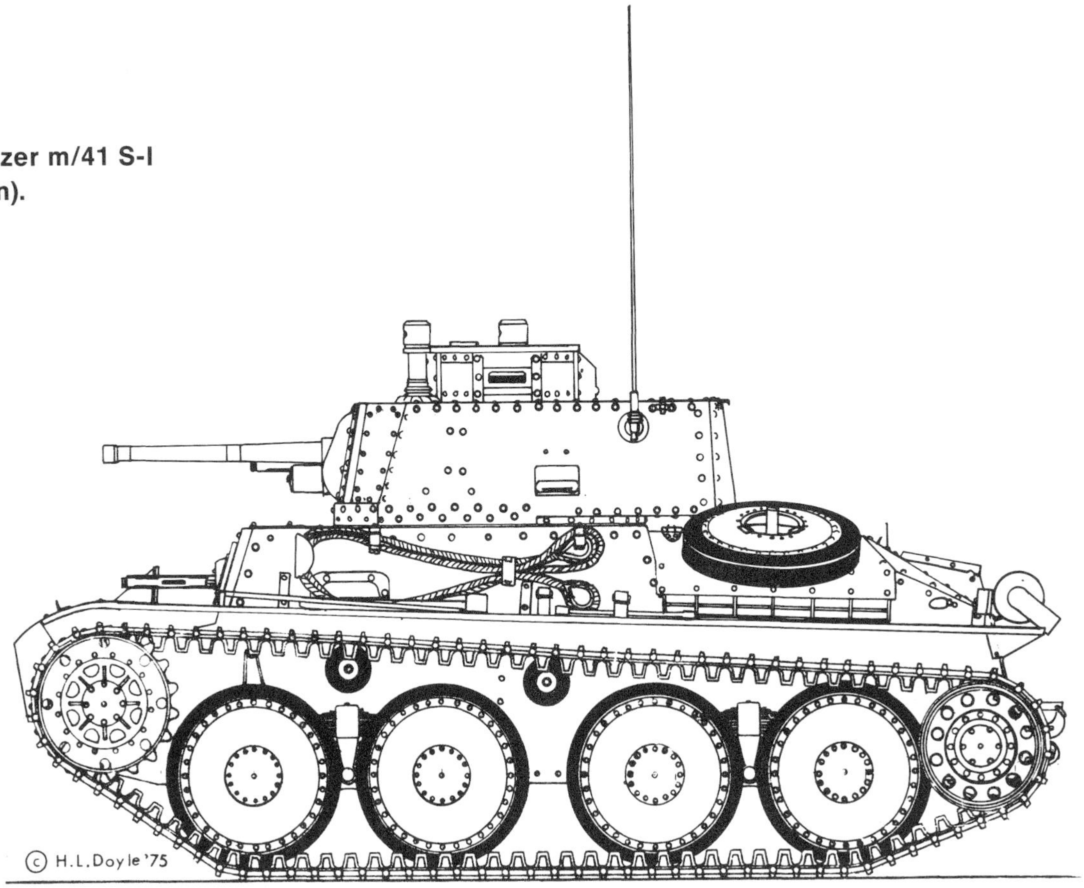

im Februar 1942 ausgeliefert. Nach den ersten Truppenversuchen wurden Änderungen durchgeführt und im Juli 1942 weitere 122 Einheiten nachbestellt. Die verbesserten Fahrzeuge wurden als Typ Strv m/41 S-II* bezeichnet. Bei der S-I-Ausführung wurde der Scania-Vabis Ottomotor Typ 1664 mit 7175 cm³ Hubraum und 145 PS Leistung eingebaut, während beim Typ S-II der flüssigkeitsgekühlte Scania-Vabis Ottomotor 603 mit 8,47 l Hubraum und 160 PS Leistung bei 2300 1/min verwendet wurde. Äußerlich waren sich beide Fahrzeuge bis auf geringfügige Änderungen gleich. Hauptbewaffnung war eine 3,7-cm-Bofors m/38 L/45 Panzerkanone, bei der im Gegensatz zur tschechoslowakischen Škoda-Originalbewaffnung der Rohrvorholer unterhalb des Rohres lag. Weiterhin waren zwei 8-mm-MG eingebaut. Der Drehturm der Serie S-II zeigte sich mit verändert geneigten Flächen. Die größte Panzerdicke lag bei 50 mm. Das Gefechtsgewicht betrug 10,5 t, die Höchstgeschwindigkeit 43 km/h. Gegenüber dem Typ S I mit 190 l Kraftstoffvorrat war der S II mit 230 l Kraftstoff beladen.

**Kampfpanzer m/41 S-II (Schweden).**

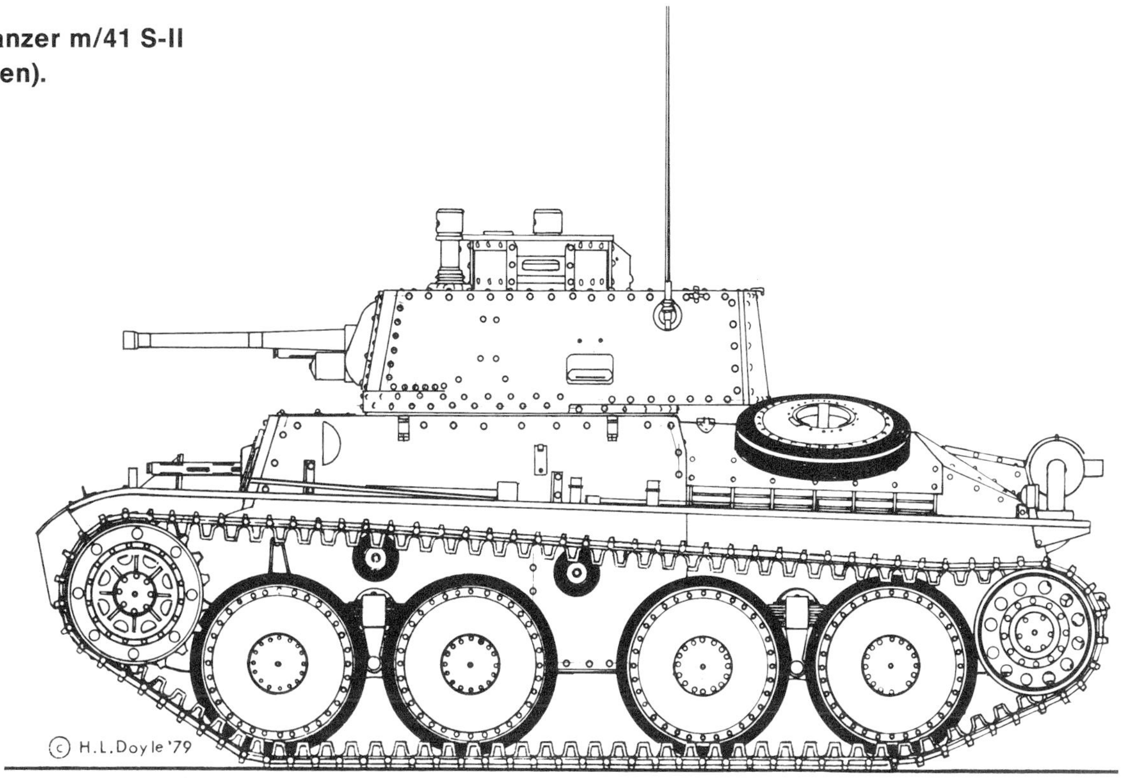


Der Kampfpanzer Strv m/41 verblieb bis 1957 beim schwedischen Heer. Er war zu diesem Zeitpunkt veraltet.

* Die Ausführung S-II hatte ein verlängertes Fahrgestell

Als Typ Strv m/41 S-I wurden 1942 30 Kampfpanzer TNH Sv an die schwedischen Streitkräfte geliefert. Die Bilder zeigen die verschiedenen Seiten des Fahrzeuges.

Links der Scania-Vabis-Motor des Strv m/41 S-I, rechts der Scania-Vabis-Motor des Strv m/41 S-II.

Der schwedische Strv m/41 S-II blieb bis 1957 im aktiven Dienst.

### 2.7.1 Weiterentwicklung TNH Sv in Schweden

Im Februar 1943 wurde Scania-Vabis vom schwedischen Verteidigungsministerium aufgefordert, den Prototyp eines Sturmgeschützes unter Verwendung des Strv m/41 Fahrgestells zu entwickeln und zu fertigen. Scania-Vabis verwendete dazu den von der Böhmisch-Mährischen Maschinenfabrik AG im Jahr 1941 gelieferten Weichstahl-Prototyp und versah ihn mit der 7,5-cm-Bofors Kanone m/02 L/27. Er erhielt die Bezeichnung Sav m/43.

**Sturmgeschütz Sav 101 (Schweden).**

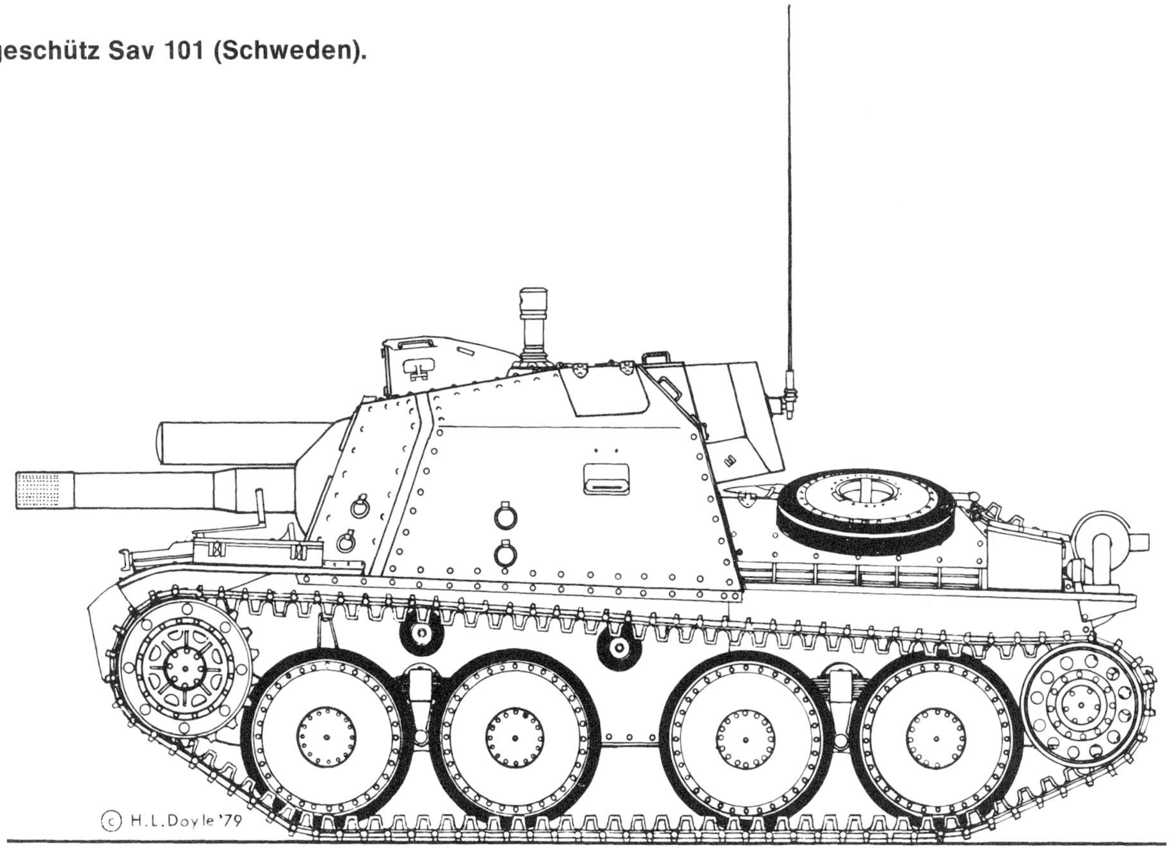


Scania-Vabis erhielt daraufhin einen Auftrag über 36 Sturmgeschütze Sav m/43, jedoch mit der Auflage, die neue 10,5-cm-Kanone m/44 einzubauen. Unter der Bezeichnung Sav 101 verblieben diese Sturmgeschütze bis 1973 im aktiven Dienst.

In den fünfziger Jahren wurden versuchsweise einige Strv m/41-Fahrgestelle zu Selbstfahrlafetten umgebaut. U. a. gab es einen Jagdpanzer Typ PvKv 3 mit der 5,7-cm-Bofors Pak und einen Flakpanzer PvKv 4 mit der 7,5-cm-Flak L/60. Die Vorzüge des Fahrgestells waren so überzeugend, daß sich das schwedische Verteidigungsministerium 1957 entschloß, dieses als Grundlage für einen neu zu entwickelnden Schützenpanzer zu verwenden. Die Firma Hägglund & Söner in Ornskoldsvik in Nordschweden fertigte bis 1959 den ersten Prototyp des Fahrzeuges Pansarbandvagn (Pbv) 301. Das fast unverändert übernommene Laufwerk mit geänderter

Auf dem Fahrgestell des Strv m/41 gab es ein Sturmgeschütz mit 10,5-cm-Kanone m/44, wobei der Prototyp 1943 (links) noch mit einer 7,5-cm-Kanone ausgerüstet war.

Prototyp des schwedischen Schützenpanzers Pvb 301.

Serienfahrzeug Schützenpanzer Pvb 301. (1962)

Aggregateanordnung erhielt einen neuen Aufbau, sowie als Antriebsquelle einen luftgekühlten 4-Zylinder 150 PS-Ottomotor vom Typ SVA 844. Der Prototyp hatte einen beim Kommandanten liegenden MG-Turm, der in der Serienausführung durch eine 2-cm-Kanone in Scheitellafette ersetzt wurde. Die Produktion fand in der Zeit von 1962 bis 1963 statt. Die Schützenpanzer des Typs Pbv 301 befinden sich noch heute im Truppengebrauch. Somit beweist dieses Fahrgestell 40 Jahre nach seiner ersten Einführung noch immer die Fortschrittlichkeit des ursprünglichen Entwurfes.

## 2.8 MITTLERER KAMPFPANZER V-8-H

Wie bereits erwähnt, hatte das Ministerium für Nationale Verteidigung bereits 1934 die Panzerhersteller ČKD und Škoda aufgefordert, einen Vollketten-Kampfpanzer der 15 t Klasse zu entwickeln. Die Českomoravska Kolben Daněk beteiligte sich nicht an dieser Ausschreibung, ihr Konstruktionschef Ing. Surin legte jedoch zu diesem Zeitpunkt bereits die Grundlagen für die Kampfpanzer TNH und V-8-H.

1938 stellte die Českomoravska Kolben Daněk den mittleren Kampfpanzer V-8-H vor, der bei der Erprobung gut abschnitt. In vier Monaten wurden 4555 km zurückgelegt, davon 1533 km in schwierigem Gelände.

**Mittlerer Kampfpanzer V-8-H (ST Vz 39).**

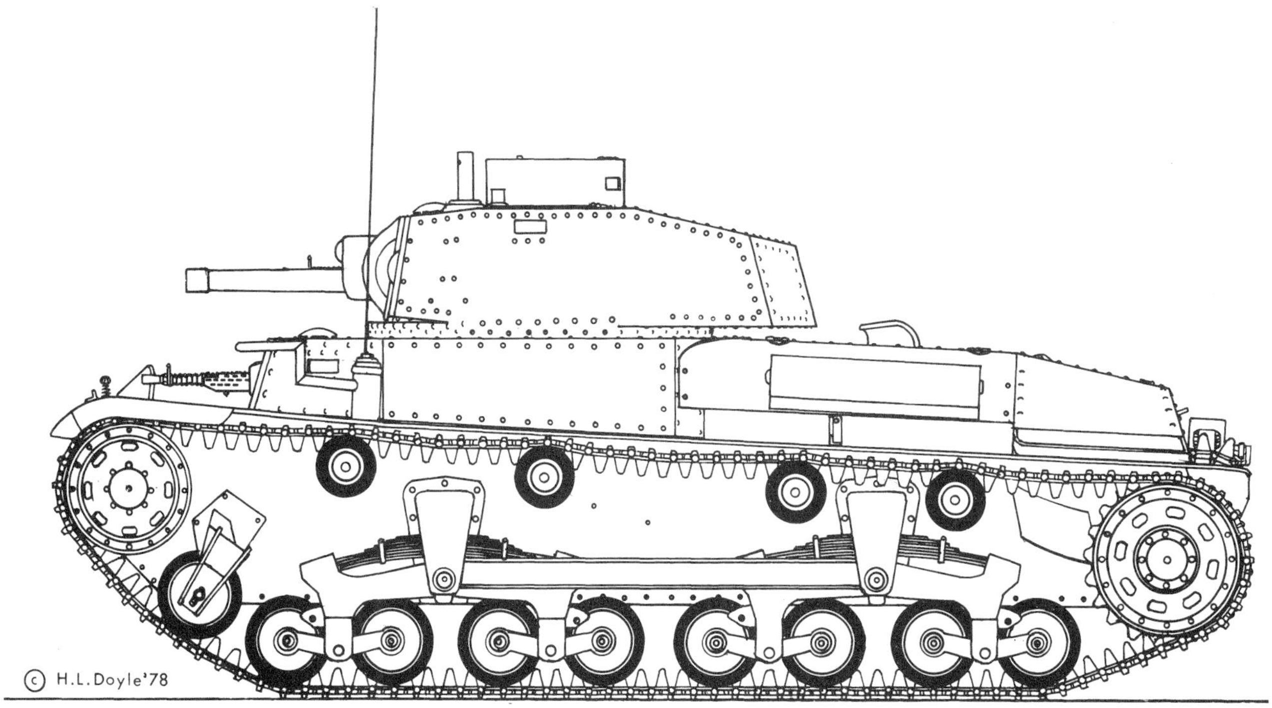

Einer der ersten Prototypen des mittleren Kampfpanzers der tschechoslowakischen Streitkräfte ST Vz 39, der als ČKD-Typ V-8-H jedoch nicht mehr in Serie ging.

Der ČKD V-8-H bei der Erprobung (oben).

Vorder- und Rückansicht des ČKD V-8-H in der endgültigen Ausführung mit der für die tschechoslowakischen Streitkräfte typischen Antenne vor der Bugplatte des Fahrzeuges.

Die Erprobungen ergaben die Festlegung des V-8-H als Standardpanzer der mittleren Klasse. Es wurde im April 1938 vom Ministerium für Nationale Verteidigung ein Vorbescheid über die Beschaffung von 300 Kampfpanzer V-8-H mit der Heeresbezeichnung ST Vz 39 ausgestellt. Die Lieferung sollte im März 1940 beginnen, die politischen Ereignisse ließen dies nicht mehr zu.
Der Gesamtauftrag über die leichten (TNH) und mittleren (V-8-H) Kampffahrzeuge sollte gemeinsam von der Českomoravska Kolben Daněk und Škoda ausgeführt werden, wobei die Českomoravska Kolben Daněk hauptsächlich die TNH-Fahrzeuge produzieren sollte. Škoda wurde beauftragt, 205 der 300 Einheiten des Kampfpanzers V-8-H zu fertigen.
Es wurden jedoch nur zwei Prototypen V-8-H gebaut, eine Serienfertigung wurde wegen der deutschen Besetzung nicht aufgenommen. Das für seine Zeit fortschrittliche Fahrzeug wog 16,5 t. Mit einer Panzerung von 20 bis 32 mm hatte die 4-Mann-Besatzung im Drehturm eine 4,7-cm-Škoda-Kanone Vz 38 und ein MG ZB Vz 37 zur Verfügung. Ein weiteres 7,92-mm-MG befand sich in der Fahrerfront in einer Kugelblende. Für die Kanone wurden 90, für beide MG 3000 Schuß Munition mitgeführt. Der flüssigkeitsgekühlte V-8-Ottomotor der Firma Praga vom Typ NR leistete 240 PS bei 2200 1/min. Die Höchstgeschwindigkeit dieser Prototypen betrug 48 km/h.

## 2.9 LEICHTER KAMPFPANZER TNH (LT Vz 38)

Im März 1937 ersuchte das Ministerium für Nationale Verteidigung die Hersteller von Kampfpanzern um Entwicklungsvorschläge und Prototyp-Fertigung von Kampfpanzern, welche in kürzester Zeit in Massenfertigung hergestellt werden konnten. Aufträge in Höhe von 400 Fahrzeugen waren in Aussicht gestellt worden. Das Ministerium versprach, 260 solcher Fahrzeuge sofort zu bestellen.
Die Firma Českomoravska Kolben Daněk wies darauf hin, daß die von ihr entwickelten Kampfpanzer denen der Škoda-Werke weit überlegen wären und bot zur sofortigen Erprobung drei Prototypen an. Dabei handelte es sich um den Kampfpanzer LTL, eine verbesserte Ausführung des Typs LT Vz 34 mit neuem Motor und Wechsel/Lenkgetriebe, sowie den Kampfpanzer TNH.
Škoda bot folgende Modelle an: Überarbeitete P-I und P-II, sowie LT Vz 35 mit verbessertem Getriebe und Laufwerk. Als mittlere Kampfpanzer lagen bei Škoda die Fahrzeuge S-II-b sowie SP-II-b in Entwicklung, die jedoch gemeinsam mit ČKD weiterentwickelt werden sollten. ČKD hatte einen Prototyp des mittleren Kampfpanzers V-8-H bereits an die Panzererprobungsstelle Milowitz überwiesen.
Die Erprobung mit dem Kampfpanzer-Prototyp TNH begann am 25. Januar 1938 und ergab bald, daß dieses Kampffahrzeug mit Abstand der beste leichte Kampfpanzer war, der zur Verfügung stand. Aufgrund eingehender Truppenversuche vergab das Ministerium für Nationale Verteidigung bereits am 22. Juli 1938 einen Fertigungsauftrag über 150 Kampfpanzer Typ TNH an die Firma Českomoravska Kolben Daněk. Der Stückpreis wurde mit Kr 620146,– angegeben. 20 Fahrzeuge pro Monat sollten bis Jahresende 1938 zur Auslieferung gelangen, weitere Lieferungen waren mit je 40 Einheiten für Januar und Februar 1939 vorgesehen. Der Rest sollte mit 50 Stück bis Mai 1939 ausgeliefert werden. Die Firma ČKD war in der Lage, unter Heranziehung ihrer sämtlichen Fertigungsstätten, monatlich 20 Kampfpanzer auszustoßen und eine Jahresleistung von 300 Kampfpanzern zu gewährleisten. Der Gesamtauftrag über leichte und mittlere Kampfpanzer sollte gemeinsam von ČKD und Škoda ausgeführt werden, wobei ČKD hauptsächlich den Typ TNH fertigen sollte.
Der leichte Kampfpanzer sollte offiziell als Typ LT Vz.38 (leichter Panzer, Modell 1938) beim tschechoslowakischen Heer eingeführt werden. Die ersten Serienfahrzeuge verließen die Taktstraße der Firma Českomoravska Kolben Daněk im Februar 1939 in Prag, wurden aber nicht mehr an die tschechoslowakische Panzertruppe ausgeliefert.

### 2.9.1 Leichter Kampfpanzer TNH-P Erprobung in Großbritannien

Am 16. März 1939 begann auf Weisung des Britischen Kriegsministeriums die Erprobung eines offiziell be-

**Der leichte Kampfpanzer TNH, einer der fortschrittlichsten Entwürfe seiner Zeit.**

schafften Kampfpanzers TNH-P. Bei dem untersuchten Fahrzeug bestand die Panzerung, mit Ausnahme der Turmvorderwand, aus Weichstahl. Die Panzerdicke betrug vorne 25 mm, seitlich und hinten 15 mm. Das Fahrzeug wog etwa 8 Tonnen, hatte drei Mann Besatzung und eine 3,7-cm-Kanone sowie zwei Besa-MG. Ein 125 PS Pragamotor war eingebaut. Nach einer eingehenden Untersuchung wurde das Fahrzeug für die technische Erprobung freigegeben. Die Erprobungen, die am 29. März 1939 abgeschlossen wurden, ergaben, daß der Versuch, ein unauffälliges Panzerfahrzeug zu schaffen, mit Beobachtungsausrüstung, die immun gegen Beschuß sein sollte, Platzverhältnisse im Inneren des Kampfraumes brachte, die mit den englischen Vorstellungen nicht in Einklang zu bringen waren. Die Nickbewegungen des Fahrzeuges auf Straße und Gelände machten es dem Richtschützen unmöglich, das Auge am Zielfernrohreinblick zu belassen.

### 2.9.2 Panzerkampfwagen 38 (t)

Zu diesem Zeitpunkt, Ende März 1939, stand das Herstellerwerk Českomoravska Kolben Daněk in Prag bereits in Verbindung mit dem Heereswaffenamt WaIRü WuG 6 zwecks Festlegung der Bedingungen für die weitere Panzerfertigung. Durch die Übernahme des tschechischen Panzerkampfwagens LT Vz. 38 in die Deutsche Wehrmacht wurde das Fahrzeug hier zum Panzerkampfwagen 38 (t). Das t wies auf die tschechische Fertigung hin. Dieser Zusatz entfiel allerdings ab 1943.
Es stellte sich nach eingehender Analyse wie folgt vor:

**Leichter Kampfpanzer TNH.**

Im März 1939 wurde der leichte Kampfpanzer TNH in Großbritannien einer eingehenden Erprobung unterzogen. Die Bilder zeigen das Fahrzeug während dieser Zeit.

Es bestand aus der Panzerwanne und den darin untergebrachten Antriebsaggregaten, dem Laufwerk sowie dem Drehturm mit Bewaffnung. Die Panzerwanne setzte sich aus Panzerblechen verschiedener Größe und Dicke zusammen, die miteinander durch Schrauben und Nieten verbunden waren. Die Wanne war durch eine Zwischenwand, 5 mm dick, in Kampfraum und Motorraum geteilt. In der Motortrennwand befanden sich zwei Klappen, welche dem Fahrer den Zugang zum Motor vom Kampfraum her ermöglichten. Kampfraum: Im Kampfraum waren an der Stirnwand vor Fahrer und Funker zwei Sehöffnungen eingeschnitten. Rechts vom Fahrer war eine weitere Sehöffnung in der Seitenwand der Panzerwanne angeordnet. Die Sehöffnungen wurden durch Sehklappen verschlossen. Auf dem Dach der Panzerwanne war der innere Ring des Turmkugellagers angeschraubt, der durch eine dreiteilige Abdeckung geschützt war. Das Wannendach war vorne links über dem Funkersitz mit einer verschließbaren Einstiegklappe versehen.

In der rechten Ecke des Kampfraumes war beim Fahrer ein Signalkasten befestigt, welcher drei Druckknöpfe und drei Signalleuchten (grün, rot, blau) enthielt. Diese dienten der Verständigung zwischen Fahrer und Kommandant. Der Sprechverbindung zwischen Richtschützen und Fahrer diente ein Sprechschlauch.

Zur Entlüftung des Kampfraumes wurden die Pulvergase ausreichend abgesaugt, bzw. konnten durch Luftschlitze links in den Seitenwänden der Panzerwanne, an der rechten seitlichen Sehklappe und aus dem Drehturm entweichen.

Motorraum: Die Panzerbleche oben auf dem Heck der Panzerwanne waren abnehmbar und bildeten die Motorabdeckung. Vier Abdeckplatten waren vorhanden. Die beiden Kühlluftkanäle, welche durch die Seitenwände der Panzerwanne und die linke sowie rechte Motorabdeckplatte gebildet wurden, schützten den Motorraum gegen Geschosse kleinkalibriger Waffen. Die Kühlanlage war ausreichend dimensioniert, um den Motor auch bei einer Außentemperatur von 45° C befriedigend zu kühlen, ihr Wirkungsgrad jedoch unbefriedigend. Ein- und Auslaßgrätings waren mit einem Gitter versehen, welches das Eindringen größerer Fremdkörper in den Motorraum verhinderte. Der senkrechte Teil beider Motorabdeckplatten war von innen mit einem 5 mm dicken Panzerblech verstärkt. Die Kühlluftkanäle waren mit Sperrklappen versehen, welche vom Fahrer durch eine Vorrichtung einstellbar waren.

An den Längsseiten der Panzerwanne war das Laufwerk angebracht. Es wies auf jeder Seite vier Laufrollen auf, welche mit Gummibandagen versehen waren. Die Laufrollen waren in Schwingarmen gelagert, von denen je zwei durch eine Blattfeder abgefedert waren. Die Scheiben der Laufrollen bestanden aus 6 mm dickem Panzerblech, so daß sie teilweise die Federn und die Schwingarme gegen Beschuß schützten. Die Schwingarme waren so ausgebildet, daß sie den Schmutz von der Innenseite der Gummibandagen abkratzten. Die Blattfederpakete waren in der Mitte in einem Federhalter gehalten, der wie in einer Waage mit einer Schneide auf einer Tragfläche gelagert war. Die Tragfläche war auf dem Träger der Schwingarme befestigt. Diese Aufhängung hat nie zu Schäden geführt, die bei den bis dahin bekannten Lagerungen von Blattfederpaketen in ihrer Mitte häufig auftraten. Die Enden der Blattfederpakete stützten je zwei Schwingarme über Bronzelagerplatten ab, die auf den Enden der Schwingarme aufgeschraubt waren.

Die Scheiben der Laufrollen hatten einen Durchmesser von 775 mm und waren untereinander austauschbar.

Die Leiträder mit Laufflächen aus Stahl und einem Durchmesser von 535 mm waren auf der Kurbel der Kettenspanner gelagert. Diese hatten einen Spannbereich in einer Länge von 1½ Kettengliedern.

Die Kettenglieder wiesen eine Teilung von 104 mm und eine Breite von 293 mm auf. Sie waren untereinander durch Kettenbolzen ohne Köpfe verbunden. Die Bolzensicherung erfolgte durch einen Sprengring, der in das Kettenglied eingelegt war.

Auf den Gleisketten konnten Schneegreifer angebracht werden. Für jede Gleiskette waren zehn Greifer für den Winterbetrieb vorgesehen. Das obere Kettentrum wurde durch zwei Stützrollen mit einem Durchmesser von 220 mm getragen und geführt. Über den Gleisketten waren der ganzen Länge und Breite nach Kettenabdekkungen aus Blech von 2 mm Dicke befestigt und so versteift, daß die Panzerbesatzung dieselben betreten konnte.

Der flüssigkeitsgekühlte Praga-Motor, Typ EPA, ein 4-Takt-6-Zylinder-Ottomotor mit Trockensumpfschmie-

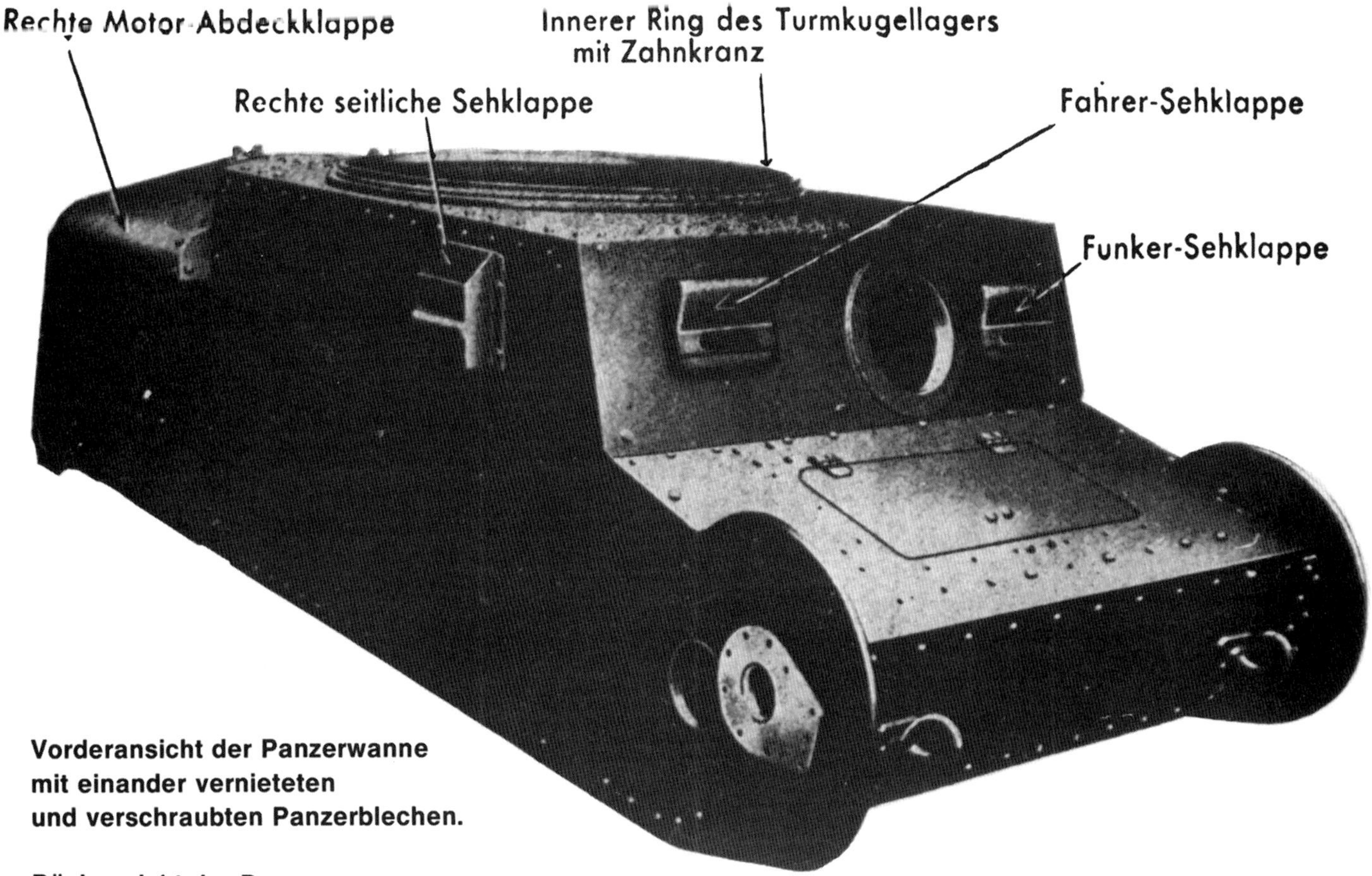


**Vorderansicht der Panzerwanne mit einander vernieteten und verschraubten Panzerblechen.**

**Rückansicht der Panzerwanne.**

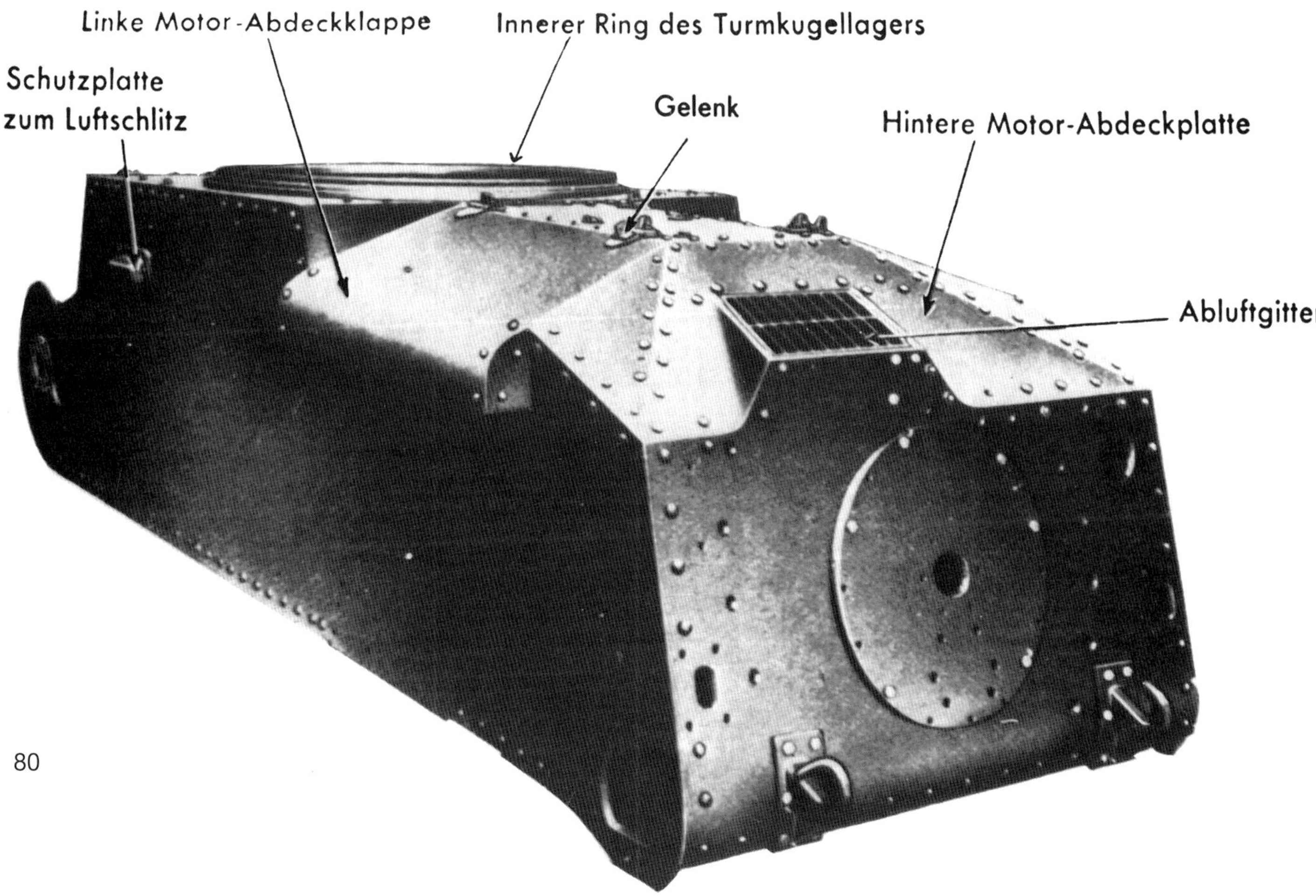

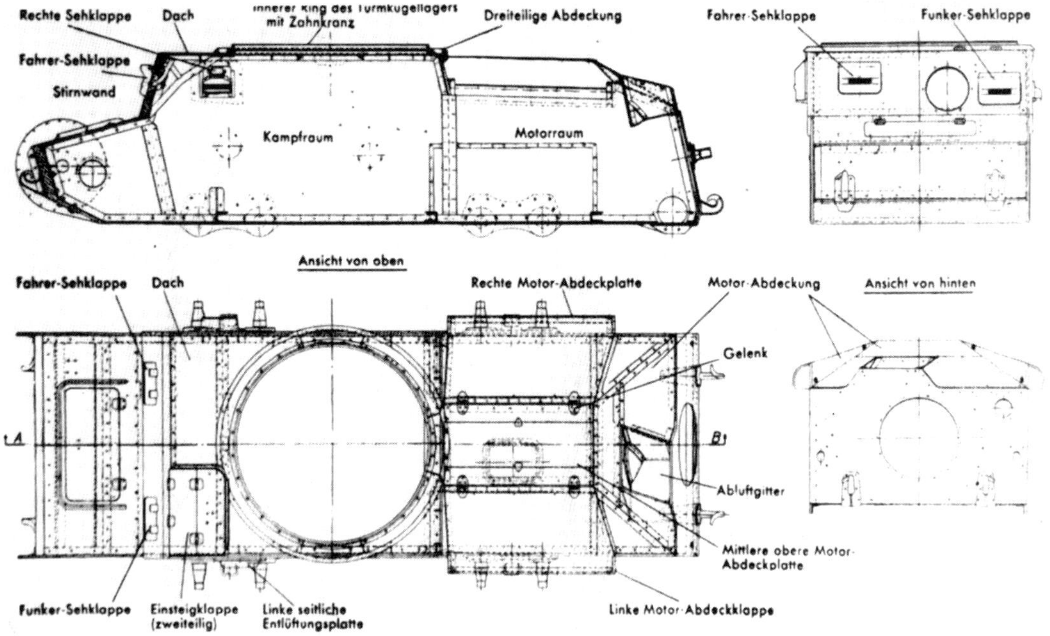


**Schnittbild und Ansichten der Panzerwanne.**

rung und Drehzahlregler war im hinteren Teil der Wanne, achtmal auf Gummiblöcken gelagert, untergebracht. Die Zylinder standen in Reihe, in einem Block, mit abnehmbarem Zylinderkopf. Die Ventile waren obengesteuert, die Kolben bestanden aus Leichtmetall. Bei 110 mm Bohrung und 136 mm Hub betrug der Zylinderinhalt 7,75 l, die Motorleistung 125 PS.
Der Kraftstoff konnte dem Vergaser, Typ Solex 48 FNVP, auf zwei von untereinander unabhängigen Wegen, und zwar durch eine mechanische oder eine elektrische Kraftstofförderpumpe, zugeführt werden. Die elektrische Pumpe wurde nur bei einer Störung der mechanischen Pumpe eingeschaltet. Zwei Kraftstoffbehälter mit einem Gesamtinhalt von 220 l waren vorhanden. Der rechte Behälter war durch eine Wand in zwei Teile geteilt, von denen der eine mit einem Inhalt von etwa 40 l den Hilfsbehälter bildete. Die Behälter waren zu beiden Seiten des Motors angebracht, die Umschalthähne dazu vom Kampfraum aus zugängig.
Unter der Motorhaube rechts im Motorraum und mit dem Vergaser durch eine Rohrleitung verbunden, war zunächst ein als Ölbadfilter ausgelegter Verbrennungs-Luftfilter eingebaut, der in seiner Wirkung unzureichend war. Er wurde bei späteren Ausführungen und als Nachrüstung durch einen Delbag-Ölbad-Luftfilter mit vorgeschaltetem Zyklonfilter ersetzt.
Der Lüfter der Kühlanlage wurde vom Motor durch eine Welle mit Kardangelenk angetrieben. Der Lamellenkühler hatte einen Wasserinhalt von etwa 50 l. Eine Regelung der Kühlwassertemperatur war vom Kampfraum aus vorzunehmen, ältere Fahrzeuge hatten vom Innern aus verstellbare Klappen, während neuere Ausführun-

**Gesamtbild des Panzergehäuses. Turm und Wanne.**

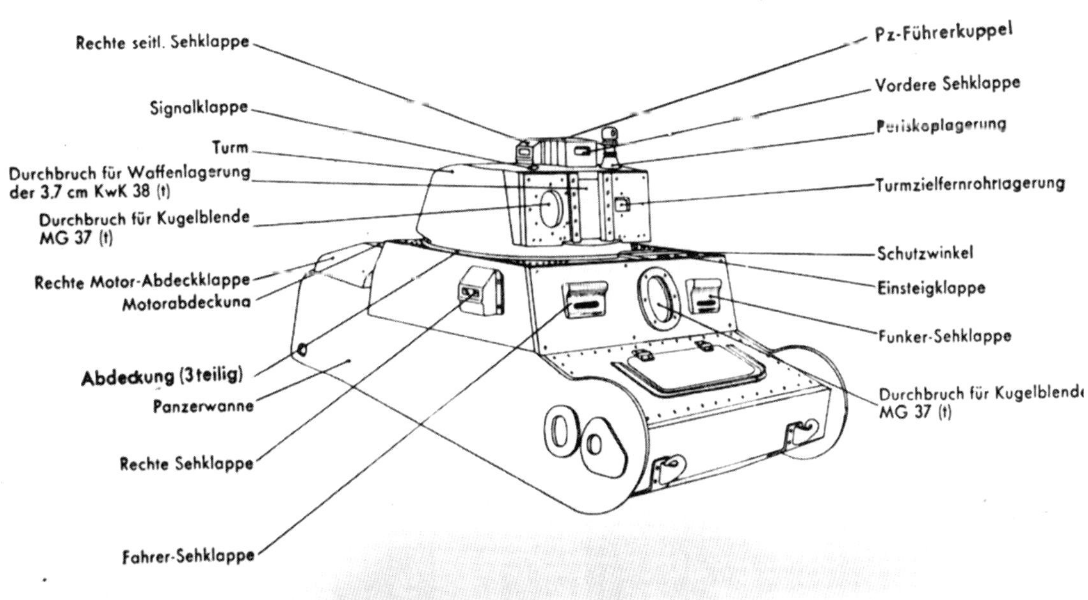

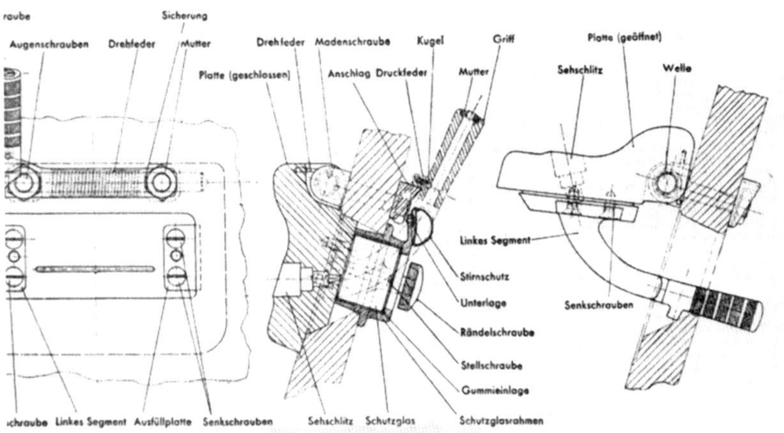


**Funkersehklappe.**

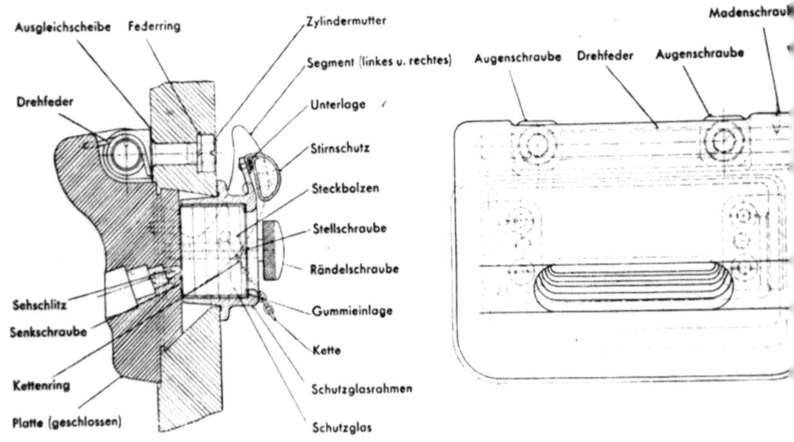


**Fahrersehklappe mit drehbarem Winkelspiegel.**

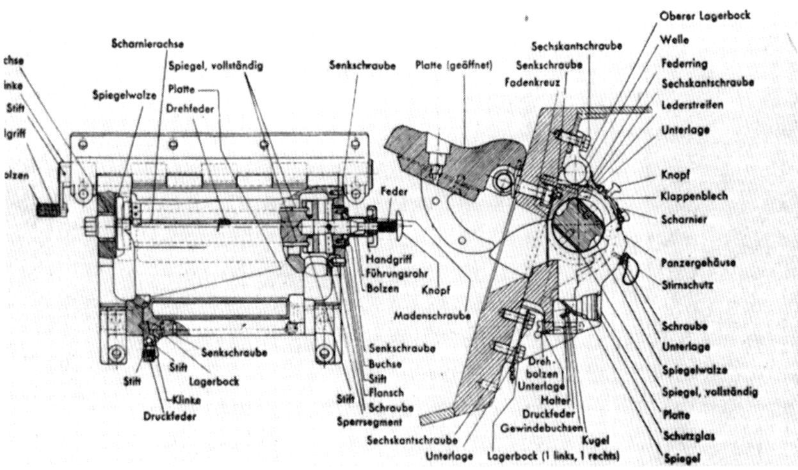


▲ **Fahrersehklappe mit Schutzglas (Winkelspiegel abgenommen). Stabantenne mit Lagerung.** ▼

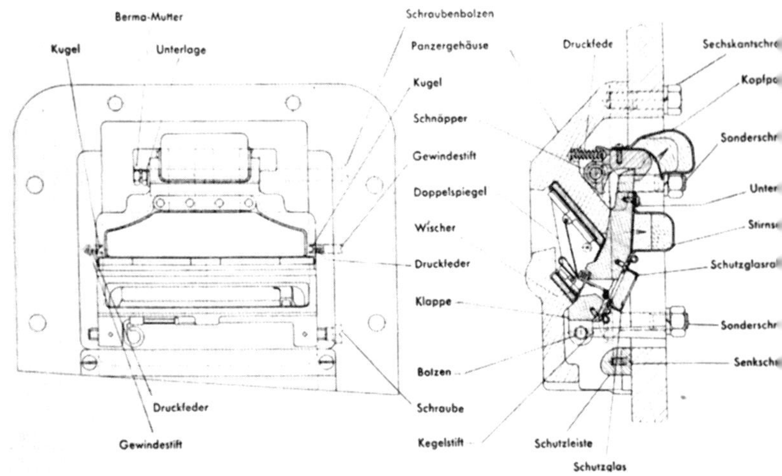


**Rechte seitliche Sehklappe.**
**Panzerfahrer und -funkersitz.**

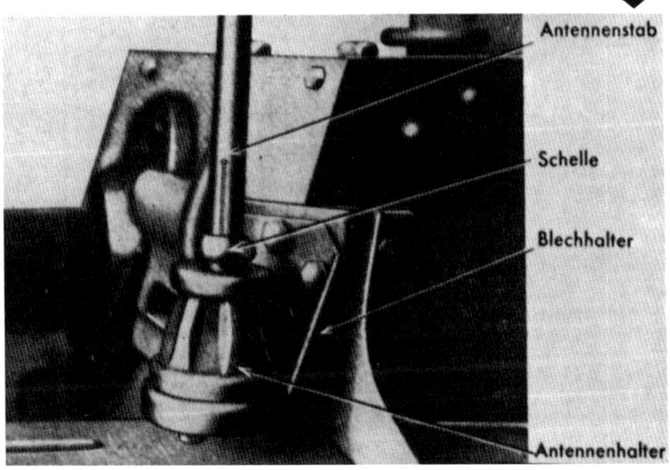


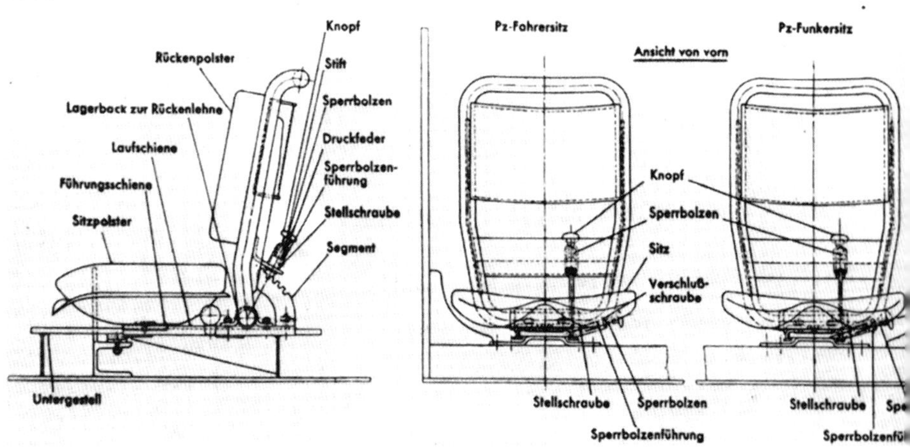

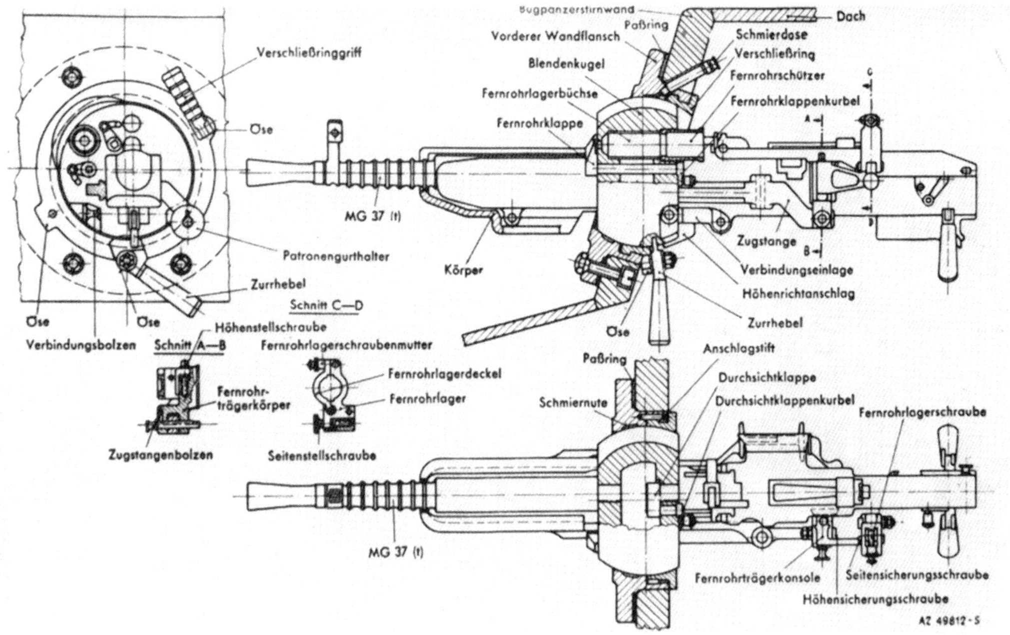


Kugelblende für MG 37 (t) (neben dem Panzerfahrer).

Kampfraum, vorne.

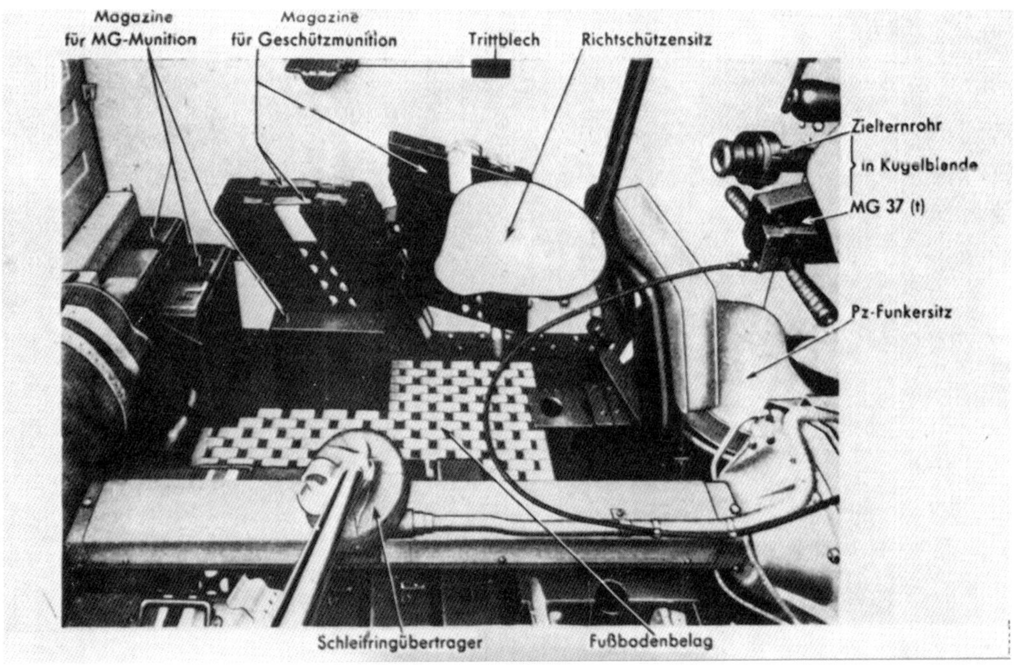


Kampfraum, links.

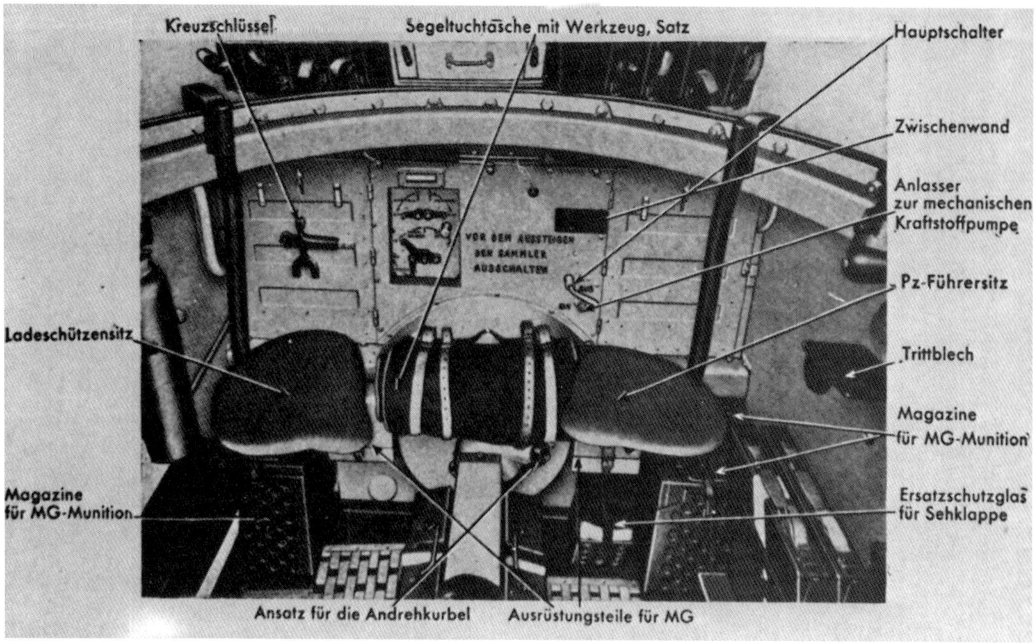


**Kampfraum, hinten.**

gen einen feststellbaren Schieber im Kühlluftaustritt aufwiesen.

Die Zündung geschah durch einen Magnetzünder Vertex-Scintilla, Typ NV4-D, jeder Zylinder besaß eine Zündkerze. Die elektrische Anlage des Motors, mit Ausnahme des Anlassers, war entstört.

Ein mechanischer Drehzahlregler begrenzte die Drehzahl des Motors auf 2000 1/min.

Die Hauptkupplung, eine im Schwungrad des Motors angeordnete trockene Scheibenkupplung, war als Rutschkupplung ausgelegt. Die besondere Ausführung des Wechselgetriebes machte eine Betätigung der Hauptkupplung beim Wechseln der Gänge hinfällig.

Vom Motor aus führte eine Gelenkwelle durch den Kampfraum und übertrug die Drehbewegung von der Hauptkupplung auf das vorne liegende Wechselgetriebe. Vom Kampfraum aus konnte der Motor durch eine Handkurbel über einen Kegeltrieb angeworfen werden.

Als Wechselgetriebe – System Praga-Wilson – war ein halbautomatisches Wechselgetriebe mit Umlauftrieben ohne Zugkraftunterbrechung britischer Herkunft und Lizenz nach tschechischer Bauart eingebaut. Damit war einer der ersten Versuche gemacht, ein derartiges Wechselgetriebe in einem Kampfpanzer einzubauen. Wenn in schwierigem Gelände beim Gangwechsel die Zugkraft bei den bis dahin üblichen Wechselgetrieben unterbrochen werden mußte, kam es häufig zum Stillstand des Kampfpanzers. Dies konnte im Kampfgeschehen zu schwierigen Situationen führen, war aber bei den verwendeten Wechselgetrieben unvermeidbar. Das Praga-Wilson-Wechselgetriebe hatte mit fünf Umlauftrieben und einer Kegelkupplung fünf Vorwärts-

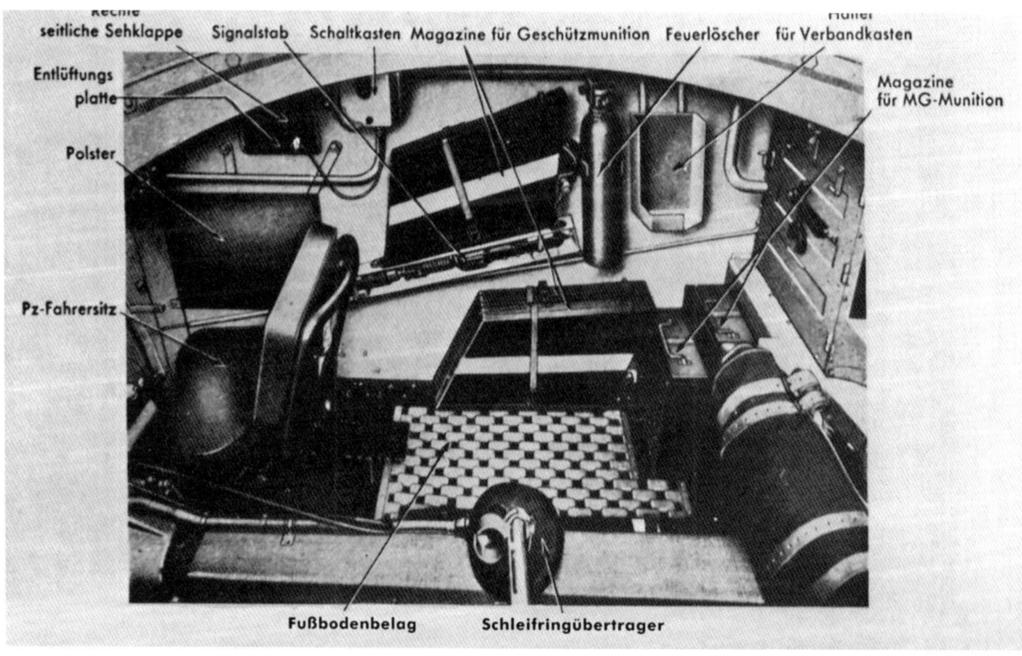


**Kampfraum, rechts.**

Einzelheiten des Laufwerks. Triebrad mit Lauf- und Stützrollen.

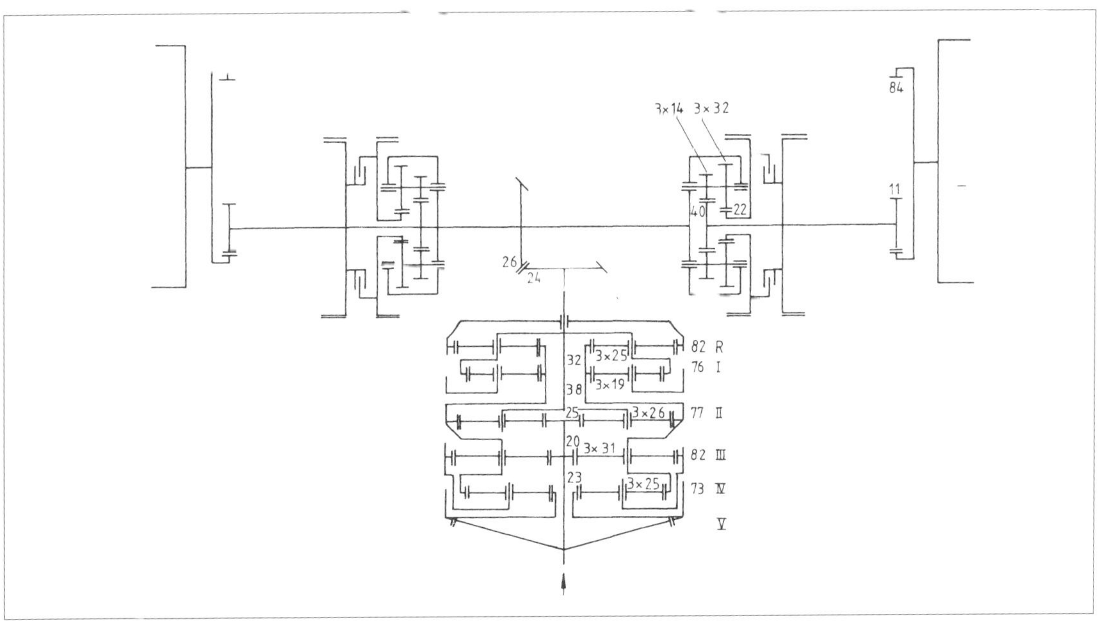


Anordnung der Lauf- und Stützrollen (Mitte links).

Das Leitrad mit Gleiskette (Mitte rechts).

Schema des Wechsel- und Lenkgetriebes des Panzerkampfwagens 38 (t).

gänge und einen Rückwärtsgang. Die Gänge wurden mit einem Vorwähler vorgewählt und, beim Schaltvorgang, durch Betätigung eines Fußpedals geschaltet. Die Umlauftriebe wurden durch Anziehen und Lösen ihrer Bandbremsen geschaltet. Eine Schraubenfeder spannte die Bremsbänder über je ein nachstellbares Kniegelenk und rückte die Kegelkupplung ein. Mit dieser einfachen und sicheren Betätigung und weitgehenden Nachstellmöglichkeiten war der Panzerkampfwagen 38 (t) sehr leicht zu fahren und hatte selten Schäden. Die sonst bei Kampfpanzern üblichen, zahlreichen Kupplungsschäden waren beim Panzerkampfwagen 38 (t) unbekannt.

Die Übersetzungsverhältnisse im Wechselgetriebe und zugehörige Geschwindigkeiten des Panzerkampfwagens 38 (t) waren:

| Gang | Wechselgetriebe i | Kegelradpaar i=1,083 i ges | Lenkgetriebe i=1 u. 1,32 i ges | Seitenvorgelege i=7,63 i ges | Max. Drehzahl Triebrad 1/min | Max. Fahrgeschwindigkeit km/h |
|---|---|---|---|---|---|---|
| 1 | 10,25 | 11,1 | 14,65 | 112 | 24,3 | 3,6 |
| | 10,25 | 11,1 | 11,1 | 84,7 | 32,5 | 4,1 |
| 2 | 4,08 | 4,43 | 5,85 | 44,7 | 61,5 | 7,7 |
| | 4,08 | 4,43 | 4,43 | 33,8 | 81,3 | 10,2 |
| 3 | 2,55 | 2,76 | 3,67 | 28,0 | 98,3 | 12,4 |
| | 2,55 | 2,76 | 2,76 | 21,0 | 131 | 16,5 |
| 4 | 1,6 | 1,73 | 2,28 | 17,4 | 158 | 19,5 |
| | 1,6 | 1,73 | 1,73 | 13,2 | 208 | 26,2 |
| 5 | 1 | 1,083 | 1,43 | 10,9 | 252 | 31,8 |
| | 1 | 1,083 | 1,083 | 8,2 | 335 | 42 |
| R | 6,88 | 7,18 | 9,47 | 72,3 | 38 | 4,8 |
| | 6,88 | 7,18 | 7,18 | 54,8 | 50 | 6,3 |

Über einen Kegeltrieb wurde das Drehmoment vom Wechselgetriebe auf das angeflanschte Lenkgetriebe übertragen.

Mit dem Lenkgetriebe wurde meist ohne Abbremsen der im Kurveninnern liegenden Gleiskette ohne Leistungsverlust gelenkt. Dadurch unterschied sich das Lenkgetriebe des Panzerkampfwagens 38 (t) von denen der deutschen Panzerkampfwagen.

Während die Kupplungsbremslenkgetriebe der deutschen Panzerkampfwagen bei jeder Lenkung die kurveninneren Gleisketten erst entkuppeln und dann durch Bremsen mit mehr oder weniger starken Verlusten verzögerten, verlangsamte das Lenkgetriebe des Panzerkampfwagens 38 (t) die innere Gleiskette, indem über einen Umlauftrieb praktisch verlustlos die Antriebsdrehzahl um etwa ein Drittel herabgesetzt wurde, während die in der Kurve außen liegende Gleiskette mit gleicher Geschwindigkeit weiterlief. Bis zu einem Lenkradius von 9 m, also bei der Mehrzahl der Lenkungen, konnte praktisch verlustlos und ohne Verschleiß der Bremsbeläge und der Lenkkupplungen gelenkt werden. Nur bei noch engeren Kurven mußte der Gleiskettenantrieb einseitig in üblicher Weise abgekuppelt und abgebremst werden.

Bei voll abgebremster Lenkbremstrommel auf einer Seite konnte das Drehen um die zugehörige Gleiskette erreicht werden.*

Auf den Lenkbremstrommeln befand sich je ein zweites Bremsband, das durch den Hand- bzw. Fußbremshebel betätigt wurde und zum Feststellen bzw. Bremsen des Panzerkampfwagens diente. Hand- und Fußbremsen konnten unabhängig voneinander betätigt werden.

Die Nickelcadmiumbatterie** hatte 100 Ah Kapazität und eine Spannung von 12 Volt. Der elektrische Bosch-Anlasser vervollständigte zusammen mit einer 12 Volt und 380 Watt Scintilla-Lichtmaschine die elektrische Ausrüstung. Späteren Fahrzeugen wurde eine Bosch-Lichtmaschine eingebaut. Alle Leuchten wurden während der Fahrt bei Tageslicht abgenommen und in einem mit Filz gepolsterten Kasten an der linken Seite des Motors aufbewahrt.

Vorne und hinten war das Fahrzeug mit zwei unabgefederten Zughaken für je 5000 kg Zug ausgestattet. Hinten in der Mitte des Kampfpanzers befand sich ein weiterer Zughaken mit Sicherung für etwa 2000 kg Zug.

### Turm mit Waffenlagerung

Der Turm war, um 360° drehbar, auf dem Turmkugellager gelagert. Der Turmmantel war aus Panzerblechen

* Das Lenkgetriebe konnte als Untersetzung zur Erhöhung des Drehmoments an den Triebrädern verwendet werden. Hierzu wurden beide Lenkhebel ohne Betätigung der Knöpfe gleichzeitig angezogen. Untersetzung 1,32.

** Nickelcadmium-Batterien konnten einfacher gepflegt werden und blieben länger betriebsfähig als Bleibatterien. Außerdem hielt sich die Ladung abgestellter Batterien wesentlich länger. Bei niedrigen Außentemperaturen fiel die Kapazität der Nickelcadmium-Batterien nur wenig ab. Bei der Batteriepflege durfte nur Kalilauge verwendet werden.

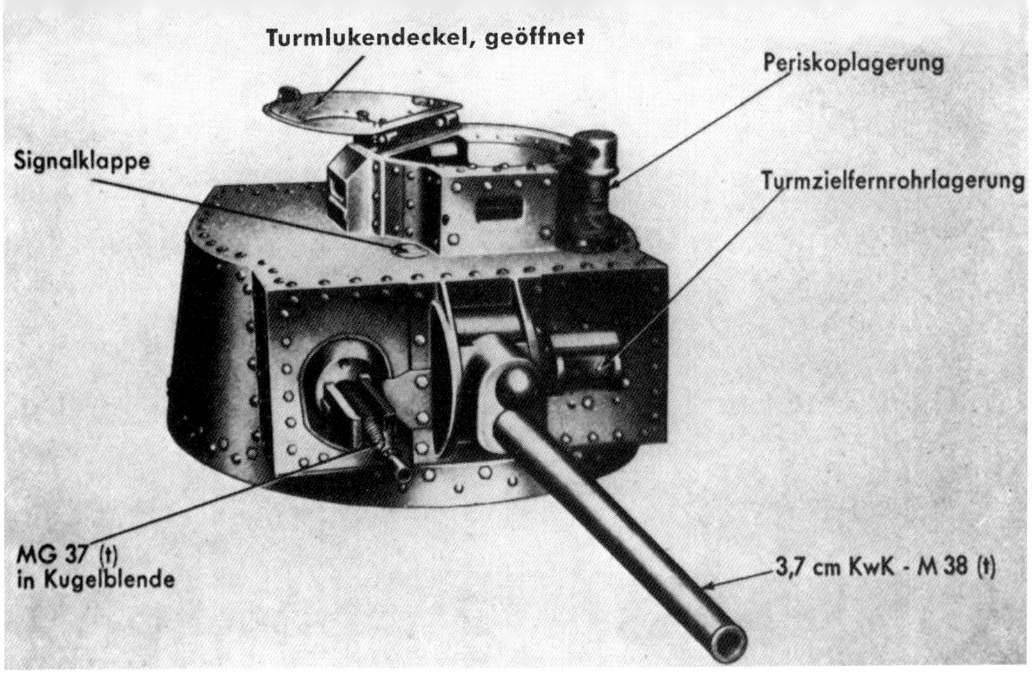


**Vorderansicht des kompletten Drehturms.**

verschiedener Größe und Dicke zusammengenietet. Die Bleche hatten eine Neigung von 81° gegen die Waagerechte. Die beiden Seitenwände waren gebogen und bildeten vorne am Turm einen breiten Ausbau, welcher durch die Turmstirnwand nach vorne abgeschlossen war. Den Abschluß nach hinten bildete die Turmrückwand. In der Turmstirnwand waren eine Kugelblende für ein MG 37 (t), eine Geschützblende und ein Turmzielfernrohr gelagert.

Nach oben war der Turm durch das Turmdach abgeschlossen. Auf diesem war links die Kommandantenkuppel angeordnet. Der Mantel der Kommandantenkuppel war mit vier einander gegenüberliegenden Sehklappen versehen. Die vordere Sehklappe war mit einem Drehspiegel versehen, die drei anderen hatten herausnehmbare Spiegeleinsätze. Das Dach der Kommandantenkuppel wurde von einem festen Deckelring und dem schräg nach rückwärts sich öffnenden Turmlukendeckel gebildet. Im Turmlukendeckel war eine Signalklappe mit 70 mm Durchmesser befestigt. Innen an der linken Turmseitenwand war das mechanische Turmschwenkwerk angeschraubt. Nach Entkuppeln des Turmschwenkwerkes mit dem Entkuppler konnte der Turm frei durch Schwenkung der 3,7-cm-KwK Vz 38 (t) gedreht werden. Eine Kugelbahnbremse ermöglichte eine Festlegung des Drehturmes außerhalb der Gefechtsbereitschaft. Im Turmdach war eine Signalklappe mit 100 mm Durchmesser befestigt. Ferner war im Turmdach eine Lagerung für ein Turmrundblickfernrohr angeordnet. Hinten im Turm war die Geschützmunition, das waffentechnische Zubehör und die Ausrüstung untergebracht. Der Zugang zum Panzerkampf-

**Drehturm von vorne.**

Innenansicht des Drehturms.

Ansichten der Kommandantenkuppel und des Turmrundblickfernrohrs.

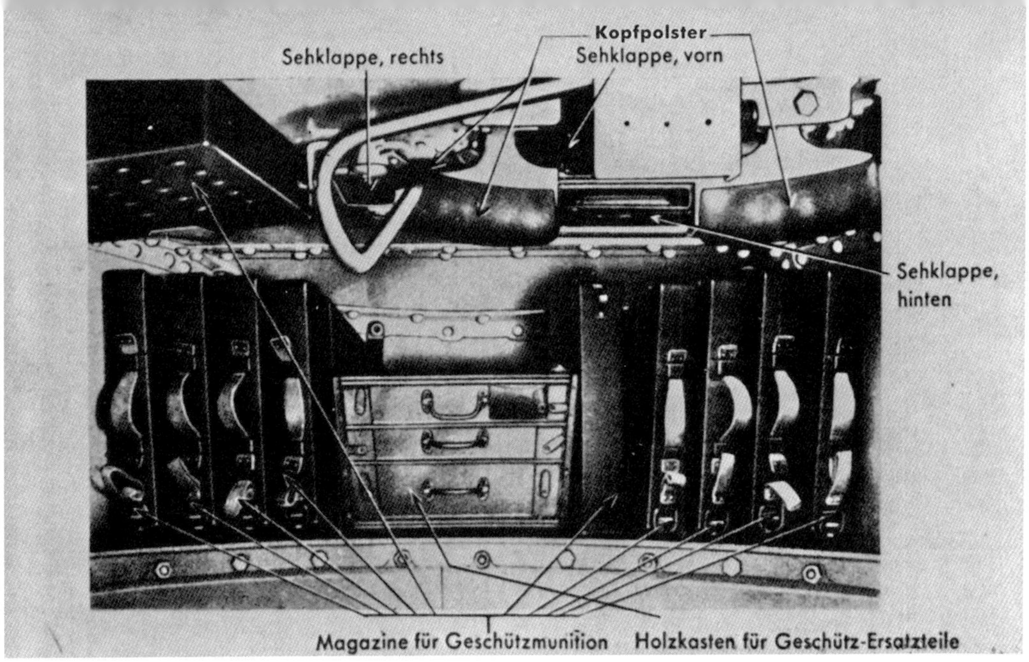


Drehturm, innen, hinten.

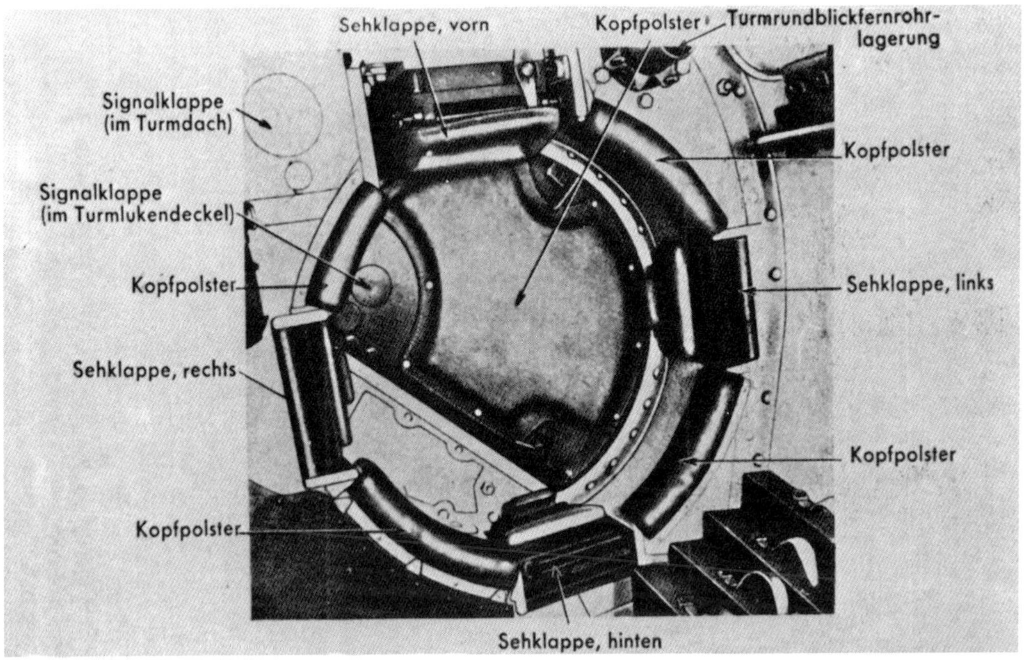


Kommandantenkuppel, innen.

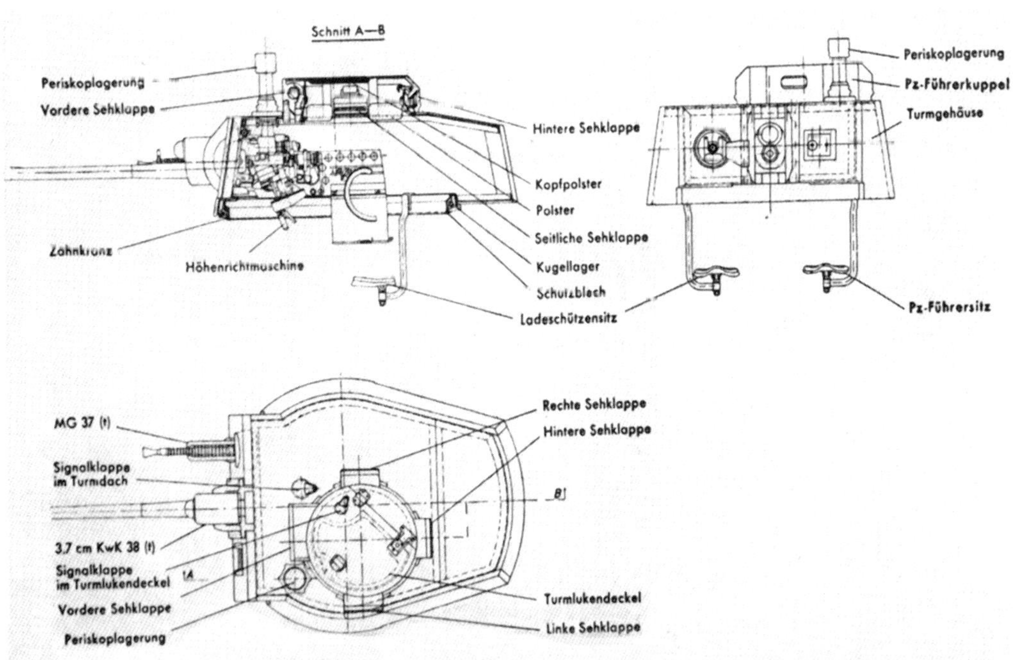


Drehturm, vollständig, Schnittbild und Ansichten.

Waffenlagerung der 3,7-cm-KwK Vz 38 (t) und des MG 37 (t), Seitenansicht von links.

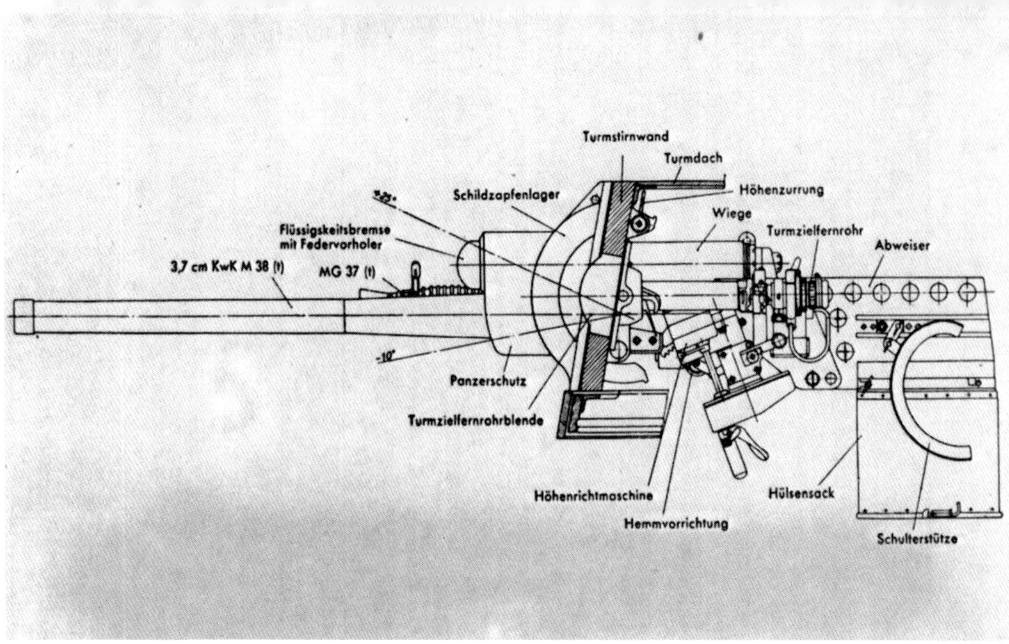


Waffenlagerung der 3,7-cm-KwK Vz 38 (t) und des MG 37 (t), Grundriß.

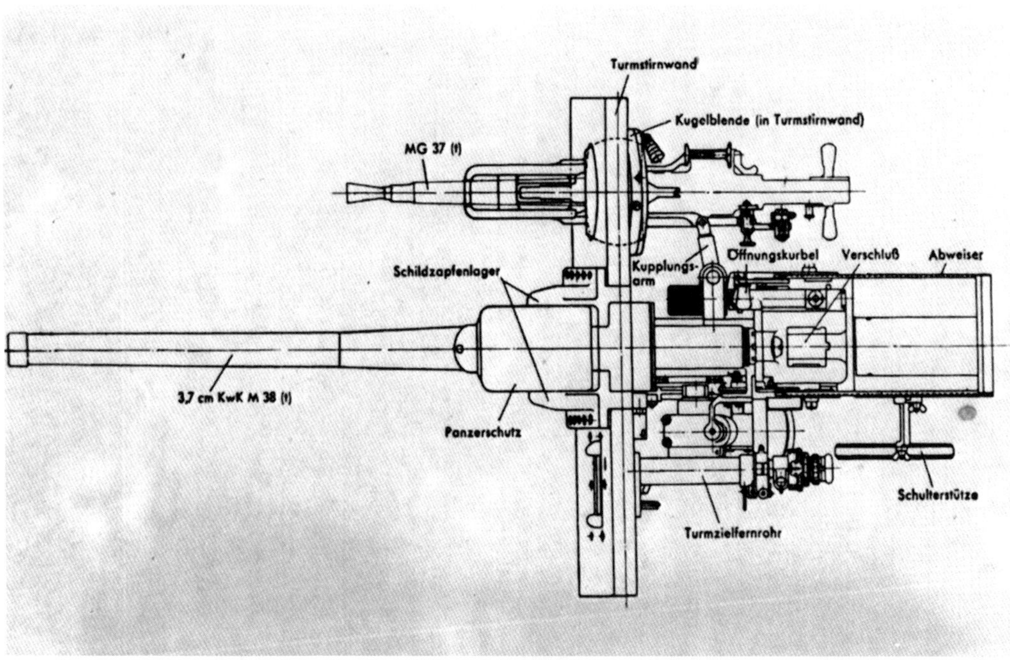


Kugelblende für das MG 37 (t) (in Turmstirnwand).

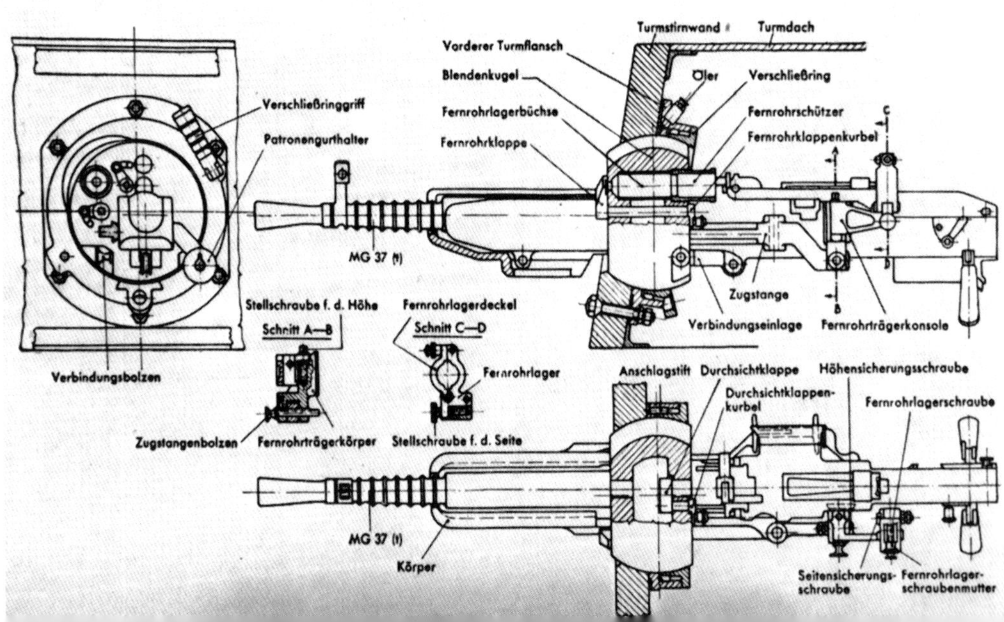

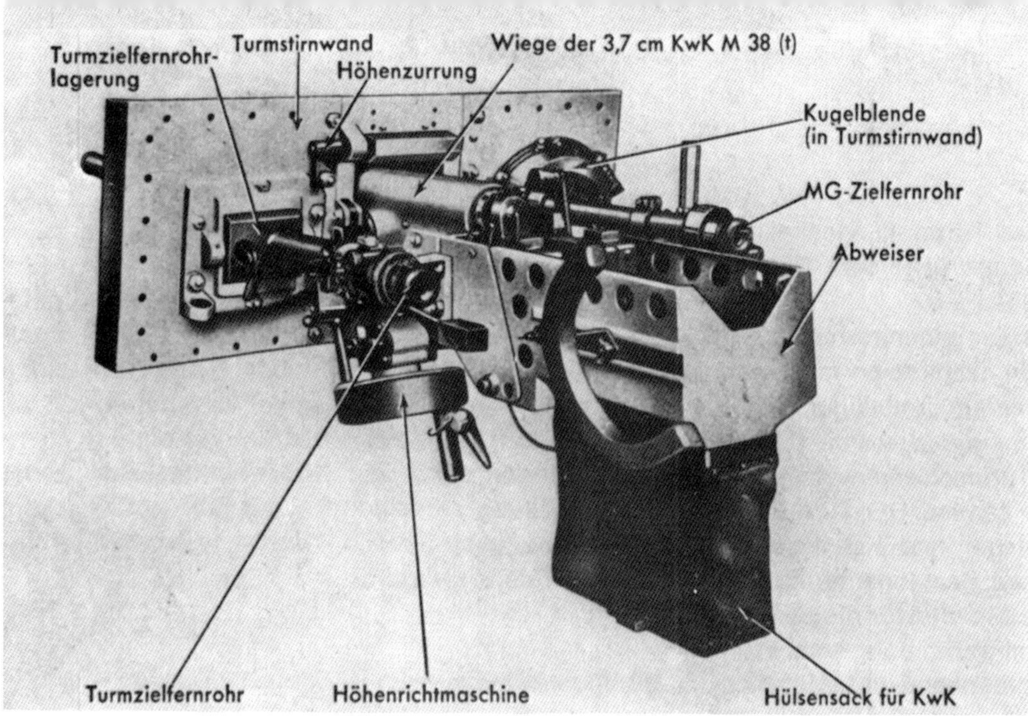


Waffenlagerung der 3,7-cm-KwK Vz 38 (t) und des MG 37 (t), Ansicht von hinten, links.

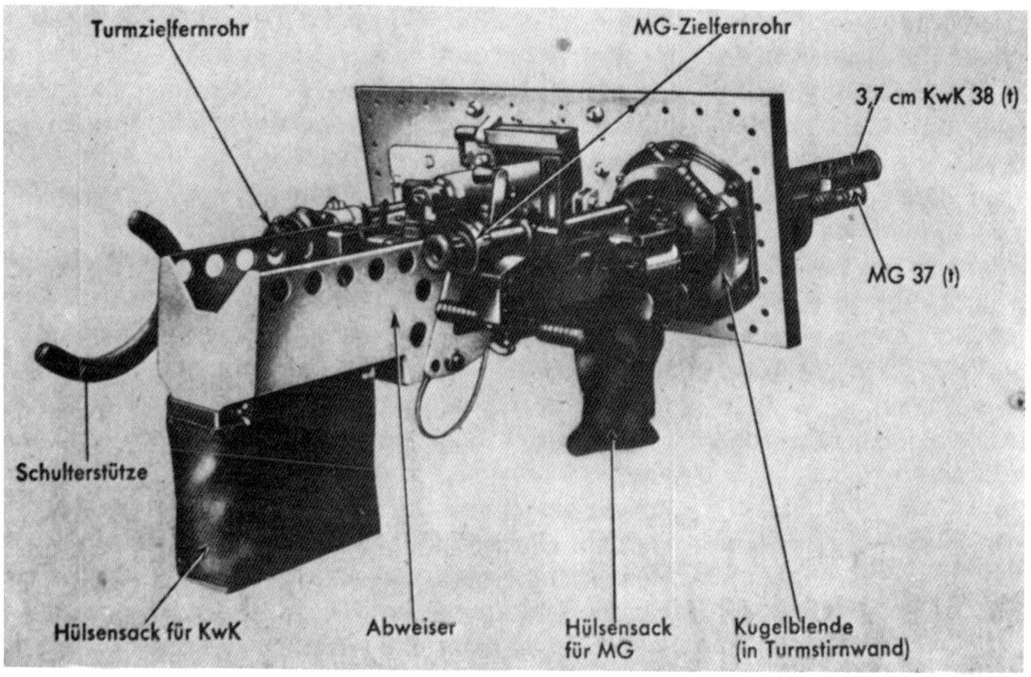


Waffenlagerung der 3,7-cm-KwK Vz 38 (t) und des MG 37 (t), Ansicht von hinten, rechts.

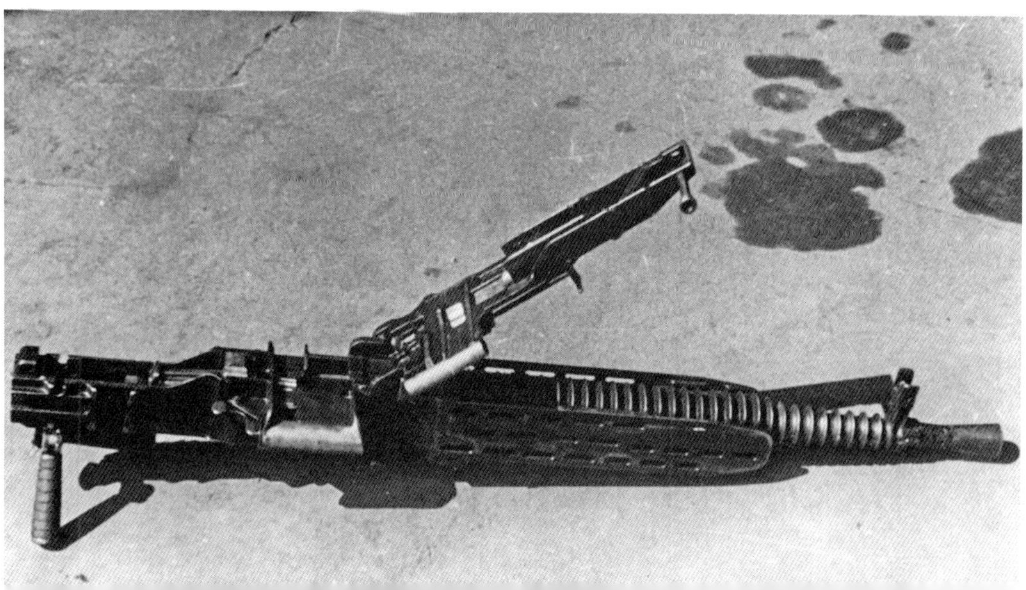

Das MG 37 (t).

wagen 38 (t) geschah durch den Turmlukendeckel und die verschließbare Einstiegklappe über dem Panzerfunkersitz im Dach der Panzerwanne.
Das Turmkugellager bestand aus einem inneren und äußeren Kugellagerring mit 84 Tragkugeln mit einem Durchmesser von 22 mm und einem dreiteiligen Kugelkäfig. Der Innenring des Turmkugellagers diente zum Drehen des Turmes mit dem Turmschwenkwerk. Er besaß Innenverzahnung mit 405 Zähnen. Das Turmkugellager war ein Hochschulterlager und nahm sowohl axiale als auch radiale Kräfte auf. Sein Innendurchmesser betrug 1210 mm. Die Kugelblenden für die zwei MG 37 (t) im Turm bzw. Fahrgestell waren baugleich. Während die eine in der Turmvorderwand untergebracht war, war die andere in der Bugpanzerstirnwand neben dem Panzerfahrer eingebaut. Die Kugelblende nahm gleichzeitig ein MG-Zielfernrohr 38 (t) auf. Unten an der Blendenkugel hatte der Körper eine schräge Ausnehmung, um eine Senkung des MG von –10° zu ermöglichen. Der Höhenrichtanschlag war oben mit einer Leiste versehen. Der Vorsprung am Höhenrichtanschlag schlug bei einer Lauferhöhung von mehr als +10° an den Verschließring und verhinderte so das Beschießen der 3,7-cm-Kwk Vz 38 (t) bei ihrer größten Rohrsenkung. Mit einer Abzugvorrichtung konnte auch der Kommandant den Abzug des MG 37 (t) in der Kugelblende links vom Panzerfahrer bedienen.
Die technischen Daten für die Kugelblenden neben dem Panzerfahrer und im Drehturm waren:

| | |
|---|---|
| Durchmesser der Blendenkugel | 220 mm |
| Gewicht der vollständigen Kugelblende | 38 kg |
| Gewicht der Blendenkugel | 24,5 kg |
| Gewicht des Verschließringes | 3,85 kg |
| Neigung der Bugpanzerstirnwand | 73° |
| Kugelzielfernrohr, Vergrößerung | 2,6 x |
| Durchmesser der Austrittpupille | 5 mm |
| Gesichtsfeld | 25° |
| Visierskala für Geschoß »S« | 0–1700 zu 100 m |
| Skala für Seitenberichtigung | ±75 Strich |
| Höhenrichtbereich | ±10°gegendieWaagerechte |
| Seitenrichtbereich | insg. etwa 30° |

Die Turmstirnwand bestand aus einer linken und einer rechten Panzerplatte. Beide waren mit den Schildzapfenlagern der 3,7-cm-KwK Vz 38 (t) zusammengeschraubt und auf einem Winkelrahmen des Turmgehäuses befestigt. In der linken Panzerplatte war eine viereckige Öffnung für die Turmzielfernrohrlagerung, in der rechten eine kreisförmige Öffnung für die Kugelblende des MG 37 (t) eingeschnitten. Beide Turmwaffen waren in der Regel so miteinander verbunden, daß sie ein Paar bildeten, die Höhenrichtung erfolgte gemeinsam, entweder durch die Höhenrichtmaschine oder nach Auslösung derselben frei mit der Schulter. Jede Waffe konnte auch für sich – nach Lösung der Verbindung – gerichtet werden.

### Hauptbewaffnung

Die 3,7-cm-KwK Vz 38 (t) war ein Geschütz mit rücklaufendem Rohr und halbautomatischem Fallblockverschluß, Flüssigkeitsbremse, Federvorholer und Rahmenlafette, welche an der Turmstirnwand – nach der Höhe schwenkbar – gerichtet wurde. Als Richtmittel diente ein gerades Turmzielfernrohr mit 2,6-facher Vergrößerung, welches ein direktes Richten bis 2000 m Schußweite ermöglichte. Bei Ausfall des Fernrohres stand ein Hilfsvisier bis 1000 m Schußweite zur Verfügung. Die Höhenrichtmaschine mit selbsthemmendem Schneckengetriebe war an der Wiege angebracht und folgte deren Bewegungen. Die Betätigung erfolgte mittels Handrad. Beim raschen Höhenrichten zum Bekämpfen beweglicher Ziele konnte die Höhenrichtmaschine entkoppelt und aus der Schulter geschossen werden. Die Höhenrichtmaschine ermöglichte einen Höhenrichtbereich von –10° bis +25°. Der Abzughebel für die Kanone war am Handgriff der Höhenrichtmaschine angebracht. Die durch den halbautomatischen Verschluß ausgeworfenen Hülsen wurden in einem Hülsensack aufgefangen. Die Feuergeschwindigkeit betrug 15 Schuß/Minute. Als Munitionsausstattung wurden 15 Magazine mit je sechs Schuß = 90 Schuß 3,7-cm-Munition, 2700 Schuß 7,92-mm-Munition für beide MG 37 (t) sowie 24 Schuß Leuchtmunition mitgeführt.
Bei der Kugelblende für das MG 37 (t) in der Turmstirnwand fehlte lediglich gegenüber der Kugelblende in der Fahrerstirnwand der Höhenrichtanschlag, der Hilfsabzug und der Zurrhebel. Der Kommandant im Drehturm

konnte auch mittels eines Turmrundblickfernrohrs mit einem Sichtfeld von etwa 20°, Lichtstärke 25, Eintrittslinse mit 15 mm Durchmesser und 2,6-facher Vergrößerung beobachten.
Im Drehturm waren Sitze für Kommandant und Ladeschütze vorhanden, Fahrer und Funker saßen vorne in der Wanne. Gegenüber der original tschechischen Lösung mit drei Mann Besatzung hatte die Deutsche Wehrmacht eine 4-Mann-Besatzung gefordert. Der Aufbau war nicht gassicher, die Besatzung war mit Gasmasken ausgerüstet.
Das Gefechtsgewicht des Panzerkampfwagens 38 (t) betrug 9,7 t. Bei der Deutschen Wehrmacht lief der Panzerkampfwagen LTM 38 in den Planstellen der Panzerkampfwagen III, er wurde in einigen Unterlagen als Panzerkampfwagen III (t) ausgewiesen. Am 1. September 1939 waren bereits 98 dieser Fahrzeuge deutschen Panzereinheiten zugeteilt.
Die offizielle Bezeichnung lautete aufgrund einer Weisung des OKH/AHA/AgK/In 6 »Panzerkampfwagen 38 (t) (3,7 cm)«. Die erste amtliche Abnahme von Panzerkampfwagen 38 (t) im Werk Českomoravska Kolben Daněk in Prag-Libeň mit neun Stück für den Auftraggeber Heereswaffenamt WaIRü WuG 6 erfolgte am 22. Mai 1939.

Oberst a. D. Dipl.-Ing. Heinrich Wüst erinnert sich an die Zuteilung von Panzerkampfwagen 38 (t) durch das OKH In 6 wie folgt:

### »Panzermarsch von Prag nach Eisenach

*Wie häufig, so war auch hier der erste Eindruck entscheidend. Im Herbst 1939 wurde im Anschluß an den Polenfeldzug die 2. leichte Division in 7. Panzer-Division umbenannt und die bisherige Panzer-Abteilung 66 (verlastet) als III. Abteilung in das neugebildete Panzer-Regiment 25 eingegliedert. Der gute alte Panzer I ›Krupp-Sport‹ hatte so gut wie ausgedient und wir sollten zusätzlich zu den Panzerkampfwagen II und IV mit den tschechoslowakischen Panzerkampfwagen 38 (t) ausgerüstet werden. Um uns mit den neuen Panzern vertraut machen zu können, sollten wir vorab einige Fahrzeuge vom Werk in Prag abholen. Für den Landmarsch von rund 350 km rechneten wir nach bisherigen Erfahrungen etwa vier bis fünf Tage, so daß wir mit einem Zuschlag für den ungewohnten Typ mit etwa einer Woche auszukommen glaubten. Völlig sprachlos waren wir aber, als 2½ Tage nach Abmarsch des Abholkommandos vom Standort plötzlich Panzergeräusch zu hören war, der Zug mit Panzerkampfwagen 38 (t) in elegantem Bogen in die Unterkunft einfuhr und in korrekten Zwischenräumen zur Meldung zum Stehen kam.*
*Die Panzer liefen so gut, warum sollten wir uns unnötig aufhalten, war der Kommentar des Kommandoführers. Beinahe im Non-Stop-Marsch hatten die Panzer 38 (t) ohne Ausfall die Strecke zurückgelegt. Die Panzermänner waren natürlich hellauf begeistert und so blieb es auch – was die Beweglichkeit betraf.*
*Im Vergleich zu den deutschen Panzerkampfwagen III und IV war der Panzer 38 (t) zwar schwächer, aber auch nicht allzusehr schlechter geschützt. Durch ungleich höhere Beweglichkeit und wirkungsvollere Bewaffnung – vor den Nachrüstungen der deutschen Panzerkampfwagen – war jedoch der Panzer 38 (t) den Erzeugnissen deutscher Fertigung etwa gleichwertig. Die Fahrleistungen des Panzers 38 (t) waren aber derart überzeugend, daß es bekanntlich zu mehreren Abwandlungen wie Selbstfahrlafetten und Jagdpanzer kam.*
*Die einzelnen Komponenten des 38 (t)-Fahrgestells waren optimal aufeinander abgestimmt; darauf war – abgesehen vom russischen Kampfpanzer T 34 – die für die damalige Zeit ungewöhnlich gute Beweglichkeit des Panzerkampfwagens 38 (t) zurückzuführen. Motor, Getriebe, Lenkung und Laufwerk wirkten wie aus einem Guß. Auch Wartungs- und Instandsetzungsfreundlichkeit des Panzers waren hervorzuheben, technisch bedingte lange Ausfallzeiten unbekannt.*

### Somme-Durchbruch

*Frankreich-Feldzug, 5. Juni 1940. Teile der 7. Panzer-Division* haben einen etwa drei km tiefen Brückenkopf auf dem Südufer der Somme erkämpft. Um 16.00 h tritt die Masse der Division zum Angriff nach Süden an, das*

* Das Panzer-Regiment 25 der 7. Panzer-Division hatte 106 Panzerkampfwagen 38 (t)

*Panzer-Regiment 25 mit allen drei Abteilungen in vorderster Linie. Der etwas flach wirkende Hang ist in Wirklichkeit steil und muß in Angriffsrichtung etwa schräg befahren werden. Die leichten Kompanien mit ihren Panzerkampfwagen 38 (t) kommen ohne Schwierigkeit über die Steigung, die Panzerkampfwagen IV der schweren Kompanien fahren sich fest, bei Anfahrversuchen werfen fast alle Panzer IV die Ketten. Sie verursachen dadurch eine Verzögerung des Durchstoßes.*
*In kaum einer Situation – eigentlich wie bei einem Anschauungsunterricht am Sandkasten – war die Überlegenheit des Panzers 38 (t) gegenüber dem Panzer IV so deutlich wie am steilen Ufer der Somme, wo die Panzer 38 (t) mühelos an den hängengebliebenen und vom MG-Feuer bestrichenen Panzer IV vorbeizogen.*

**Gespenster-Division**

*Nach Durchstoß durch die Weygand-Linie wird am 12. Juni 1940 die Stadt St. Valéry an der Kanalküste genommen. Während der Übergabeverhandlungen fragt einer der französischen Generale den späteren Generalfeldmarschall Rommel, welche Division sie überwältigt habe. Als Rommel voll Stolz die 7. Panzer-Division nennt, entfährt es dem Franzosen: ›Verdammt, die Gespenster-Division. Ob in Belgien, an der Somme und jetzt hier gerieten wir an diese, durch Frankreich kreuz und quer geisternde Division‹.*
*Der Name Gespenster-Division wurde als Ehrenname für die 7. Panzer-Divison übernommen.*
*Gewiß wird niemand den Einsatz der Panzerkampfwagen 38 (t) als einzige Ursache für diesen Ehrennamen ansehen. Es lag überwiegend an General Rommel, der häufig morgens oder kurz nach dem Frühstück mit Oberst Rothenburg, dem Kommandeur des Panzer-Regiments 25 mit den Besatzungen die Panzer 38 (t) bestieg und angeblich ›auf Erkundung‹ losfuhr. In Wirklichkeit stießen sie 20, 30 und mehr Kilometer vor die eigenen Linien und ließen den Rest der Verbände nachkommen.*
*Es ist als unwahrscheinlich anzusehen, daß General Rommel überhaupt auf die Idee gekommen wäre, mit den Panzerkampfwagen III und IV diese ›Ausflüge‹ in den Feind zu unternehmen, waren diese doch zu langsam und störanfällig. Der schnelle, wendige und zuverlässige Panzerkampfwagen 38 (t) bot sich dagegen zu solchen Bravourstücken geradezu an. Denken wir doch zurück an den ersten Panzermarsch von Prag nach Eisenach, als wir völlig ›entgeistert‹ die Panzer anrollen hörten und sahen!«*

Im Heereswaffenamt WaPrüf 6 war bis 1942 Oberst Dr.-Ing. Olbrich für die Entwicklung der Panzeraufbauten und Ministerialrat Dipl.-Ing. Kniepkamp für die Panzerfahrgestell-Entwicklung verantwortlich. Dipl.-Ing. Hans Bader, Referent für die Entwicklung von leichten Panzerfahrgestellen im Heereswaffenamt WaPrüf 6 teilte mit, daß er beim Panzerkampfwagen 35 (t) und anfänglich auch beim 38 (t) nicht eingeschaltet war. Dieses ist wohl dadurch zu erklären, daß sich in diesen Jahren die Ereignisse überschlugen und im Heereswaffenamt starke Terminnot sowie großer Auftragsdruck herrschte. Es wurde jedoch allen Beteiligten rasch klar, daß es sich insbesondere beim Panzerkampfwagen 38 (t) um eine vorzügliche und von der Panzertruppe hoch anerkannte, wenn auch völlig anders gestaltete Entwicklung handelte.
Nach Ausbruch des Frankreichfeldzuges führte Dipl.-Ing. Bader, zusammen mit Angehörigen der Beschaffungsstelle des Heereswaffenamtes Wa I RÜ WuG 6, die bereits im April 1939 Aufträge für die Fertigung des Panzerkampfwagens 38 (t) erteilt hatte, erstmalig Verhandlungen mit der Českomoravska Kolben Daněk in Prag durch, um die Produktion zu steigern und um Beanstandungen, Verbesserungswünsche der Panzertruppe sowie Modifizierungen zu behandeln. Die Mängel am Fahrgestell waren gering, nur die Motorleistung wurde als zu niedrig und die Leistung der Kühlanlage als zu hoch beanstandet.
Eine Leistungssteigerung des Motors von 10% war möglich. Durch das Heereswaffenamt, Wa Prüf 6, festgelegte Verbesserungen wurden daraufhin im Rahmen der laufenden und in der Stückzahl ansteigenden Serienfertigung eingearbeitet. Ein bezahlter Entwicklungsauftrag wurde entgegen der üblichen Verfahrensweise hierbei jedoch nicht erteilt. Die bei der Firma Českomoravska Kolben Daněk durchgeführten Untersuchungen und Entwicklungen wurden deshalb im

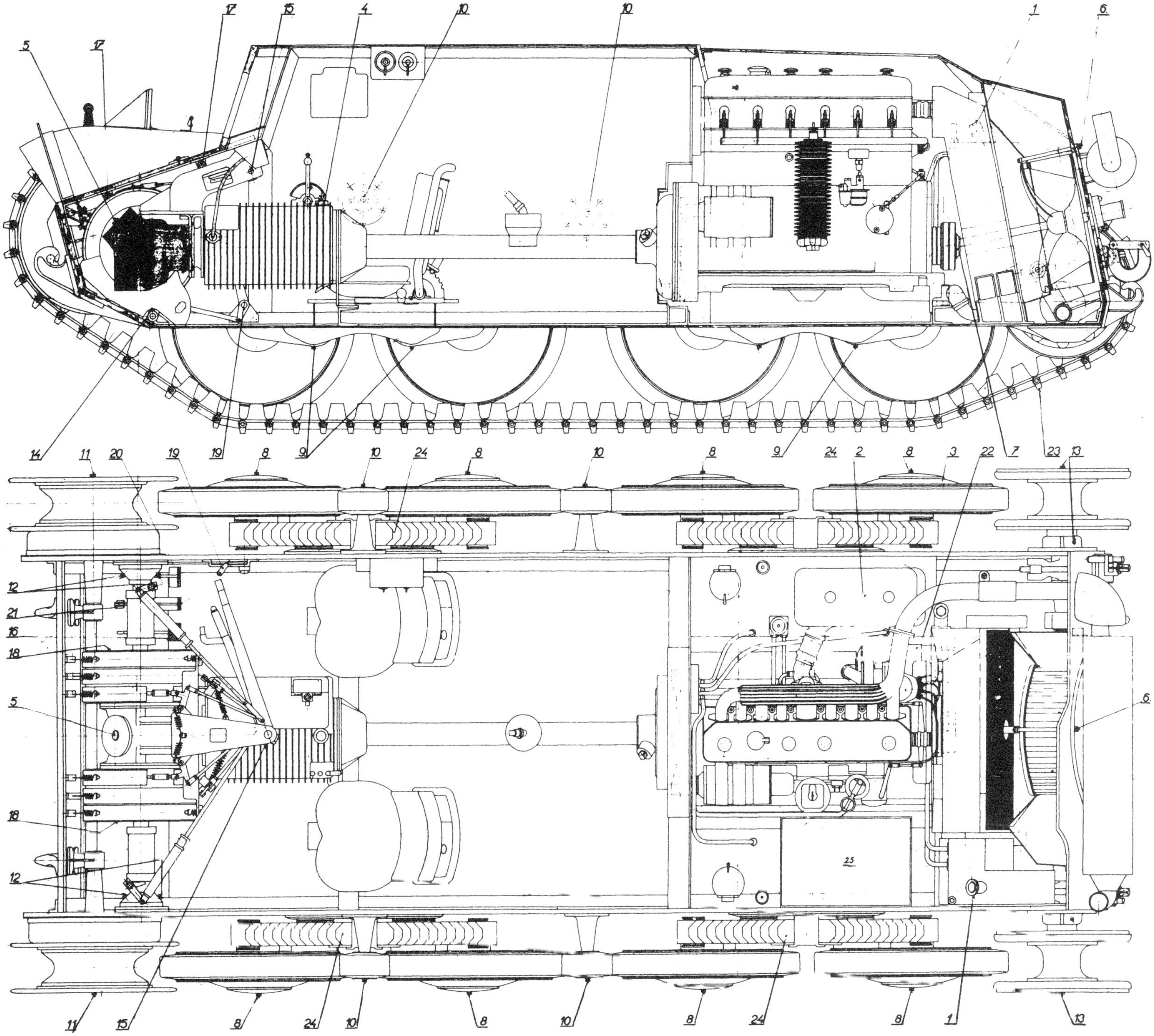

**Fahrgestell des Panzerkampfwagens 38 (t).**

Rahmen der Fertigungsaufträge des Heereswaffenamtes Wa I Rü WuG 6 abgegolten.
Der Preis des Panzerwagens 38 (t) ohne MG, Funkgerät, Optik und Sonderausrüstung wurde mit 50000,– RM angegeben.
Zum Vergleich:

| | |
|---|---|
| Pz Kpfw III | 100000,– RM |
| Pz Kpfw Panther | 120000,– RM |
| Pz Kpfw Tiger | 260000,– RM |

Nach der Ausstattung der deutschen Panzertruppe mit dem Panzerkampfwagen 38 (t) wurde die Ersatzteilplanung des Heereswaffenamtes Wa I RüWuG 6 nach den Erfahrungen und dem Verbrauch bei den deutschen Panzerkampfwagen I bis IV durchgeführt und darauf vom Heereswaffenamt bei der Firma Českomoravska Kolben Daněk in Auftrag gegeben. Bald stellte sich heraus, daß die beschaffte Ersatzteilmenge zu hoch war, da der Ersatzteilbedarf bei Panzerkampfwagen 38 (t) geringer und die Lebensdauer der Hauptverschleißteile länger war als bei den bereits eingeführten vier deutschen Panzerkampfwagen-Typen.
Auch für die vom Heereswaffenamt Wa Prüf 6 veranlaßte Entwicklung der Jagdpanzer 38 (t) wurde durch Wa Prüf 6 kein bezahlter Entwicklungsauftrag erteilt, da ein Auftrag für die Serienfertigung dieser Selbstfahrlafetten durch das Heereswaffenamt Wa I Rü WuG 6 bei Firma Českomoravska Kolben Daněk bereits in Aussicht gestellt war.
Für den gesamten Zeitabschnitt von 1939–1943 ist festzustellen, daß Panzer-Entwicklungen aus dem böhmisch-mährischen Raum beim Heereswaffenamt Wa Prüf 6 stets als hinzugekommene Fremdentwicklung und somit nicht an bevorzugter Stelle rangierten.
So ist die sehr gelungene Konstruktion des Jagdpanzers 38 »Hetzer« nur derart kurzfristig und erfolgreich durchgeführt worden, weil sich einflußreiche Stellen des Ministeriums für Bewaffnung und Munition* in der Person von Hauptdienstleiter Saur und Oberst Schaede mit Nachdruck eingeschaltet hatten. Das Heereswaffenamt Wa Prüf 6 hat hierbei aber nicht wegen der Kompetenz-Überschneidung »gebremst«. Der Grund lag eher an der Überforderung dieses Amtes mit zu zahlreichen, oft geänderten und kurz terminierten Aufträgen.

* Im nie versiegenden Berliner Mutterwitz, abgekürzt »MIFBUM« genannt

### 2.9.2.1 Panzerkampfwagen 38 (t), (3,7 cm) Ausführung A

Fahrgestell Nr. 0001 bis 0150.

150 dieser Fahrzeuge wurden vom Mai bis November 1939 für die Deutsche Wehrmacht gefertigt. Äußerlich entsprachen sie den Original-Fahrzeugen des am 22. Juli 1938 erteilten tschechoslowakischen Fertigungsauftrages. Es wurden jedoch deutsche Funkgeräte in einer zweigeteilten Unterbringung (oben für Empfänger, unten für Sender) im Fahrzeug angeordnet. Auf der linken Seitenwand der Wanne wurde vorne ein Blechhalter angeschraubt, der den federnden Antennenhalter für die zwei Meter lange Stabantenne aufnahm. Der Antennenstab war ein hohler, kegelförmiger Stab aus dünnem Hartkupferblech (Kuprodur). Der Antennenhalter war aus Gummi ausgeführt und ließ eine Neigung des Antennenstabes von etwa 90° zu.
Um den von der deutschen Panzertruppe geforderten Richtschützen unterzubringen, war es notwendig, den ursprünglichen Munitionsvorrat um drei Magazine mit je sechs Schuß = 18 Schuß zu reduzieren.
Die Panzerdicke betrug vorne 25 mm, seitlich und hinten 15 mm, mit Ausnahme der Heckplatte des Aufbaus, wo die Panzerung nur 10 mm dick war.
59 Panzerkampfwagen 38 (t) (3,7 cm) kamen während des Polenfeldzuges 1939 bei der Panzer-Abteilung 67 der 3. leichten Division zum Einsatz. Sie bewährten sich. Die Kriegsgliederung von 1939 sah ihren Einsatz wie folgt vor:
Stab: 2 Pz.Bef.Wg 38(t), ein leichter Zug 5 Pz.Kpfwg.II
Drei Kompanien mit je:
Komp. Trupp 2 PzKpfw 38 (t)
3 Züge je 5 PzKpfw 38 (t)
1 Zug mit 5 PzKpfw II, Ausf. C

Rechts: 20. August 1939, Marschpause in Schlesien (Panzer-Abt. 67), Panzerkampfwagen 38 (t) auf 6-Rad-Lastkraftwagen und Tiefladeanhängern verlastet. Links ein leichter Einheits-Personenkraftwagen.

Links: 20. August 1939, Nachzügler der Panzer-Abt. 67 auf der Reichsautobahn in Schlesien.

Panzerkampfwagen 38 (t) Ausf. A.

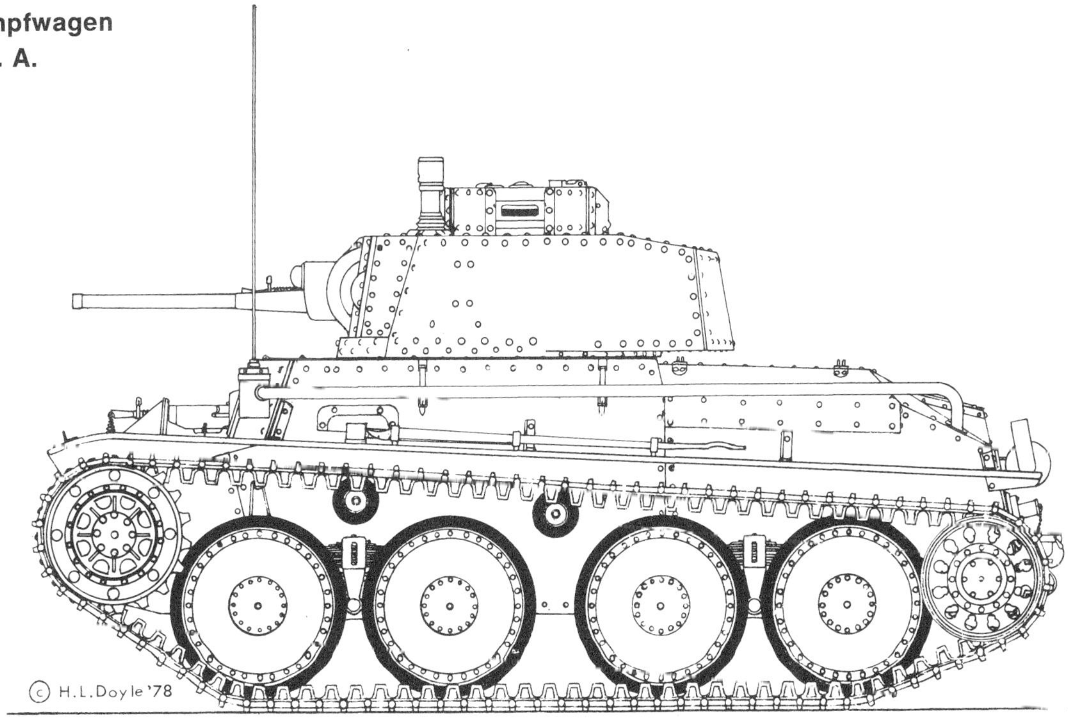

WH-0184

WH-0184435

WH-0184435

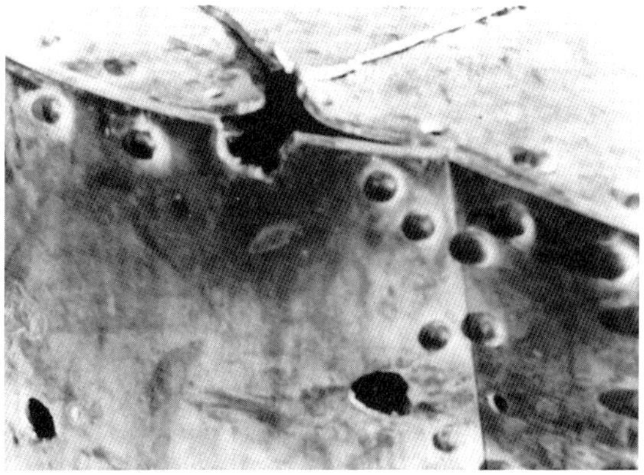

**Oben: Beschußschäden am Panzerkampfwagen 38 (t) an der linken Turmseite durch polnische Pak am 6. September 1939 bei Koniecpol, westlich von Kielce.**

**Links: Oberst Dipl.-Ing. W. Esser, der Leiter der Heeresversuchsstelle für Panzer und Motorisierung, stellt dem Reichsminister für Rüstung und Kriegsproduktion A. Speer den Panzerkampfwagen 38 (t) vor.**

**Unten: Instandsetzungsstaffel am Panzerkampfwagen 38 (t).**

### 2.9.2.2 Panzerkampfwagen 38 (t), (3,7 cm) Ausführung B, C und D

Fahrgestell Nr. Ausf. B 0151 bis 0260
Ausf. C 0261 bis 0370
Ausf. D 0371 bis 0475

Bis November 1940 wurden 325 dieser Kampfpanzer von der Böhmisch-Mährischen Maschinenfabrik AG in Prag hergestellt, die im Juni 1939 vom Heereswaffenamt in Auftrag gegeben worden waren. Gegenüber der Ausführung A zeigten sich geringfügige Änderungen, die vor allem den Vorstellungen der deutschen Panzertruppe entsprachen. So zum Beispiel wurden das deutsche Nachtfahrgerät, der Notek Tarnscheinwerfer, sowie Nebelkerzenwerfer angebaut. Die gekurvte Platte der Fahrerfront mit 25 mm Dicke wurde beibehalten, obwohl es sich bereits im Polen-Feldzug erwiesen hatte, daß die Panzerung nicht ausreichte. Die Ausführung B wurde von Januar bis Mai 1940 in einer Auflage von 110 Einheiten gefertigt. Sie kamen teilweise beim Frankreichfeldzug 1940 zum Einsatz. Innerhalb der deutschen Panzerverbände stellten diese Fahrzeuge zusammen mit dem Panzerkampfwagen 35 (t) zu diesem Zeitpunkt ein Viertel des Kampfwagenbestandes der deutschen Panzertruppe. Am 10. Mai 1940 befanden sich 228 Panzerkampfwagen 38 (t) bei der 7. und 8. Panzer-Division. Die 8. Panzer-Division, die 1941 in Griechenland eingesetzt wurde, war mit Panzerkampfwagen 38 (t) der Ausführungen B und C ausgestattet. Die Ausführung C wurde von Mai bis August 1940 mit einer Stückzahl von 110 Einheiten gefertigt. Sie erhielt eine Geschoßabweisleiste zwischen Aufbau und Drehturm, der Auspuff wurde zur oberen Hälfte der Wannenheckplatte verlegt. Die Ausführung D ging im September 1940 in Produktion und wurde mit 105 Einheiten bis November 1940 ausgeliefert.
Major a.D. Dipl.-Ing. H. Scultetus sagte über den Einsatz der 38 (t) folgendes aus: »Im Frühjahr 1940 wurden die drei leichten Divisionen (1., 2. und 3.) in die 6., 7. und 8. Panzer-Division umgewandelt. Unsere PzAbt 67 wurde die III. Abt/PzRegt 10 (8.PzDiv). Eine Kompanie wurde mittlere Kompanie und erhielt 10 PzKpfw IV, so daß wir in der Abteilung drei verschiedene Panzertypen hatten, nämlich PzKpfw II, IV und 38 (t)*. Beim Feldzug

* 118 Panzerkampfwagen 38 (t), 7 Panzerbefehlswagen 38 (t)

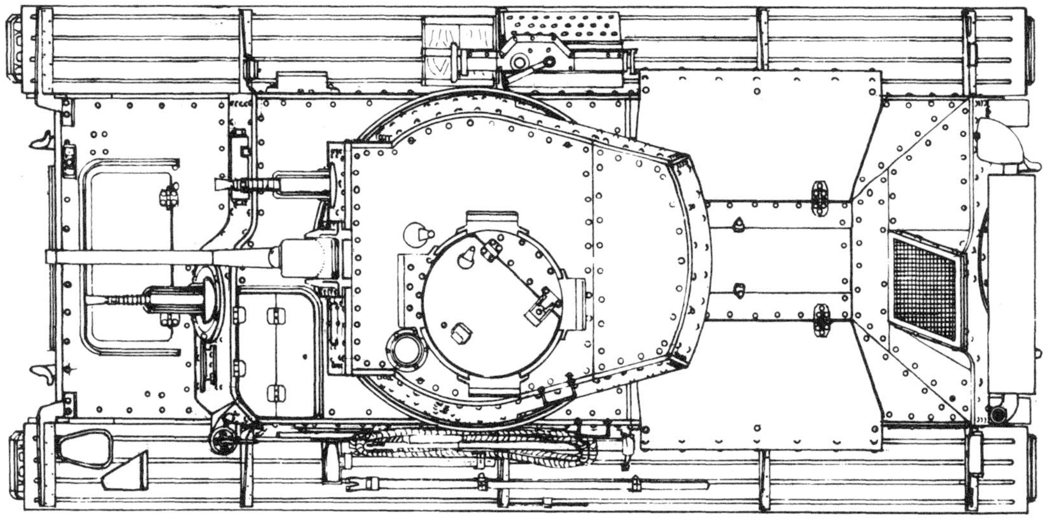

**Vierseitenansicht Panzerkampfwagen 38 (t) Ausf. C.**

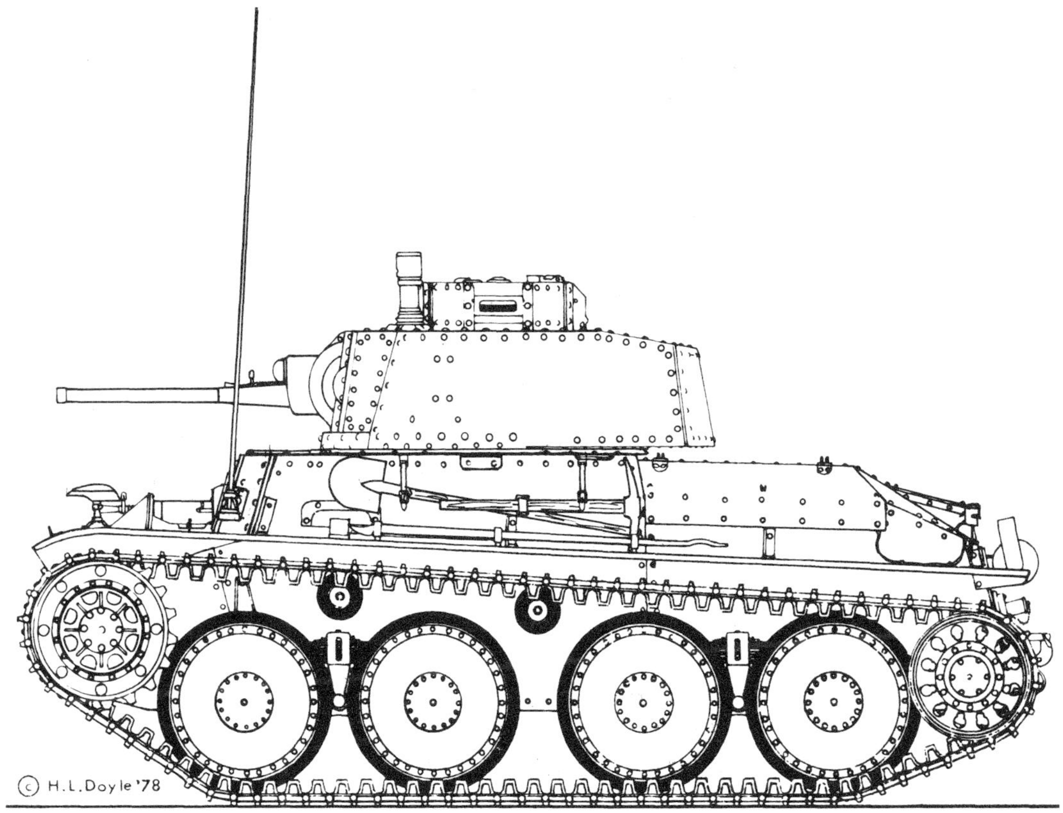

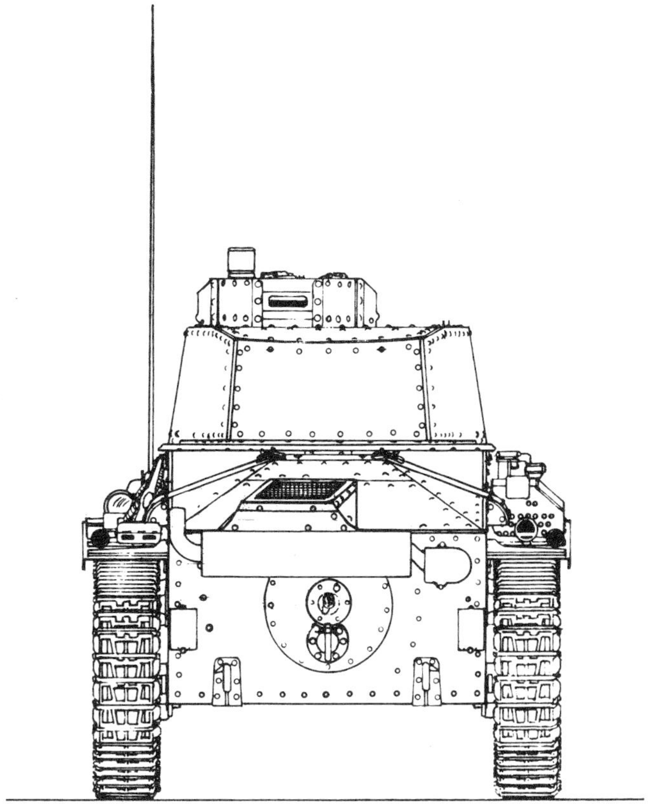

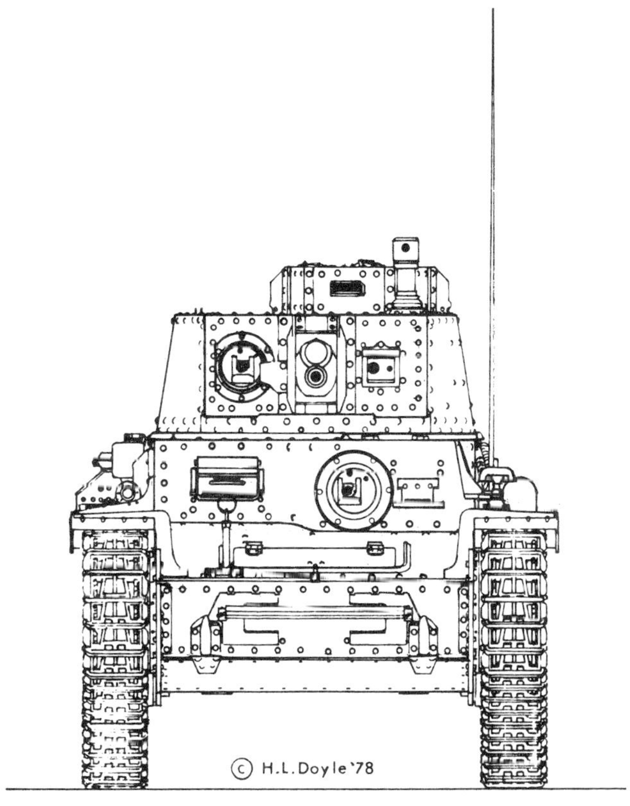
© H.L.Doyle '78

Panzerkampfwagen 38 (t) während des Frankreich-Feldzuges 1940 zwecks Instandsetzung in einer Panzer-Werkstatt-Kompanie

Das Bild zeigt die gekurvte Platte der Fahrerfront mit 25 mm Dicke, wie sie bei den ersten Ausführungen des Panzerkampfwagen 38 (t) zum Einsatz kam.

gegen Jugoslawien führte unser Marschweg vom 11. bis 18. 4. 1941 aus Südungarn über Belgrad – Waljevo – Bijelo Polje – Niksic nach Cattaro (Kotor) an der Adria, etwa 660 km. Hierbei waren mehrere Pässe über 1000 m Höhe und Gebirgsstraßen mit zahlreichen Serpentinen zu überwinden. Auf diesen Gebirgsstraßen fielen zuerst sämtliche PzKpfw IV aus – Lenkbremsen ausgeglüht, Federbrüche, abgelöste Radbandagen. Dann folgten die PzKpfw II, fast alle mit Federbrüchen (die einzelnen Federblätter waren über die gesamte Vormarschstraße verstreut) und in Cattaro kamen wir nur mit den PzKpfw 38 (t) an, diese vollzählig. Tageshöchstleistung 190 km.«

**Panzerkampfwagen 38 (t) Ausf. E und F.**

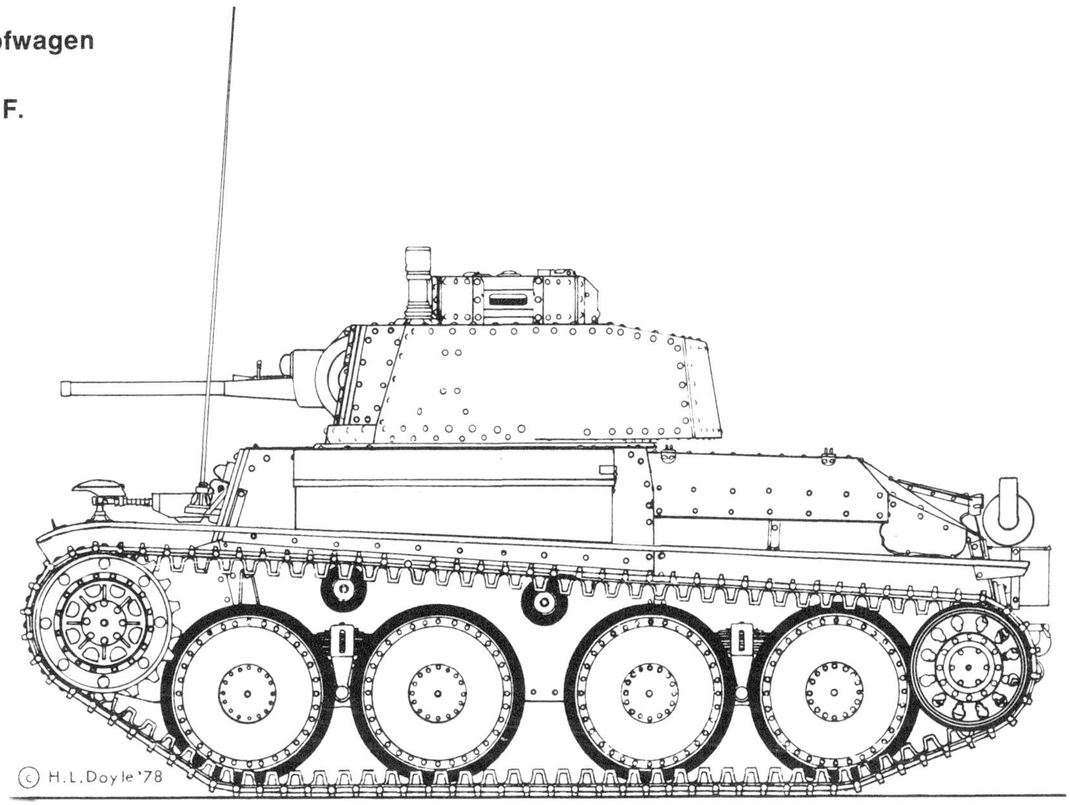


### 2.9.2.3 Panzerkampfwagen 38 (t), (3,7 cm) Ausführung E und F

Fahrgestell Nr. Ausf. E 0476 bis 0750
Ausf. F 0751 bis 1000

Die Ausführung E wurde von November 1940 bis Mai 1941 in einer Stückzahl von 275 Einheiten gefertigt. Fahrerfront und Turmvorderseite wurden durch zusätzliche Panzerbleche von 25 mm Dicke verstärkt. Daneben wurden die Aufbauseiten durch zusätzliche 15 mm Bleche besser geschützt. Die neue, nun gerade durchgeführte Fahrerfront erhielt eine Fahrer- und Funkersehklappe 50, die vom Panzerkampfwagen III übernommen wurden. Die Zahl der Nieten an der Fahrerfrontplatte wurde reduziert. Das Gefechtsgewicht war auf 9,86 t angestiegen.

**Der Panzerkampfwagen 38 (t).**

Im Juni 1941 zu Beginn des Feldzuges gegen die Sowjetunion waren bei den eingesetzten Panzer-Divisionen 763 Panzerkampfwagen 38 (t) vorhanden, die nun neben der 7. und 8. Panzer-Division auch bei der 12., 19. und 20. Panzer-Division zum Einsatz kamen. Die Ausführung F wurde gleichlaufend mit der Ausführung S zwischen Mai und Oktober 1941 mit einer Stückzahl von 250 Einheiten gefertigt. Die Ausführung F unterschied sich kaum von der Ausführung E.

### 2.9.2.4 Panzerkampfwagen 38 (t), (3,7 cm) Ausführung S

Fahrgestell Nr. 1001 bis 1090

Schweden bestellte gegen Ende 1939 90 Panzerkampfwagen Typ TNH. Zwei bereits gelieferte Prototypen brachten die Gesamtzahl der für Schweden bestimmten TNH-Sv-Fahrzeuge auf 92. Die Auslieferung war für 1940 zugesagt, wurde jedoch zu diesem Zeitpunkt vom Heereswaffenamt widerrufen. Die ursprünglich für Schweden bestimmten Fahrzeuge wurden von der Deutschen Wehrmacht übernommen und liefen als Panzerwagen 38 (t) (3,7 cm) Ausführung S bei deutschen Panzereinheiten. Der Umbau der 90 Fahrzeuge*

* Davon wurden 32 Stück an die Slowakei geliefert

**Ab Ausf. E des Panzerkampfwagen 38 (t) kam eine neue, gerade durchgeführte Fahrerfront zum Einbau.**

**Für die in Rußland eingesetzten Panzerkampfwagen 38 (t) wurden einachsige Anhänger mitgeführt auf denen zusätzlicher Kraftstoff befördert werden konnte.**

auf deutsche Spezifikation verzögerte deren Auslieferung von ursprünglich Februar 1940 auf Mai bis September 1941. Trotzdem diese Fahrzeuge erst 1941 zusammen mit der Ausf. F abliefen, waren sie in der Konzeption denen der älteren Ausführungen A, B oder C ähnlich. Sie hatten noch die vordere Grundpanzerung von 25 mm Dicke.
Die beiden TNH-Prototypen, die bereits an Schweden geliefert worden waren, bildeten dort die Grundlage für eine Lizenzfertigung in Schweden, die von Deutschland im Dezember 1940 genehmigt wurde.

### 2.9.2.5 Panzerkampfwagen 38 (t), (3,7 cm) Ausführung G

Fahrgestell Nr. 1101 bis 1600

Die Abschlußausführung der 38 (t)-Baureihe ging im Oktober 1941 in Produktion. Von den ursprünglich vom Heereswaffenamt WalRü WuG 6 bestellten 500 Fahrzeugen wurden bis Juni 1942 nur noch 324 als Kampfpanzer fertiggestellt. Der Auftrag war inzwischen geändert und auf die Fertigung von Selbstfahrlafetten umgestellt. Die Abschlußausführung hatte homogene Panzerbleche mit 50 mm Dicke an allen Vorderseiten. Auch wurde bereits eine größere Anzahl von Blechen geschweißt und nicht mehr genietet.
Bis zur Ausführung G wurde der Praga-Motortyp EPA Ausf. I bis III mit 125 PS Leistung verwendet.

**Von den Sowjets erbeutete Panzerkampfwagen 38 (t) wurden systematisch ausgeschlachtet und als Schrott einer Wiederverwendung zugeführt.**

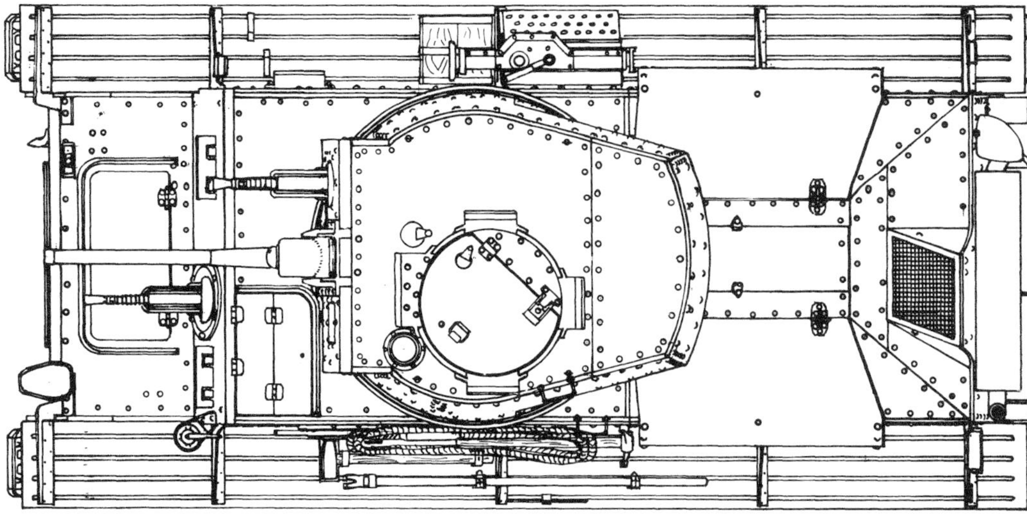

**Vierseitenansicht Panzerkampfwagen 38 (t) Ausf. G.**

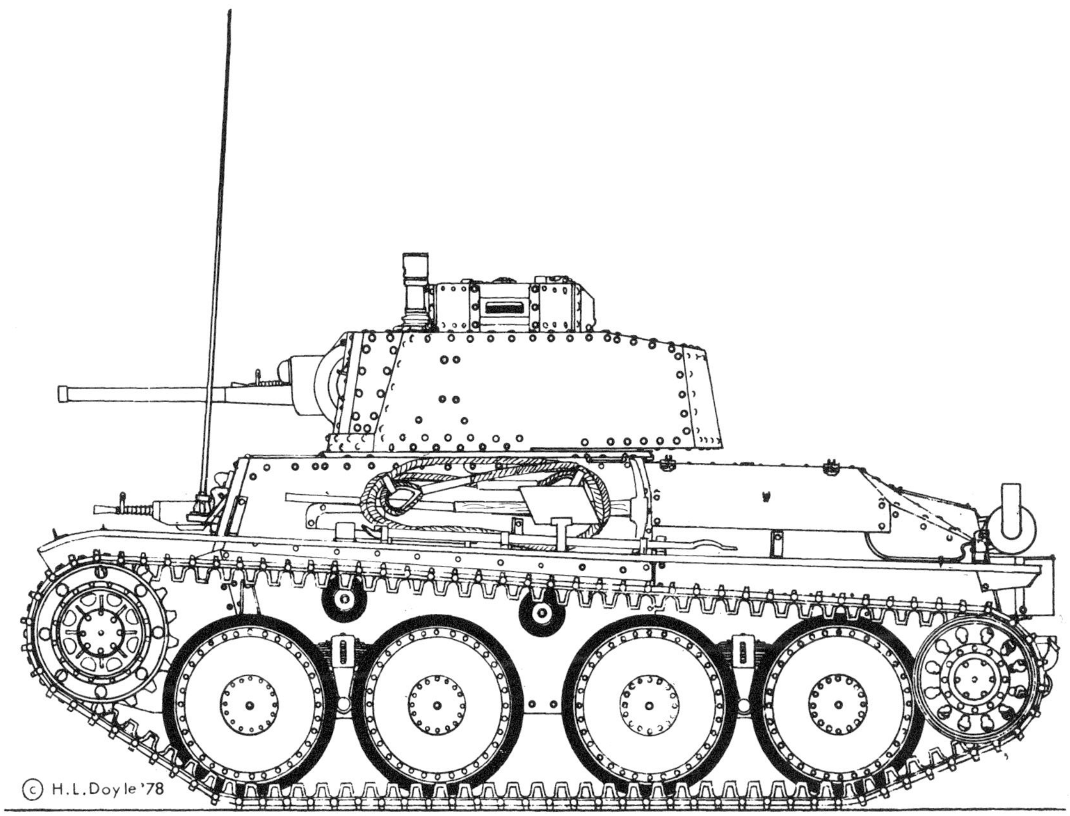

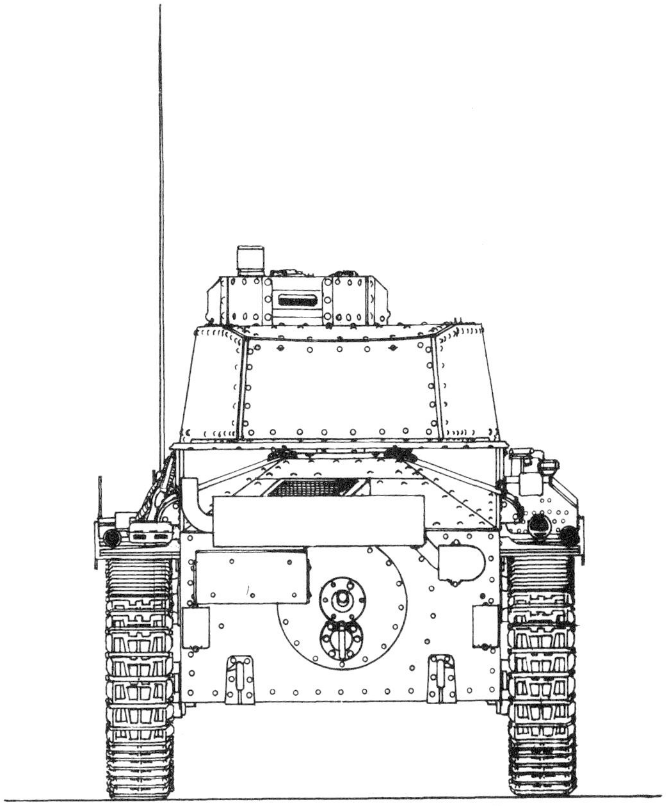

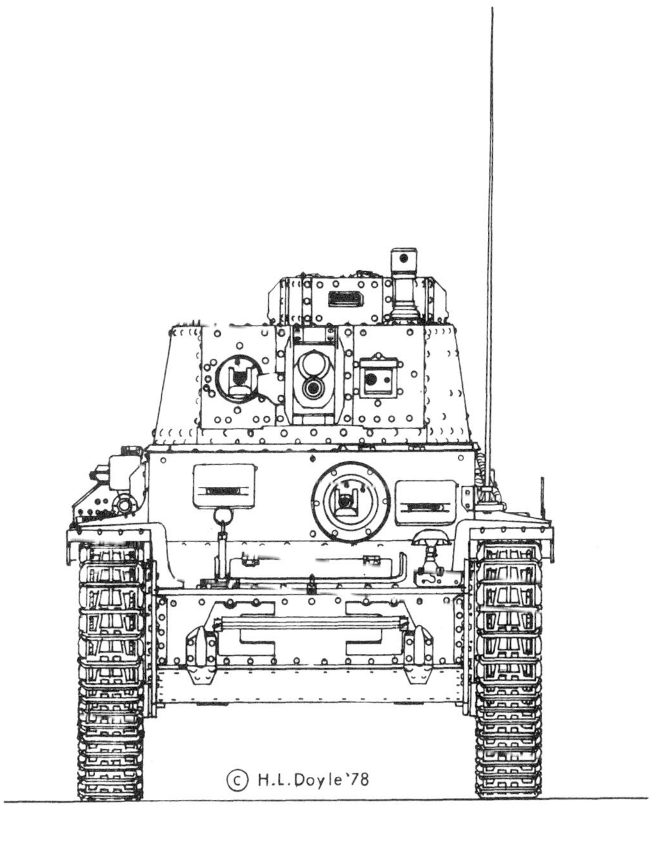
© H.L.Doyle'78

Insgesamt baute die Böhmisch-Mährische Maschinenfabrik 1414 (1411 plus drei 0-Serien-Fahrzeuge) Kampfpanzer vom Typ TNH, dem Panzerkampfwagen 38 (t) (3,7 cm).
Laut Mitteilung vom 1. November 1940 betrug das monatliche Produktionssoll 40 Einheiten dieser Fahrzeuge, im Juni 1941 wurde die Produktionsprognose von 60 auf 50 Einheiten verringert. Noch im Januar 1942 wurden 59 Panzerkampfwagen 38 (t) ausgeliefert. In einer Bestandsaufnahme der Feldtruppe vom 1. April 1942 waren noch 522 dieser Kampfpanzer vorhanden. Anfang Mai 1942 hatte Hitler seine schon früher mehrmals betonte Ansicht wiederholt, daß der Panzerkampfwagen 38 (t) mit seiner 3,7-cm-Kanone und seiner schwachen Panzerung in keiner Weise mehr den Anforderungen als Kampfpanzer entspräche. Als Aufklärungsfahrzeug jedoch wäre er nicht schnell genug.

**Panzerbefehlswagen 38 (t).**

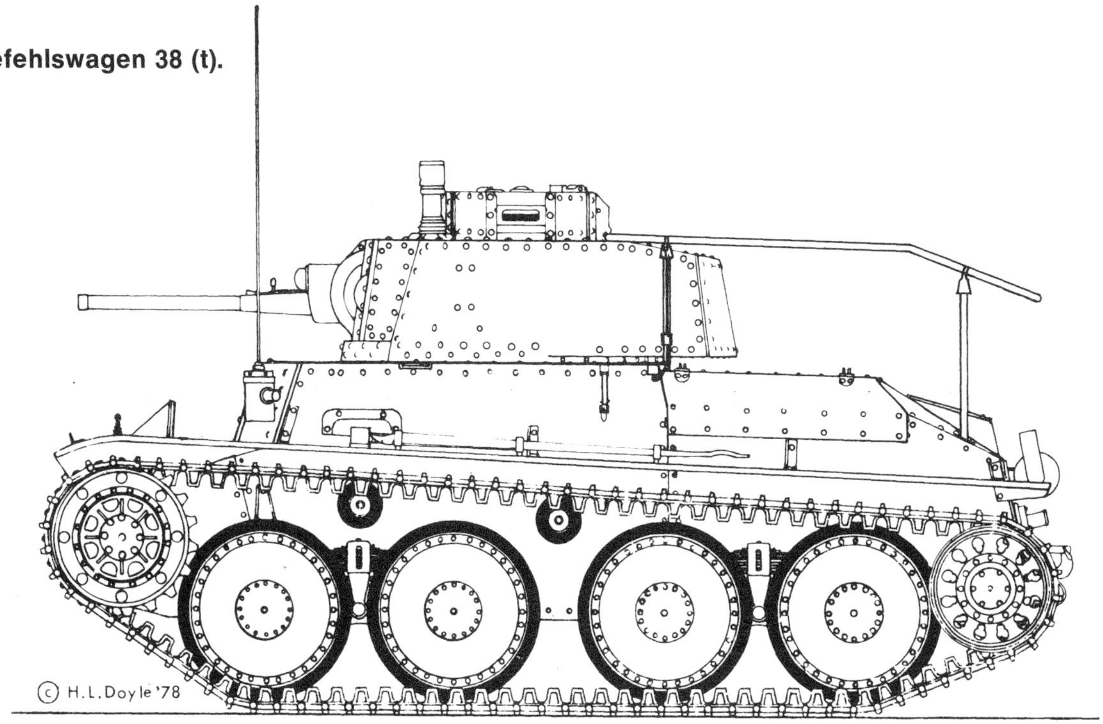


### 2.9.3 Panzerkampfwagen 38 (t), Abarten

#### 2.9.3.1 Panzerkampfwagen 38 (t) – Schwimmbarmachung

Während der Vorbereitung für das Unternehmen »Seelöwe« (die Invasion Großbritanniens) im Jahre 1940, wurden neben den Tauchpanzern (Panzerkampfwagen III und IV) Panzerkampfwagen II schwimmfähig gemacht. Einen ähnlichen Auftrag erhielt auch die Böhmisch-Mährische Maschinenfabrik AG zur Schwimmbarmachung des Panzerkampfwagens 38 (t). Der Auftrag wurde durchgeführt, es entstanden die sogenannten Schwimmkörper AP 1. Über die Seitenvorgelege und Umlenkkegelräder wurden zwei Antriebswellen angetrieben, welche parallel zum Kampfpanzer durch die Schwimmkörper zu den hinten liegenden Schiff-

Ein Panzerbefehlswagen 38 (t) mit der über dem Motor angebrachten zusätzlichen Rahmenantenne während des Feldzuges in Jugoslawien im April 1941. Daneben ein erbeuteter Austro-Daimler Zugwagen aus dem Jahr 1917.

schrauben führten. Im Wasser wurde eine Höchstgeschwindigkeit von 8 km/h erreicht. Eine Serienproduktion wurde nicht aufgenommen.

### 2.9.3.2 Panzerbefehlswagen 38 (t)

Die Führungsfahrzeuge innerhalb der 38 (t)-Verbände erhielten zusätzlich zum UKW Fu 5 Funkgerät noch ein Fu 8-Gerät. Das beim Fahrer liegende Bug-MG 37 (t) wurde ausgebaut, um das zusätzliche Funkgerät unterzubringen. Die entstandene Öffnung wurde durch eine runde Platte abgedeckt. Äußerlich waren die Fahrzeuge durch eine über dem Motorraum angebrachte Rahmenantenne zu erkennen. In einigen Fällen wurde auch nur eine zweite Stabantenne verwendet.

### 2.9.3.3 Panzerjäger 38 (t) für 7,62 -cm-Pak 36 (Sd. Kfz. 139) »Marder III«

Der Schrei der deutschen Infanterie nach wirkungsvollen Panzerabwehrwaffen unmittelbar nach Beginn des Rußlandfeldzuges im Jahre 1941 führte am 22. Dezember 1941 zu Forderungen des OKH/In6 (Inspektion der Panzertruppe) an das Heereswaffenamt, einen Panzerjäger als Selbstfahrlafette zu entwickeln. Dazu wurden erbeutete sowjetische 7,62-cm-Feldkanonen und Panzerabwehrgeschütze auf dem bewährten Fahrgestell des Panzerkampfwagens 38 (t) angeordnet. Ein Einführungsantrag sollte, um den Anlauf der Fertigung zu beschleunigen, dabei nicht gestellt werden. Es ist beachtenswert, daß nach Auftreten des russischen Kampfpanzers T 34 im Juli 1941 als erste Gegenmaßnahme

Panzerbefehlswagen 38 (t).

Panzerjäger 38 (t).
für 7,62-cm-Pak 36 (r)
(Sd. Kfz. 139) beim
Einsatz in Rußland.
Diese Fahrzeuge
standen ab 1942
an allen Fronten.

**Die Besatzung war im Einsatz durch den oben und hinten offenen Aufbau nur behelfsmäßig geschützt.**

russische Beutewaffen die über Nacht wirkungslos gewordene Panzerabwehr des deutschen Heeres mit diesem gleichziehen sollten. Die Verwendung von erbeuteten sowjetischen Kanonen* auf einem tschechischen Fahrgestell beleuchtet gut, wie das deutsche Heer bei der Beschaffung von Waffen zu Einfallsreichtum gezwungen wurde. Hitler befahl zu überprüfen, falls nicht genügend russische 7,62-cm-Rohre vorhanden waren, die deutschen 7,5-cm-Pak 40 aufzubauen. Diese Forderung war aufgrund der Schwierigkeiten, die einer Vollmotorisierung der Pak 40 infolge des vorherrschenden Mangels an Zugmaschinen entgegenstand, von besonderer Wichtigkeit. In die dadurch freiwerdenden Lafetten der Pak 40 sollten französische 7,5-cm-Pak-Rohre eingelegt werden.

Am 13. Mai 1942 wurde festgestellt, daß der Ausstoß von Panzerkampfwagen 38 (t) im Monatsdurchschnitt 50 Einheiten betrug, wovon bereits monatlich je 20 als Selbstfahrlafetten für die 7,62-cm-Pak ausgebracht wurden. Im Juni 1942 war die Umstellung der Fertigung beendet. Im Auftrage des Heereswaffenamtes Wa Prüf 6 durchgeführte Untersuchungen der Fa. Českomo-

* Die russische 7,62-cm-Feldkanone SIS-3, die auch zur Panzerabwehr bestens geeignet war, wurde von Experten der Firma Krupp als das beste Geschütz des Kalibers 7,62 cm im Zweiten Weltkrieg bezeichnet. Ohne jegliche Übertreibung konnte man bestätigen, daß sie eine der genialsten Konstruktionen in der Geschichte der Rohrartillerie darstellte. Der Erfolg der Kanone lag im geringen Gewicht, in der Zuverlässigkeit und in der einfachen Bedienung. Zum ersten Mal wurde in der Sowjetarmee eine Kanone mit Mündungsbremse verwendet. Die Zahl der für die Waffe erforderlichen Teile wurde vom Vorgänger-Typ F-22 mit 2080 Teilen auf 719 bei der Kanone SIS-3 verringert, wie auch die Fertigungszeit von 2034 auf 475 Stunden zurückging. Die SIS-3-Kanone war die erste im Fließbandverfahren hergestellte Kanone der Sowjetunion. Ein Werk stellte 1944 täglich bis zu 120 dieser Kanonen her. Die Kanone selbst war eine Entwicklung der Firma Rheinmetall-Borsig.

**Die lange 7,62-cm-Waffe verlangte eine sorgfältige Zurrung während des Marsches.**

ravska Kolben Daněk in Zusammenarbeit mit der Fa. Rheinmetall-Borsig hatten ergeben, daß für diesen Zweck auch die 7,5-cm-Pak 40 verwendet werden konnte. Im Rahmen dieser Behelfslösung erfolgte der Aufbau der russischen 7,62-cm-Waffen auf das unveränderte, bei der Truppe anerkannte Fahrgestell und das teilweise veränderte Panzerkastenoberteil des Panzerkampfwagens 38 (t). Die genietete Bauweise des Panzergehäuses kam diesem Umbau entgegen. Nach Entfernen der Unterlafette wurde das Geschütz mit Oberlafette unter Verwendung eines neugefertigten Unterbaus auf das Oberteil des Aufbaus gesetzt. Der Unterbau hatte die Form einer Brücke und war mit der Decke des Heckpanzers sowie mit dem Bugpanzer verschraubt.

Die Geschützbedienung, Richt- und Ladeschütze, war nach vorne durch eine 14,5 mm und seitlich durch eine 10 mm dicke Panzerung bzw. durch ein an den Seiten verlängertes, schwenkbares Geschützschild geschützt. Die Aufbaupanzerung war frontal SmK-sicher, seitlich etwas schwächer gehalten. In der Panzerwanne waren Fahrer- und Funkersitze wie beim Panzerkampfwagen 38 (t) angeordnet. Das MG 37 (t) in der Kugelblende blieb unverändert. Hinter den Sitzen waren rechts und links je drei Munitionskästen an den Seitenwänden des Aufbaus untergebracht. 30 Schuß 7,62-cm-Munition und 1200 Schuß 7,92-mm-MG-Munition wurden im Fahrzeug mitgeführt. Das Gefechtsgewicht betrug 10,8 t, die Höchstgeschwindigkeit 42 km/h. Die mitgeführte Kraftstoffmenge von 218 l reichte für 185 km Straßenfahrt. Die Feuerhöhe betrug 2000 mm. Die russische 7,62-cm-Pak 36 L/54 hatte eine Rohrlänge von 3895 mm und war mit einer Mündungsbremse versehen. Durch Umbau der Ladekammer war die Waffe in der Lage, auch die deutsche 7,5-cm-Pak Munition zu verschießen, wobei die 7,5-cm-Panzergranate 40 eine Mündungsgeschwindigkeit von 960 m/s erreichte. Die 4,15 kg schwere Granate durchschlug 94 mm senkrecht stehende Panzerung auf 1000 m Entfernung. 10 bis 12 Schuß konnten pro Minute verschossen werden. Der Seitenrichtbereich betrug 21° nach jeder Seite. Der Höhenrichtbereich erstreckte sich von −8° bis +13°. Als Zielmittel stand ein Zielfernrohr für Pak 38 zur Verfügung. Ein Funksprechgerät d sowie eine Bordsprechanlage waren vorhanden. Der Produktionsbeginn erfolgte am 24. März 1942 bei der Böhmisch-Mährischen Maschinenfabrik AG in Prag mit einem Ausstoß von 17 Einheiten pro Monat. Eine Erhöhung auf 30 Stück pro Monat wurde geplant. Am 4. Juni 1942 erfolgte ein Anschlußauftrag des Heereswaffenamtes WaIRü WuG 6 über die beschleunigte Lieferung von weiteren 100 Fahrzeugen. Die Auslieferung geschah mit je 20 Einheiten im Juni und Juli 1942, sowie je 30 Stück im August und September 1942. Insgesamt wurden von März 1942 bis Oktober 1942 344 Panzerjäger 38 hergestellt, davon 176 auf dem Fahrgestell der Ausführung G. Ab Ausführung H kam der Zweivergaser-Ottomotor der Firma Praga Typ epa/Ac, Ausf. IV zum Einbau, dessen Leistung auf 140 PS bei 2500 1/min angehoben worden war. Das Fahrgestell Ausführung H (ab Fahrgestell Nr. 1601) wurde ab Juli 1942 nur noch für die Fertigung von Selbstfahrlafetten verwendet.

Weitere 19 dieser Fahrzeuge entstanden im Jahr 1943 durch Umbau von truppenseitig zur Reparatur angelieferten Panzerkampfwagen 38 (t).

Die Fahrzeuge wurden vorwiegend in Rußland eingesetzt. In der Zeit von Juli bis November 1942 wurden 66 dieser Selbstfahrlafetten nach Nordafrika geschickt und erwiesen sich als brauchbare Zwischenlösung.

Die Bezeichnung Panzerjäger 38 für 7,62-cm-Pak 36 (das (t) entfiel ab 1943), wurde zusammen mit der Sd.Kfz.Nr. 139 laut Führerbefehl vom 27. Februar 1944 durch die Suggestivbezeichnung »Marder III« ergänzt, die auch vom 7,5-cm-Fahrzeug übernommen wurde. Ursprünglich hatte die Gerätebezeichnung auch Panzerselbstfahrlafette 2 für 7,62-cm-Pak 36 gelautet.

Ab November 1942 erfolgte die Umstellung der Panzerjäger-Fertigung auf die deutsche 7,5-cm-Pak 40.

### 2.9.3.4 Panzerjäger 38 (t) für 7,5-cm-Pak 40 Ausf. H (Sd. Kfz. 138) »Marder III«

Mit Beginn der Konstruktion des Panzerjägers 38 (t) für die 7,62-cm-Pak 36 (r) wurde auf Weisung des Heereswaffenamtes WaPrüf 6 auch die Entwicklung des Panzerjägers 38 (t) für die deutsche 7,5-cm-Pak 40 eingeleitet. Der Reichsminister für Bewaffnung und Munition hatte am 18. Mai 1942 unter der Nummer 6772/42a eine entsprechende Weisung an das Heereswaffenamt Wa-

Prüf 6 gegeben. Der erste Prototyp war im Juni 1942 fertig und zeigte einen gegenüber der 7,62-cm-Ausführung geänderten Schutz für die Pak 40. Das Geschütz mit Oberlafette (ohne Unterlafette) war unter Verwendung eines neu angefertigten Unterbaues im Fahrgestell des Panzerkampfwagens 38 (t) eingebaut. Der Unterbau (Geschützaufnahme) hatte die Form einer Brücke und war mit dem Heckpanzer sowie mit dem Bug- und Seitenpanzer fest verschraubt. Auf der Brücke befand sich die neue Unterlafette (Platte mit Zahnkranz).

Die Geschützbedienung (Richt- und Ladeschütze) war nach vorne, oben und den Seiten durch einen festen Panzer und schwenkbaren Geschützschild gesichert. Der Kampfraum war nach hinten offen. Der Aufbaupanzer war SmK-sicher. Während der Fahrt mußte das Geschütz zur Schonung des Zahnkranzes mit der Zurrung der Rohrwiege hinten und am Geschützrohr vorn in der Rohrstütze festgelegt werden. Die Rohrstütze konnte vom Fahrer aus umgelegt werden. Das Geschütz durfte erst unmittelbar vor dem Beginn des Gefechtes entzurrt werden. In der Panzerwanne war der Fahrersitz wie beim Panzerkampfwagen 38 (t) angeordnet. Die Sitze für den Richt- und Ladeschützen befanden sich links und rechts der Rohrwiege auf der Motortrennwand. Beim Gefecht wurden diese Sitze in die vorgesehenen Halter links und rechts am Heckgitter eingesetzt. 38 Schuß Munition konnten mitgeführt werden. Die

**Panzerjäger 38 (t) für 7,5-cm-Pak 40 Ausf. H (Sd. Kfz. 138) »Marder III«.**

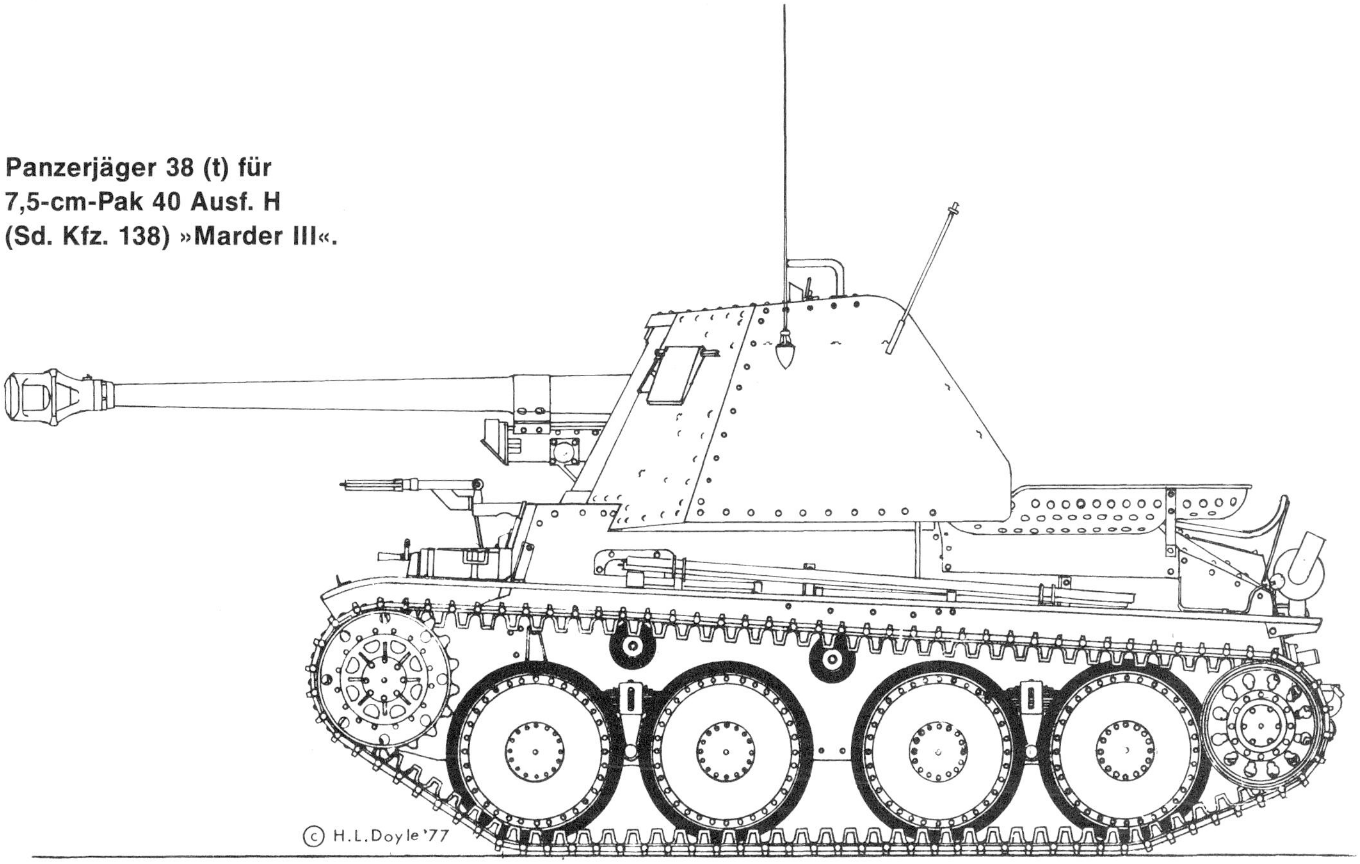

Oben: Die Fertigung des Panzerjägers 38 (t) für 7,5-cm-Pak 40 Ausf. H (Sd. Kfz. 138) bei der Böhmisch-Mährischen Maschinenfabrik AG in Prag.

Rechte Seite und unten rechts: Dreiseitenansicht des Panzerjägers 38 (t) für 7,5-cm-Pak 40 Ausf. H. Der Kampfraum ist noch immer oben und hinten offen.

Unten links: Ansicht nach vorne in den Kampfraum.

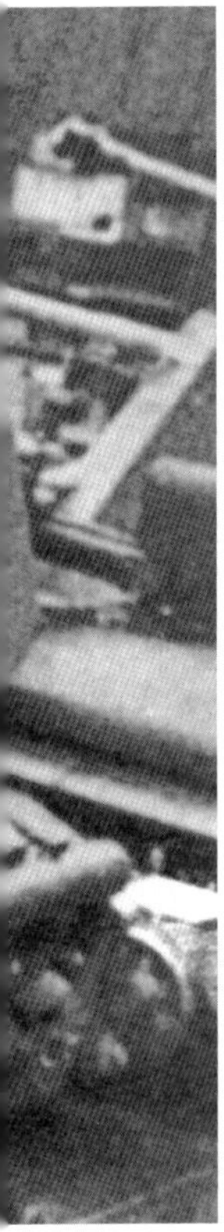

**Sturmkanone 40 L/43 auf dem Fahrgestell des Panzerkampfwagen 38 (t) – Versuchseinbau der in Großserie gefertigten Sturmgeschützbewaffnung.**

Bewaffnung, eine 7,5-cm-Pak 40/3 der Firma Rheinmetall-Borsig, hatte einen seitlichen Richtbereich von ± 28° und einen Höhenrichtbereich von ± 9°. Das in einer Kugelblende eingebaute MG 37 (t) hatte einen seitlichen Richtbereich von ± 28° und eine Höhenverstellung von ± 10°. Ferner war eine MP 38 vorhanden. Zur Funkausrüstung gehörten: ein Funksprechgerät d und eine Bordsprechanlage.

Zum Schutz gegen Staub und Regen konnte der Innenraum durch ein auf drei Spriegeln ruhendes Verdeck abgedeckt werden. Die Besatzung bestand aus dem Richtschützen (zugleich Geschützführer, bediente auch das Funkgerät), dem Ladeschützen und dem Fahrer. Das Gefechtsgewicht betrug 10,5 t, der spezifische Bodendruck 0,67 kg/cm². Mit 218 l Kraftstoffvorrat konnten auf der Straße 200 km zurückgelegt werden. Die Höchstgeschwindigkeit betrug 47 km/h. Da noch sowjetische 7,62-cm-Geschütze zum Aufbau bereitgestellt werden konnten, verzögerte sich der Serienanlauf der Panzerjäger 38 (t) für 7,5-cm-Pak 40/3 (Sd.Kfz. 138) (Ausf. H) bis November 1942. Zwei Prototypen für die 7,5-cm-Pak 40 und die 7,5-cm-Sturmkanone 40 (Sturmgeschützbewaffnung) waren auf dem Fahrgestell des Panzerkampfwagens 38 (t) Ausf. G aufgebaut. Ab November 1942 wurde für die Serienfertigung des Panzerjägers 38 (t) die Ausf. H verwendet, die den 150 PS bei 2600 1/min leistenden Praga-Motor Typ AC/2600 erhielt. Die Fertigung des Fahrgestells 38 (t) Ausführung H lief, nachdem von der Böhmisch-Mährischen Maschinenfabrik AG 242 Fahrzeuge hergestellt wurden, im Mai 1943 aus. Das Fahrgestell-Nummern-Band lag zwischen 1601 bis 2100. Weitere 175 Selbstfahrlafetten wurden 1943 durch Umbau von truppenseitig zur Instandsetzung angelieferten Panzerkampfwagen 38 (t) gefertigt.

Panzerjäger-Einheiten des Heeres, der Luftwaffe und der Waffen-SS wurden diese Fahrzeuge zugeteilt. Sie fanden vorwiegend in Rußland, aber auch in Tunesien und Italien Verwendung.

In der Zeit von März 1942 bis Mai 1943 wurden 761 Panzerjäger 38 gebaut, also im Monatsdurchschnitt 50 Stück.

### 2.9.3.5 Panzerjäger 38 (t) für 7,5-cm-Pak 40 Ausf. M (Sd. Kfz. 138)

Im Mai 1943 erfolgte die Umstellung auf die M-Ausführung des Panzerjägers 38. Bereits seit Februar 1943 wurde die Geschützwagen(Gw)-Ausführung auf Fahrgestell 38 (t) für das 15-cm-sIG 33/1 gefertigt, welches Bug des Fahrzeuges wurde neu gestaltet, das bisher beim Fahrer befindliche Bug-MG war entfallen und die Panzerdicke des Bugbleches bei 23° Neigung auf 14,5 mm reduziert. Fahrzeuge, die 1943 gebaut wurden, hatten eine gegossene Fahrerhaube, welche am oberen Bugblech angeschraubt wurde. 1944 kam dafür eine geschweißte, eckige Fahrerhaube zur Verwendung, die

**Panzerjäger 38 für 7,5-cm-Pak 40/3 Ausf. M (Sd. Kfz. 138).**

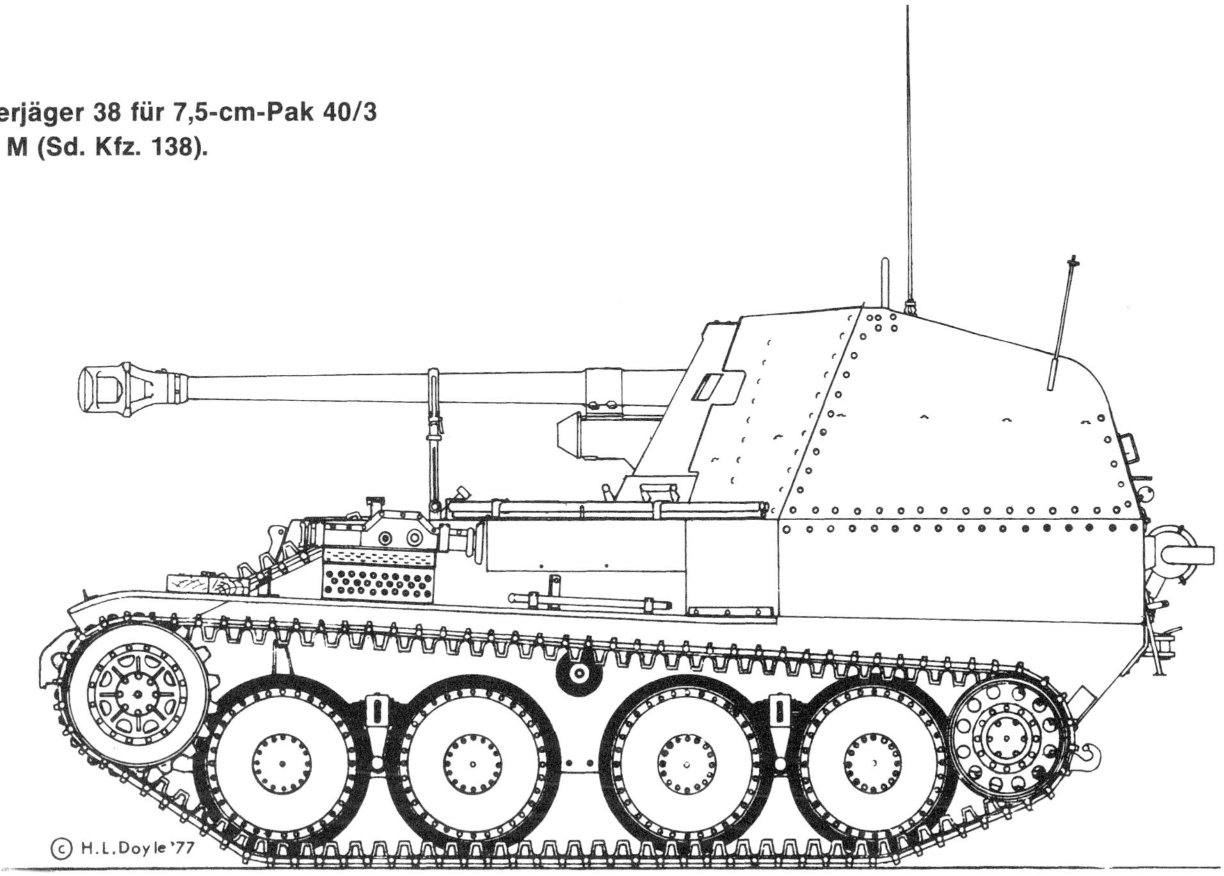


nunmehr auch für die 7,5-cm-Pak 40/3 zur Verfügung stand. Dabei war der Motor aus dem Heck des Fahrgestells nach vorne zum Wechselgetriebe verlegt worden, wodurch eine Unterbringung der Waffe im Heck des Fahrzeuges mit verbesserter Zugänglichkeit des Kampfraumes ermöglicht wurde. Auch wurde die Zugänglichkeit zum Triebwerk wesentlich erleichtert. Der fester Bestandteil des Bugbleches war. Der nach oben und hinten offene, feste Aufbau erlaubte einen Seitenrichtbereich von jeweils 21° und ein Höhenrichtfeld von −5° bis +13°. Die Panzerung des Aufbaus war rundum 10 mm dick. Während ursprünglich die Abschlepphaken am vorderen unteren Bugblech angeschweißt waren, wurden bei späteren Ausführungen beide Sei-

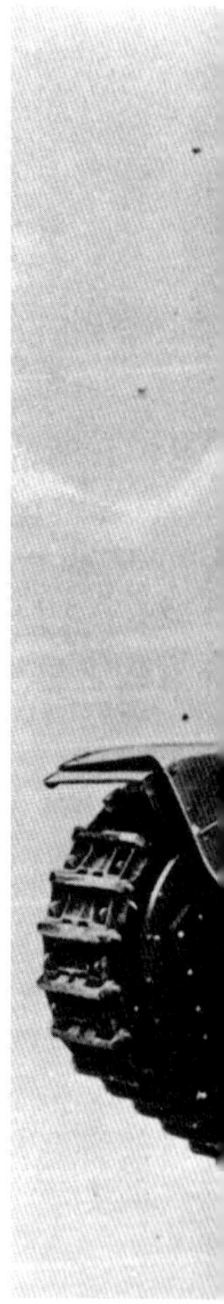

Links: Eine Vierseitenansicht des verbesserten Panzerjägers 38 für 7,5-cm-Pak 40/3 Ausf. M (Sd. Kfz. 138).

Oben: Die Draufsicht zeigt den nun nur noch oben offenen Kampfraum des Panzerjägers 38.

Unten: Die Ansicht des Panzerjägers 38 von hinten.

**Ein in Italien von den Alliierten erbeuteter Panzerjäger 38 zeigt die Unterbringung der Bereitschaftsmunition an den Seiten des gepanzerten Aufbaus.**

tenbleche nach vorne verlängert und dieser Teil als Abschlepphaken ausgebildet. Im Fahrzeug wurden 27 Schuß 7,5-cm-Munition mitgeführt.
Bereits am 6. Februar 1943 wurde Hitler davon unterrichtet, daß die neue Selbstfahrlafette in kürzester Zeit zur Verfügung stehen würde und die Böhmisch-Mährische Maschinenfabrik AG in der Lage sein würde, davon gegenüber dem gegenwärtigen Ausstoß von 60 Einheiten pro Monat 150 Stück zu produzieren. Ein solcher Ausstoß wurde jedoch fast nur während der Monate Oktober/November 1943 erreicht. Im Oktober 1943 wurden tatsächlich 141 dieser Selbstfahrlafetten ausgeliefert.
Im Mai 1944 wurde – nachdem 975 Panzerjäger 38 (Sd. Kfz. 138) der Ausführung M (Fahrgestell Nr. zwischen

**Panzerjäger 38 im Einsatz. Die Fahrzeuge waren eine wirkungsvolle Zwischenlösung bis zum Einsatz des Jagdpanzers 38 »Hetzer«.**

**Untersuchung des Einbaus der 7,5-cm-Pak L/70 (Panther-Bewaffnung) auf dem Fahrgestell des Panzerkampfwagens 38 (t)**

2101 und 3600) hergestellt worden waren – die Fertigung auf den Panzerjäger 38 »Hetzer« umgestellt. Den Panzerjäger-Abteilungen der Panzer- und Infanterie-Divisionen wurden diese Fahrzeuge ab Mai 1943 zugeteilt. Eine Bestandsaufnahme vom 1. Februar 1945 ergab, daß noch 350 Panzerjäger 38 bei der Feldtruppe vorhanden waren.

kampfwagen I und II voraus, die jedoch wegen Überlastung des Fahrgestells nicht befriedigten.* Bereits 1940 entwickelte die Firma Alkett in Berlin-Spandau den ersten Prototyp, der das unveränderte Fahrgestell des Panzerkampfwagens 38 (t) verwendete. Die Bewaffnung wurde von Rheinmetall-Borsig beigestellt. Die interne Gerätenummer für diese Entwicklung lautete 805,

**15-cm-sIG 33 auf Geschützwagen 38 (Sd. Kfz. 138/1) Ausf. H »Grille«.**

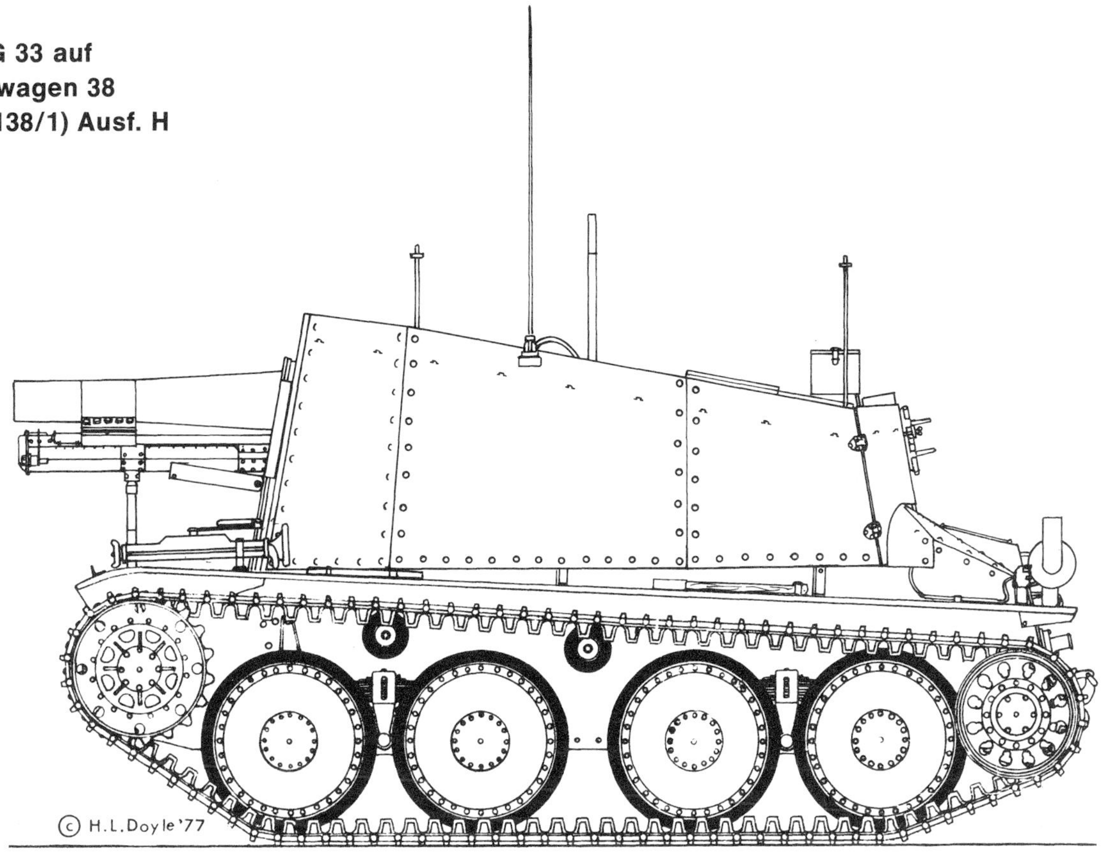


### 2.9.3.6 Geschützwagen 38 (t) für 15-cm-sIG 33 Ausf. H (Sd. Kfz. 138/1)

Das Fahrgestell des Panzerkampfwagens 38 (t) diente ebenfalls als Grundlage für Selbstfahrlafetten zur Aufnahme des schweren Infanteriegeschützes 33. Dem gingen Lösungen auf den Fahrgestellen der Panzer-

die amtliche Bezeichnung sIG 33 (Sfl) auf Panzerkampfwagen 38 (t) (Sd.Kfz 138/1) Ausf. H. Als Suggestivbezeichnung wurde »Grille« verwendet. Manchmal wurde auch die Bezeichnung 15-cm-sIG 33 auf Geschützwagen 38 verwendet. Von Februar 1943 bis April 1943 wurden im Rahmen eines Gesamtauftrages des

* siehe Band »Panzer I und II« von Walter J. Spielberger

Linke Seite: Das 15-cm-sIG 33 auf Geschützwagen 38 (Sd. Kfz. 138/1) Ausf. H. »Grille«. Nach dem Scheitern des Aufbaus dieser Waffe auf den Fahrgestellen der Panzerkampfwagen I und II wurde das Fahrgestell des Panzerkampfwagen 38 (t) als Standard-Trägerfahrzeug eingeführt.

Vierseitenansicht des Geschützwagens 38 zeigt das unveränderte Fahrgestell des Panzerkampfwagens 38 (t).

Heereswaffenamtes WalRü WuG 6 über 200 Fahrzeuge von der Böhmisch-Mährischen Maschinenfabrik AG in Prag 90 dieser Fahrzeuge Ausf. H und ein Prototyp hergestellt. Zusätzlich wurden von der Truppe kommende Panzerkampfwagen 38 (t)-Reparaturfahrzeuge mit dem 15-cm-sIG 33 ausgerüstet.
Der oben offene Panzeraufbau der »Grille« war vorne 25 und 15 mm, seitlich 14,5 mm und hinten 10 mm dick. Spriegel mit Plane schlossen den Aufbau nach oben ab. Mit einer Besatzung von fünf Mann betrug das Gefechtsgewicht 11,5 t. Für die Hauptbewaffnung wurden 15 Schuß im Fahrzeug mitgeführt. Der Seitenrichtbereich betrug je 5°. Die Rohrerhöhung war von –3° bis +72° möglich.

**Das 15-cm-sIG 33 war eine wirkungsvolle Unterstützungswaffe der Panzergrenadiere.**

**15-cm-sIG 33 auf Geschützwagen 38 (Sd. Kfz. 138/1) Ausf. K »Grille«.**

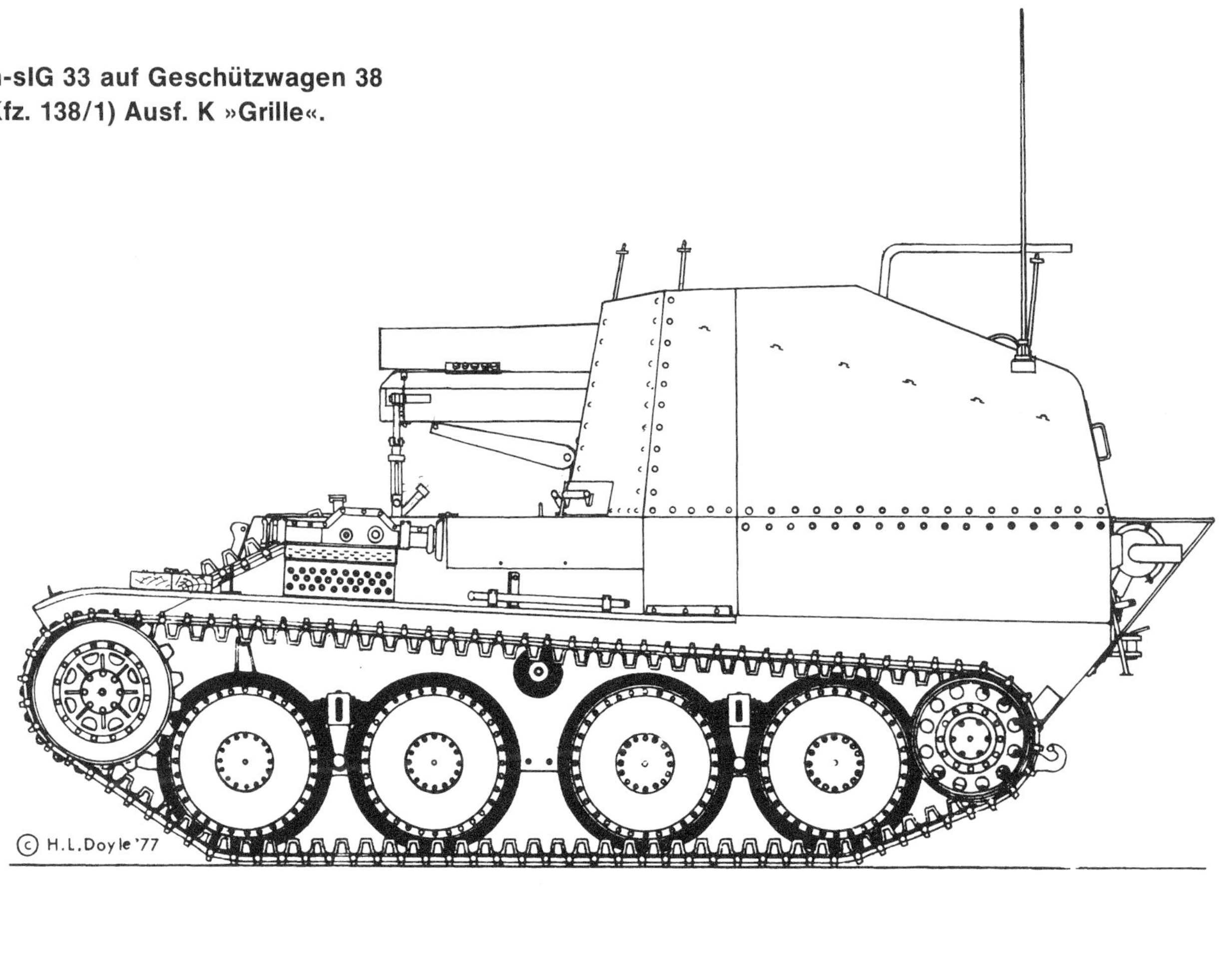

Die verbesserte Ausführung des Geschützwagens 38 für das 15-cm-sIG 33 Ausf. K zeigt die Rückverlegung des Aufbaus.

### 2.9.3.7 Geschützwagen 38 (t) für 15-cm-sIG 33 Ausf. K (Sd. Kfz 138/1) »Grille«

Im Rahmen des bestehenden Auftrages über 200 »Grille« Selbstfahrlafetten wurden von Februar 1943 bis Juni 1943 110 Stück der verbesserten Ausführung der Selbstfahrlafette mit dem unmittelbar an das Wechselgetriebe angeflanschten Motor gefertigt. Die neue Geschützwagen-Ausführung hatte die interne Gerätenummer 806. Die Fahrgestellfertigung sowie die Montage der Selbstfahrlafetten erfolgte bei der Böhmisch-Mährischen Maschinenfabrik AG in Prag, die Panzergehäuse wurden von der Poldihütte in Komotau und den Wittkowitzer Eisenwerken in Mährisch-Ostrau hergestellt. Zusätzliche Aufträge über 172 Einheiten wurden zwischen Oktober 1943 und November 1944 abgewickelt. Die »Grille« war damit die letzte noch im Produktionsprogramm verbleibende Selbstfahrlafette auf dem Fahrgestell des Panzerkampfwagens 38 (t). Die im September 1944 hergestellten zehn Geschütze wurden auf Fahrgestelle gesetzt, die ursprünglich für den Flakpanzer 38 bestimmt waren. Der Richtpreis der Fahrzeuge (ohne Bewaffnung) betrug RM 53000,–. Für das 15-cm-sIG 33/2 wurden 18 Schuß Munition mitgeführt. Mit fünf Mann Besatzung betrug das Gefechtsgewicht 12 t.
Das 15-cm-sIG 33/2 auf Selbstfahrlafette 38 Ausf. M (Sd.Kfz. 138/1) wurde bei den sIG-Kompanien der Panzergrenadier-Regimenter an allen Fronten eingesetzt. Noch im Februar 1945 waren 173 dieser Fahrzeuge einsatzbereit gemeldet.

Draufsicht des Geschützwagens 38 Ausf. K für das 15-cm-sIG 33.

**Vierseitenansicht des Geschützwagens 38 Ausf. K.**

**Munitionsfahrzeug auf Fahrgestell Panzerkampfwagen 38 (t) Ausf. K für »Grille«.**

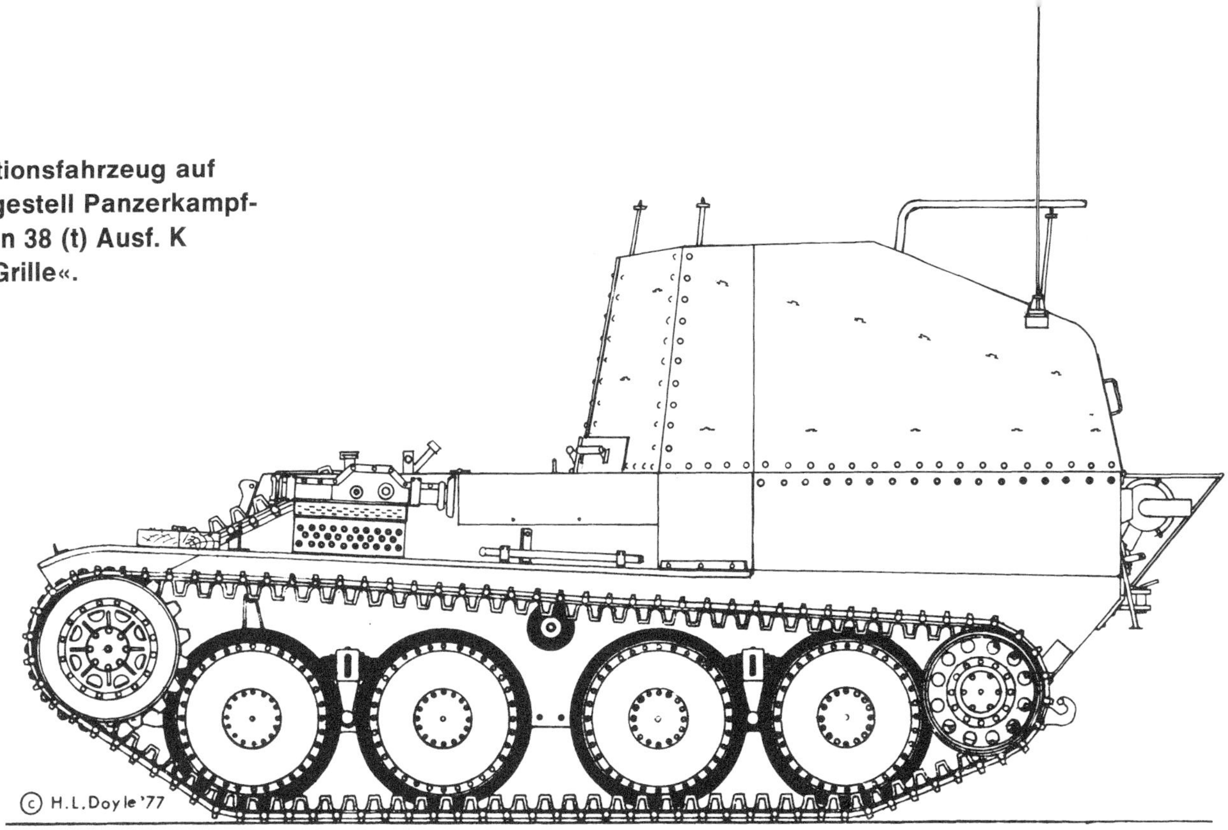


## 2.9.3.8 Munitionsfahrzeug auf Fahrgesteil Panzerkampfwagen 38 (t) Ausf. K für »Grille«

Von Januar bis Mai 1944 wurden von der Böhmisch-Mährischen Maschinenfabrik AG 102 Munitionsschlepper auf dem Selbstfahrlafetten-Fahrgestell Ausf. K hergestellt. Sie behielten den gleichen Aufbau wie die Grille-Selbstfahrlafette, jedoch ohne Bewaffnung. Mit drei Mann Besatzung (Fahrer, zwei Schützen) konnten bis zu 40 Schuß der 15-cm-sIG Munition mitgeführt werden. Die begrenzte Munitionskapazität der »Grille«-Selbstfahrlafette wurde dadurch ausgeglichen, daß jeweils zu sechs »Grille«-Fahrzeugen zwei dieser Munitionsfahrzeuge zugeteilt wurden. Sie liefen bei den sIG-Kompanien der Panzergrenadier-Regimenter. Beim Ausfall einer »Grille« konnte das Munitionsfahrzeug mit geringen Mitteln in einen Geschützträger umgewandelt werden.

**Links: Während des Aufstands in Prag (9. 5. 1945) wurde von tschechischer Seite behelfsmäßig eine 3-cm-MK 108 in einer »Grille«-Selbstfahrlafette untergebracht.**

**Rechts: Der Munitionsschlepper, Ausf. K wurde Grille-Selbstfahrlafetten-Einheiten zugeteilt. Er konnte auch mit geringen Mitteln in einen Geschützwagen 38 umgebaut werden.**

### 2.9.3.9 Flakpanzer 38 (t) (2 cm) Ausf. L (Sd. Kfz. 140)

Angesichts der alliierten Luftüberlegenheit wurde in den Jahren 1943/44 eine größere Zahl von Flakpanzern entwickelt. Das Heereswaffenamt griff dazu u. a. auf das bewährte Fahrgestell des Panzerkampfwagens 38 zurück, das besonders im Rußland-Feldzug wegen seiner robusten Bauweise und Widerstandsfähigkeit geschätzt wurde. Nach einer im Jahre 1944 abgeschlossenen Fertigung als Schnellösung von 150 Flakpanzer 38 (2-cm-Flak 38) (Ausf. L) (Sd.Kfz. 140) sollte die Produktion auf den Flakpanzer-Vierling 2-cm-38 mit dem Fahrgestell des Panzerkampfwagens IV umgestellt werden. Das Gefechtsgewicht betrug 9,8 t. Die Produktion lief von November 1943 bis Februar 1944 und verwendete als Fahrgestell die Ausführung K des Geschützwagens 38 »Grille«. Im hinteren Teil des Fahrzeuges war eine 2-cm-Flak 38 in einem Kampfraum mit mehr oder weniger senkrechten, 10 mm dicken Blechen und oben offenen Aufbau angeordnet. Im Kampfraum wurden je 540 Schuß 2-cm-Sprenggranatmunition mit Leuchtspur und 2-cm-Panzergranatmunition mit Leuchtspur untergebracht. Das Geschoßgewicht betrug 132 g, die Mündungsgeschwindigkeit 900 m/s und die maximale Feuergeschwindigkeit 480 (praktisch 240) Schuß/min. Die Besatzung bestand aus fünf Mann, dem Richtschützen (zugleich Kommandant), zwei Schützen, einem Fahrer und einem Funker. An optischen Geräten standen ein Schwebekreis-Visier und ein Erdzielfernrohr 3x8° zur Verfügung. Ein UKW Fu-5 Funkgerät war eingebaut.

**Flakpanzer 38 (2 cm) Ausf. L (Sd. Kfz. 140).**

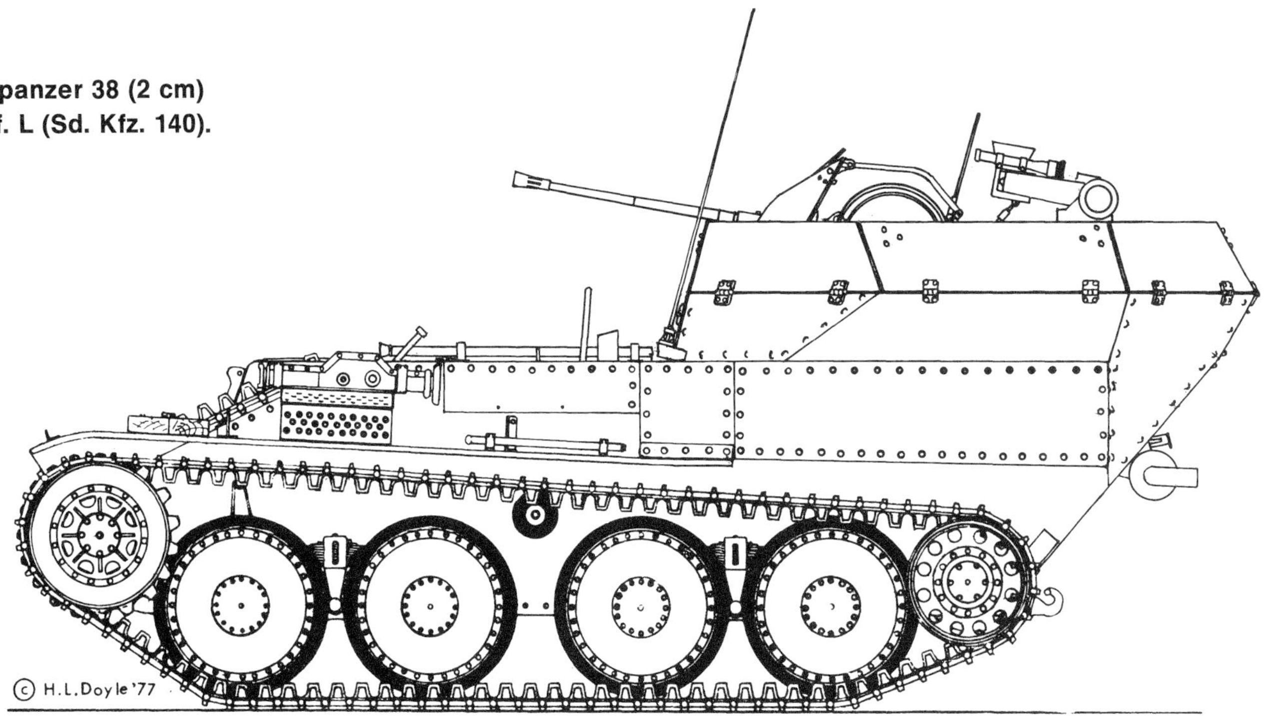


Wegen der ungenügenden Feuerkraft wurde die Ferti-

Der Flakpanzer 38 (2 cm) Ausf. L (Sd. Kfz. 140) war der erste Flakpanzer der Deutschen Wehrmacht. Die Bilder zeigen Vorder- und Seitenansicht sowie eine Draufsicht des Fahrzeuges.

**Den Aufklärungs-Einheiten sollten Unterstützungsfahrzeuge zugeteilt werden. Das Bild zeigt den Prototyp mit der 7,5-cm-Sturmkanone L/24 auf unverändertem Panzerkampfwagen 38 (t)-Fahrgestell.**

gung nicht fortgeführt und wurden die letzten zehn der für diesen Auftrag vorgesehenen Fahrgestelle als »Grille« aufgebraucht. Der Flakpanzer 38 stellte seitens der Deutschen Wehrmacht einen der ersten Versuche dar, einen Flakpanzer zu entwickeln und zu fertigen.

### 2.9.3.10 Aufklärungspanzer 38 (t) (2 cm) (Sd. Kfz. 140/1)

Schon am 15. September 1939 hatte das AHA/AgK/In.6 vom Heereswaffenamt ein gepanzertes Vollkettenfahrzeug als Aufklärungsfahrzeug gefordert (Typ AKF 2 cm). Das darauf konzipierte VK 1303 ging in begrenzter Stückzahl als Panzerspähwagen II (2-cm-KwK 38) (Sd.Kfz. 123) »Luchs« in Produktion, die am 12. Mai 1943 eingestellt wurde. In der Zwischenzeit hatten die Böhmisch-Mährische Maschinenfabrik AG (Panzerkampfwagen 38 [t], neue Ausführung) und Škodawerke (T 15) schnellaufende gepanzerte Vollketten-Aufklärungsfahrzeuge geschaffen, die nach längerem Verzug 1942 in Kummersdorf mit dem VK 1303 verglichen wurden. Da man sich erst spät zum VK 1303 entschloß, die Geländeverhältnisse in Rußland jedoch dringend ein Vollkettenfahrzeug für Aufklärungszwecke verlangten, ergab sich eine weitere Zwischenlösung unter Verwendung des Fahrgestells des Panzerkampfwagens 38 (t). Teils durch Umbau vorhandener Kampfpanzer, teils durch Neubauten (Fahrgestell Nr. 3190 u. a.) wurden zwischen Februar 1944 und März 1944 70 Aufklärungspanzer 38 gebaut. Sie erhielten die vom leichten 4-Rad-Panzerspähwagen (Sd. Kfz. 222) übernommene

**Nach Änderung der Bugausbildung ergab sich ein zweiter Prototyp des Unterstützungsfahrzeuges mit der 7,5-cm-Sturmkanone L/24.**

**Aufklärungspanzer 38 (2 cm)**
**(SD. Kfz. 140/1).**

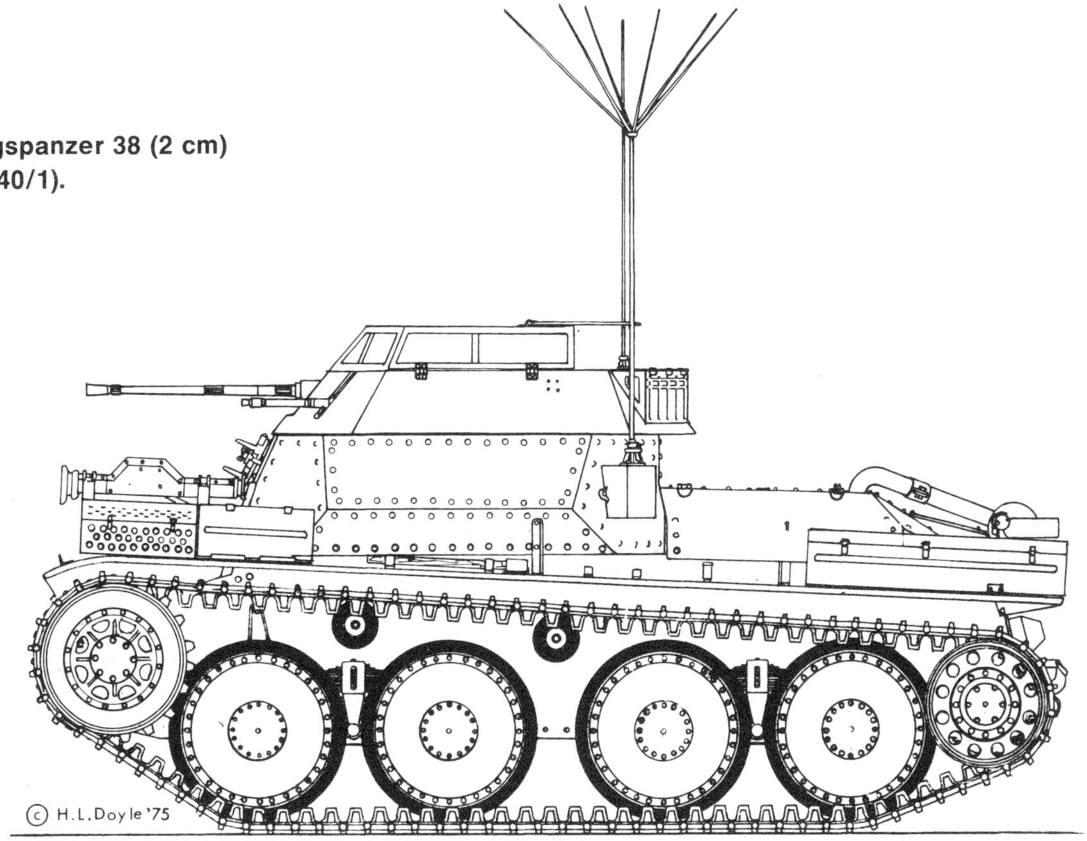


**Aufklärungspanzer 38**
**(7,5 cm).**

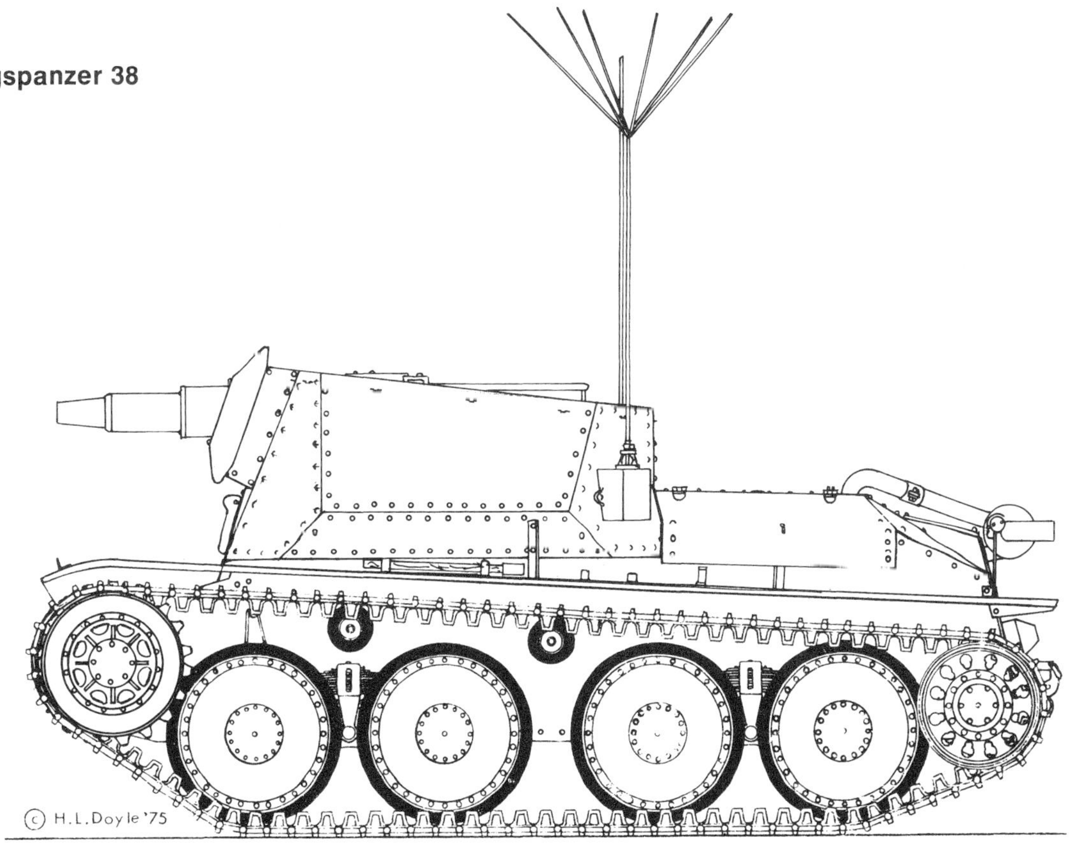

Oben und links: Der Aufklärungspanzer 38 (t) (2 cm) (Sd. Kfz. 140/1) in Vorder- und Seitenansicht.

Die vom leichten Panzerspähwagen (Sd. Kfz. 222) übernommene 2-cm-Hängelafette 38 war noch oben durch ein aufklappbares Schutzgitter abgedeckt. Das Bild zeigt das Fahrzeug mit der Möglichkeit, auch Luftziele zu beschießen.

Ein Holzaufbau für einen Granatwerfer-Träger auf dem Fahrgestell des Panzerkampfwagens 38 (t).

2-cm-Hängelafette 38 mit der 2-cm-KwK 38 und einem MG 34. Für die KwK standen 180 Schuß, für das MG 1100 Schuß zur Verfügung. Drei Mann Besatzung bedienten das Fahrzeug. Erd- sowie Luftziele konnten mit der Hängelafette 38 bekämpft werden.
Zwei dieser Fahrzeuge wurden anstelle der 2-cm-KwK 38 mit der 7,5-cm-KwK L/24 ausgerüstet.

### 2.9.3.11 Sonstige

In den vom NSKK (Nationalsozialistisches Kraftfahrkorps) übernommenen Panzerfahrschulen wurden Panzerkampfwagen 38 (t) als Panzerfahrschulwagen in größeren Stückzahlen eingesetzt. In den letzten Kriegsjahren kam es dabei aus Kraftstoffmangel zum Einbau von Holzgasgeneratoren, wobei sich kaum noch ausreichende Fahrleistungen erzielen ließen.
Nach Abnahme der Drehtürme wurden Panzerkampfwagen 38 (t)* auch wie andere Panzerfahrzeuge als Munitionsversorgungs-, Berge- und Instandsetzungsfahrzeuge eingesetzt. Es blieb den betreffenden Einheiten vorbehalten, die Fahrzeuge sinngemäß auszurüsten. Manchmal wurde die Turmöffnung durch zweiteilige Deckel verschlossen.

* Amtliche Versorgungsgut-Decknamen:

| | | |
|---|---|---|
| Panzerkampfwagen 38 (t) mit 3,7-cm-KwK | = | Wissbegier |
| Munitionspanzerwagen | = | Wittekind |
| ohne Aufbau | = | Witterung |
| mit 2-cm-Flak 38 | = | Witwe |
| Panzerjäger mit 7,5-cm-Pak 40 | = | Xenophon |
| Panzerjäger mit 7,62-cm-Pak (r) | = | Ypsilon |
| Panzerjäger mit 7,5-cm-Pak 40/3 | = | Zahn |
| mit sIG 33 | = | Zahnhöhle |

Für Fahrschulzwecke wurden in den letzten Kriegsjahren Panzerkampfwagen 38 (t)-Fahrgestelle mit Holzgasgeneratoren ausgerüstet.

**Aufklärungspanzer 38 (8-cm-GrW).**

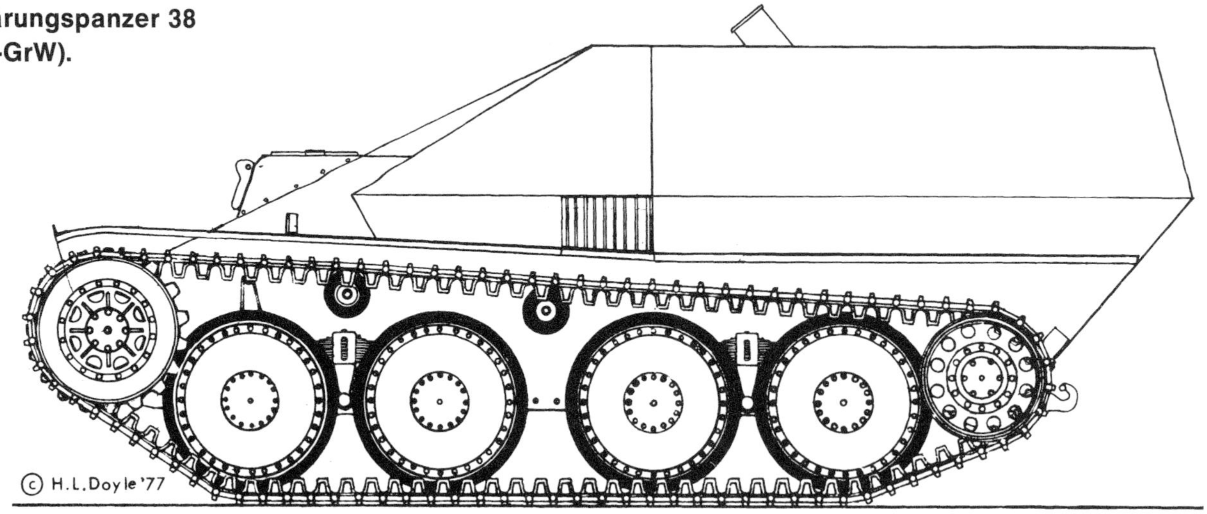


In den letzten Kriegstagen kamen einige Panzerkampfwagen 38 (t) wieder in den Besitz tschechoslowakischer Aufständischer. Sie wurden gegen deutsche Truppen eingesetzt.
Hinweise in Fachzeitschriften, veröffentlicht von der Českomoravska Kolben Daněk nach 1945, zeigten u. a. Verkaufsangebote von »Raupenschleppern aller Art für zivile und militärische Zwecke«. Die angebotenen Fahrzeuge zeigten noch immer das unveränderte Fahrgestell des ursprünglichen »LTH«.

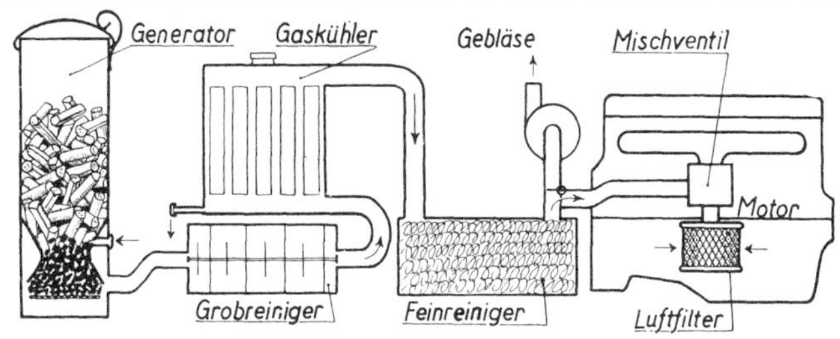


**Schema einer Holzgeneratorenanlage.**

**Instandsetzungspanzer 38.**

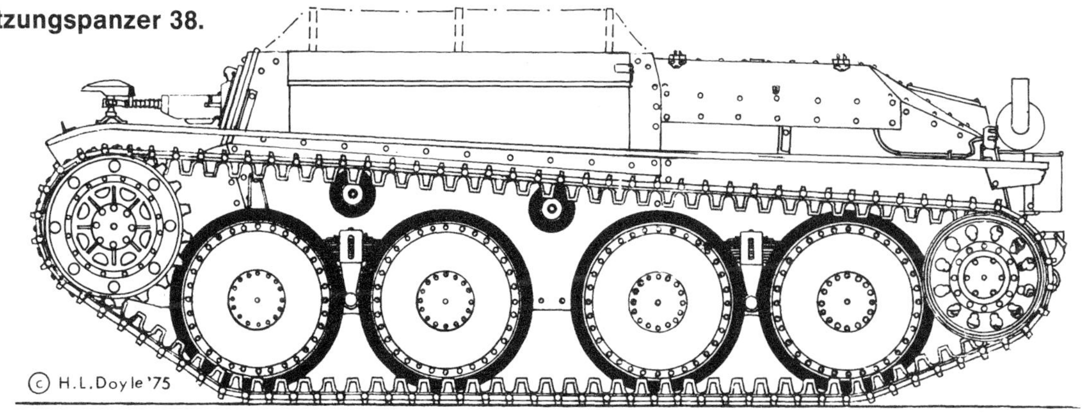

Links und oben: Nach Abnahme der Drehtürme wurden die Fahrgestelle des Panzerkampfwagen 38(t) sowohl als Munitionsversorgungs- als auch als Berge- und Instandsetzungsfahrzeuge eingesetzt.

Unten: Noch nach Beendigung des Zweiten Weltkrieges bot die als Českomoravska Kolben Daněk národni podnik firmierende Firma einen Vollkettenschlepper an, der auf dem Fahrgestell des LT Vz 38 basierte.

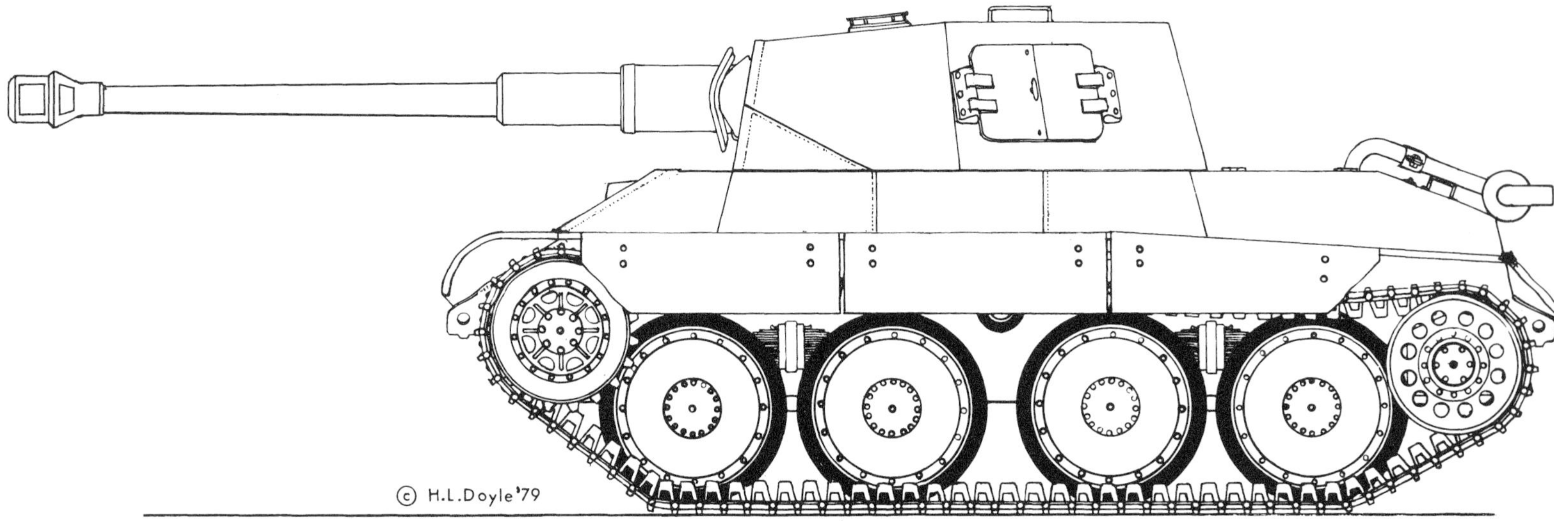


**Panzerkampfwagen 38-Weiterentwicklung (mit Pz. IV-Drehturm und 7,5-cm-KwK 43 L/48) (Vorschlag).**

### 2.9.3.12 Panzerkampfwagen 38 (t), Weiterentwicklung

Krupp bemühte sich noch 1944, den Panzerkampfwagen 38 zu verbessern, um ihn nach wie vor als Kampfpanzer verwenden zu können. Die Wanne erhielt eine schräge Bugplatte mit 50 mm Dicke, während sie sonst mit 30 mm dicken Blechen geschützt war. Der BW-Drehturm (Turm des Panzerkampfwagens IV) wurde stark vereinfacht und ebenfalls auf 50 mm Dicke verringert. Die Kommandantenkuppel war entfallen, die Turmluken wurden konstruktiv vereinfacht. Die 7,5-cm-KwK 43 L/48 sollte zum Einbau kommen. Die Feuerhöhe betrug 1780 mm. Bei 360° Seitenrichtfeld ergab sich eine Erhöhung der Kanone von –10° bis +20°. Die Spurweite betrug 2100 mm, die Kettenbreite 340 mm.

Weitere Entwürfe von Krupp hatten die Kommandantenkuppel beibehalten, jedoch die Kettenauflagelänge um 400 mm zwischen zweiter und dritter Laufrolle verlängert. Anstelle der 7,5-cm-KwK wurde auch eine rückstoßarme Panzerabwehrwaffe 8-cm-(PAW 600)* im BW-Drehturm vorgesehen. Ab 1943 wurden rückstoßarme Waffen mit Kaliber 8-cm und später auch 10-cm entwickelt (PAW 600 und PAW 1000). Es handelte sich dabei um Waffen mit glattem Rohr und Hoch- und Niederdruck-Verbrennungssystem. Die Geräte besaßen eine Mündungsbremse mit hohem Wirkungsgrad. Verschossen wurden Spreng- und Hohlladungs-Granaten

* auch als PWK = Panzerwurfkanone 8 H 63 bezeichnet

**Panzerkampfwagen 38-Weiterentwicklung (mit Pz. IV-Drehturm und 8-cm-PAW 600) (Vorschlag).**

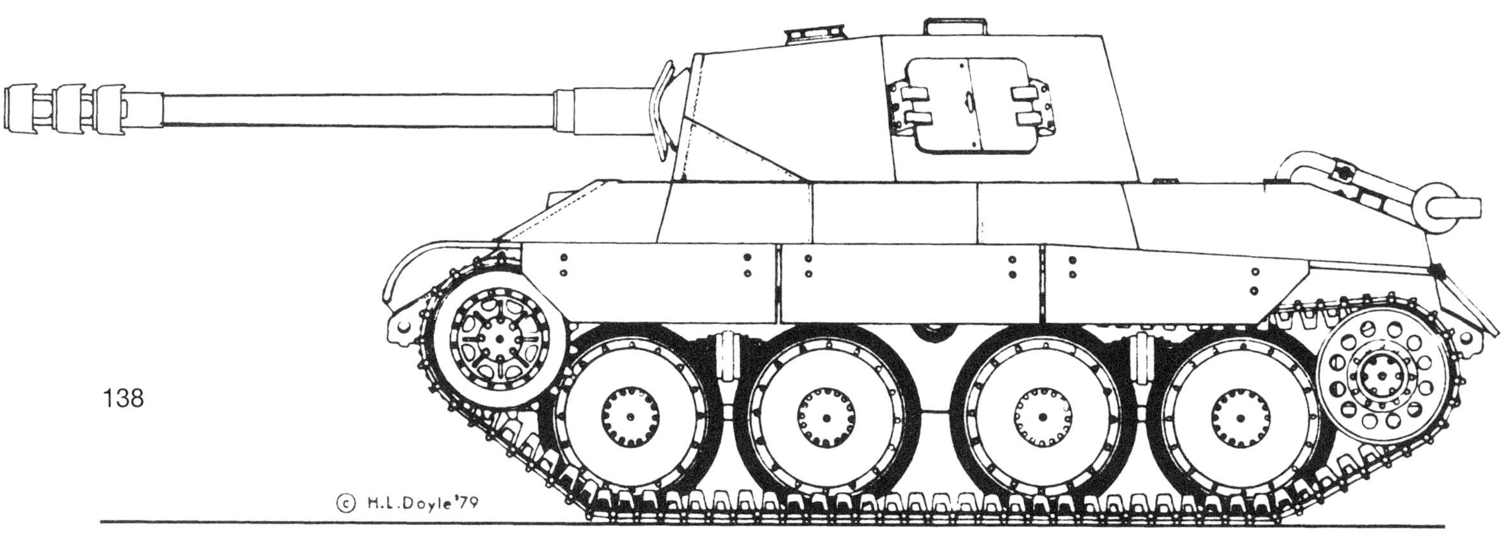

mit kalibergleichem Leitwerk. Die Treffreichweite gegen fahrende Ziele lag bei etwa 700 m.*
Nach einer Besprechung des Heereswaffenamtes WaPrüf 6 mit Krupp am 24. November 1944 ergab sich, daß für den Panzerkampfwagen 38 mit erleichtertem Panzer IV-Drehturm eine weitere Gewichtsersparnis durch Herabsetzen der Panzerdicke vorne auf 40 mm, seitlich und hinten auf 20 mm, Fortfall der Kommandantenkuppel, der Drehbühne und des Schleifringübertragers möglich sei.

## 2.10 PANZERKAMPFWAGEN 38 (t) (NEUE AUSFÜHRUNG - AUFKLÄRUNGSPANZER

Am 15. 9. 1939 erging eine Forderung vom AHA/AgK/In 6 an das Heereswaffenamt WaPrüf 6, einen Vollketten-Aufklärungspanzer zu entwickeln.
Eine Höchstgeschwindigkeit von 50–60 km/h war für dieses Fahrzeug notwendig. Ein entsprechender Entwicklungsauftrag wurde an die Firmen MAN, Škoda und Böhmisch Mährische Maschinenfabrik erteilt. Nach Abänderung bereits laufender Entwicklungen wurde hierfür von Seiten der Firma MAN ein Panzerkampfwagen II n.A** (neue Ausführung) (VK 1303) mit einem Gefechtsgewicht von 12,9 t und einer Höchstgeschwindigkeit von 64 km/h angeboten. In Weichstahlausführung wurde ein Prototyp bis Ende April 1942 fertiggestellt.
Im Wettbewerb zur Firma MAN bot die Fa. Škoda einen Aufklärungspanzer T 15 mit einer Höchstgeschwindigkeit von 60 km/h und die Firma Böhmisch Mährische Maschinenfabrik einen solchen unter der Bezeichnung 38 (t) n.A. (neue Ausführung) mit einer Geschwindigkeit von 52,5 km/h an. Der Aufklärungspanzer 38 (t) n.A. hatte hierbei den Vorteil, daß bewährte Bauteile vom Panzerkampfwagen 38 (t) verwendet werden konnten. Bei den beiden Aufklärungspanzern 38 (t) n.A. und T 15 zeigten sich folgende Vergleichsdaten:

| Aufklärungspanzer | | 38 (t) n.A. (BMM) | T 15 (Škoda) |
|---|---|---|---|
| Gefechtsgewicht | kg | 10600 | 11000 |
| Höchstgeschwindigkeit | km/h | 52,5 | 60 |
| Panzerblechdicke | | | |
| Turm vorne | mm | 30 | 30 |
| Seite | mm | 25 | 20 |
| hinten | mm | 20 | 20 |
| Wanne vorne | mm | 30 | 30 |
| Seite | mm | 25 | 20 |
| hinten | mm | 20 | 20 |
| Bewaffnung | | Eine 5-cm-KwK L/60 (vorgeschlagen) im Drehturm mit einem MG 34 und einer MP (Turmentwicklung Daimler-Benz) | |
| Richtmittel | | Turmschwenkwerk und Höhenrichtmaschine, beide von Hand | |
| Besatzung | Mann | 4 | |
| Abmessungen: | | | |
| Länge x Breite x Höhe | mm | 4700 x 2885 x 2215 | 4580 x 2320 x 2160 |
| Kettenbreite | mm | 305 | 270 |
| Spurweite | mm | 1915 | 1960 |
| Bodenfreiheit | mm | 400 | 350 |
| Motor | | Praga NR 1 4-Takt 8 V flüssigkeitsgekühlt, Otto, Bohrung/Hub 125 x 175 mm Hubraum 14450 cm³ Leistung 220 PS / 2200 1/min | Škoda T 15 4-Takt 8 V flüssigkeitsgekühlt, Otto, Bohrung/Hub 115 x 130 mm Hubraum 10802 cm³ Leistung 235 PS / 2800 1/min |
| Kraftstoffvorrat | l | 260–270 | 260 |
| Munition | | 60 Schuß KwK<br>2100 Schuß MG<br>192 Schuß MP | |
| Richt-, Ziel- und Beobachtungsmittel | | Winkelspiegelkuppel<br>TZF 12b<br>KFF 2 | |
| Funkgeräte | | Fu 5, wahlweise Fu 2<br>Bordsprechanlage | |
| Richtungsgerät | | Kurskreisel | |

Um die geforderte hohe Geschwindigkeit einhalten zu können, wurde beim Panzerkampfwagen 38 (t) n.A. die Kegelradübersetzung am Lenkgetriebe geändert und

* Die 8-cm-PAW 600 oder PWK 8 H 63 ging im Dezember 1944 in Produktion. Aus den glatten Rohren wurden flügelstabilisierte Granaten verschossen. Der Feuervorgang war dem eines Granatwerfers (Mörsers) ähnlich. Das Rohr hatte eine Länge von 2951 mm, der Rohrrücklauf betrug 782 mm. Die Waffe wog insgesamt 600 kg. Zwei Munitionsarten waren vorhanden, eine 8-cm-Hohlladungs-Granatpatrone 4462 mit einem Gewicht von 2,7 kg und einer Mündungsgeschwindigkeit von 520 m/s. Die Höchstschußweite lag bei 7500 m.
Die 8-cm-Sprengwurf-Granatpatrone 5071 wog 4,46 kg und hatte eine Mündungsgeschwindigkeit von 220 m/s bei kleiner Ladung, (3400 m Schußweite), 320 m/s bei mittlerer Ladung (5600 m Schußweite) und 420 m/s bei größter Ladung (6200 m Schußweite).

** VK1303 siehe Band »Panzer I und II« von W. J. Spielberger

**Das Holzmodell 1:1 des leichten Jagdpanzers 38, der später den Suggestivnamen »Hetzer« erhielt (rechts und unten).**

dient werden konnte und durch ein Zielfernrohr eine Beobachtung aus der Deckung ermöglichte. Die Lösung dieser Aufgaben war wegen der zur Verfügung stehenden äußerst knappen Zeit und der übrigen schweren Lage mit großen Risiken belastet. Auch ergaben sich notgedrungen wesentliche Steigerungen am Gewicht der einzelnen Baugruppen, obwohl vorhandene Komponenten des ursprünglichen Kampfpanzers aus Zeitgründen unverändert übernommen werden konnten. Eine Anpassung dieser Aggregate an das neue Gewicht war aus Zeitmangel bei Konstruktion, Fertigung und Erprobung unmöglich. Es stellte sich rasch heraus, daß das Gefechtsgewicht um über mehr als die Hälfte von 9850 kg des Kampfpanzers auf etwa 16000 kg erhöht werden mußte. Daß dies ohne allzu große Rückschläge verwirklicht wurde, zeugt von einer gelungenen Konstruktion, bei der alle Teile gut aufeinander abgestimmt und mit weitreichenden Sicherheiten gestaltet waren.

Für die Serienfertigung war eine rücklauflose Bewaffnung vorgesehen. Da deren Entwicklung und Erprobung noch nicht abgeschlossen war, wurde der Einbau der 7,5-cm-Pak L/48 ohne Mündungsbremse* vorgesehen. Der neue Jagdpanzer sollte bis zu 80% Panzerkampfwagen 38-Bauteile übernehmen. Das erste Versuchsfahrzeug sollte im Januar 1944 zur Verfügung stehen. Die Bau- und Lieferfirma, die Böhmisch-Mährische Maschinenfabrik, wollte bei Zulieferung der entsprechenden Teile die ersten Fahrzeuge im März 1944 ausliefern. Bei entsprechender Anlieferung von Bautei-

* Engpaß in der Fertigung

Der erste Prototyp des Jagdpanzers 38 in der Werkerprobung.

Die ersten Jagdpanzer 38 zwischen den Werkhallen der Böhmisch-Mährischen Maschinenfabrik in Prag.

len durch Unterlieferanten wurde ein Monatsausstoß von 210 Einheiten für möglich gehalten.

Die am 20. April 1944 auf Weisung des Reichsministeriums für Bewaffnung und Munition Hitler in Rastenburg (Ostpreußen) vorgeführten 20 Jagdpanzer 38 (Vorbeifahrt), mußten nach der Vorstellung wieder zurück zur Herstellerfirma Böhmisch-Mährische Maschinenfabrik AG, da sie für eine Vorführung ausreichend, aber waffentechnisch und im Panzerschutz unvollständig waren.

Am 19. Juni 1944 legte Hitler fest, daß die gesamte 38 (t)-Fahrzeug-Fertigungskapazität ausschließlich für Panzerjäger 38 und Bergepanzer 38 in Frage komme. Eine Abzweigung von Aufklärungspanzern und anderen Abarten machte er von seiner persönlichen Entscheidung abhängig.

Nach Fertigstellung der Fahrzeuge stellte sich heraus, daß der Jagdpanzer 38 anstatt der vorgesehenen 13 t ein Gefechtsgewicht von 16 t aufwies. Daraus ergab sich eine Überlastung der Kraftübertragung und Federung. Das Fahrzeug war kopflastig (vorne 100 mm tiefer als hinten). Es wurden folgende Änderungen vorgeschlagen:

- Die Panzerung sollte, mindestens hinten, verändert werden, um einen Gewichtsausgleich zu schaffen.
- Entwicklung eines neuen Wechselgetriebes.
- Durch Federverstärkung sollte die Kopflastigkeit behoben werden, wodurch sich jedoch die Fahreigenschaften veränderten.

Von den durch das Reichsministerium für Rüstung und Kriegsproduktion bis zum 1. Juli 1944 als Ausstoß geplanten 170 Jagdpanzern 38 wurden bis zum 20. Juni 1944 36 Stück für technische Erprobung, Truppenversuch und Ausbildung übergeben: 14 Stück an Ersatzheer (Panzerjäger-Ersatz-Abteilungen), 7 Stück an die Panzerjägerschule in Milau und 15 an diverse Versuchsstellen des Heeres. Somit konnten Ende Juni 1944 technische Erprobung, Truppenversuch und Ausbildung mit dem Jagdpanzer 38 gleichzeitig eingeleitet werden. Eine Stellungnahme des Heereswaffenamtes, WaPrüf 6 vom 25. Juni 1944 besagte, daß am Jagdpanzer 38 zur Zeit gearbeitet würde, um ihn frontreif zu machen und er sich noch im Entwicklungs- und Versuchsstadium befinde.

In diesem Zusammenhang erscheint es von Interesse, daß sich Hitler damit einverstanden erklärte, daß unter Berücksichtigung der damals herrschenden Schwierigkeiten auf dem Gebiet des legierten Materials die Heckbleche der Panzerjäger und notfalls die der Panzerkampfwagen durch eine Ausweichqualität zu ersetzen seien. Dadurch würde man das notwendige Material für die Frontbleche freibekommen.

Im Juli 1944 wurde vom Reichsministerium für Rüstung und Kriegsproduktion die Forderung wiederholt nach Produktionserhöhung für den Jagdpanzer 38 unter Zuhilfenahme der Gesamtkapazität des Reiches, um das angeforderte Programm termingemäß unter allen Umständen sicherzustellen.

Am 18. August 1944 wurde festgelegt, daß der Hochlauf des Panzerjägers unter Beibehaltung der Forderung auf insgesamt 1000 Fahrzeuge monatlich durch Hinzunahme weiterer aus der Konzentration der sonstigen Fertigung freiwerdenden Kapazitäten um monatlich 150 Einheiten zu steigern sei. Ende September 1944 berichtete Minister Speer vom Anlauf der Jagdpanzer 38-Produktion und legte erste positive militärische Erfahrungsberichte vor.

Im Zuge der von Hitler erlassenen Befehle auf stärkste Konzentration der Entwicklung ausschließlich auf kriegsentscheidende Schwerpunkte durfte die Entwicklung von Panzerfahrzeugen mit den im damaligen Programm festgelegten Fahrzeugen grundsätzlich für die Jahre 1944/45 nicht mehr geändert werden. Dies bezog sich hauptsächlich auf die unbedingte Notwendigkeit des konsequenten Bestrebens, im Endausstoß nur noch drei Fahrzeug-Typen zu fertigen. Eine dieser Gruppen bestand aus den auf dem Panzerjäger 38 basierenden Fahrzeugen. Weiters die Gruppe der 26 t-Fahrzeuge auf Einheitsfahrgestell Panzerkampfwagen III/IV* und die Gruppe der Panther-/Tiger-Fahrzeuge.

Die bei der technischen Lehrgruppe der Panzerjägerschule auf dem Truppenübungsplatz Milowitz am Jagdpanzer 38 ausgebildeten Panzerfahrer und Panzerwarte wurden nach Abschluß der Ausbildung zu »ihrem Panzer« in die Werke BMM in Prag-Liben bzw. Škoda in Königgrätz kommandiert. Sie erlebten und überwachten dort von der Rohwanne an die Montage »ihres« Panzers. Nach Beendigung der Montage nahm

* Das immer wieder geforderte Einheitsfahrgestell III/IV kam über eine Prototypen-Fertigung nicht hinaus.

Ansicht des Jagdpanzers 38 von oben.

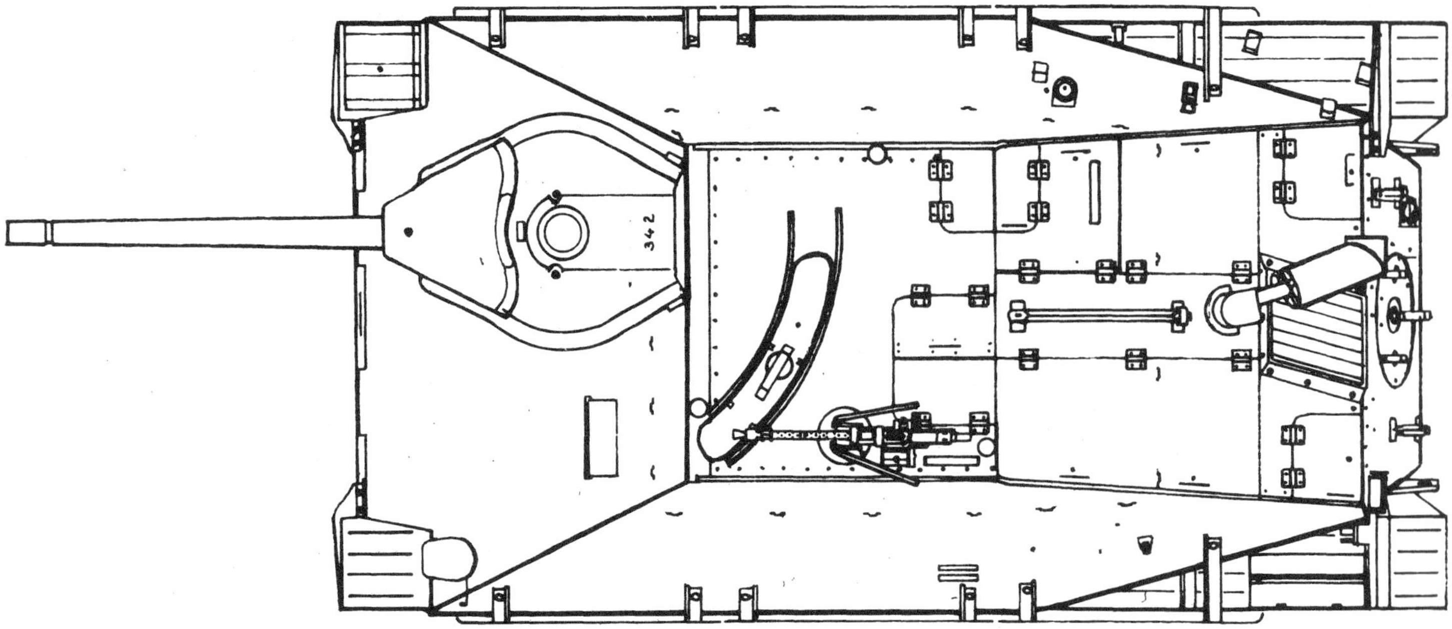

**Vierseitenansicht Jagdpanzer 38 »Hetzer« (Abschlußausführung).**

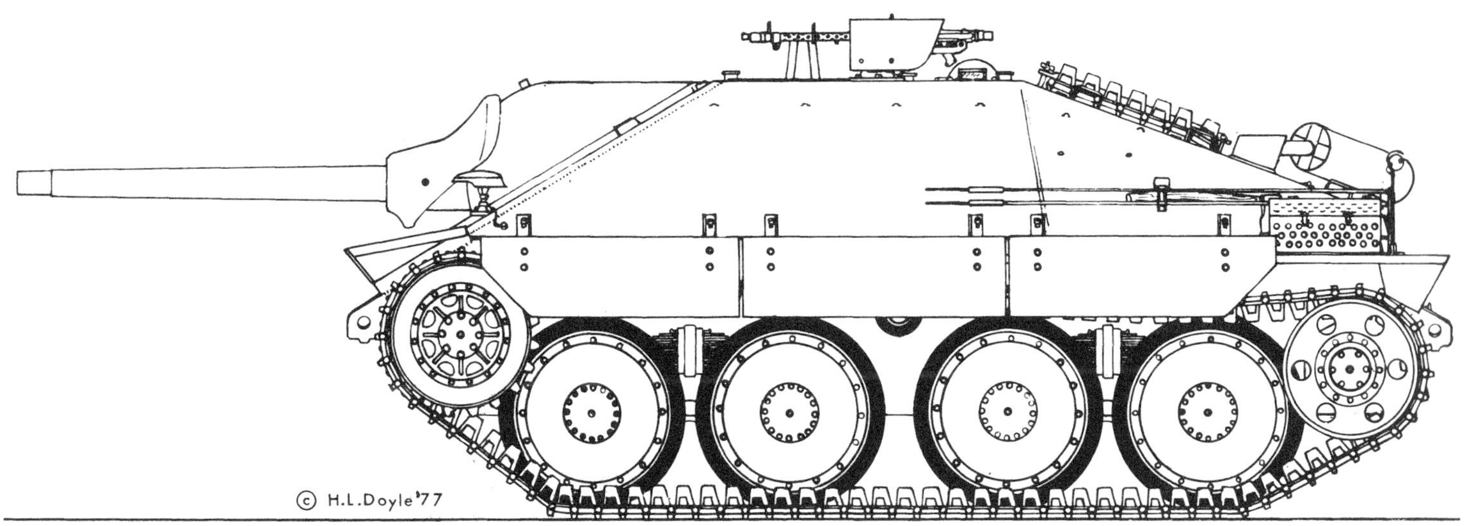

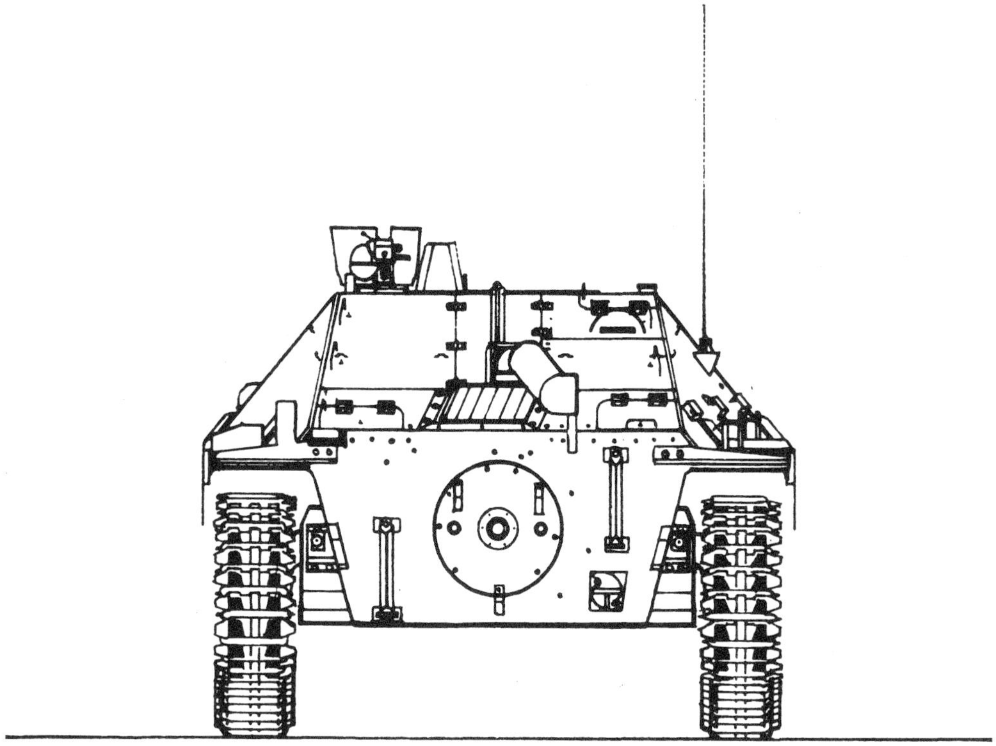

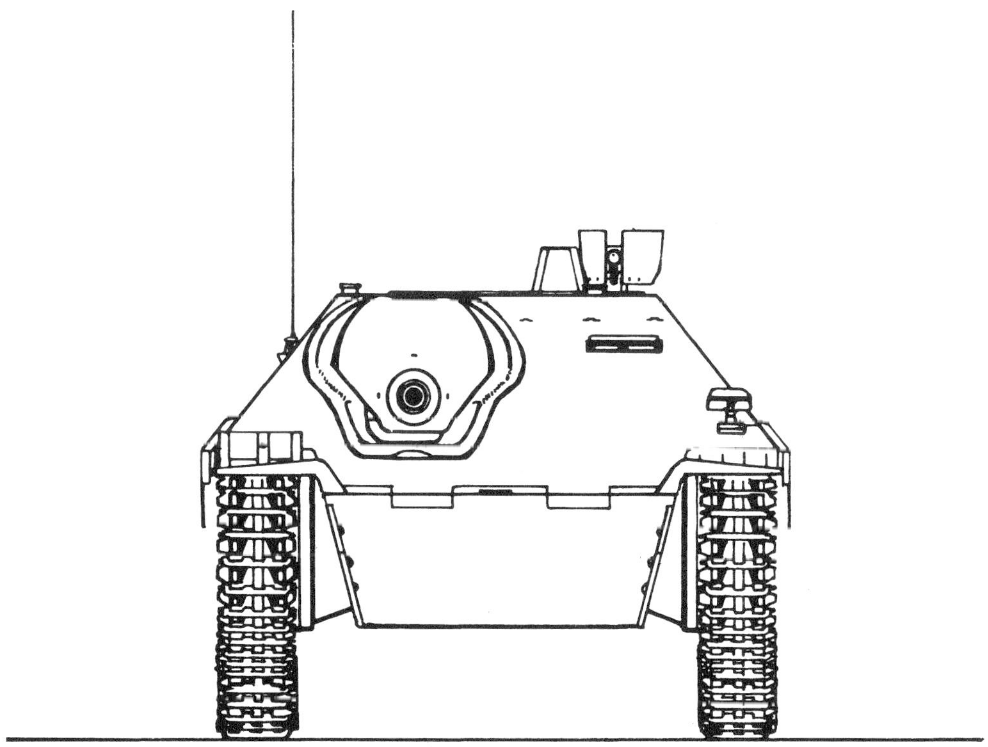

der Fahrer zusammen mit dem Werksfahrer an den Abnahmefahrten und Prüfungen des Jagdpanzers teil. Die Übergabe der Fahrzeuge an die jeweiligen Kompanien fand im Herstellerwerk statt. Die Schirrmeister überführten die Jagdpanzer 38 mit ihren Fahrern vom Herstellerwerk zum Truppenübungsplatz Milowitz.
Aufgrund einer Weisung des Inspekteurs der Panzertruppen wurde der Einbau von

- nicht fest eingebauten Waffen
- Optik und
- Funkausstattung

von allen bei den Firmen BMM und Škoda gefertigten Jagdpanzern 38 bei der Panzerjägerschule in Milowitz durchgeführt. Nach erfolgter Feldausrüstung wurden die Fahrzeuge auf Weisung OKH AHA AgK In 6 an die Feld- bzw. Ersatztruppenteile übergeben. Die Aufstellung und Ausbildung aller Feldtruppenteile mit dem Jagdpanzer 38 erfolgte ab Herbst 1944 in Milowitz.
Ende November 1944 betonte Hitler nochmals den hohen Wert der Panzerjäger 38 und befahl, alles zu unternehmen, um den endgültigen Hochlauf nunmehr in kürzester Zeit sicherzustellen. Er bezeichnete dieses Fahrzeug als einen der größten Erfolge in der Waffentechnik dieses Krieges und erwartete deshalb, daß dessen weiterer Fertigung jede überhaupt mögliche Unterstützung zuteil wurde.
Ende Dezember 1944 berichtete Speer in einem Reisebericht von der Ardennenoffensive, daß der Jagdpanzer 38 durch seinen niedrigen Aufbau und seine Wendigkeit überall an der Front Begeisterung ausgelöst habe. Der vom Reichsministerium für Rüstung und Kriegsproduktion geforderte Hochlauf der Jagdpanzer-Fertigung wirkte sich jedoch wieder erheblich auf Kosten der Ersatzteilfertigung aus.

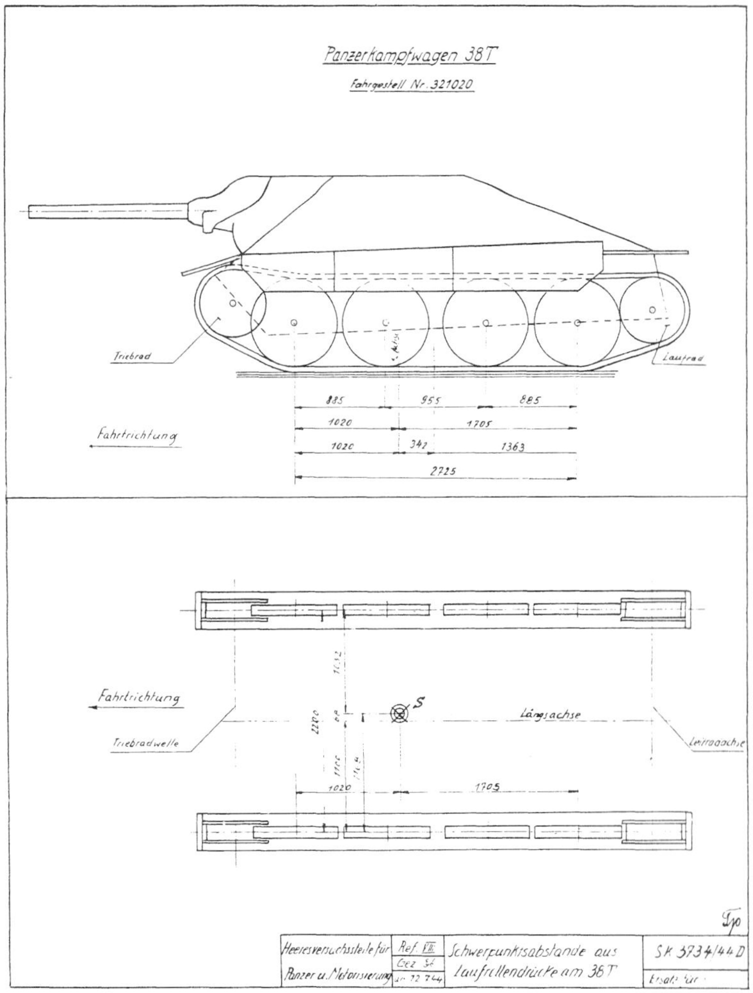

### Technische Beschreibung des Jagdpanzers 38

Der Jagdpanzer 38 »Hetzer« mit vier Mann Besatzung stellte sich in seiner Gesamtgestaltung als eines der fortschrittlichsten Panzerjägerfahrzeuge des Zweiten Weltkrieges dar. Als Grundlage wurden weitgehend die bewährten Fahrgestell-Baugruppen des Panzerkampfwagens 38 (t) verwendet.

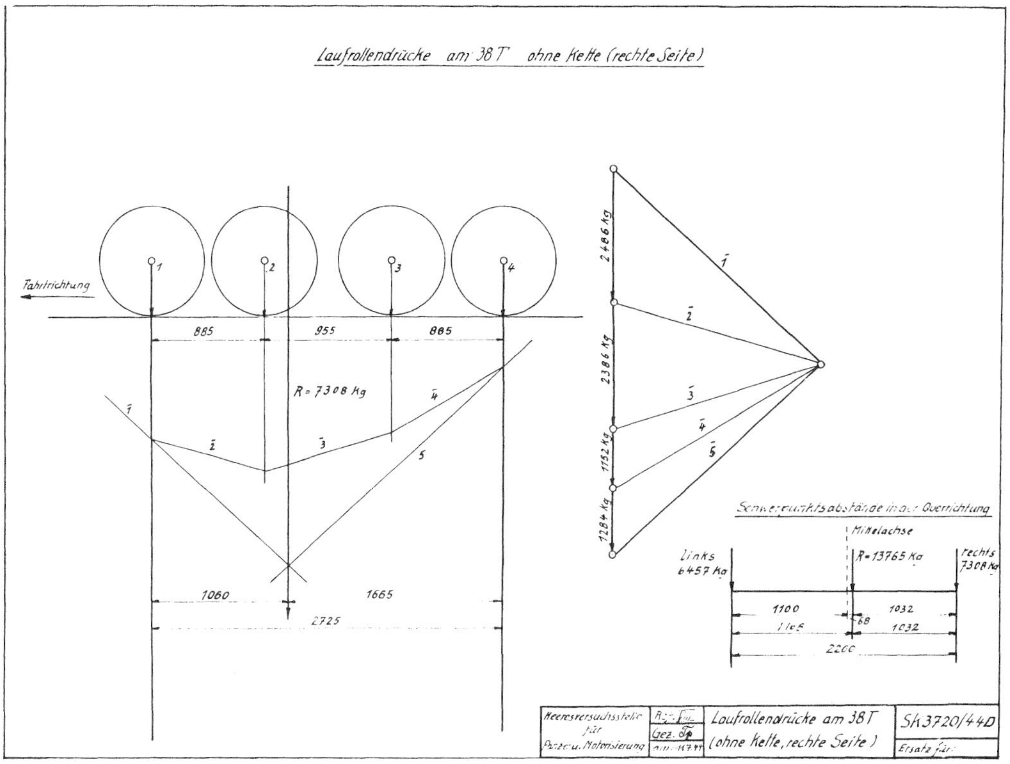


Links: Laufrollendrücke am Jagdpanzer 38 ohne Gleiskette. Aufstellung durch Heeresversuchsstelle für Panzer und Motorisierung (Juli 1944).

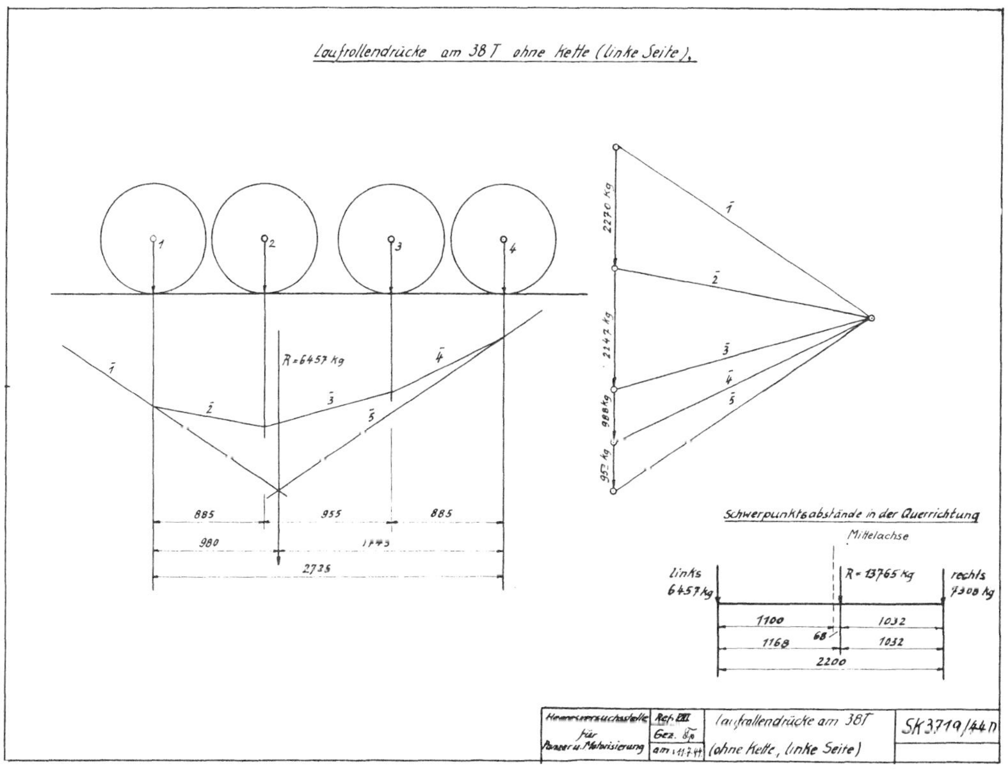


Linke Seite oben: Schwerpunktabstände aus den Laufrollendrücken am Jagdpanzer 38.

Linke Seite unten: Der Praga epa AC/2800 6-Zylinder-Ottomotor des Jagdpanzers 38.

Das Fahrgestell des Jagdpanzers 38 bestand aus der Panzerwanne, in der das Geschütz mit Kugelblende in einem Kardanrahmen gelagert war, dem Triebwerk und dem Laufwerk. Die Panzerwanne war durch eine Trennwand in Kampf- und Motorraum geteilt und diente zur Aufnahme des Motors, der Kraftübertragungsteile und der Laufwerklagerung. In der Panzerwanne waren Klappen und Deckel angebracht, die der Wartung und der Reparatur dienten.

## Motor

Durch verschiedene Verbesserungen am Motor und weitere Erhöhung der Motordrehzahl auf 2800 1/min wurde die Motorleistung auf 160 PS erhöht.

Der flüssigkeitsgekühlte 6-Zylinder-Reihenmotor vom Typ Praga epa AC/2800 hatte einen Hubraum von 7754 $cm^3$. Hängende Ventile wurden von einer seitlich liegenden Nockenwelle über Stoßstangen und Kipphebel angetrieben. Bei der Firma BMM wurden Untersuchungen durchgeführt, die Leistung des Motors auf 200 PS zu steigern, es blieb jedoch bei 160 PS als oberste Grenze. Durch die Leistungssteigerung des Motors ergaben sich Schwierigkeiten mit den Reinz-Zylinderkopfdichtungen, die jedoch nach langen Versuchen behoben werden konnten.

Die Zylinder standen in einer Reihe und waren in einem Block vereinigt. Der Kurbeltrieb bestand aus Kurbelwelle mit Schwungrad, Schwingungsdämpfer, Pleuelstangen und Kolben. Die Kurbelwelle war in Gleitlagern 7-fach gelagert. Auf jedem Kurbelzapfen befand sich ein Pleuel. Die Kolben waren aus Leichtmetall gegossen.

Um auch bei starken Schräglagen des Jagdpanzers eine einwandfreie Schmierung der Motorteile zu erzielen und mit Rücksicht auf eine geringe Bauhöhe war die Motorschmierung als Trockensumpfschmierung ausgelegt.

Durch die Nockenwelle wurde ein Drehzahlregler angetrieben, der verhinderte, daß der Motor über die zulässige Höchstdrehzahl beschleunigt wurde.

Die Kühlanlage umfaßte: Kühlwasserräume im Motor, Kühler zum Rückkühlen des Wassers, Lüfter mit Lüftungsantrieb und Lüftergehäuse, Motor-Ölkühler, Getriebe-Ölkühler, Wasserpumpe, Kühlwasserheizgerät als Winterausrüstung, Schieber am Kühlluftaustritt und Fernthermometer. Der Schleuderlüfter saugte die Kühlluft aus dem Motorraum durch den Kühlerblock, in dem der Ölkühler integriert war. Die Kühlluft wurde über ein Spiralgehäuse durch eine relativ kleine Öffnung in der oberen Motorraumabdeckung ausgeblasen. Die kleine Austrittöffnung war schwer verletzlich, hatte jedoch den Nachteil, daß die Kühlanlage einen sehr großen Leistungsbedarf aufwies. Bei der relativ geringen vorhandenen Motor-Antriebsleistung war dies sehr ungünstig, da der Motor sehr oft voll belastet wurde. Aus diesem Grunde wurde durch das Konstruktionsbüro der Firma Krupp-Gruson in Magdeburg eine neue Kühlanlage entwickelt und erprobt, bei der mit einem Schraubenlüfter die Kühlluft durch den Kühler gesaugt wurde. Diese Anlage beanspruchte weniger als die Hälfte der Antriebsleistung der alten Anlage, es war aus Zeitgründen nicht mehr möglich, sie in der Serie einzubauen.

Im Motorraum waren links und rechts in je einem Panzerkasten ein Kraftstoffbehälter eingebaut. Beide waren mit einem Schlauch verbunden. Die Einfüllöffnung befand sich auf dem linken Kraftstoffbehälter. Der linke Behälter faßte 220 l, der rechte 100 l, beide zusammen 320 l Kraftstoff. Bei Entnahme des Kraftstoffs aus dem linken Behälter lief ein Teil des Kraftstoffs aus dem rechten Behälter zu, so daß aus dem linken Behälter 270 l entnommen werden konnten und die im rechten Behälter verbliebene Kraftstoffmenge von 50 l als Vorratskraftstoff diente. Diese reichte für eine Straßenfahrt von etwa 25 km. Der Fahrbereich auf Straßen betrug 180 km.

Normalerweise wurde der Kraftstoff durch eine mechanische Kraftstofförderpumpe zu den Vergasern gefördert. Sie war als eine von der Nockenwelle angetriebene Hebelpumpe ausgelegt. Durch einen Seilzug konnte sie auch von Hand betätigt werden, um vor dem Anlassen des Motors Leitungen und Vergaser mit Kraftstoff zu füllen. Bei Ausfall der mechanischen Pumpe konnte mit einer elektrischen Kraftstofförderpumpe* weitergefahren werden. Der Motor hatte zwei Steigstrom-Geländevergaser, die gleichzeitig betätigt wurden und die an ein

* Wegen Mängel an der elektrischen Pumpe wurde diese ab Oktober 1944 durch eine mechanische Handpumpe ersetzt.

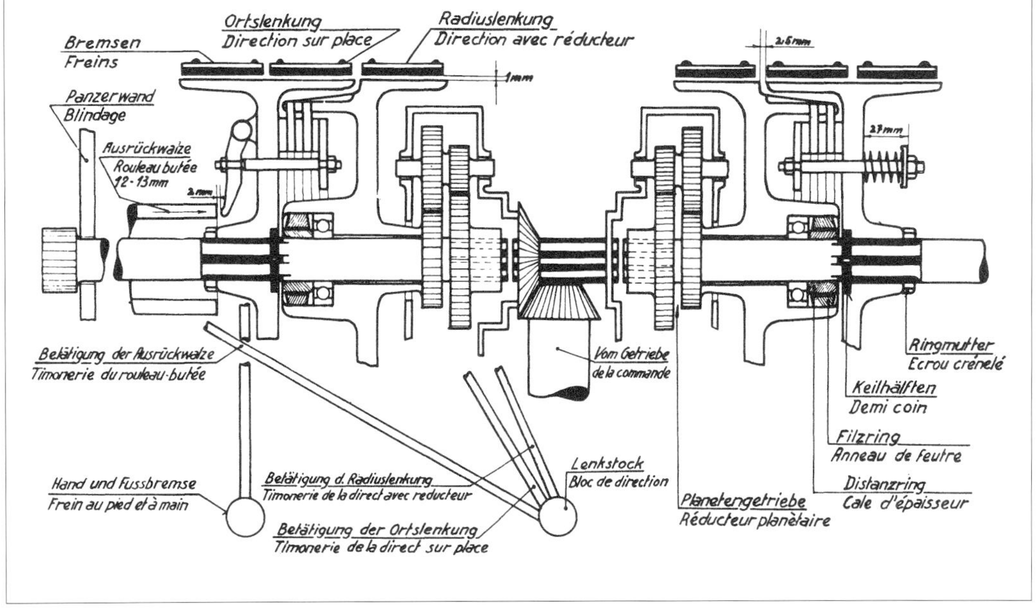


**Darstellung des Wechsel- und Lenkgetriebes am Jagdpanzer 38. (Siehe auch Schemazeichnung S. 197).**

gemeinsames Saugrohr angeschlossen waren. Der vordere Vergaser enthielt eine Anlaßvorrichtung, die das Anlassen des kalten Motors erleichterte.
Der Luftfilter bestand aus einem Zyklonvorfilter und einem Ölbad-Luftwaschfilter. Im Zyklonvorfilter wurde der größte Teil des Staubes ausgeschieden und durch ein Verbindungsrohr vom Lüfter abgesaugt. Er sollte durch eine Kombination Zyklongrobfilter mit Filzkerzenfeinfilter ersetzt werden.
Der Auspuff wurde im Betrieb sehr heiß und daher vom Motor unmittelbar nach außen geführt. Die Austrittöffnung wurde mit einer Schutzhaube abgedeckt.
Die Hauptkupplung war als Einscheibentrockenkupplung ausgelegt. Sie war in das Schwungrad des Motors eingebaut, wirkte nur als Rutschkupplung und war wartungsfrei. Die Gelenkwelle übertrug die Kraft des Motors auf das vorne liegende Wechselgetriebe. Sie lag in einem Wellentunnel. Die Welle war zweiteilig und hatte zwei Kreuzgelenke.

### Wechsel- mit Lenkgetriebe und Seitenvorgelege

Für den Wechsel der Übersetzungen war ein halbautomatisches Wechselgetriebe britischer Lizenz (System Wilson) und tschechischer Bauart wie beim Panzerkampfwagen 38 (t) eingebaut. Es hatte fünf Vorwärtsgänge und einen Rückwärtsgang. Bei diesem mechanischen Vorwählgetriebe wurde der gewünschte Gang durch einen Vorwählhebel eingestellt. Das Schalten des Ganges erfolgte durch Betätigung des Fußkupplungspedals. Die Gänge konnten in beliebiger Reihenfolge

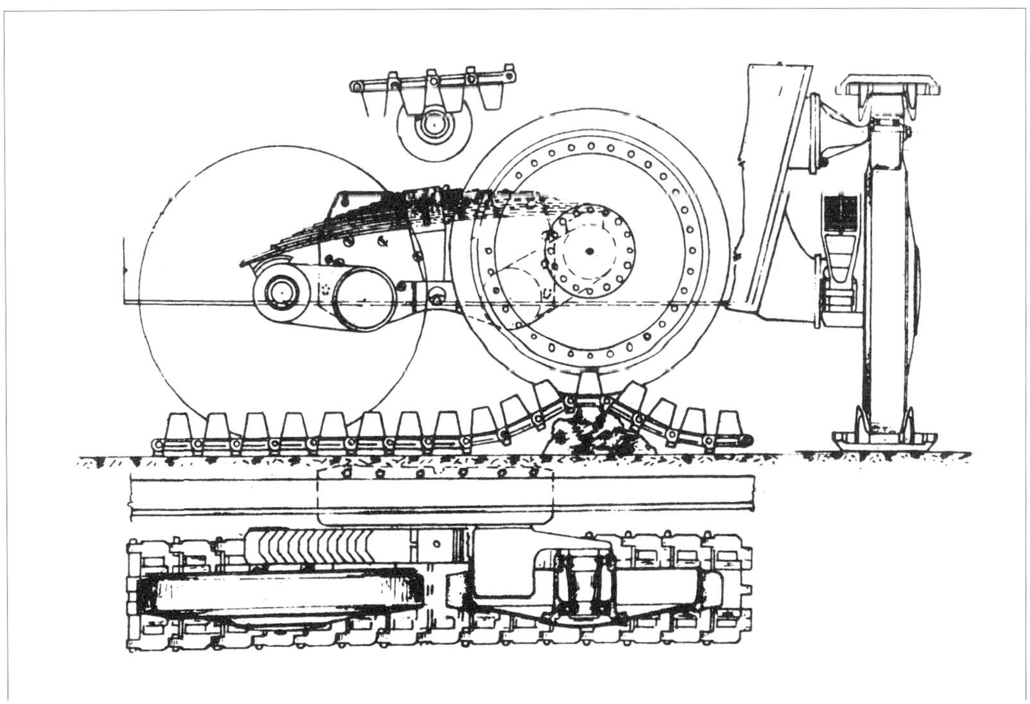

**Dreiseitenansicht der Aufhängung eines Rollenwagens des Laufwerks am Jagdpanzer 38.**

geschaltet werden. Während des Schaltens auf einen niedrigen Gang war Gas zu geben, um den Verzögerungsstoß aufzufangen. Das Schalten der Gänge 1 bis 4 und des Rückwärtsganges geschah im Getriebe durch Anziehen von Bremsbändern, das Schalten des 5. Ganges durch Einrücken einer Kegelkupplung. Das Anziehen der Bremsbänder und Einrücken der Kegelkupplung bewirkte eine starke Druckfeder über ein Kniegelenk mit Nachstellvorrichtung.
Am Wechselgetriebe war ein Kegeltrieb* angeflanscht, der die Antriebskraft auf das Lenkgetriebe übertrug.
Das Lenkgetriebe war ein Umlaufgetriebe mit Kupplungslenkung und ermöglichte das verlustlose Fahren von Bogen mit einem Halbmesser von neun Metern. Bei kleineren Bogen konnte eine Gleiskette abgebremst werden. Die beiden Lenkhebel lagen waagerecht vor dem Fahrer.
Durch das Seitenvorgelege wurde die Abtriebsdrehzahl untersetzt. Das Antriebsritzel trieb ein innenverzahntes Rad an, welches mit dem Triebrad verbunden war.

## Laufwerk

Das Laufwerk war verstärkt, die Spurweite gegenüber dem Panzerkampfwagen 38 (t) von 1775 auf 2123 mm verbreitert. Es hatte auf jeder Fahrzeugseite vier Laufrollen, eine Stützrolle und ein Leitrad mit Kettenspanner, die mit dem Triebrad zusammen von der Gleiskette umschlossen wurden. Die Laufrollen waren gummibereift und hingen an je einem Schwingarm, von denen je zwei durch ein Federpaket abgestützt wurden. Der Halter der Feder hatte ein Tragprisma, dessen Schneide in einem Lager schwingen konnte, welches sich am Träger der Schwingarme befand. Die Schwingarme hatten Ansätze, die den Schmutz von der Innenseite der Laufrollen abkratzten. Beim Schwingen glitt die Feder auf einem Graugußbelag des Schwingarmes. Das Laufwerk war durch seitliche Schürzen abgedeckt.
Die einzelnen Glieder der Scharnier-Gleiskette waren durch Bolzen verbunden. Die Sicherung der Bolzen erfolgte durch einen Sprengring, der in eine entsprechende Eindrehung in den Kettengliedern vor dem Einschlagen des Kettenbolzens eingelegt wurde und der den eingeschlagenen Bolzen durch Einspringen in eine Ringnut festhielt.

* Schwachstelle, die zum Ausfall einer beträchtlichen Zahl von Jagdpanzern 38 führte.

**Gleisketten mit Kettenbolzen und Bolzensicherung.**

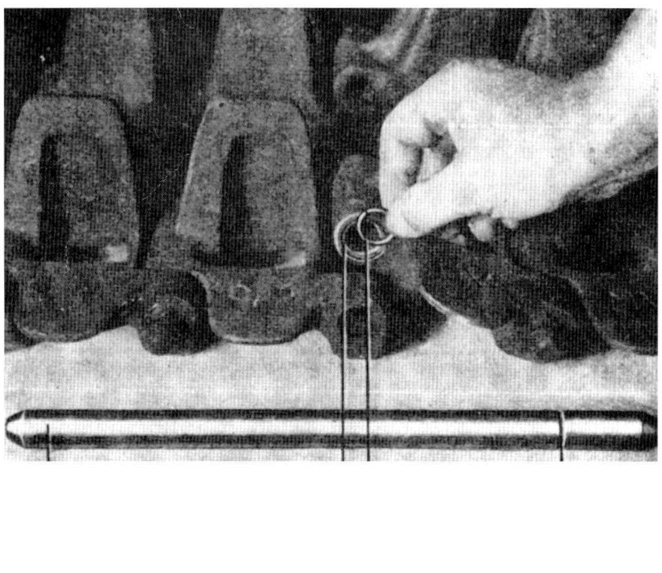

## Elektrische Anlage

Die elektrische Anlage hatte eine Spannung von 12 Volt. Auf der linken Seite im Motorraum war eine 12-V-Blei-Batterie mit einer Kapazität von 150 Ah eingebaut.
Der elektrische Schubankeranlasser hatte eine Leistung von drei PS. Er wurde durch Drücken auf den Schaltknopf eingeschaltet.
Die Lichtmaschine mit einem Reglerschalter, der nicht auf der Lichtmaschine angebaut war, konnte eine Leistung von 300 Watt abgeben. Sie wurde von der Kurbelwelle durch eine Riemenscheibe mit Hilfe eines Keilriemens angetrieben.

## Winterausrüstung

Die Winterausrüstung sollte die Einsatzbereitschaft des Jagdpanzers auch bei Außentemperaturen von –40° C gewährleisten. Sie bestand aus folgenden Teilen: Kühlwasserheizgerät mit Lötlampe, Anlaßkraftstoff-Einspritzvorrichtung, Haltebolzen für Kurbelwellen-Benzin-Anlasser, Kampfraumheizung und Schneegreifer für Gleiskette.

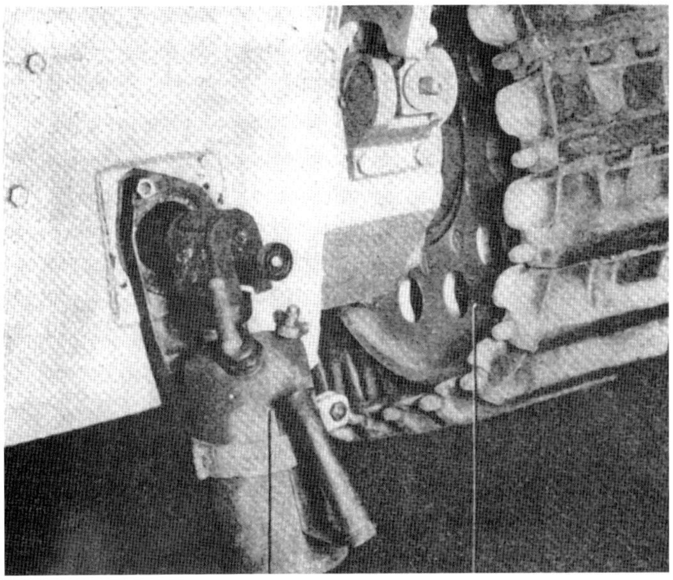

**Winterausrüstung des Jagdpanzers 38 mit Kühlwasserheizgerät und Lötlampe.**

Im Jagdpanzer war ein Naßfeuerlöscher, der sich in einer Aufhängevorrichtung im Kampfraum hinten links befand, untergebracht. Der Feuerlöscher war mit Tetrachlorkohlenstoff und Druckluft gefüllt, der Druck betrug etwa sechs bar.
Vor dem Fahrer waren in Öffnungen des Bugpanzers mit Rahmen zwei Winkelspiegel angebracht, von denen einer für Fernsicht, der andere durch eine Neigung für Nahsicht eingestellt war.

## Bewaffnung und Panzerschutz

Bei den Sturmgeschützen war die Hauptbewaffnung wie beim Jagdpanzer 38 ohne Drehturm direkt in die Panzerwanne mit beschränkter Seiten- und Höhenverstellung eingebaut. Die Bewaffnung wurde in ähnlicher Weise wie auf einem Kriegschiff oder in einer Festungsanlage auf einer feststehenden Unterlafette und einer begrenzt drehbaren Oberlafette eingebaut. Die Unterlafette wurde beim Sturmgeschütz an die ausreichend starken Seitenwände der Panzerwanne angeschraubt. Das Geschütz brauchte so sehr viel Platz in dem sowieso schon engen Kampfraum, der aber wesentlich größer als der beim Jagdpanzer 38 war. Bei Schäden am Wechsel- oder Lenkgetriebe mußte die gesamte Kanone mit Unter- und Oberlafette, sowie das Kampfraumdach ausgebaut werden. Verwundete Fahrer konnten nur mit größten Schwierigkeiten geborgen werden. Zusätzliche Munition konnte nur in geringen Mengen im Kampfraum mitgeführt werden. Um diese Schwierigkeiten zu verringern oder nach Möglichkeit sogar abzustellen, entwickelte bei der Sturmartillerie Oberstleutnant Dipl.-Ing. K. Stollberg eine völlig neue Kanonenaufhängung. Das Geschütz wurde in einem Kardanrahmen aufgenommen und dieser sollte in einem Traggestell an der Vorderwand des Sturmgeschützes mit möglichst wenigen Änderungen an der Wanne eingebaut werden. Es wurde ein Holzgestell gefertigt, um konstruktive Einzelheiten zu erklären, der Gesamtgedanke jedoch vom Heereswaffenamt verworfen.
Die Altmärkische Kettenwerk GmbH, die das Sturmgeschütz in Großserie baute, beschäftigte sich mit diesem Vorschlag, verwendete ihn aber bei einem Versuchsaufbau für den Jagdpanzer IV. Da dieser auch die 7,5-cm-Pak 39 verwendete, wurde die Konstruktion als Basis für den Einbau dieser Waffe im Jagdpanzer 38 verwendet. Erst der geringe Platzbedarf der neuen Aufhängung ermöglichte bei den kleinen Kampfraumabmessungen des Jagdpanzers 38 die Unterbringung der Waffe sowie der Besatzung mit vier Mann (Kommandant, Richtschütze, Ladeschütze und Fahrer). Eine aus Stahlguß gefertigte Kugelblende wurde mit einer Auflagefläche auf die obere Bugwand aufgeschraubt. Vier Keilpaare, die zu beiden Seiten der Kanone etwa in der Höhe des Kanonenrohres in die Kugelblende und in die Bugplatte eingriffen, übertrugen die Rückstoßkraft vom Geschütz auf das Fahrzeug. Ein Kardanrahmen wurde mit zwei senkrechten Zapfen in der Kugelblende aufgenommen und ermöglichte die Schwenkung des Geschützes nach der Seite. Das Geschutzrohr mit der Rohrwiege trug zwei waagerecht liegende Zapfen, die in den Kardanrahmen eingriffen und das Geschütz in der Senkrechten schwenken ließen. Ein äußerer und ein innerer Abweiser sollten Treffer von der gesamten Geschützlagerung ablenken. Im Einsatz haben sich die neue Aufhängung der Kanone sowie der Abweiser gegen Treffer gut bewährt. Die ersten Produktionsmodelle waren mit einer schmalen »Saukopf«-Kanonenblende

**Ein Vergleich der Kanonenaufhängung mit Ober- und Unterlafette am Sturmgeschütz (oben) und dem Jagdpanzer 38.**

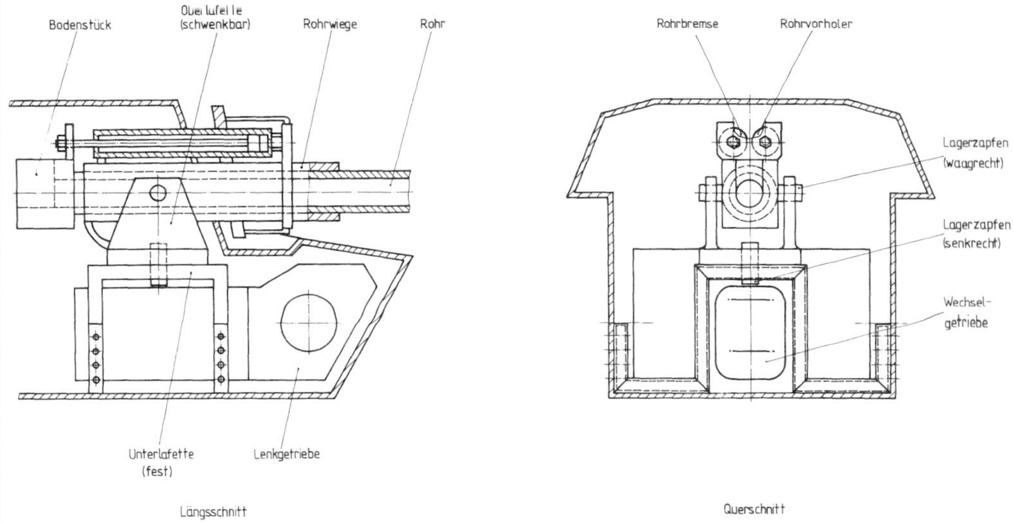


Kanonenaufhängung mit Ober-und Unterlafette im Sturmgeschütz

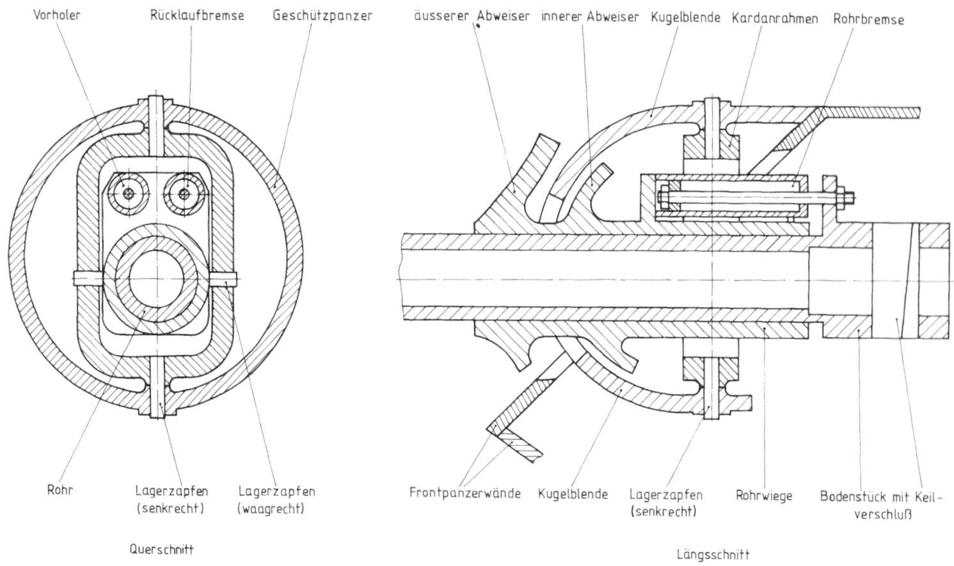


Kanonenaufhängung am Jagdpanzer 38 t

## Geschützeinbau am Jagdpanzer 38

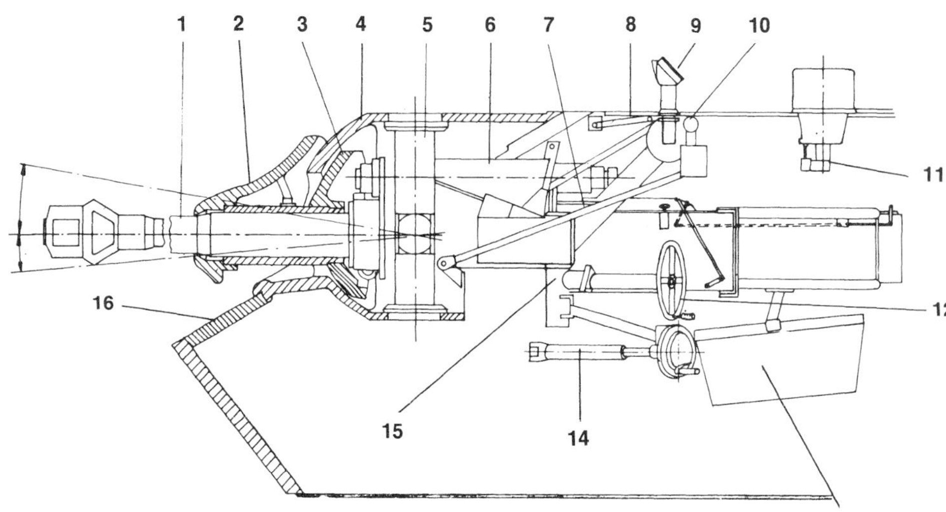


1 Rohr
2 Abweiser
3 Kugelblende
4 Geschützpanzer
5 Kardanlafette
6 Wiege
7 Übertragungs-gestänge
8 Marschlager
9 Zielfernrohr
10 Aufsatz
11 Kdt. Periskop
12 Höhenrichtrad
13 Hülsensack
14 Seitenrichtgetriebe mit Seitenrichtrad
15 Höhenrichtgetriebe
16 Oberer Frontpanzer

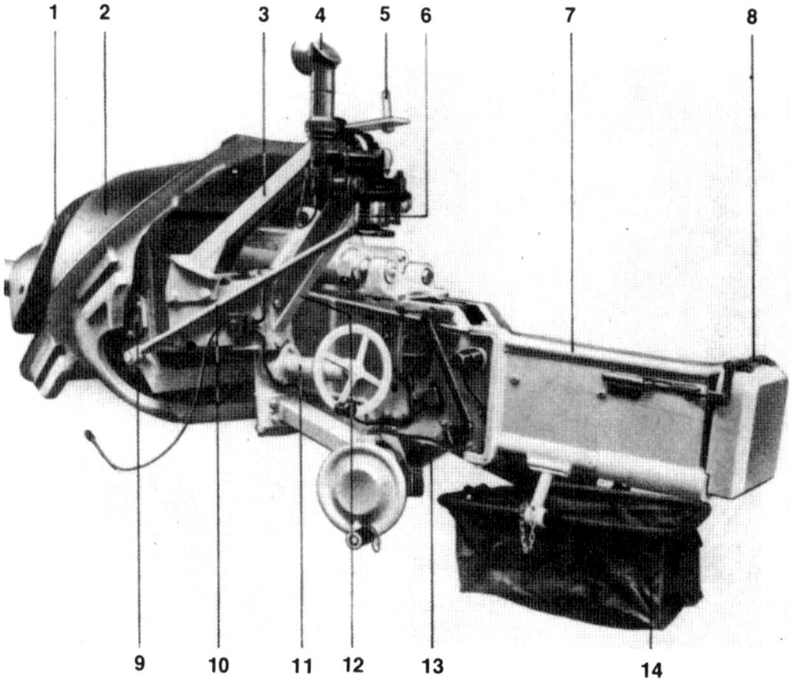


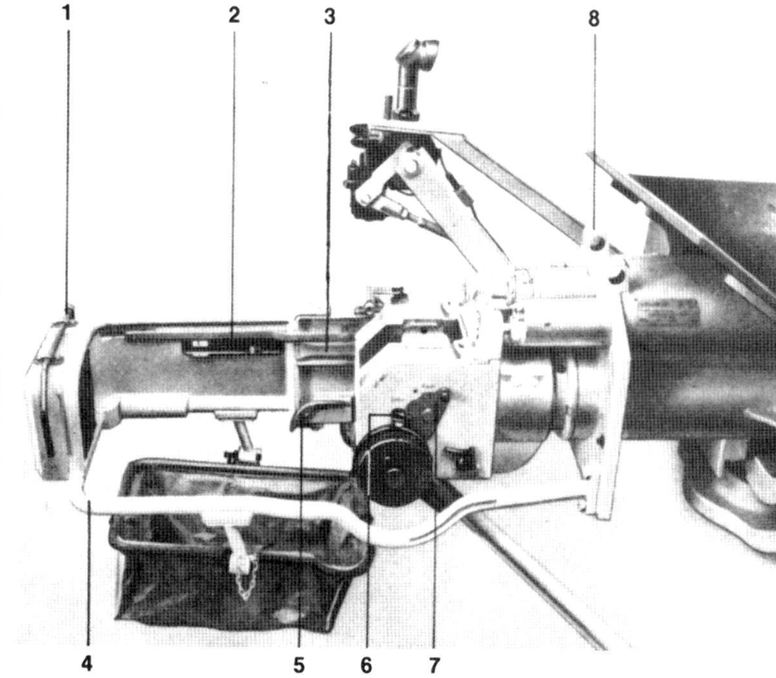


**Kanone mit Rücklaufeinrichtung.**

1 Abweiser
2 Geschützpanzer
3 Blendensupport
4 Zielfernrohr
5 Mitnehmerbolzen
6 Richtaufsatz
7 Schutzbügel
8 Lader-sicherungshebel
9 Kardanlafette
10 Übertragungs-gestänge
11 Höhenrichtgetriebe
12 Aufsatzsupport
13 Seitenrichtgetriebe
14 Hülsensack

1 Lader-sicherungshebel
2 Rücklaufmesser
3 Kulisse
4 Schutzbügel
5 Bewegliche Auflaufkurve
6 Umstellhebel
7 Sicherungsscheibe
8 Marsch-lagerarretierung

**Abfeuereinrichtung an der 7,5-cm-Pak 39.**

◀

1 Geschütz-stecker
2 Verteiler-dose
3 Steckdose für Strich-platten-beleuchtung
4 Kontroll-lampe
5 Schuß-auslöser
6 Montage-stecker
7 Lader-sicherung
8 Feuer-lampe
9 Wechsel-stecker
10 Kontakt-platte
11 Not-auslöser

**Die Lagerung für das um 360° drehbare Maschinengewehr zur Nahverteidigung auf dem Dach des Kampfraums.**

aufgehängt. Oben auf der Rohrwiege, in einer Hülse, befanden sich links die Rohrbremse und rechts der Luftvorholer. Beide wurden durch einen Flansch gehalten, der durch fünf Schrauben mit der Rohrwiege verbunden war. Die Rohrwiegenpanzerung setzte sich aus Haube, Kuppel und Blende zusammen. Die Haube war durch drei Schrauben auf der Rohrführung befestigt und daher abnehmbar.

Die Rohrbremse hemmte den Rücklauf und regelte den Vorlauf des Rohres, der Luftvorholer brachte das rücklaufende Rohr wieder in die Ruhestellung zurück. Der persönlichen Sicherheit des Ladeschützen diente ein elektrischer Sicherheitsschalter, der beim Rohrrücklauf den elektrischen Abfeuerstromkreis unterbrach. Das Heereswaffenamt WaPrüf 6 forderte, Vorholer und Rohrbremse unterhalb des Rohres anzubringen, um die Feuerhöhe, die reichlich gering war, zu erhöhen. Die Forderung wurde abgelehnt, weil eine Umstellung der Fertigung unter allen Umständen vermieden werden sollte.

Der Schwenkbereich des Rohres war mit 16° (11° nach rechts, 5° nach links) der kleinste aller deutschen Jagdpanzer bzw. Sturmgeschütze. Es ergab sich, daß das ganze Fahrzeug oft gedreht werden mußte, um quer fahrende Ziele zu bekämpfen. Dadurch wurde die Fahrzeugseite mit der weniger dicken Flankenpanzerung (Seite 20 mm bei 50° Neigung, Front 60 mm bei 30° Neigung) dem Gegner zugewandt.

Der Panzer-Kommandant befand sich relativ weit hinten im rechten Heckteil des Fahrzeugs mit ungenügenden Beobachtungsmitteln von Richt- und Ladeschützen entfernt. Die Zusammenarbeit mit diesen wurde dadurch erschwert.

Die Munitionsarten sollten in der Regel wie folgt eingesetzt werden:

| | |
|---|---|
| Panzergranate 39: | für gepanzerte Ziele auf alle Gebrauchsentfernungen; |
| Panzergranate 40: | größere Durchschlagskraft, aber nur für nahe Entfernungen. Möglichst nicht auf Entfernungen über 800 m zu verschießen; |
| Hohlladungsgranate: | gute Durchschlagskraft und gegen lebende Ziele Sprengwirkung, aber lange Flugzeit und große Streuung; |
| Nebelgranate: | für Richtungsschüsse, zum Blenden und zum Inbrandsetzen von Häusern; |
| Sprenggranate: | möglichst mit Verzögerung verschießen. Gute Wirkung gegen lebende Flächenziele oder auch zur Bunkerbekämpfung (Minenwirkung). Im Notfall auch gegen Panzer Wirkung (Verklemmen des Turmes) |

Die äußeren Merkmale der Munition waren:

| | |
|---|---|
| Panzergranate 39: | schwarz, vorne abgerundete lange Spitze; |
| Hohlladungsgranate: | grau, runde kurze Spitze, darauf abgesetzt der Zünder. Unterscheidung von Hl/B und Hl/C x) nur durch Aufschrift unterhalb des Zünders; |
| Sprenggranate: | grau, vorne abgeplattete, lange, sanft gerundete Spitze. Der Zünder war glatt aufgesetzt. Unterscheidung von Az. 23 (m. V.) und 38 nur durch Aufschrift und nach Vorhandensein der Verzögerungseinstellschraube; |
| Nebelgranate: | grau, äußerlich wie Sprenggranate, nur durch weiße große Aufschrift »Nb« zu unterscheiden |

Gesamtkonstruktion und die Gestaltung der einzelnen Baugruppen des Jagdpanzers 38 waren auf die Fertigungseinrichtungen und Konstruktionsgewohnheiten der tschechoslowakischen Maschinenfabriken abgestimmt. Die Maschinenfabriken der Tschechoslowakei hatten nach dem Ersten Weltkrieg und der Auflösung der österreich-ungarischen Monarchie ihre Hauptabsatzgebiete weitgehend verloren. Sie mußten neue Aufträge auf dem Weltmarkt suchen und sie nicht selten über einen billigen Preis gewinnen. Neuzeitliche und für Großserien geeignete Werkzeugmaschinen konnten unter diesen Bedingungen nur begrenzt beschafft werden. Durch den Einsatz von Universal-Werkzeugmaschinen und dank der vielseitigen Fähigkeiten der tüchtigen tschechischen Facharbeiter waren die Werke in der Lage, auf verschiedenen Gebieten der Technik Aufträge hereinzunehmen, in guter Qualität zu konstruieren und zu fertigen. Nach diesen bewährten Methoden entstand auch der Jagdpanzer 38, sehr gut in der Funktion, einfallsreich in der Konstruktion, aber nicht besonders gut geeignet für eine Fertigung in großen Stückzahlen.

Bei den selbständigen Heeres-Panzerjäger-Abteilungen sollten zwei Kompanien mit je 17 Jagdpanzern, mit

* Hl/B und Hl/C unterschieden sich nicht in der Flugbahn, sondern in der Durchschlagsleistung

Mehrseiten-Ansichten des Jagdpanzers 38.

Draufsicht auf den Jagdpanzer 38 mit offenen und geschlossenen Luken.

Rückansicht einer späten Ausführung des Jagdpanzers 38.

zusätzlich fünf Jagdpanzern bei der Kampfstaffel der Abteilung, ausgerüstet werden. Bei den Infanterie-, Jäger- bzw. Gebirgs-Divisionen waren je eine Panzerjäger-Kompanie mit je 14 Panzerjägern vorgesehen. Das Gefechtsgewicht des Panzerjägers 38 betrug 16000 kg, die Panzerdicken betrugen vorne 60/80 mm bei 30°, seitlich und hinten 20 mm bei 50° bzw. 75°. Die Höchstgeschwindigkeit betrug 40 km/h (ab November 1944 36,7 km/h). Das Fahrzeug führte die Gerät-Nr. 555, Panzerjägerwagen 638/10. In den amtlichen Dienstvorschriften (u.a. D 652/63 vom 1. 11. 1944) wurde das Fahrzeug als Jagdpanzer 38 bezeichnet. Nach Weisung vom Heereswaffenamt WaPrüf 6 vom 24. Juli 1944 durften die Jagdpanzer 38 nur dann abgenommen werden, wenn folgende Auflagen erfüllt waren:

- Die Verbindung der beiden Kraftstoffbehälter mußte ein einwandfreies Tanken ermöglichen.
- Am Vergaser mußte der Druckausgleich durchgeführt sein. Als Hauptdüse war die Größe 190–53 vorgeschrieben.
- Sämtliche Motoren mußten mit verstärkter Reinzdichtung und verstärktem Dichtrand am Zylinderumfang unter dem Zylinderkopf ausgerüstet sein.
- Die Zyklon-Luftfilter mußten einwandfrei am Ölbadfilter befestigt sein.
- Bei sämtlichen Motoren mußte die Höchstdrehzahl auf 2500 1/min herabgesetzt werden. Das Reglergehäuse war zu plombieren.
- In den Motoren mußten Zündkerzen mit einem Wärmewert 225 vorhanden sein.
- Die Absaugleitung für die Staubaustragung vom Zyklon-Vorfilter zum Lüftergehäuse mußte vorhanden sein.

Die Staubdichte im Motorraum war eines der größten Probleme, mit denen sich die Heeresversuchsstelle für Panzer und Motorisierung in Kummersdorf bei Berlin zu befassen hatte. Sie stellte u.a. fest:

Die Staubdichte im Motorraum ist ungewöhnlich hoch und übersteigt bei einer Messung alle bisher im Rahmen von Staubdichte-Messungen ermittelten Werte. An einem Tag gemessen: 10 g/m³, bisher 5 g/m³. Diese Staubdichte führt bei Luftfiltern ohne zwangsläufige Staubabführung nach kurzer Zeit zu völligem Zusetzen der Filter.

- Der Staubgehalt der Luft im Kampfraum ist, auch bei Absaugung der Verbrennungsluft aus dem Kampfraum, entscheidend geringer.

Wegen des Staubeinflusses bestanden daher keine Bedenken, die Verbrennungsluft aus dem Kampfraum abzusaugen. Sie wurde als sofortige Behelfsmaßnahme für brauchbar und zweckmäßig angesehen, um die Verbrennungsluftfilter zu entlasten. Für die kältere Jahreszeit wurde eine Umstellmöglichkeit der Absaugung der Verbrennungsluft aus dem Motorraum notwendig.

Die Herabsetzung der Höchstdrehzahl auf 2500 1/min hatte zur Folge, daß auch bei Teilbetrieb die Höchstdrehzahl nicht erreicht und das Aufwärtsschalten unter gewissen Voraussetzungen erschwert wurde. Der Nachteil, daß bei hoher Drehzahl die Zunahme der Lüfterleistung größer wurde als die der Motorleistung, war deshalb weniger bedeutungsvoll. Die bisherige Reglereinstellung auf 2600 1/min war daher zu belassen.

Krupp stellte am 19. Oktober 1944 in einer vertraulichen Mitteilung fest, daß das Gefechtsgewicht nach Vornahme der notwendigsten Verstärkungen 15,5 bis 15,7 t betrug. Da aber an Motor, Lenkung und Seitenvorgelegen kein Gewicht eingespart werden konnte, wurde eine Senkung des Gefechtsgewichtes auf 14,5 bis 15 t durch Erleichterung der Walzenblende und anderer Teile erreicht. Durch das vorne liegende Geschütz und die 60 mm dicke Stirnpanzerung war der Panzerjäger 38 vorderlastig mit einem dementsprechenden hohen Liniendruck der vorderen Laufradbandagen.

Der Jagdpanzer 38 wurde ab Juni 1944 bei der Firma Böhmisch-Mährische Maschinenfabrik AG in Prag und ab September 1944 auch bei Firma Škoda in Königgrätz gebaut. Der Ausstoß war wegen mangelnder Anlieferung von Bauteilen durch Unterlieferanten stark hinter den beabsichtigten Fertigungszahlen zurückgeblieben. Daher bestanden auch Schwierigkeiten bei der Abgabe von Fahrzeugen für andere Verwendung. Teile der Jagdpanzer 38 waren für eine Fertigung im Reich zum Teil schlecht geeignet, da z.B. für die Fertigung der im Wechselgetriebe und im Seitenvorgelege vorhandenen innenverzahnten Stirnräder im Reich die notwendigen Zahnstoßmaschinen nur in geringer Zahl vorhanden waren.

Bei der Heeresversuchsstelle in Kummersdorf wurden 1944/45 mit dem Panzerjäger 38 Erprobungen mit folgenden Aufgabenstellungen durchgeführt:

Eine Gegenüberstellung der 1944/45 eingesetzten Jagdpanzer und Sturmgeschütze.

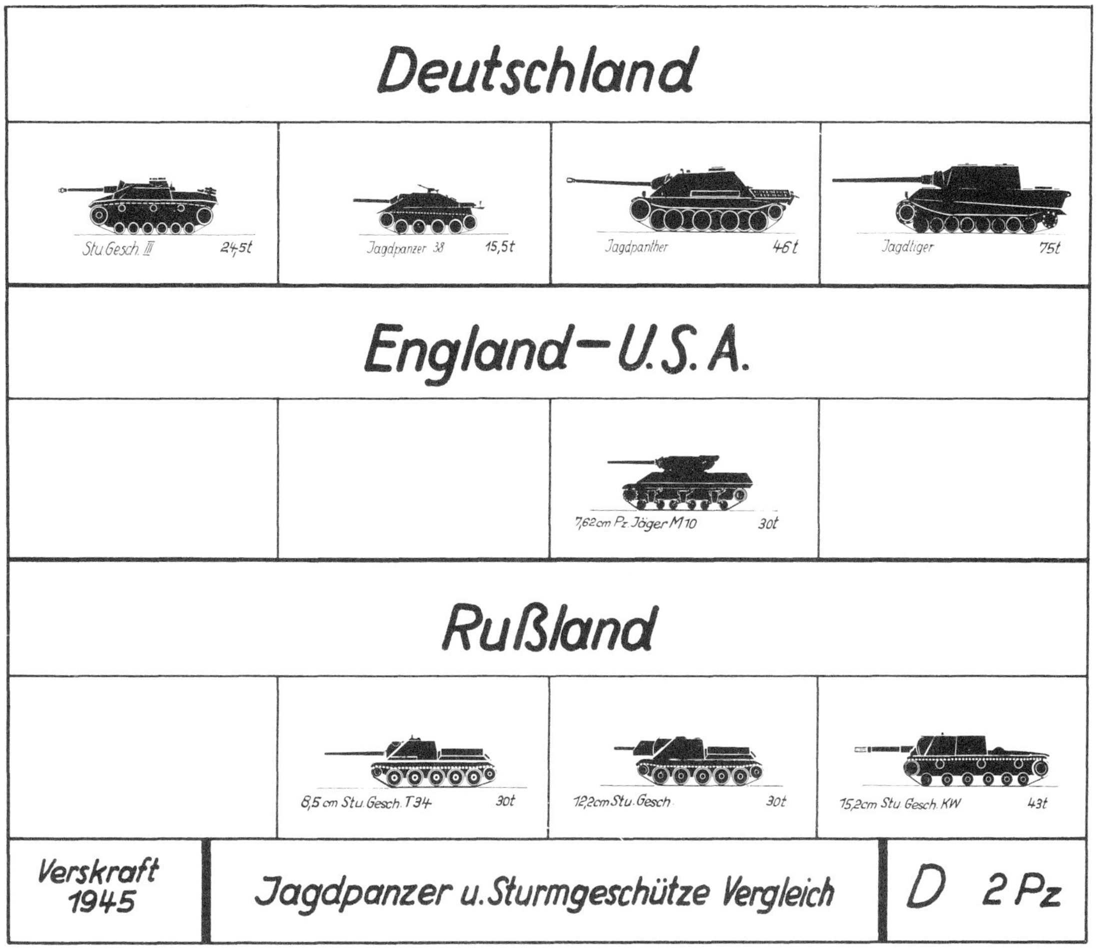


Linke Seite:

Oben ein von Škoda als Nachbau gefertigter Jagdpanzer 38.

Unten: Zwei der bekanntesten Jagdpanzer der Deutschen Wehrmacht. Links der Jagdpanzer 38, rechts der Jagdpanther.

Panzerdurchschlagsleistungen der Jagdpanzer 38 und IV.

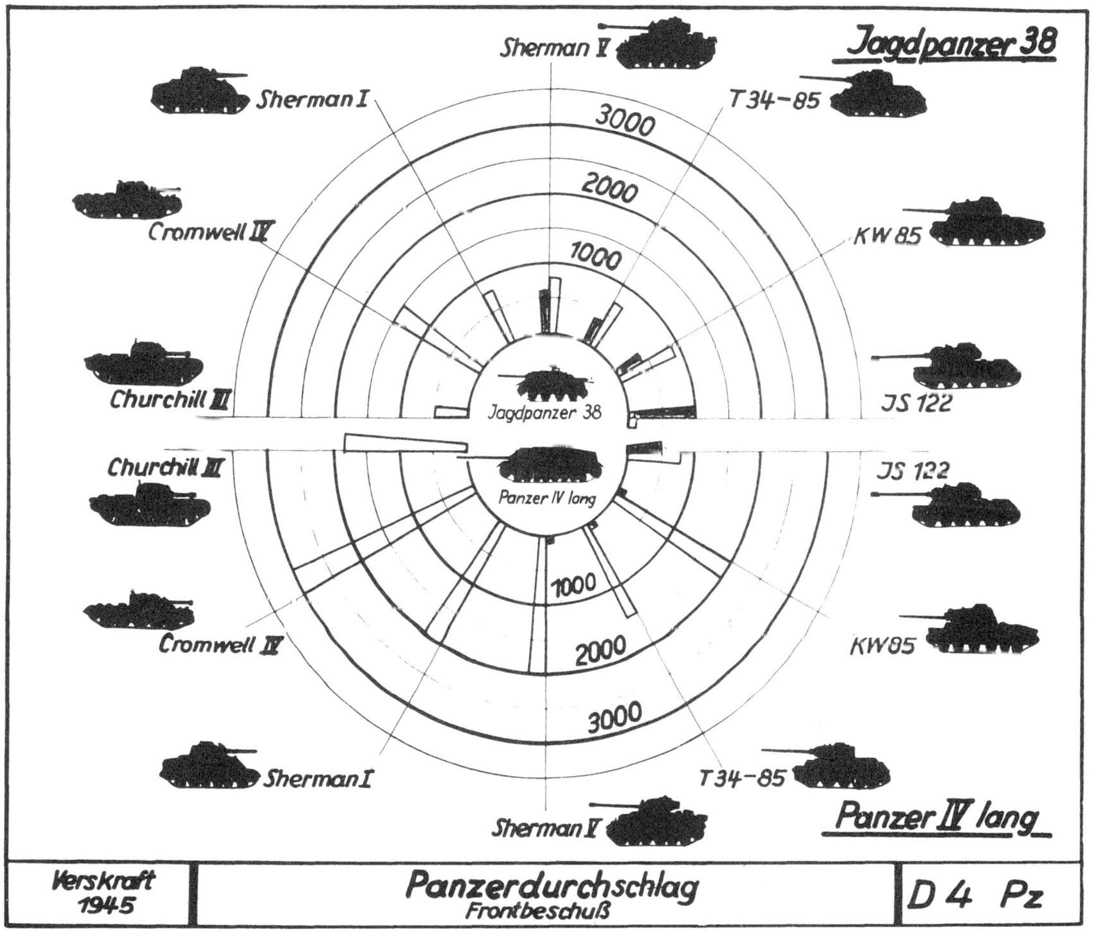

| Ref. | Auftr. Nr. | Datum | Gegenstand |
|---|---|---|---|
| HWA WaPrüf 6 | | | |
| F2a | 81/44 | 1. 8. 1944 | Gleitschutzstollen |
| F2a | 7/45 | 17. 1. 1945 | Verbreiterte Gleiskette, Typ Kgs 64/425/104 |
| F1c | 47/44 | 19. 9. 1944 | Staubdichte an verschiedenen Punkten des Kampfraumes |
| F1b | 64/44 | 29. 10. 1944 | Lüfter Z 4 und Z 5 (VWW) |
| F1 | 12/45 | 12. 2. 1945 | Mantelzyklonfilter. Änderung des Lufteintritts gegen Verölen der Filzkerzen |
| F1 | 11/45 | 12. 2. 1945 | Neue Kühlanlage der VWW für Praga AC-Motor |
| PzIIIa | 2/45 | 12. 2. 1945 | Seitenvorgelege mit Kronenrädern auf 95 kg vergütet und anschließend fertig bearbeitet |
| PzIIIa | 3/45 | 12. 2. 1945 | Filzkerzenfilter mit Mantelzyklon. Fahrerprobung |
| PzIIIa | 18/44 | 17. 6. 1944 | Bergepanzer 38, Schleppversuche und Ausrüstung |
| PzIIIa | 22/44 | 21. 7. 1944 | Schwingarme unvergütet |
| PzIIIa | 25/44 | 17. 8. 1944 | Motor AC Änderungen: Gegengewicht für Kurbelwelle, Einlaßventil Silchrom II, Auslaßventil Poldi, Anlasser 2,5/12 |
| PzIIIa | 26/44 | 4. 9. 1944 | Fliederlüfter |
| PzIIIa | 29/44 | 22. 9. 1944 | Vollkettenaufklärer 38 |
| PzIIIa | 34/44 | 25. 12. 1944 | Federn mit vergrößerten Warzen |
| PzIIIa | 4/45 | 12. 2. 1945 | Neue Kühlanlage von VWW für AC-Motor |
| PzIIISE | 7/44 | 12. 9. 1944 | Doppelkegel-Belaglager (Fa. Arado) |
| PzIIISE | 13/44 | 4. 1. 1945 | Gleitlager-Laufwerk |
| F 3 f | 4/45 | 13. 1. 1945 | Muster Räumkufe |

In der Zeit vom 28. Mai 1944 bis 30. Mai 1944 wurden von der BMM vier Vorserienfahrzeuge geliefert, mit denen Schießversuche, eine Fahrgestellerprobung, eine Festlegung der Winterausrüstung und die Ausarbeitung von Vorschriften durchgeführt wurden. Die Prognose für Mai 1944 lag bei 50 Panzerjägern 38, bis zum 8. Juni 1944 waren jedoch im Heereszeugamt Breslau nur 35 Panzerjäger 38 eingetroffen. Am 18. Juni 1944 ergab sich folgende Aufstellung über die ersten Lieferungen:

| | geplant | zugewiesen | abgenommen |
|---|---|---|---|
| Ersatzheer | 50 | – | – |
| Panzerjägerschule Milau | 85 | 7 | 7 |
| für Versuche | 15 | 15 | 15 |

Im Juli 1944 erfolgte die erste Zuweisung an die Truppe (Pz.Jäg.Abt. 731) mit 49 Fahrzeugen.

Eine monatliche Produktion von 1000 Panzerjägern 38 war bis Ende 1945 geplant, jedoch verzögerten Anlaufschwierigkeiten die Fertigung beträchtlich. Von Juni 1944 bis Dezember 1944 wurden 1598 Jagdpanzer 38 fertiggestellt. Davon wurden von Juni bis September 558, im Oktober 1944 306, im November 1944 387 und im Dezember 1944 347 Jagdpanzer 38 gefertigt.

In den ersten drei Monaten des Jahres 1945 wurden noch 1138 Einheiten hergestellt. Insgesamt wurden bis Kriegsende von der Böhmisch-Mährischen Maschinenfabrik AG in Prag und Škoda in Königgrätz 2584 Jagdpanzer 38 gefertigt, davon von Škoda (Fahrgestell Nr. ab 323001) 750 Fahrzeuge. Die Fahrgestell Nr. bei BMM erstreckten sich von 321001 bis 323000. Soweit für den kurzfristigen Hochlauf der Fertigung noch nicht in vollem Umfang vergütetes Material sowohl für das Bugblech wie auch die Seitenbleche zur Verfügung gestellt werden konnte, mußten diese Fahrzeuge unter Kenntlichmachung bei Verwendung von bestmöglichsten Ausweichqualitäten zum Ausstoß kommen. Als Richtlinie galt nach wie vor die Auslieferung der ersten 500 Fahrzeuge in voller Qualität.

Im Laufe der Fertigung ergaben sich geringfügige Änderungen am Laufwerk. Die Anzahl der Schrauben an den Laufrollen wurde reduziert. Die Leiträder, die ursprünglich 12 Öffnungen hatten, wurden mit nur noch sechs und später mit nur noch vier Löchern geliefert.

Auf Grund von Erprobungsergebnissen und Fronterfahrungen wurden am Jagdpanzer 38 laufend Verbesserungen vorgenommen. Das Oberkommando des Heeres (Chef H. Rüst u. BdE) Heereswaffenamt WaPrüf 6/AHA In 6 gab am 17. 11. und 19. 12. 1944 folgende Neuerungen und Formänderungen bekannt:

A. Fahrgestell

- Wasserpumpe. Vorzeitiges Undichtwerden infolge Verschleiß des Graphitringes. Einbau einer geänderten Pumpe. Einführung November 1944.
- Andrehkurbel für Motor. 4-Mann-Kurbel war vorgesehen. Einführung November 1944.
- Zu große Einfülldauer von Kraftstoff. Vergrößerte Einfüllquerschnitte mit Überlaufschüssel. Einführung Oktober 1944.
- Störungen an elektrischer Kraftstofförderpumpe. An

Stelle der elektrischen Pumpe wurde eine mechanische Solex-Pumpe ab Oktober 1944 eingebaut.

- Einbau eines Flammen-Vernichters an Stelle des Auspufftopfes. Einführung Oktober 1944.
- Lösen der Laufrollen-Befestigungsschrauben zwischen Felgenring und Scheibe. Genietete bzw. geschweißte Ausführung. Durchführung Oktober 1944.
- Herausrutschen der Federpakete am Laufwerk aus den Bügeln. Einbauweise der Federblätter in die Bügel wurde verbessert (Mit Truppenmitteln nicht durchzuführen). Durchführung November 1944.
- Vorzeitiger Verschleiß der Federgleitsteine. Verwendung unbearbeiteter Gleitsteine (Gußhaut). Durchführung Oktober 1944.
- Federbrüche. Verstärkung der Federn: vorne 16 Blatt, 9 mm stark, hinten 16 Blatt, 7 mm stark. Durchführung September 1944.
- Lufteinlaßgrätings. Eindringen von Laub, dadurch Zusetzen der Kühler. Anbringung eines weitmaschigen Gitters. Einführung November 1944.
- Ungünstige Temperaturverteilung der Kampfraumbeheizung. Abhilfe durch verbessertes Verteilerstück an der Trennwand. Einführung November 1944.
- Abreißen der Schürzen beim Anstreifen an Bäumen. Anwinkeln der vorderen und hinteren Schürzenenden an die Wanne. Durchführung September 1944.
- Batterie-Aufwärmung durch Einbau eines Isolierkastens mit Heizplatte für den Winterbetrieb. Einführung November 1944.

B. Aufbau

- Kopflastigkeit des Fahrzeuges. Außen- und Innenblende um etwa 200 kg erleichtern. Durchführung August 1944.
- Schlechte Beobachtungsmöglichkeit des Kommandanten. An Stelle des einen geraden Schwenkarmes der Kommandantenseheinrichtung verkürzter und nach hinten gebogener Doppelarm an der Halterung. Durchführung August 1944.
- Spaltung des Deckels der Kommandantenluke. Durchführung September 1944.
- Anbringung eines Kopfpolsters am Deckel der Kommandantenluke. Einführung Oktober 1944.
- Behinderung des Richtschützen durch Hebelarme des Rundumfeuer-MG und Reißen des Bowdenzuges. Verkürzung des Armes zur Bedienung der Seite um 50 mm und Einführung eines 2-mm-Stahldrahtes. Einführung Oktober 1944.
- Zu geringe Munitionsausstattung. Wegfall des Kastens für das Zielfernrohr. Unterbringung des Geräts im Kasten rechts vom Kommandanten. Lagerung von
- zusätzlichen fünf Schuß an frei gewordener Stelle.
- Schlechte Ausstiegmöglichkeit für den Fahrer nach hinten. Anbringung von zwei Haltegriffen hinten über dem Fahrersitz. Einführung August 1944.
- Durchschüsse wurden hervorgerufen durch die Wulst des Panzergehäuses für die Fahreroptik. Wegfall des Panzergehäuses, dafür Einpassung eines Einsatzstückes. Durchführung Oktober 1944.
- Schwere und ruckartige Gängigkeit der Seitenrichtmaschine. Begradigung der Gelenkwelle der Seitenrichtmaschine. Durchführung November 1944.
- Schwere Gängigkeit der Höhenrichtmaschine durch Umstellung von Wälz- auf Gleitlager. Anbringen eines Federausgleichs zur Behebung der Hinterlastigkeit. Einführung Oktober 1944. Bei den Geräten ab Fahrgestell-Nr. 321630 wurde der Federausgleicher nachgeliefert.
- Bei allen Jagdpanzern 38 mit Ölbadfilter ohne Zyklon wurde die Luft aus dem Kampfraum entnommen. Um im Winterbetrieb bei geringem Staubanfall auf Motorraumabsaugung umstellen zu können, wurden Formänderungen durchgeführt (Das Ansaugen der Motorluft durch den Kampfraum führte im Winterbetrieb zu einer großen Belastung der Besatzung durch Luftzug).
- 140 Fahrzeuge mit den Fahrgestell-Nr. 323021 bis 323160 wurden ohne Ölrückschlagventile für die Motoren ausgeliefert. Die Einsatzbereitschaft war dadurch nicht in Frage gestellt.
- In das Praga-Wilson Getriebe durften nur Bremsbänder mit der Bezeichnung »Jurid 3000 G« eingebaut werden.
- Fahrzeuge wurden mit folgenden Seitenvorgelegen ausgeliefert:

a) Modul 6:

| | |
|---|---|
| Antriebswelle mit | 12 Zähnen |
| Gehäuse mit Innenverzahnung (Kronenräder) mit | 88 Zähnen |

Modul 6,75:

| | |
|---|---|
| Antriebswelle mit | 10 Zähnen |
| Gehäuse mit Innenverzahnung (Kronenräder) mit | 80 Zähnen |

Ab Mitte Januar 1945 wurden sämtliche Fahrzeuge aus der Serie mit dem verstärkten Modul 6,75 (10:80) ausgerüstet. Es war jedoch möglich, daß als Ersatzteil noch Seitenvorgelege mit Modul 6 nachgeschoben wurden.

Im September 1944 erklärte sich Hitler mit einem bereits mit dem Chef des Generalstabes und Generalinspekteur der Panzertruppen Generaloberst Heinz Guderian abgestimmten Vorschlag einverstanden, die Produktion an Sturmgeschützen auf Basis Panzer III und IV, soweit sie nicht auf die lange Kanone umgestellt wurden, zur Ersparung des im Verhältnis 2:1 stehenden Einsatzgewichts des Panzerjägers 38 auf diesen umzustellen. Die Frage einer gleichzeitigen Umstellung des Panzerjägers 38 auf den luftgekühlten Tatra-Dieselmotor sollte unter Berücksichtigung der außerordentlichen Schwierigkeiten, die auf der einen Seite durch den beschleunigten Hochlauf des Panzerjägers 38 schon bestanden und auf der anderen Seite durch die zahlreichen Fliegerangriffe* auf die gesamte Panzermotorenfertigung erschwert wurden, zurückgestellt werden. Die Frage blieb offen, ob die als notwendig erachtete Umstellung vieler Panzerbauteile vertretbar war. Von Seiten des Heereswaffenamtes wurde angestrebt, mindestens die geforderten Aufklärungspanzer auf Panzerjäger 38-Basis mit dem stärkeren Tatra-Diesel-Motor auszurüsten.

Die Panzergehäuse für den Jagdpanzer 38 wurden von der Poldihütte, Komotau, BMM, Prag, Linke-Hofmann-Werke, Breslau, und Škoda, Pilsen, angeliefert.

Anfang Januar 1945 wurde ein bebilderter Bericht über den Bau eines Waldwerkes für den Jagdpanzer 38 vorgelegt.

Eine Niederschrift über eine Besprechung am 22. November 1944 mit dem Hauptausschuß Panzer und den Fertigungsfirmen besagte, daß beim Panzerjäger 38 die Umstellung auf Gleitlager zwecks Durchführung von Erprobungen bereits eingeplant war. Die Gleitlager sollten von Fertigungsfirmen im Protektorat geliefert werden. 30 Fahrzeuge wurden im November 1944 für Versuchszwecke auf Gleitlager umgestellt. Das Aufbringen des Lagermaterials auf einen Ring erfolgte durch die Firmen des Sonderausschusses T 12 und den Arbeitsausschuß Verbundguß.

* Am 25. März 1945 gegen 11.30 Uhr wurde die Panzerfertigung der Firma BMM durch einen amerikanischen Tieffliegerangriff getroffen. Ein wesentlicher Ausfall der Panzerfertigung war dadurch nicht eingetreten. Der Tieffliegerangriff konnte durchgeführt werden, da trotz Hitlers Zusicherung kein Flakschutz vorhanden war. Auch nach diesem Angriff erhielt die Firma BMM keinen Flakschutz.

### 2.11.1 Jagdpanzer 38, Abarten

#### 2.11.1.1 Panzerbefehlswagen 38

Während Jagdpanzer 38 grundsätzlich mit einem UKW Fu 5 Funkgerät ausgerüstet wurden, erhielten Panzerbefehlswagen 38 ein zusätzliches Fu 8-Gerät und eine Sternantenne.

#### 2.11.1.2 Flammpanzer 38

Im November/Dezember 1944 wurden 20 Jagdpanzer 38 »Hetzer« nach Ausbau der 7,5-cm-Pak 39 zu Flammpanzern umgebaut. Sie wurden während der Ardennen-Offensive im Dezember 1944 eingesetzt. Der Umbau erfolgte durch die Böhmisch-Mährische Maschinenfabrik AG. Das Flammrohr erhielt eine Umhüllung, die der Original-Bewaffnung sehr ähnlich sah. Im Fahrzeug wurden 700 l Flammöl befördert, die über eine Zentrifugalpumpe mit 3000 1/min bei durchgehender Feuerabgabe innerhalb von 90 Sekunden verbraucht waren. Die Zahl der Flammstöße, welche durch ein Fußpedal ausgelöst wurden, war von der Zahl der mitgeführten Startpatronen abhängig. Die Strahlweite lag zwischen 50 bis 60 m. Der Strahlrohrdurchmesser betrug 14 mm. Im übrigen unterschied sich der Flammpanzer 38 nicht vom Panzerjäger 38.

#### 2.11.1.3 Bergepanzer 38

Im August 1944 wurde festgelegt, daß für je 14 Jagdpanzer 38 ein Bergepanzer 38 ausgeliefert werden müsse. Im September 1944 waren sieben Bergepanzer 38 fertiggestellt. Dieses Defizit sollte bis Oktober 1944 dadurch ausgeglichen werden, daß 64 Jagdpanzer 38, die im Juni und Juli 1944 für diesen Umbau bereit gestellt waren zu Bergepanzern umgebaut werden sollten. Ab

Der Flammpanzer 38, der aus Umbau der Jagdpanzer entstand. 20 Stück waren vorhanden.

Flammpanzer 38.

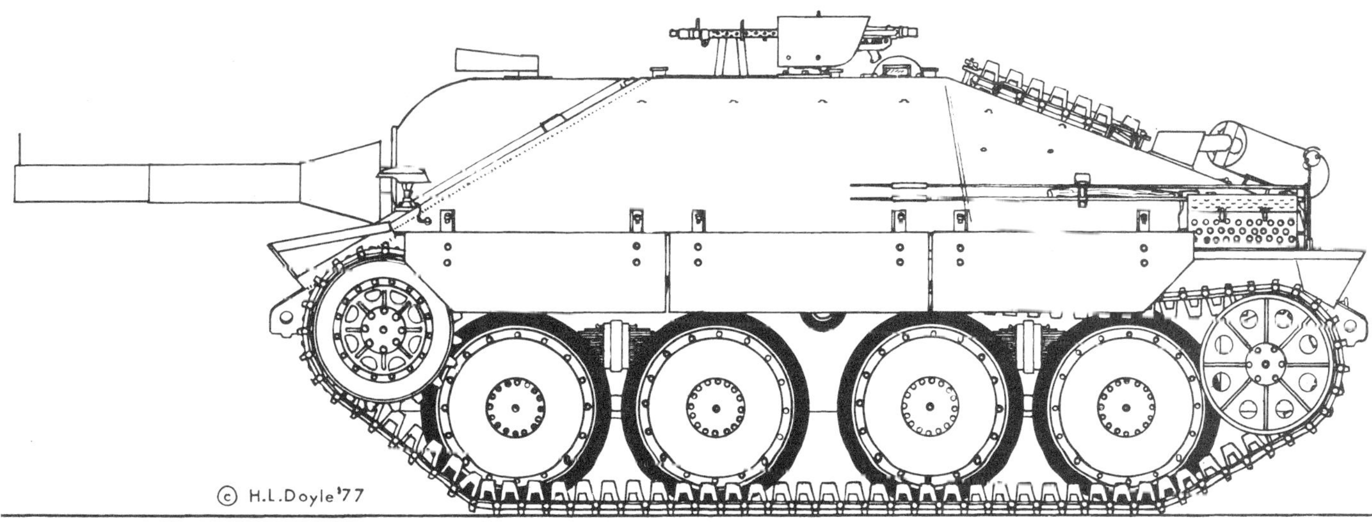

Dezember 1944 versprach man sich die vorgesehene Produktion an Bergepanzern.
Der Bergepanzer 38 hatte gegenüber dem Jagdpanzer 38 einen etwas niedrigeren Aufbau und eine durch keine Einbauten durchbrochene Stirnwand. Das Fahrzeug war oben offen und hatte den auch für andere Fahrzeugseite wurde ein 3,5 m langer Kletterbalken (Höhe x Breite 250 mm) mitgeführt. Im Fahrzeug war eine 5-t-Seilwinde vorgesehen. Die Fertigung der Winde sollte bei der Firma Baumgarten in Neuruppin erfolgen. Die ursprüngliche Windenanordnung von Demag wurde so geändert, daß das Seil nach hinten ablief.

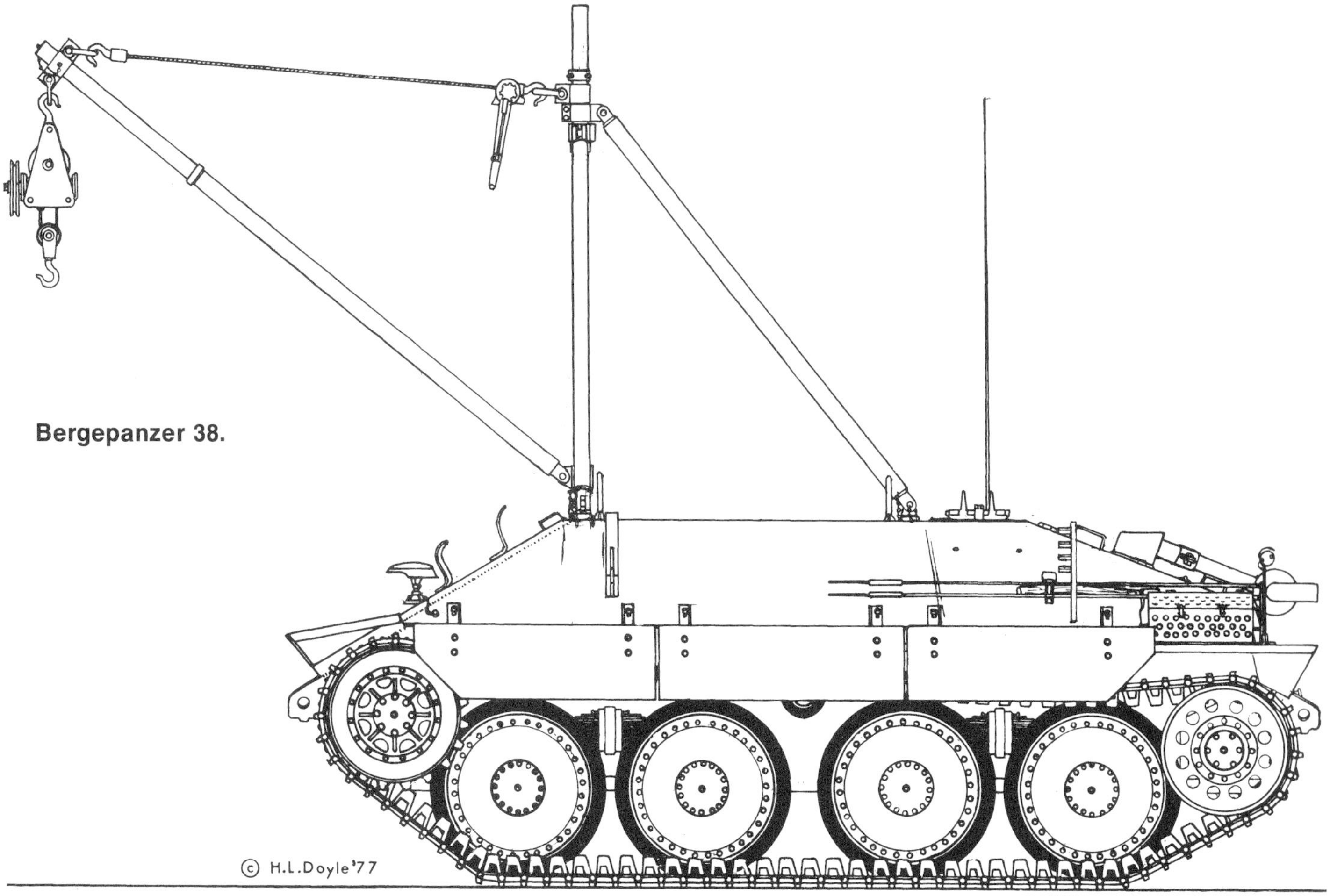


**Bergepanzer 38.**

Panzerfahrzeuge verwendeten 2-t-Hilfskran, der normalerweise zerlegt am Fahrzeug mitgeführt wurde. Dieser 2-t-Behelfskran wurde von der Firma Georg Kirsten in Sebnitz (Sachsen) beigestellt. An der linken Fahrzeugseite waren Halterungen für den Behelfskran sowie für Abschleppstangen angebracht. An der linken Der Entwurf über den Einbau der Winde SKB 6675 wurde dem Heereswaffenamt WaPrüf 6 von Firma Krupp übergeben, welche diese auch für den Bergepanzer IV verwenden wollte. Demag sah noch eine Windenbremse vor. Unterlagen über:
– eine Einrichtung zum Anzeigen des größten zulässi-

**Der Bergepanzer 38 mit und ohne Zusatzausrüstung. Es kamen nur wenige dieser Fahrzeuge zur Truppe (links und unten).**

gen Seilzugs, welche dabei die Zündung des Motors kurzschloß und diesen stillsetzte;
- eine Einrichtung zum Reinigen des auf die Trommel auflaufenden Seiles;
- die Ausbildung des Seilkopfes

wurden Krupp vom Heereswaffenamt WaPrüf 6 noch übersandt. Aus den von ZF vorliegenden Unterlagen über das Wechselgetriebe AK 5–80 mit Spillantrieb war zu ersehen, daß das Getriebe in dieser Form nicht unterzubringen war. Krupp schlug vor, den Spillantrieb nicht seitlich neben, sondern über die Vorgelegewelle des Getriebes hinauszuführen. Zur Eigenverteidigung stand der Zweimann-Besatzung ein MG 34 zur Verfügung. Ab September 1944 wurden bei der Heeresversuchsstelle für Panzer und Motorisierung in Kummersdorf mit dem Bergepanzer 38 Erprobungen durchgeführt und die Ausrüstung festgelegt. Bergepanzer 38 sollten nur an Einheiten, die mit dem Jagdpanzer 38 ausgerüstet waren, ausgegeben werden.

### 2.11.1.4 15-cm-sIG 33/2 auf Jagdpanzer 38

Nach Auslauf der Selbstfahrlafetten-Produktion für das 15-cm-sIG 33/2 auf dem Fahrgestell des Panzerkampfwagens 38 (t) im August 1944 ergab sich ein großer Bedarf an solchen Fahrzeugen bei der Truppe. Im November 1944 fiel die Entscheidung, das sIG 33 auch auf dem »Hetzer« aufzubauen. Die Bewaffnung wurde in einer kardanischen Aufhängung untergebracht. Zwischen Dezember 1944 und Februar 1945 wurden 30 dieser Fahrzeuge hergestellt, davon sechs aus Hetzer-Umbau-

**Bergepanzer 38 (ohne Bergeeinrichtung).**

15-cm-sIG 33/2 auf Jagdpanzer 38.

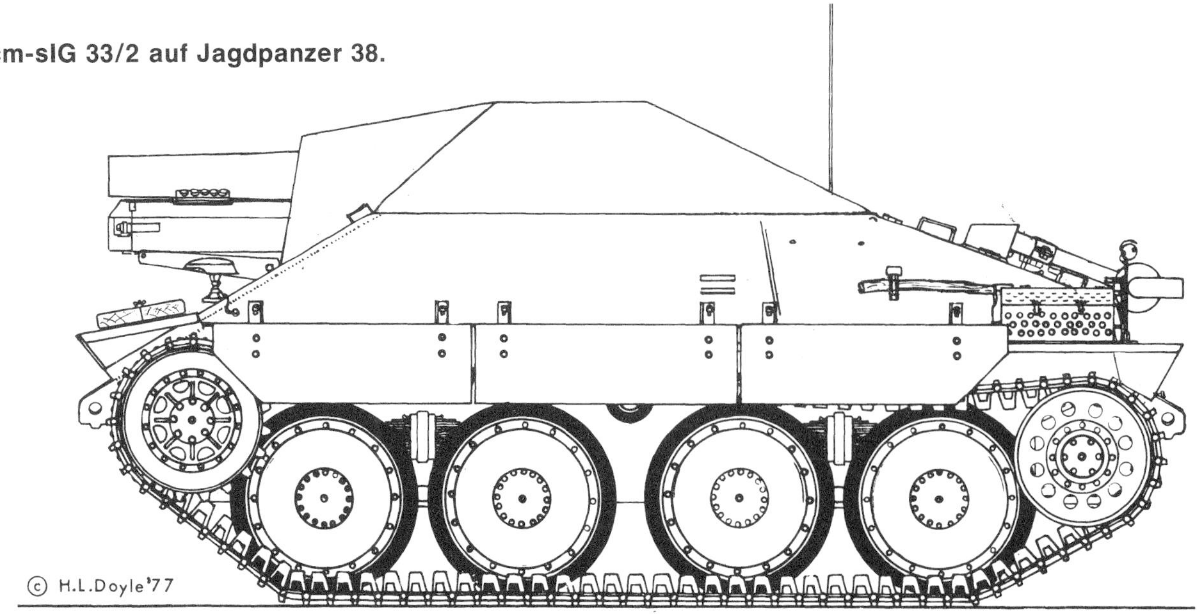


Das 15-cm-sIG 33/2 auf Jagdpanzer 38 als Unterstützungsfahrzeug der Panzergrenadiere.

**Aufklärungspanzer 38 (2 cm).**

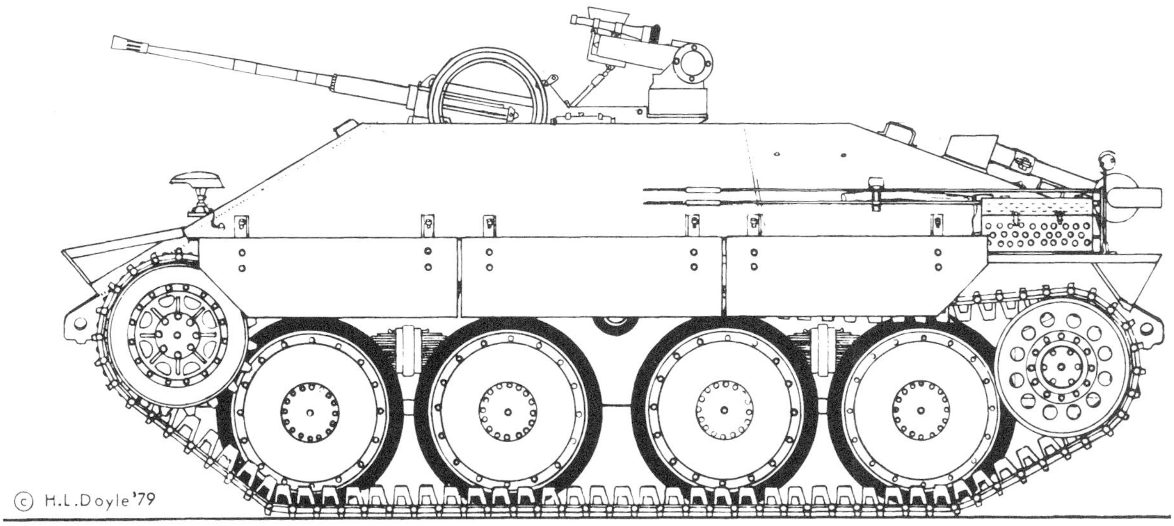


ten und 24 aus der laufenden Fertigung. Die Besatzung bestand aus vier Mann.

### 2.11.1.5 Aufklärungspanzer 38

Ab September 1944 wurde bei der Heeresversuchsanstalt für Panzer und Heeresmotorisierung in Kummersdorf ein Vollkettenaufklärungspanzer 38 erprobt. Er hatte drei Mann Besatzung und als Hauptbewaffnung eine 7,5-cm-K 51 L/24.

Für Aufklärungseinheiten waren vier Fahrzeugarten geplant:
- Gerät 563 Panzeraufklärungswagen 638/11 (2-cm-Flak 38)

**Sturmhaubitzwagen 638/14 mit 10,5-cm-StuH 42/2.**

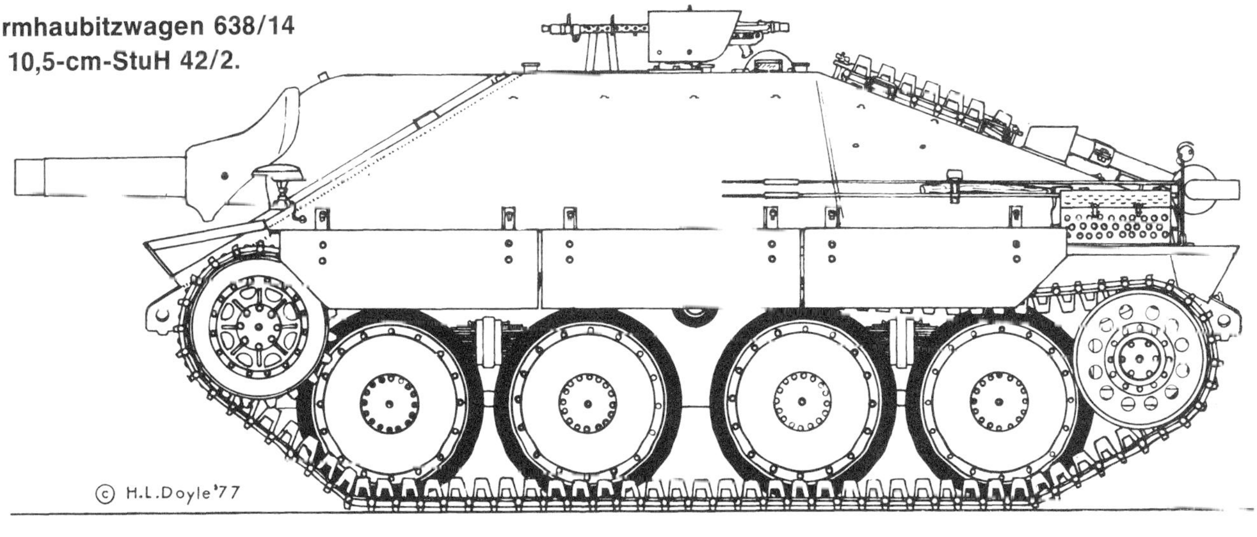

- Gerät 564 Panzeraufklärungswagen 638/12 (7,5-cm-K 51)
- Gerät 585 Panzeraufklärungswagen 638/24 (2-cm-KwK 38 Zwilling)
- Gerät 586 Panzeraufklärungswagen 638/25 (12-cm-GraW 42)

Von allen Ausführungen wurden nur noch Prototypen gefertigt.

Für Panzerfahrzeuge auf Panzerjäger 38- und 38 D-Basis wurden folgende Gerätenummern durch OKH-AHA Ag K In 6 festgelegt:
Gerät 555 Panzerjägerwagen 638/10-7,5-cm-Pak 39
Gerät 563 Panzeraufklärungswagen 638/11 – 2-cm-Flak 38 (Alkett 13. 10. 44)
Gerät 564 Panzeraufklärungswagen 638/12 – 7,5-cm-K 51 (Alkett 13. 10. 44)
Gerät 567 Sturmhaubitzwagen 638/13 – 10,5-cm-StuH 42/3 (5-1065) (26. 10. 44)
Gerät 571 Sturmhaubitzwagen 638/14 – 10,5-cm-StuH 42/2
Gerät 572 Flakpanzerwagen 638/15 – 3-cm-MK 103 Zw (Alkett 9. 11. 44)
Gerät 573 Bergepanzerwagen 638/16 (Alkett 9. 11. 44)
Gerät 574 Geschützwagen 638/17 für 15-cm-sFH 43
Gerät 575 Geschützwagen 638/18 für 15-cm-sFH 43/1
Gerät 576 Geschützwagen 638/19 für 10,5-cm-leFH 18/10/4
Gerät 577 Geschützwagen 638/20 für 15-cm-sIG 33/2 (6-Rollen-Laufwerk)
Gerät 578 Geschützwagen 638/21 für 10,5-cm-leFH 18/40/5 (6-Rollen-Laufwerk)
Gerät 579 Geschützwagen 638/22 für 12,8-cm-K 81/3
Gerät 580 Geschützwagen 638/23 für 15-cm-sFH 18/6
Gerät 585 Panzeraufklärungswagen 638/24 – 2-cm-KwK Zw (Alkett 21. 12. 44)
Gerät 586 Panzeraufklärungswagen 638/25 – 12-cm-GrW 42 (Alkett 21. 12. 44)
Gerät 587 Geschützwagen 638/26 für 10,5-cm-leFH 18/40/5 (4-Rollen-Laufwerk)
Gerät 588 Geschützwagen 638/27 für 15-cm-sIG 33/2 (4-Rollen-Laufwerk)
Gerät 547 Jagdpanzer 38 D 638/28 – 10,5-cm-StuH 42/2 (18. 1. 45)
Gerät 548 Jagdpanzer 38 D 638/29 – 7,5-cm-Pak 42/1 (18. 1. 45)
Gerät 543 Jagdpanzer 38 D – für PWK 10 H 73
Gerät 584 Geschützwagen 638/30 für 12,8-cm-Pak 80
Gerät 585 Geschützwagen 638/31 für 10-cm-K 18/1
Gerät 589 Geschützwagen 638/32 für 21-cm-GrW Sf 2 (12. 4. 45)

Ein Teil dieser Fahrzeuge, die auf Panzerjäger 38-Basis nicht mehr zum Einsatz kamen, sollten nach Anlauf der Jagdpanzer 38 D-Produktion auf diese Ausführung umgestellt werden. Der Jagdpanzer 38 D ist jedoch nicht mehr zum Anlauf der Serienfertigung gekommen.

Aufklärungspanzer 38 (7,5 cm).

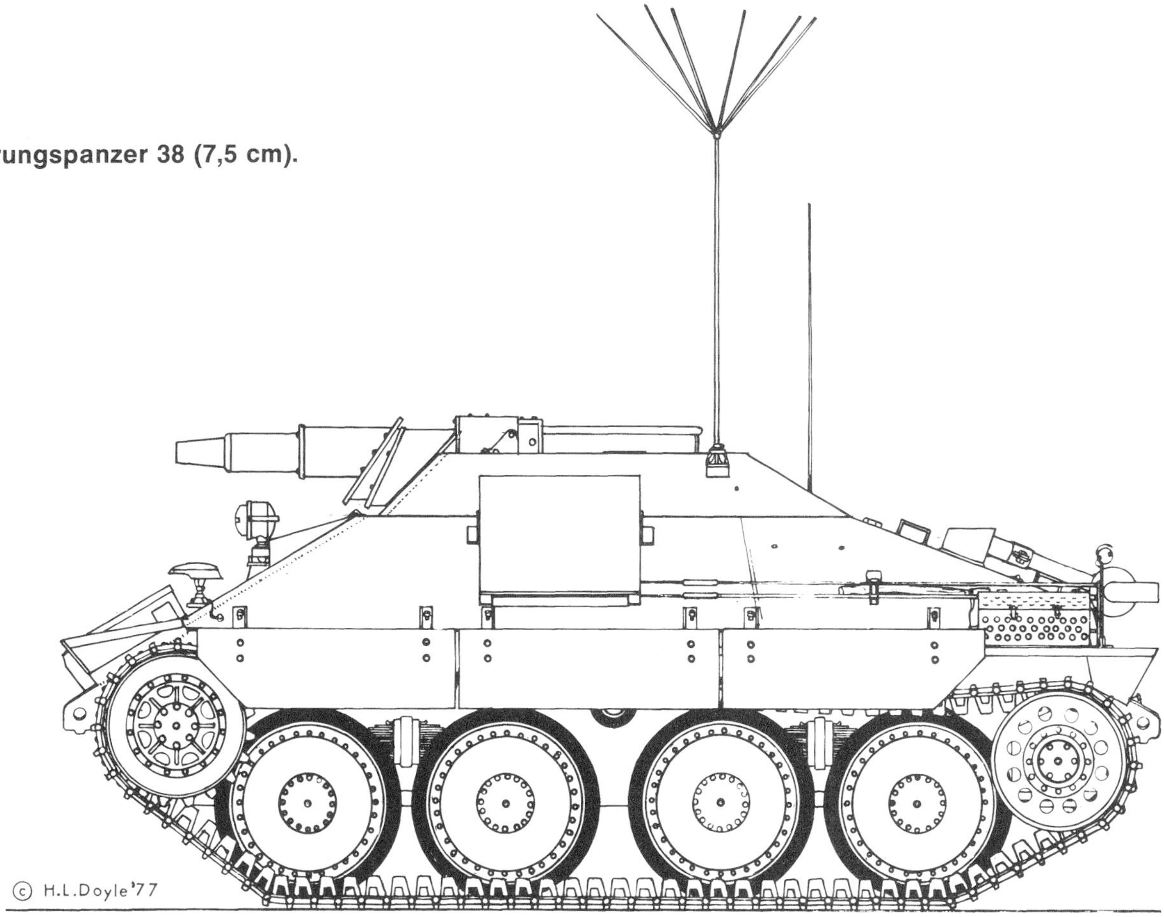

Aufklärungspanzer 38 mit 2-cm-Flak 38, von dem nur noch Prototypen gefertigt wurden (im Hintergrund).

Linke Seite:

Aufklärungspanzer 38. mit 7,5-cm-K 51 L/24, der jedoch nicht mehr zum Einsatz kam.

### 2.11.1.6 Jagdpanzer 38-Fahrgestell mit Dampfantrieb

Die Firmen Gebr. Sachsenberg, Dessau-Roßlau, und Krupp, Essen, hatten sich bereits mehrere Jahre vor Beginn des Zweiten Weltkrieges mit der Entwicklung von Dampfzugmaschinen für den Güterverkehr beschäftigt. Im Jahre 1938 hatten dampfangetriebene Lastkraftwagen an einer Deutschlandfahrt für Fahrzeuge mit »heimischen Treibstoffen« teilgenommen. Großbritannien, das auf diesem Gebiet führend war, beteiligte sich an dieser Fahrt mit dampfbetriebenen Foden-Lkw, die später für die deutsche Entwicklung richtungweisend waren. Im Jahre 1942 schaltete sich das Heereswaffenamt Wa Prüf 6 in diese Entwicklung ein und erteilte der Fa. Gebr. Sachsenberg, Dessau-Roßlau, einen Entwicklungsauftrag für eine 70-PS-Dampfzugmaschine mit Abdampf-Kondensation. Bis Kriegsende wurden drei Muster gefertigt und im Versuch gefahren.

Im Frühjahr 1943 veranlaßte das Reichsministerium für Rüstung und Kriegsproduktion (Ministerium Speer) über die Kraftfahrzeugkommission (Leiter Oberst Holzhäuer, Heereswaffenamt Wa Prüf 6) die Instituierung des Forschungskreises Dampfkraftfahrzeuge, Leiter Dipl.-Ing. Rudolf Hasenzahl. Das erste Versuchsmuster eines 25-PS-Dampfschleppers wurde gebaut und ab August 1944 erprobt. Die Fa. Gebr. Sachsenberg, Dessau-Roßlau, und Krupp, Essen, bildeten anschließend eine Arbeitsgemeinschaft für den Serienbau des 25-PS-Dampfschleppers, deren Sitz bei den Südwerken (Krupp) in Bamberg war. Im November 1944 erhielt die Arbeitsgemeinschaft Krupp-Sachsenberg den Auftrag für 50 Stück 25-PS-Dampfschlepper als Nullserie sowie die Vorbereitung für eine Serienfertigung von 3000 Schleppern/Jahr bei den Südwerken in Bamberg-Kulmbach. Im Sommer 1944 wurden durch englische und amerikanische Fliegerangriffe sämtliche im Deut-

**20-t-Dampfschlepper mit 6-Rollen-Laufwerk (Škoda). Fahrgestell 38 D**

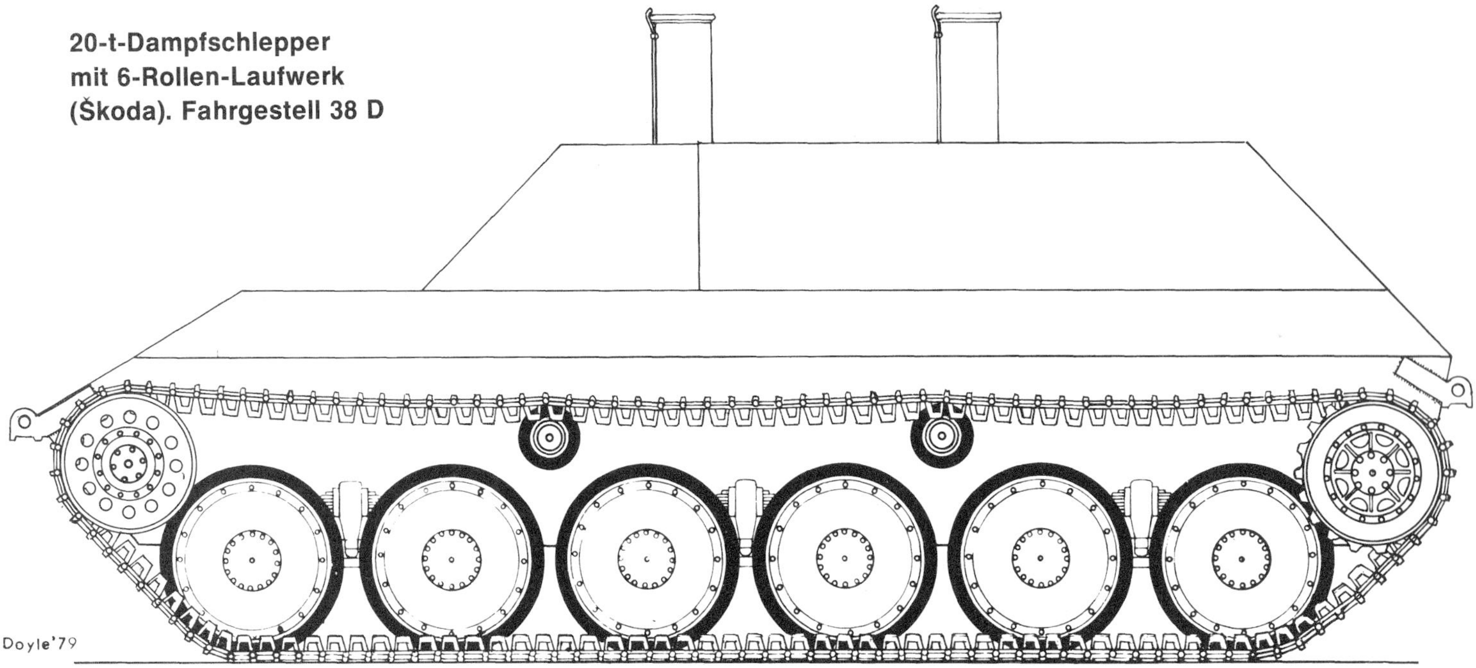

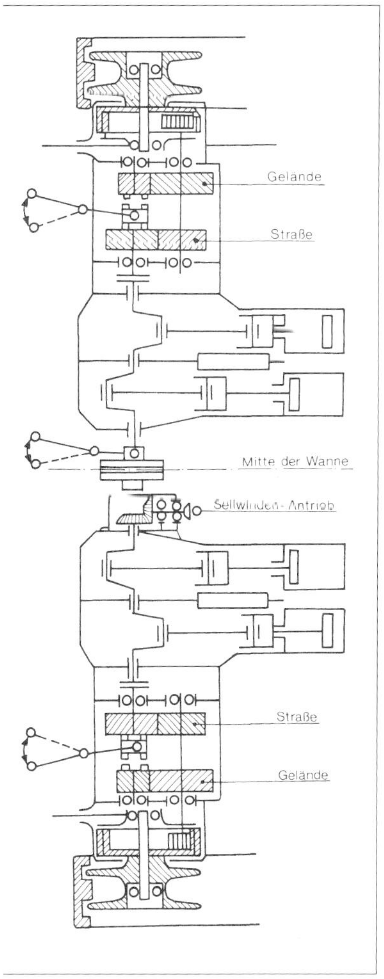


**Oben: Auf dem 6-Rollen-Laufwerk des Jagdpanzers 38 baute Škoda 1945 versuchsweise zwei Škoda-Sentinel Dampfmaschinen mit je 50 PS Leistung ein, um die Durchführbarkeit einer solchen Lösung unter Beweis zu stellen.**

**Links: Antriebsschema des 20t-Dampfschleppers.**

**Rechts: Schematische Darstellung der Antriebsanlage des 20t-Dampfschleppers.**

1 Kessel
2 Überhitzer
3 Fahrventil (Fußpedal)
4 Dampfmaschinen
5 Abgasturbine
6 Abdampf-Entöler
7 Kondensator
8 Kondensat-Sammelbehälter
9 Kondensat-Pumpe
10 Wasser-Vorratsbehälter
11 Speisewasserpumpe
12 Speisewasser-Regelventil
13 Vorwärmer
14 Kühlluftgebläse
15 Erstluftgebläse
16 Zweitluftgebläse
17 Luft-Regelklappe
18 Druckregler
19 Überströmventil
20 Lichtmaschine
21 Luftpresser (für Druckluftbremse)

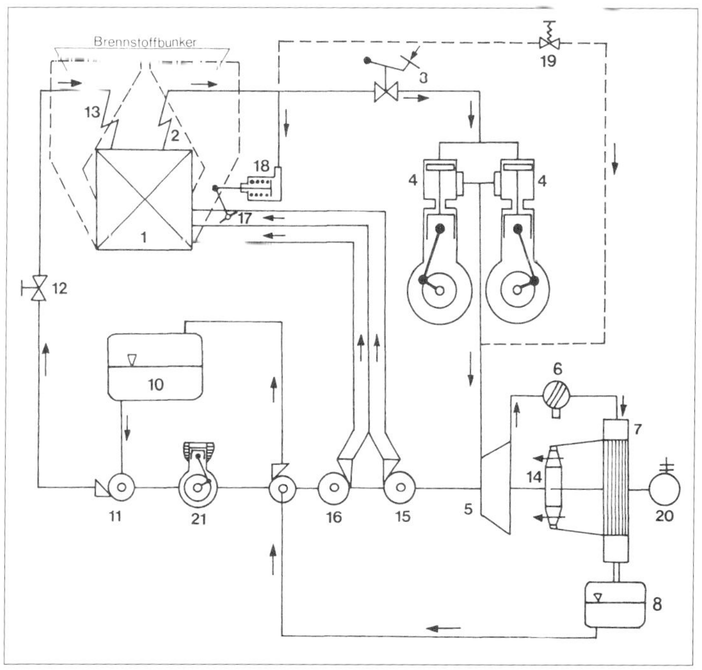

schen Reich vorhandenen 25 Kohlehydrierwerke stark beschädigt und damit die Kraftstoffversorgung der Deutschen Wehrmacht – insbesondere wirksam bei Luftwaffe und Panzertruppe – erheblich eingeschränkt. Auf Grund der zu dieser Zeit vorhandenen sehr problematischen Kraftstoffversorgung in der Deutschen Wehrmacht und der andererseits durchgeführten Entwicklungen sowie Lastkraftwagen-Erprobungen mit Dampfantrieb erteilte die Kraftfahrzeugkommission im November 1944 an den Forschungskreis Dampfkraftzüge den Auftrag zur Planung eines Dampfschleppers mit Kohlefeuerung auf der Basis des Jagdpanzers 38. Nach einer Ausschreibung des Heereswaffenamtes Wa Prüf 6 an die Firmen Krupp, Henschel, Famo und Škoda wurde ein entsprechender Auftrag an die Fa. Krupp (Südwerke) in Bamberg – Leiter der Entwicklung Dipl.-Ing. Rudolf Hasenzahl – erteilt. Die technischen Forderungen für den Dampfschlepper mit Kohlefeuerung lagen einem Schreiben des Heereswaffenamtes WaPrüf 6/F Az.76 g 10 vom 24. 11. 1944 zu Grunde.

Der Krupp-Entwurf basierte ausschließlich auf erprobten Bauteilen. Um ein aufwendiges Lenkgetriebe zu vermeiden, wurde für jede Gleiskette eine Dampfmaschine vorgesehen. Das ganze Fahrzeug wurde leicht gepanzert. Eine Kondensationsanlage war vorgesehen. Die Bedienung des Fahrzeuges erfolgte durch einen Mann. Der Fahrerraum war von dampfführenden Bauteilen freigehalten, 200 PS Antriebsleistung war vorgesehen. Sämtliche Laufwerks- und Antriebsteile waren vom Jagdpanzer 38, Ausführung Reich (Aufklärungsfahrzeug), zu übernehmen, wobei je Fahrzeugseite zwei Laufrollen hinzugefügt wurden. Die Dampfmaschinen wurden von der Firma Sachsenberg, Dessau-Roßlau, beigestellt. Während der Antrieb vorne lag, waren im Heck des Fahrzeuges Kessel und Brennstoffbunker untergebracht, der Fahrerraum lag in der Mitte des Fahrzeuges. Im Maschinenraum waren eine Abdampfturbine nebst Entöler und alle Hilfsmaschinen – Brennluftgebläse, Kondensat- und Speisepumpe, Lichtmaschine sowie Druckluft-Kompressor für die Bremsanlage – leicht zugänglich – untergebracht. Der Fahrerraum bot Platz für den Fahrer und drei Mann. Wanne und Aufbau waren 20 mm, Boden, obere Abdeckung, Motorhaube und Dach 8 mm dick gepanzert. Als Antriebsmaschinen kamen doppeltwirkende Zwillingsmaschinen (mit Kreuzkopf, Kurbelwelle 90° gekröpft) zum Einbau. Beide Dampfmaschinen waren mit je einem Geländegang ausgestattet. Endgültig wurden sie mit Schiebersteuerung ausgelegt. Die Regelung erfolgte durch Füllungsänderung. Beide Maschinen waren umsteuerbar für Rückwärtsfahrt. Alle Triebwerkteile waren gleitgelagert. Die Maschinen waren an der Fahrzeugvorderseite mit ca. 20° Neigung eingebaut, um den Einbau der darunterliegenden Abdampfturbine samt Hilfsgeräten zu ermöglichen.

Als maximale Drehzahl der Dampfmaschinen wurden 1000 1/min festgelegt (mittlere Kolbengeschwindigkeit 5,8 m/s). Bei etwa 300 bis 400 1/min konnte jede Maschine kurzzeitig 125 PS abgeben, für den Fall, daß eine Maschine auf beiden Gleisketten arbeiten mußte. Als Dampferzeuger wurde ein Gliederrohr-Quersiederkessel vorgesehen. Die Rauchgase wurden durch einen Schornstein nach oben ausgestoßen. Die Feuerung beruhte auf dem Prinzip der Halbgasfeuerung. Dadurch wurde eine Verfeuerung aller nicht backenden, gasarmen und gasreichen Brennstoffe, wie Zechen- und Gaskoks, Steinkohle, Schwelkoks, Braunkohlenbriketts und Hartbraunkohle, ermöglicht. Der Brennstoff rutschte selbständig aus dem Brennstoffbunker in den Feuerraum. Verbrennungsrückstände wurden über einen Schüttelrost, den der Fahrer durch Preßluft betätigen konnte, in den Aschekasten geworfen. Ein Betrieb des Kessels über 24 Stunden war möglich. Das Fahrzeug war bei Temperaturen bis zu –30° C startbereit. Der Frontantrieb sowie die Größe der Untersetzung mit 5,58 der Seitenvorgelege des Panzerjägers 38 wurde beibehalten. Die Füllungsregelung der Maschinen und die 90° gekröpften Kurbelwellen ermöglichten das Anfahren des Fahrzeuges aus jeder Stellung. Die Kupplung einer Maschine auf beide Gleisketten war möglich. Der Antrieb einer 7-t-Seilwinde erfolgte von der links angeordneten Dampfmaschine aus. Am 28. 12. 1944 wurde festgelegt, daß die Entwicklung der Dampfkraftfahrzeuge nunmehr beim Südwerk Bamberg (früher Elmag, Mühlhausen/Elsaß) durchgeführt wurde. Versuche mit Dampfschleppern wurden bei der Pionierschule 2 in Dessau-Roßlau schon seit 1940 durchgeführt.

Die Konstruktionsgruppe für die Entwicklung des 20-t-Jagdpanzer-Dampfschleppers sollte in den Räumen

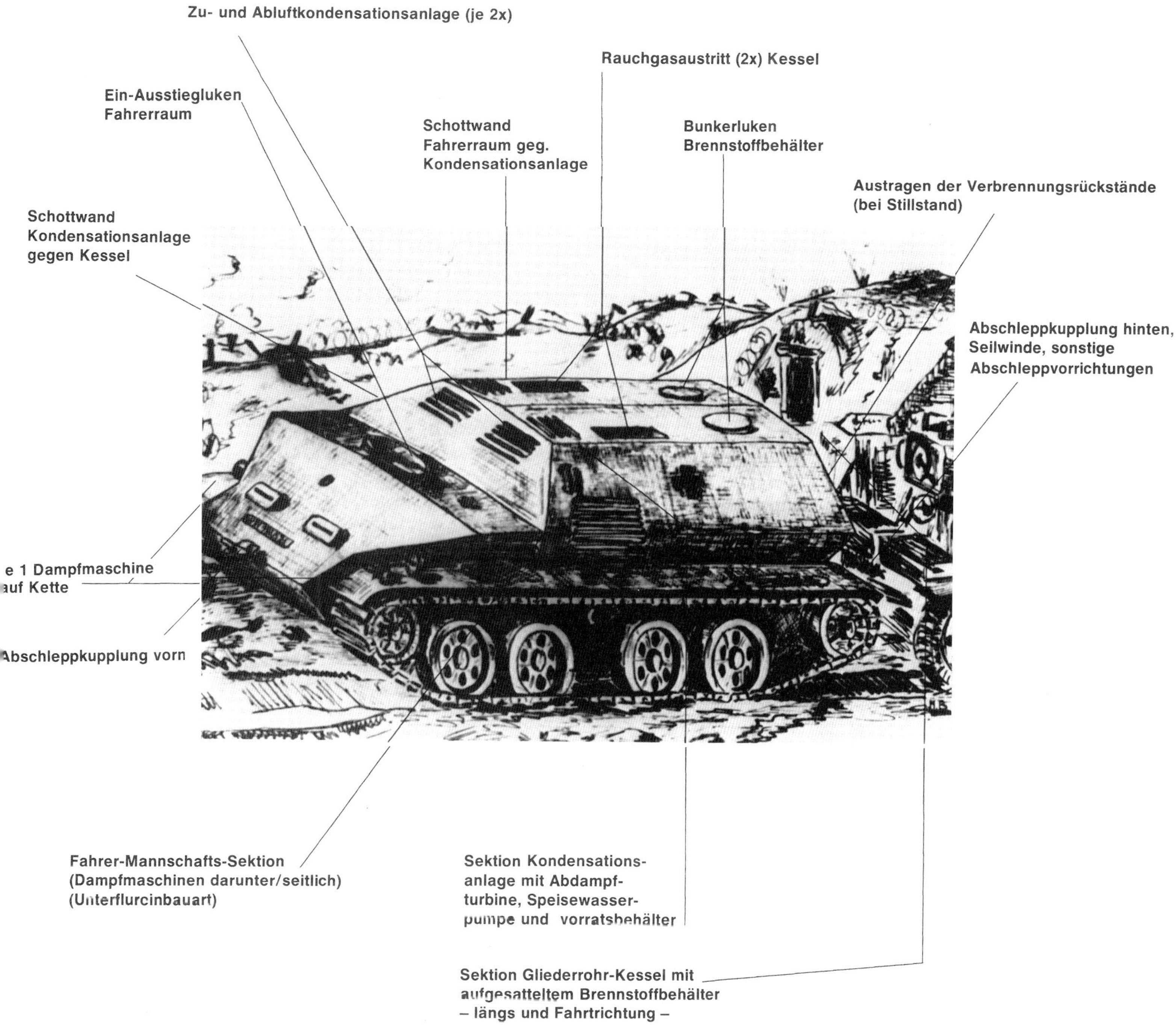


**20 t-Dampfschlepper auf Jagdpanzer 638/11. – 20 t Zugkraft**
**Phantombild nach Konstruktions-Entwurf, Stand März 1945 (angefertigt zu jener Zeit).**

der Technischen Hochschule Prag untergebracht werden. Der dort tätige Professor Breinl hatte sich bereits seit längerer Zeit mit der Entwicklung von Dampfkraftfahrzeugen beschäftigt. Außerdem hoffte man in Prag – von Fliegerangriffen ungestört – arbeiten zu können. Aufträge für den Bau mehrerer Dampfkessel konnten zu günstigen Terminen bei der Fa. Bilck, Maschinen- und Kesselbau, in Brünn plaziert werden. Berechnungen und Entwurf des 20-t-Schleppers mit Bauteilen des Jagdpanzers 38 waren im März 1945 fertiggestellt.

Die ersten Jagdpanzer-Prototypen sollten bei Fa. Škoda in Pilsen gefertigt werden. Dabei sollte das Laufwerk des Jagdpanzers 38 mit sechs statt vier Laufrollen verwendet werden. Bei Fa. Škoda wurde inzwischen auf Grund einer Weisung durch Oberst Schaede vom Reichsministerium für Rüstung und Kriegsproduktion (Ministerium Speer) eine Škoda-Sentinel-Dampfanlage (50 PS-Auspuffbetrieb) zu Demonstrationszwecken in einen Jagdpanzer 38 eingebaut. Oberst Schaede hatte den Eindruck, daß die Entwicklung des Dampfantriebs im Jagdpanzer 38 zu schleppend durchgeführt wurde und wollte damit ein Signal setzen. Die eingebaute Dampfanlage war jedoch nicht nur technisch überholt, sondern auch maschinenseitig zu schwach (2x30 PS, anstatt der notwendigen 2x150 PS). Außerdem hatten die Kessel Handfeuerung und wurde der Abdampfbetrieb abgelehnt. Nachteilig wirkte sich der zu hohe Kessel und das Fehlen eines Lenkgetriebes aus. General Holzhäuer erteilte daher als Leiter Heereswaffenamt Wa Prüf 6 der Kraftfahrzeugkommission den Auftrag, die Entwicklung eines dampfangetriebenen Jagdpanzerfahrgestells nur nach den gegebenen Weisungen Wa Prüf 6 durchzuführen.

Aufgrund der Forderung des Heereswaffenamtes Wa-Prüf 6 nach einer Zugkraft von 20 t wurde von einigen Firmen an einem 40/50 t Fahrzeug mit 400/500 PS Dampfanlage gearbeitet. Ein solches Fahrzeug sollte zum Abschleppen von Panzerkampfwagen Tiger im Gelände dienen.

Der von Sachsenwerk und Krupp eingereichte Vorschlag mit sechs Laufrollen vom Panzerjäger 38-Laufwerk und zwei liegenden, doppelt wirkenden Zweizylinder-Dampfmaschinen, getrennt auf die Gleisketten wirkend, fand jedoch keinen Anklang. Heereswaffenamt WaPrüf 6 bestand daher auf einer neuen Lösung. Dieser Vorschlag sah den Einbau einer Boxermaschine mit sechs Zylindern und 200 PS Höchstleistung bei 1000 1/min vor. Dabei sollte das Lenkgetriebe und das 4-Rollenlaufwerk des Panzerjägers 38 verwendet werden. Das Gefechtsgewicht des Panzerjägers 38 von 16 t sollte nicht überschritten werden. Eine Gewichtskalkulation ergab jedoch 19 t (Wanne mit Aufbau 6 t, Laufwerk 5 t, Dampfantrieb 5 t, Brennstoff 3 t). Da das Gewicht zu hoch lag, wurde eine Verringerung der Wannenblechdicke in Erwägung gezogen. Ein Gewicht von 18 bis 20 t war jedoch notwendig, um die geforderte 20 t Zugkraft zu erreichen. Am 29. 12. 1944 wurde mitgeteilt, daß bei einem Gewicht von 18 bis 19 t bereits eine Wanddickenverringerung von 20 auf 15 mm berücksichtigt wurde, nötigenfalls sollte die Panzerung auf 10 mm Dicke verringert werden. Eine 15%ige Überlastung des Laufwerkes wurde in Kauf genommen, da die Höchstgeschwindigkeit nur 20 km/h betrug.

Der Leiter des Forschungskreises Dampfkraftfahrzeuge, Dipl.-Ing. R. Hasenzahl, teilte am 28. 3. 1945 der Firma Krupp mit, daß er mit Rücksicht auf die beschränkten Platzverhältnisse im 20-t-Dampfschlepper anstelle der 6-Zylinder-Boxermaschine einen 4-Zylinder-Reihenmotor vorgesehen habe. Außerdem wurde untersucht, ob eine V-Anordnung Vorteile ergeben würde.

Gemäß den Anweisungen der Kraftfahrzeugkommission sollte die Böhmisch-Mährische Maschinenfabrik AG in Prag, die nach Ausarbeitung eines Generalentwurfes durch Krupp die Detaillierung und den Bau des Versuchsfahrzeuges durchzuführen hatte, Berechnungsunterlagen erstellen, aus denen die Belastbarkeit des Lenkgetriebes vom Jagdpanzer 38 hervorging. Durch die Kriegsereignisse kam es nicht mehr zu einem Abschluß dieser Entwicklung.

#### 2.11.1.7 Ausbildung am Jagdpanzer 38*

Die Aufstellung einer Panzerjägerschule erfolgte Ende 1943 auf dem kleinen Übungsplatz Wesepe, Raum Zwolle, in den Niederlanden. Die Aufstellung umfaßte eine Lehrgruppe mit zwei Ausbildungskompanien. Der Dienstbetrieb ging in Wesepe bis Mitte 1944, dann

* freundliche Mitteilung von Oberstleutnant a. D. Wilhelm Mundt

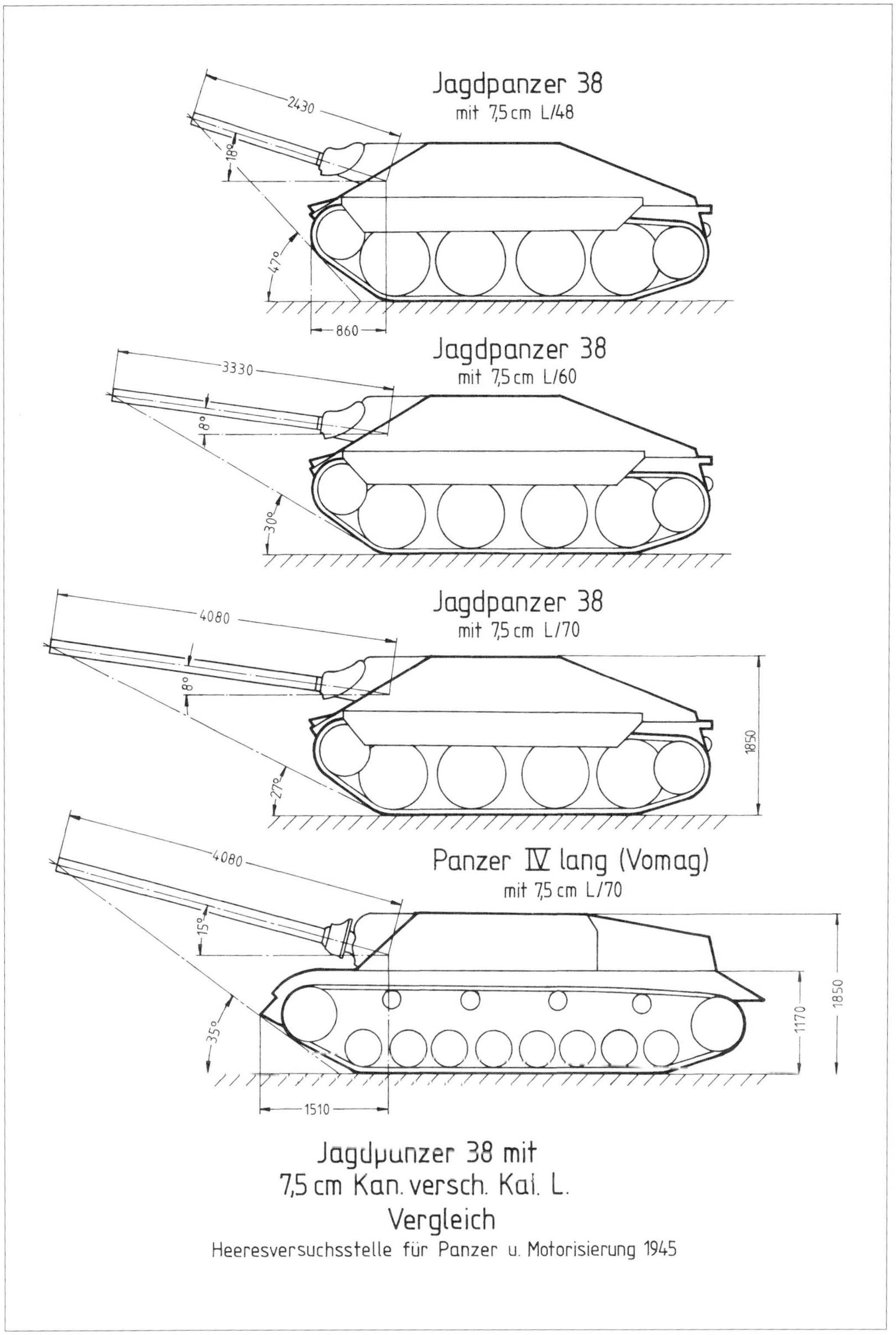


**Jagdpanzer 38, Vergleich mit verschiedenen Kaliberlängen der 7,5-cm-Kanonen.**

wurde die Schule nach Milau, Südostpreußen, verlegt und um die Lehrgruppe Jagdpanzer 38 erweitert. Ein Schulstab mit allen erforderlichen Abteilungen führte die Lehrgruppen A und B. Die technische- und Fahrausbildung wurde in einer gesonderten technischen Lehrgruppe zusammengefaßt. Die Lehrgruppe B bildete am Jagdpanzer 38 aus und hatte hierfür zwei Lehrkompanien. Die Ausbildung der Kompanien und Abteilungen schloß mit Übungen im scharfen Schuß.
Der erhöhte Zulauf an Jagdpanzern 38 verlangte die Aufstellung einer dritten Lehrkompanie, die in Genovo (Nordteil des Truppenübungsplatzes Milau) untergebracht wurde. Eine Lehrgruppe Jagdpanzer 38 wurde im September 1944 in Milowitz bei Prag aufgestellt. Diese Lehrgruppe mußte wegen der Entfernung zu Milau auch die technische Ausbildung durchführen, sie stellte neben den Ausbildungskompanien eine technische Lehrgruppe in Milowitz auf.
In der Umschulungsabteilung Milowitz wurden in drei Ausbildungskompanien gleichzeitig 20 bis 35 Kompanien Jagdpanzer 38 umgeschult.
Auf Anregung der Umschulungsabteilung Milowitz wurde der bis zu diesem Zeitpunkt getrennt durchgeführte Einbau von Waffen, Optik und Funkausrüstung durch den Inspekteur der Panzertruppen nach Milowitz verlegt, um Transportzeit und -raum zu sparen.
Die von der technischen Lehrgruppe ausgebildeten Fahrer wurden nach Abschluß der Ausbildung zum Herstellerwerk Prag-Liben abkommandiert und erlebten dort von der Rohwanne an das Entstehen ihres Panzers. Zusammen mit dem Werkfahrer wurden die Abnahmefahrten durchgeführt. Die Übergabe erfolgte in Prag-Liben. Dann wurden die Fahrzeuge nach Milowitz überführt. Die Umschulungsabteilung Milowitz wurde 1944 zur Panzerjägerschule Milowitz umgebildet.

## 2.12 RÜCKLAUFLOSER (STARRER) EINBAU DER HAUPTBEWAFFNUNG BEIM JAGDPANZER 38*

Schon zu Beginn der Entwicklung des leichten Panzerjägers auf dem Fahrgestell des Panzerkampfwagen 38 (t) wurde durch das Reichsministerium für Rüstung und Kriegsproduktion (Speer) festgelegt, für den Jagdpanzer 38 den Einbau einer rücklauflosen Bewaffnung zu prüfen, um dadurch den Fertigungsaufwand für die Waffenanlage durch Wegfall von Vorholer und Bremse verringern zu können.
Das Heereswaffenamt und das Reichsministerium für Rüstung und Kriegsproduktion beauftragten die Firmen Krupp und Rheinmetall-Borsig, das Problem des starren Einbaus von Geschützrohren in Panzerfahrzeugen zu untersuchen.
In der Zeit vom 28. bis 30. April 1943 fanden auf dem Rheinmetall-Schießplatz Unterlüß (bei Celle) Schießversuche mit einem Panzerkampfwagen II statt, auf dem ein 12-cm-Granatwerferrohr starr gelagert war. Die Wahl fiel auf diese Geräte, weil beide kurzfristig für Versuche zur Verfügung standen. Auf die Wanne des Kampfwagens war eine 100 mm dicke Frontplatte mit 50 mm dicken Seitenwänden aufgeschweißt worden. Auf der Frontplatte war die Lagerung in Kugelpfannenform für die Kugel des Granatwerfers angebracht. Eine vordere Abstützung war so vorgenommen, daß drei Erhöhungen, und zwar 0°, 17° und 42°, sowie drei Seiteneinstellungen 0° bis ±15° möglich waren. Am Fahrzeug, vor allem an der Federung, wurden Marken angebracht, die das Verhalten während des Schießens durch Zeitlupenaufnahmen anzeigten. Der Rollwiderstand des

* Beim Einbau einer rücklauflosen (starren) Kanone im Jagdpanzer 38 und in anderen Panzerfahrzeugen handelte es sich um eine typische Notlösung der letzten Kriegsjahre. Panzerfahrzeuge hatten zu diesem Zeitpunkt eine kurze Lebens-Erwartung, so daß man die Unzulänglichkeit des rücklauflosen Einbaus bewußt in Kauf nahm. Es ergaben sich dadurch beachtliche Einsparungen in der Fertigung durch den Fortfall folgender Teile:
- Wiege mit Führung des Kanonenrohres,
- Führungsflächen am Rohr für die Führung in der Wiege,
- Bremszylinder mit Zubehör zur Aufnahme und Dämpfung der Rückstoßkräfte,
- Vorholzylinder mit Zubehör zur Rückführung des Rohres nach dem Rücklauf,
- Mündungsbremse (schon immer ein Engpaß in der Fertigung).

Dabei war allen Beteiligten klar, daß beim Einbau einer rücklauflosen Bewaffnung die genaue Funktion der gesamten Zielanlage und der Richtmittel nach kurzer Beanspruchung durch die hohen ungedämpften Rückstoßkräfte der Waffe von hoher $v_0$ so geschädigt wurden, daß die Treffsicherheit nicht mehr gewährleistet war.

**Jagdpanzer 38 mit rücklaufloser Kanone.**

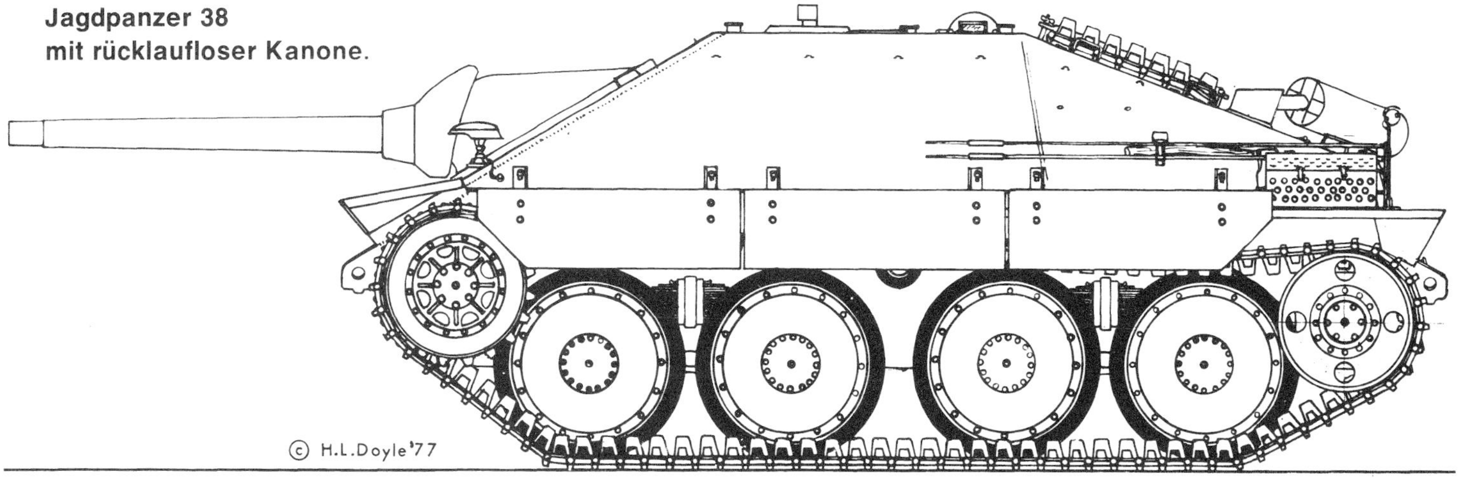


Fahrzeuges betrug 500 kg, das Gesamtgewicht 11100 kg. Der Beschuß fand zunächst bei ungebremstem Laufwerk auf ebener Betonplatte statt. Später wurde mit gebremstem Laufwerk und auf gewachsenem Boden geschossen. Die ersten Schießergebnisse zeigten nur geringe Bewegungen des Fahrzeuges während des Schießens. Bei ungebremstem Laufwerk trat ein Gesamtrücklauf von etwa 190 mm auf. Die gemessenen Federwege waren gering, etwa 20 bis 25 mm gegenüber 130 mm möglicher Federung. Neben der Rücklaufbewegung fanden Vertikal- und Drehschwingungen statt, die mit dem Auge kaum erkennbar waren. Es stand fest, daß die hier festgestellten Bewegungen des Kampfpanzer II-Fahrgestells geringer waren als die beim Schie-

**Einbau der rücklauflosen (starren) Hauptbewaffnung.**

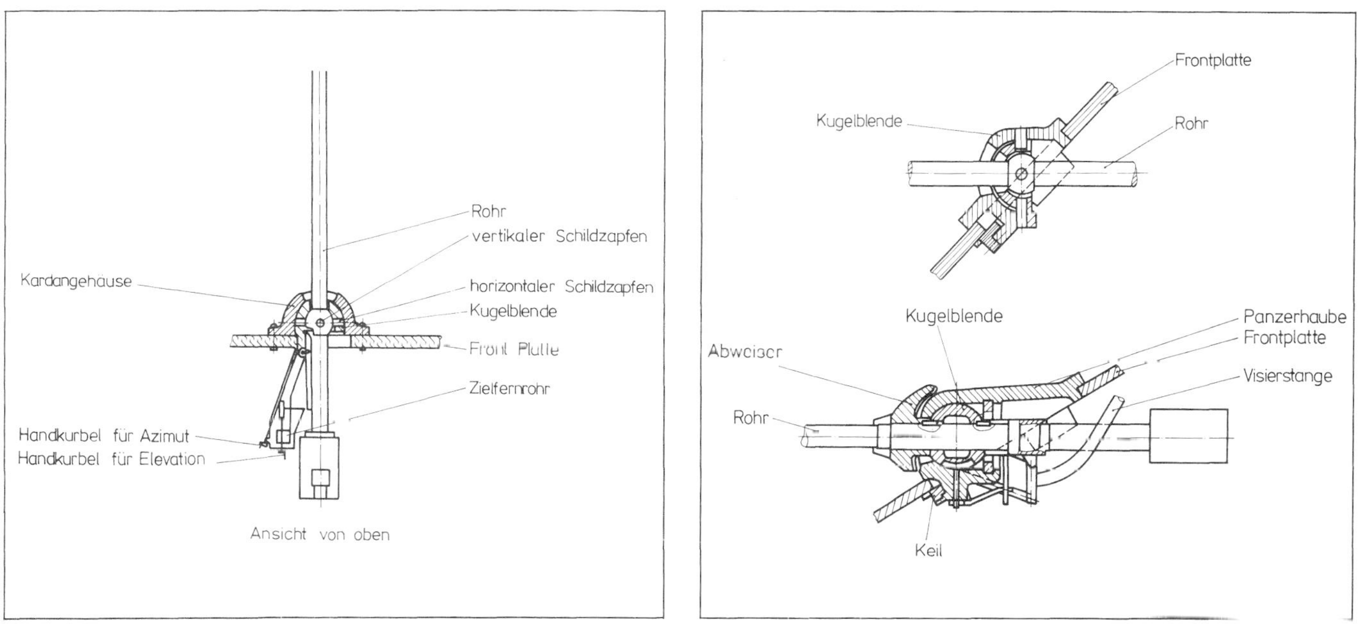

ßen mit der Selbstfahrlafette auf dem gleichen Fahrgestell, welche die 7,5-cm-Pak 40 mit Rücklauf aufgebaut hatte. Es war bewiesen, daß eine starre Lagerung der Kanone möglich war und dem Fahrzeug die Aufnahme der Rücklaufkräfte, die im Mittel bei 130 t lagen, zugemutet werden konnte. Ein am 14. September 1943 auf dem Schießplatz des Heereswaffenamtes in Kummersdorf vorgenommener Versuch wurde mit einem Panzerkampfwagen IV ausgeführt, in dessen Drehturm eine 7,5-cm-KwK L/48 starr eingelagert war. Hier wurden nur 50 mm Rücklauf des Fahrzeuges gemessen. Es traten jedoch Risse am Richtmaschinengehäuse auf. Der erste Beschuß ergab noch keine klare Aussage über die Aufnahme der Beschleunigungskräfte durch die starre Lagerung auf das Fahrzeug. Die Versuche wurden daher am 18. November 1943 fortgesetzt. Das Geschütz hatte eine geänderte, verstärkte Lagerung erhalten. Die Frontplatte mit 100 mm Dicke war durch eine über die ganze Länge gehende Rippe versteift. Auch die Richtmaschinenträger waren gegenüber dem letzten Beschuß wesentlich verstärkt. Es wurde ohne Mündungsbremse geschossen. Sie wurde wirkungslos, da sie erst bei der Nachwirkung der Pulvergase beim Rohrrücklauf zu arbeiten begann. Es zeigten sich nach 80 Schüssen keinerlei Anstände an der Geschützlagerung und an den Richtmaschinen. Jedoch war die Anbringung der Zieleinrichtung in der vorliegenden Anordnung ungeeignet. Beim 78. Schuß machten sich Risse am Wechselgetriebegehäuse des Panzers bemerkbar, was zur Unterbrechung des Versuches führte. Weitere Versuche wurden festgelegt und zwar:

- Beschleunigungsmessungen am Panzerkampfwagen IV, gleichzeitig Weiterführung der Versuche mit Zieleinrichtung
- Entwicklung und Erprobung eines Panzerjägers mit starrer Rohrlagerung bei voller Beweglichkeit der Kugelblende unter Verwendung des Panzerjägers 38 »Hetzer«.

Ausführlich wurde der Entwurf zum Einbau einer rücklauffreien Kanone in den Jagdpanzer 38 »Hetzer« am 21. Dezember 1943 in einer Sitzung der Panzerkommission (Vorsitz Dr.-Ing. Gerd Stieler von Heydekampf) erörtert.

Nach den gemachten Erfahrungen änderte die Firma Alkett in Verbindung mit Rheinmetall-Borsig die bestehende Einlagerung. Der auftretende Impuls mußte auf größerer Fläche von der Fahrzeugmasse aufgenommen werden. Durch die starre Lagerung ergab sich im Fahrzeug ein platzgünstiger Kampfraum und mehr Platz für die Unterbringung von Munition.

Außerdem konnte die Geschützblende kleiner gehalten werden, die Fertigung wurde vereinfacht. Jedoch wurde bei der starren Lagerung ein Verschlußbeweger erforderlich. Als Studienobjekt sollte von Krupp auch die 7,5-cm-KwK L/70 bzw. diese Kanone mit Rohrlänge L/60, jedoch der Leistung der L/70, eingebaut werden. Auf dem Schießplatz in Kummersdorf wurde Vertretern der Firma Krupp von Alkett am 7. März 1944 ein Sturmgeschütz mit 7,5-cm-StuK L/48 ohne Rücklauf vorgeführt. Die Kanone war in einer kardanischen Aufhängung in der 100 mm dicken, schrägen Bugplatte befestigt. Diese war durch ein etwa 150 mm hohes und etwa 20 mm dickes, außen senkrecht auf der Stirnwand stehendes Blech versteift.

Es wurden 97 Schuß abgegeben. Der Winkelspiegel des Fahrers wurde dabei zerstört. Außerdem wurde ein Kühler undicht. Weitere Schäden konnten nicht festgestellt werden. Das Fahrzeug setzte nach jedem Schuß einige Zentimeter zurück. Die ganze Geschützaufhängung machte einen sehr einfachen und gedrungenen Eindruck. Das Reichsministerium für Rüstung und Kriegsproduktion legte Wert darauf, mit derartigen Panzer-Sonderentwicklungen die Fa. Alkett zu beauftragen, da es glaubte, hier die Durchführung der Konstruktion durch Ausschaltung des Formalismus vom Heereswaffenamt beschleunigen zu können. Verschiedentlich wurde das Heereswaffenamt von derartigen Vorhaben überhaupt nicht unterrichtet, eine erhebliche Verstimmung war die Folge.

Bis zum 15. Mai 1944 wurde die vereinfachte Zieleinrichtung 37/44 eingebaut. Durch einen Massenbeschuß von 1000 Schuß sollte vor allem die Zieleinrichtung und das Selbstfahrlafetten-Zielfernrohr 1a erprobt werden. Die Auswertung der Versuche ergab folgende weitere Absichten:

- Weitere Funktionsbeschüsse und Treffbilder mit dem ungeänderten Sfl. ZF 1a, jedoch mit federnder Aufhängung. Außerdem Verstärkung der Federn am Zieleinrichtungsgestänge.
- Beschleunigungsmessungen, die vor allem als Un-

terlage für konstruktive Maßnahmen am Sfl ZF 1a dienen sollten.

- Beschuß des Geschützes, eingelagert im Panzerjäger 38 »Hetzer«. Beginn am 11. Mai 1944.
- Für Weiterentwicklung Anordnung eines Gasdrucköffners.

Im Zuge der Erprobung fanden am 21. und 22. Juni 1944 auf dem Versuchsplatz des Heereswaffenamtes in Hillersleben (nördl. Magdeburg) weitere Beschüsse, am 11. Juli 1944 fand die Beendigung des Massenbeschusses statt.

Bis zum 1. August 1944 hatte die Firma Alkett zwei Versuchsgeschütze ohne Rücklauf gebaut, die im Jagdpanzer 38 (Hetzer) und Jagdpanzer IV (Fahrgestell Panzerkampfwagen IV) mit je 1000 Schuß belegt wurden. An diesen zwei Fahrzeugen stellten sich im Laufe des Massenbeschusses eine Anzahl von Mängeln heraus, die laufend behoben wurden. Das Fahrzeug auf Panzer IV-Basis hatte die letzten 600 Schuß ohne Störung durchgestanden. Beim Jagdpanzer 38 zeigten sich im Verhältnis mehr Störungen, da nach Ansicht von Alkett bei der Fertigung des Musterstückes in der Werkstatt nicht die nötige Sorgfalt aufgewendet worden war.

Unter Berücksichtigung dieses Punktes hielt es Alkett nicht für ratsam, die Konstruktion beider Versuchsgeräte in größeren Stückzahlen zu fertigen. Alkett hatte alle bisherigen Erfahrungen in einer Neukonstruktion zusammengefaßt und beabsichtigte, diese Neukonstruktion als erstes Versuchsstück auf Panzerjäger 38 bis Ende August 1944 zur Erprobung zu bringen.

Firma Alkett schlug vor, die neue Konstruktion als Grundlage für eine größere Versuchsserie zu verwenden.

Da jedoch eine Weisung des Reichsministeriums für Rüstung und Kriegsproduktion vorlag, kurzfristig mit dem Jagdpanzer 38 und Jagdpanzer IV mit je 100 Einheiten in Produktion zu gehen, mußte trotz aller Anstrengungen damit gerechnet werden, daß Änderungen und Umstellungen nach der Erprobung des ersten Gerätes zu erwarten waren. Mit Hinsicht auf den Befehl wurde empfohlen, mit der Materialbestellung und Fertigung sofort zu beginnen unter der Voraussetzung, daß bei Nichteignung einige der Komponenten verschrottet werden mußten. Ein verbesserter Prototyp des Jagdpanzers 38 mit rücklaufloser Kanone wurde bei Alkett bis zum 31. August 1944 fertiggestellt und in der ersten Septemberwoche 1944 mit 1000 Schuß belegt. Die ursprünglich vorgesehene Serie von 100 Fahrzeugen sollte auf 10 bis 20 O-Serien-Fahrzeuge beschränkt werden, um das Risiko eines zu großen Materialausschusses zu vermeiden. Ferner sollte der rücklauffreie Einbau der 7,5-cm-Pak L/48 auf den Panzerjäger 38 beschränkt bleiben. Die Versuche zogen sich bis 1945 hin. Die endgültige Ausführung der Waffenaufhängung und der Sicht- und Richtmittel wurden von Alkett Anfang April 1945 an die Böhmisch-Mährische Maschinenfabrik AG nach Prag überstellt, wo auch die endgültige Entscheidung durch das Reichsministerium für Rüstung und Kriegsproduktion über den Bau dieser Fahrzeuge am 20. April 1945 erfolgen sollte. Neben der 7,5-cm-Waffe sollte auch die 10,5-cm-Sturmhaubitze 42 L/28 in rücklauffreier Aufhängung im Hetzer untergebracht werden. Es war vorgesehen, einen Höhenstabilisator für die Waffe einzuführen, sowie ein achsparalleles MG – wie auch beim Jagdpanzer 38 D vorgesehen – einzubauen.

Im Herbst 1944 wurde bei der Panzerjägerschule Milowitz auf dem dort vorhandenen Truppenübungsplatz auf Weisung OKH/AHA/AgK In 6 (Inspekteur der Panzertruppen) ein Truppenversuch mit Jagdpanzer 38 »Hetzer« durchgeführt, bei dem eine rücklauflose 7,5-cm-Kanone durch Fa. Rheinmetall fest in der Kugelblende aufgehängt war. Kritisch waren im Truppenversuch Verletzungen der Richtschützen durch den Rückprall der Optik, der Richtmaschinen und nicht gepolsterter und nicht gesicherter Winkelspiegelblöcke. Der Jagdpanzer 38 stand beim Schießen abgebremst bzw. mit eingelegtem Gang in der Feuerstellung. Die Treffergebnisse waren bei den Schießversuchen zufriedenstellend. Der Raumgewinn im Kampfraum durch Wegfall von Rohrbremse und Vorholer war beachtlich und für die Forderung der Truppe nach »mehr Munition« günstig. Bei Einbau der rücklauffreien Kanone konnten im Kampfraum 38 Schuß zusätzlich mitgeführt werden. Die Gewichtseinsparung betrug beim Jagdpanzer 38 mit rücklauffreier 7,5-cm-Kanone 750–1000 kg.

Das Ende des Zweiten Weltkrieges beendete jedoch den Truppenversuch und weitere Versuche in dieser Richtung.

Am 20. 4. 45 sollte vor Hitler* in Berlin vorgeführt werden:

- Jagdpanzer 38 (Hetzer) mit starrer rücklauffreier 7,5-cm-Kanone L/48 und Tatra-8-Zylinder-Dieselmotor
- Der erste Prototyp des Jagdpanzers 38 D mit starrer rücklauffreier 7,5-cm-Kanone L/70 und Tatra-12-Zylinder-Dieselmotor, Typ TD 103 P

Diese Vorführung war vom Heereswaffenamt Wa Prüf 6 vorbereitet, wurde jedoch kurz vor dem festgelegten Termin durch das Reichsministerium für Rüstung und Kriegsproduktion abgesagt.

## 2.13 JAGDPANZER 38 (EINSATZ IN ANDEREN LÄNDERN)

### 2.13.1 Jagdpanzer 38 (Ungarn)

Aus der Oktober-, November- 1944 sowie der Januar-Fertigung 1945 wurden je 25 Panzerjäger 38 an das ungarische Heer geliefert.

### 2.13.2 Jagdpanzer 38 (Tschechoslowakei)

**Nach Beendigung des Zweiten Weltkrieges wurden Jagdpanzer 38 auch bei den tschechoslowakischen Streitkräften eingesetzt.**

* Nach vorhandenen Unterlagen hatte Hitler am 31. März 1945 fernmündlich voraus die sofortige Sprengung des Jagdpanzers 38 mit rücklaufloser Kanone befohlen.

Nach dem Zweiten Weltkrieg führten die Škoda-Werke ab 1945 in Königgrätz die Produktion des Jagdpanzers 38 fort und deckten vorwiegend den Bedarf der tschechoslowakischen Streitkräfte.

### 2.13.3 Panzerjäger G 13 (Schweiz)

Aufgrund der guten Erfahrungen mit dem Panzerwagen 39 und auch wegen der günstigen Preisstruktur bestellte die Schweiz in den Jahren 1946/47 bei der Fa. Škoda 158 Panzerjäger 38 und führte sie unter der Bezeichnung Panzerjäger G 13* im Heer ein. In den Jahren 1952/53 wurden 94 der Fahrzeuge auf den Saurer CH 2 DRZ V-8-Dieselmotor umgerüstet, der bei 11,64 l Hubraum eine Leistung von 150 PS bei 2000 1/min aufwies. Die Höchstgeschwindigkeit betrug 42 km/h. Die 7,5-cm-Pak 40 wurde im schweizerischen Fahrzeug mit Mündungsbremse verwendet. An Munition standen eine Panzergranate mit Bodenzünder und eine Stahlgranate gegen nichtgepanzerte Ziele zur Verfügung. Auf dem Aufbaudach wurde ein Fliegerabwehr-MG 38, Kaliber 7,5 mm, mit einer Schußfolge von 1200 Schuß/min mitgeführt. Es konnte entweder von einer Deckstütze oder einer Flakstütze aus eingesetzt werden. Die Deckstütze ermöglichte das Schießen aus der Kommandantenluke auf Bodenziele, die Flakstütze wurde für das Schießen auf Luftziele verwendet.
Im Jahre 1970 wurden die Panzerjäger G 13 bei der schweizerischen Panzertruppe ausgesondert. Sie sind noch heute in fahrbereitem Zustand in vielen Panzermuseen zu finden.

## 2.14 Jagdpanzer 38 D

Der Jagdpanzer 38 »Hetzer« hatte sich im Einsatz bewährt und war bei der Truppe beliebt. Fertigungsmäßig brachte er mit geringem Aufwand und bewährten Bauteilen eine dringend gebrauchte und wirkungsvolle Panzerabwehrwaffe. Nach Auslauf der Panzerkampfwagen IV- und Sturmgeschütz-Produktion im Reich sollten nach Planung noch im Jahr 1945 alle freiwerdenden Fertigungskapazitäten auf den Nachfolger des

* G 13 = Gewichtsklasse 13 t

Panzerjäger G 13 (Schweiz).

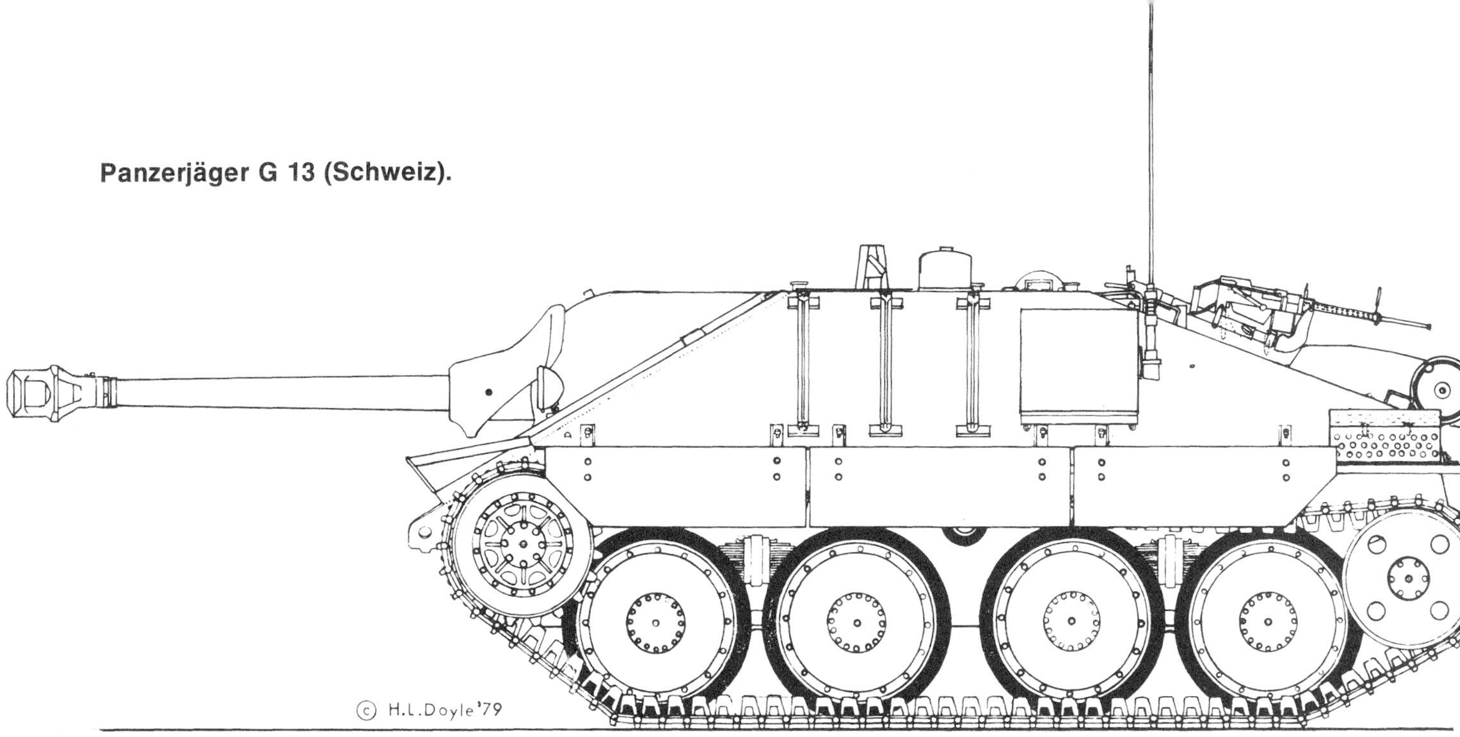


Links: Die Schweiz bestellte in den Jahren 1946/47 bei Škoda 158 Panzerjäger 38. Sie führen in der Schweiz die Bezeichnung Panzerjäger G 13.

Rechts: Nach Ausmusterung durch das schweizerische Heer wurde ein Großteil der Fahrzeuge an verschiedene Panzermuseen abgegeben.

Jagdpanzers 38, den Jagdpanzer 38 D, umgestellt werden. Es stand jedoch fest, daß Seitenvorgelege und Wechselgetriebe mit innenverzahnten Stirnradzahnrädern in den geforderten hohen Stückzahlen nicht zusätzlich gefertigt werden konnten, da die hierfür erforderlichen Zahnradstoßmaschinen nicht in ausreichender Zahl zur Verfügung standen.
In der Kraftstoff-Versorgung hatte sich gegen Kriegsende eine deutliche Verschiebung zugunsten von Diesel-Kraftstoff ergeben, was die Versorgung der ausschließlich mit Otto-Kraftstoff betriebenen deutschen höhere Stückzahl weiter zu steigern. Die Leistung dieses Motors mit 160 PS bei 2800 1/min war für den Jagdpanzer 38 zu schwach. Außerdem hatte die Kühlanlage den Nachteil, daß sie etwa das Doppelte an Leistung verbrauchte, als dieses bei einer gut gestalteten Kühlanlage erforderlich war.
Unter diesen gegebenen Bedingungen wurde eine Umkonstruktion auf der bewährten Basis des Jagdpanzers 38 mit Schwerpunkt auf wirtschaftliche Fertigung in großen Stückzahlen eingeleitet. Die Konstruktionsarbeiten wurden vom Heereswaffenamt WaPrüf 6 nach

**Jagdpanzer 38 D**
**mit 10,5-cm-PAW 1000.**

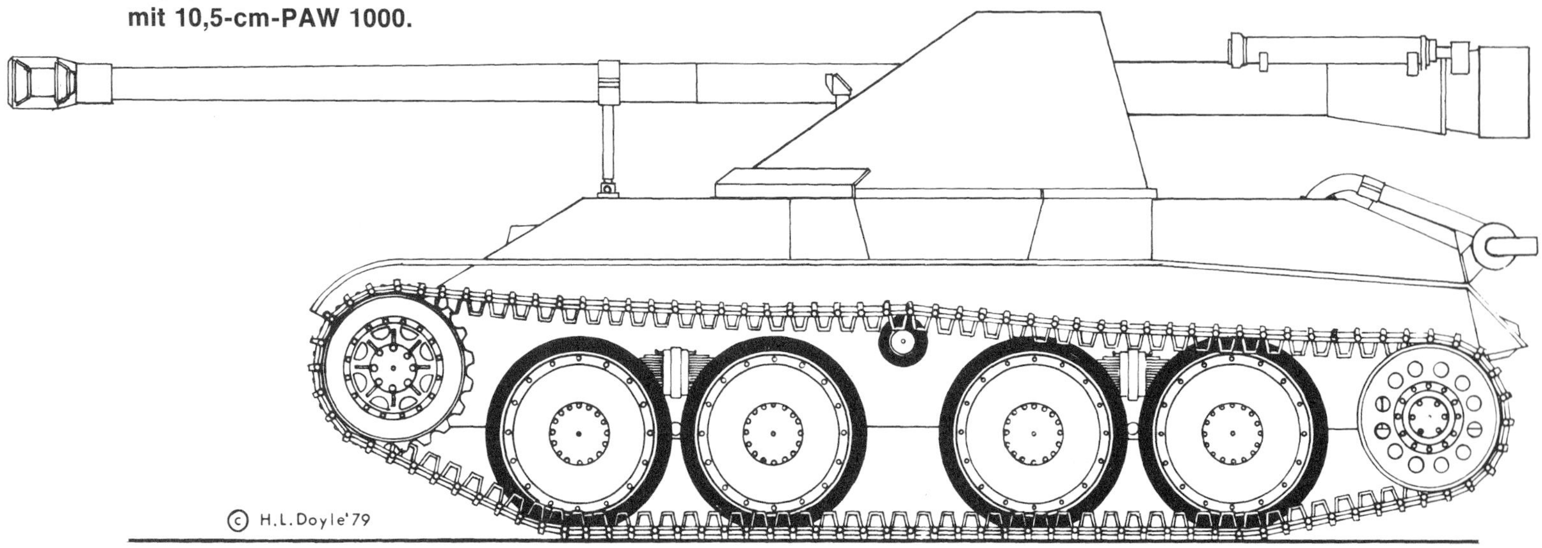


Panzerfahrzeuge erheblich beeinflußte. Da von Tatra bereits ein in Serie gebauter luftgekühlter Dieselmotor mit ausreichender Leistung im LKW zur Verfügung stand, der außerdem schon in gepanzerte Radfahrzeuge eingebaut wurde, lag es nahe, diesen Motor auch für den Jagdpanzer zu verwenden. Mit einer Leistung von 207 PS schien er für ein gepanzertes Vollkettenfahrzeug der Gewichtsklasse von etwa 16 t gut geeignet zu sein. Es hätte keinen Sinn gehabt, die Fertigungskapazitäten für den bereits mehrfach in seiner Leistung angehobenen Ottomotor des Jagdpanzers 38 für eine einer Abstimmung mit dem Reichsministerium für Rüstung und Kriegsproduktion der Firma Altmärkische Kettenwerk GmbH (Alkett) in Berlin-Borsigwalde übertragen, die zu diesem Zeitpunkt das Sturmgeschütz auf dem Fahrgestell des Panzerkampfwagens III in größeren Stückzahlen fertigte. Auch Alkett sollte nach Auslauf dieser Fertigung den Panzerjäger 38 D in Großserie bauen. Bei einer Sitzung der Entwicklungskommission Panzer am 23. Januar 1945 in Berlin berichtete Dipl.-Ing. Michaels von Alkett ausführlich über die Entwicklungsplanung des Jagdpanzers 38 D. Die Vergrößerung

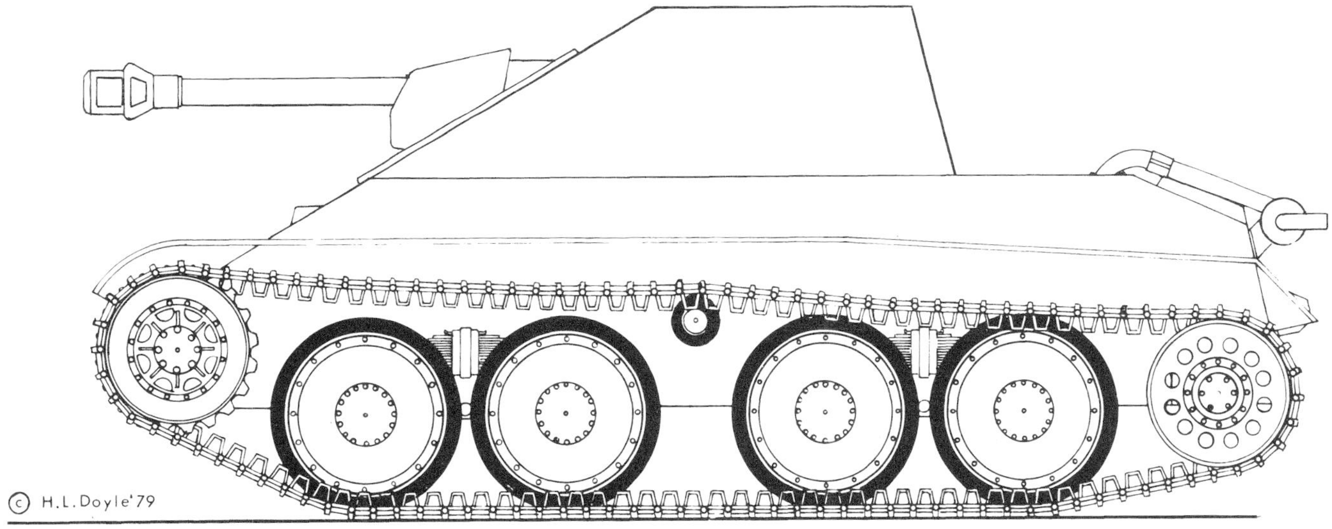


**Jagdpanzer 38 D mit 8-cm-PAW 600.**

**Jagdpanzer 38 D mit 7,5-cm-KwK L/70.**

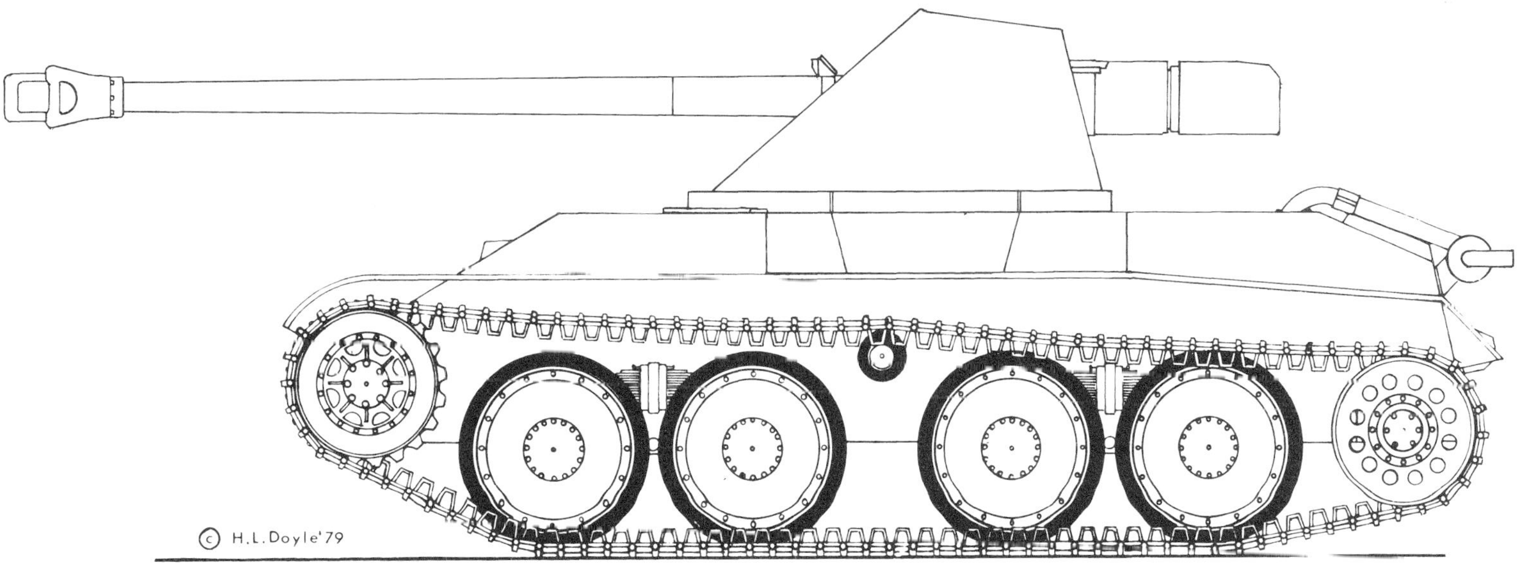

des Drehmoments von 42 mgk beim Praga-Motor EPA auf 78 mgk durch die Verwendung des Tatra-Dieselmotors ließ eine große Beweglichkeit des Fahrzeuges erwarten. Der einfache Weg, den Jagdpanzer 38 mit dem neuen Motor auszustatten, war unmöglich. Die Konstruktion der BMM des Jagdpanzers 38 ließ eine rationelle Serienfertigung durch die überaus große Verwendung von Handpassungsarbeit nicht zu. Leider waren durch die Umkonstruktion nur die Gleiskette und die Laufrolle vom alten Fahrzeug zur Wiederverwendung gekommen. Die Unterbringung des luftgekühlten Dieselmotors brachte eine Reihe neuer Anpassungsfragen. Das bisherige Gewicht war von 14,5 auf 16,7 t Gefechtsgewicht gestiegen, wobei 62 Schuß Munition (1000 kg) eingerechnet waren. Das Wechselgetriebe hatte durch Verdoppelung des Drehmoments gegenüber dem Wilson-Getriebe nur 15% Mehrgewichtsaufwand gefordert. Der Kraftstoffverbrauch mit 76 l pro 100 km in leichtem Gelände ergab bei 390 l Kraftstoffinhalt eine Aktionsstrecke von 510 km. Mit dem Panzerkampfwagen Tiger wurden nur etwa 100 km bis zum Neutanken gefahren. Michaels versicherte, daß die Konstruktion die beste Serienfertigung zulasse. Die mit diesem Fahrzeug möglichen Abarten waren:

- Jagdpanzer 7,5-cm-Kanone L/48
- Aufklärungspanzer
- Jagdpanzer 7,5-cm-Kanone L/70
- Aufklärungspanzer mit 2-cm-Geschütz und Schutzschild
- Aufklärungspanzer mit Aufbau 7,5-cm-Geschütz
- Granatwerfer 12 cm
- Flakpanzer-Kugelblitz

und zwei weitere Fahrzeuge, über die zu diesem Zeitpunkt noch keine weiteren Einzelheiten bekannt waren. Für den Jagdpanzer 38 D war von Alkett noch ein neues Laufwerk mit Kegelstumpffedern für ein Gefechtsgewicht von 20 t entwickelt worden.

Für die Fertigung im Reich wurde also der Panzerjäger 38 vollständig umkonstruiert. Die bisherigen schrägen Seitenwände der Panzerwanne wurden durch eine Wanne mit geraden Wänden ersetzt, was die Anbringung der Laufwerkteile wesentlich vereinfachte. So wurden die Lagerplatten und die Gehäuse der Seitenvorgelege sowie die Wellen und Lager der Seitenvorgelege geändert. Ebenso mußten die Anschlußflansche und die Lagerung für die vier Träger von je zwei Laufrollen-Schwingarmen und die Aufhängung für die Stützrollen sowie der Leiträder umkonstruiert werden. Beim neuen Laufwerk (Durchmesser der Laufrollen 800 mm) wurde die Schwingarmlagerung grundsätzlich auf Gleitlager umgestellt. Es wurden Versuche mit Arado-Lagern durchgeführt. Wälzlager standen auf Grund der durch Fliegerangriffe verursachten Schäden nicht ausreichend zur Verfügung. Die Radschüssel der Laufrollen wurden derart geändert, daß die bisher geneigten Anschlußflächen zu den Radnaben und den Triebrädern, wie im Kraftfahrzeugbau allgemein üblich, eben gelegt wurden. Die Bearbeitung der Radschüsseln und der Anschlußflansche der Radkränze sowie der Radnaben wurde wesentlich vereinfacht. Die Spurweite wurde von 2123 auf 2183 mm vergrößert. Die Federung des Laufwerks wurde verstärkt. Zusammen mit einem verstärktem Lenkgetriebe der Böhmisch-Mährischen-Maschinenfabrik AG war für die Serie ein AK 5-80 Allklauen-Wechselgetriebe (5-Gang, synchronisiert) der Firma ZF vorgesehen. Davon waren am 1. März 1945 mit Auftragsnummer SS 0006-6632/44 des Heereswaffenamtes WaPrüf 6 zehn Stück in Arbeit. Das 5-Gang-Wechselgetriebe, welches als Einheits-Getriebe auch für Panzerkampfwagen bzw. Sturmgeschütz III und IV verwendet werden sollte, wog 240 kg, also das gleiche Gewicht wie das bisherige Praga-Wilson Getriebe des Jagdpanzers 38, welches in verstärkter Ausführung auch eingeplant war. Die großen Vorteile einer Kraftübertragung ohne Zugkraftunterbrechung, wie beim Praga-Wilson-Wechselgetriebe, gingen mit dem Einbau des ZF AK 5-80 Allklauen-Getriebe verloren. Das von Alkett konzipierte, außen verzahnte Seitenvorgelege hatte 5,58 Untersetzung, der Kegeltrieb 1,066 und das von Tatra beigestellte Zwischengetriebe 0,89 Untersetzung. Damit erreichte der Panzerjäger 38 D eine Höchstgeschwindigkeit von 40 km/h, während für den Aufklärungspanzer auf 38 D-Basis eine Zwischengetriebe-Untersetzung von 1,16 verwendet wurde, die eine Höchstgeschwindigkeit von 52 km/h zuließ. Das Triebrad hatte einen Durchmesser von 670 mm.

Der bereits im Tatra-Lastkraftwagen Typ 111 und im 8-Rad-Panzerspähwagen (Sd.Kfz. 234) eingebaute luftgekühlte 12-Zylinder Dieselmotor Typ 103 mit 220 PS Leistung wurde als Ausführung TD 103 P mit 207 PS bei

2250 1/min für den Einbau im Jagdpanzer 38 D vorgesehen. Auf dem Prüfstand ergaben sich bei den im Motorraum des Jagdpanzers 38 D gegebenen Einbau – Luftführungs- und Temperaturverhältnissen bei hohem Drehmoment und mittlerer Drehzahl – Kühlungsprobleme. Bei allen Fahrversuchen mit Prototypen des Jagdpanzers 38 D, die bei der kurzen zur Verfügung stehenden Zeit nur über einen beschränkten Zeitraum ausgedehnt werden konnten, gab es keine ernsthaften Schwierigkeiten mit den luftgekühlten Tatra-Motoren. Am Einbau des 12-zylindrigen luftgekühlten Dieselmotors wurde trotz der negativen Prüfstandversuche festgehalten. Zur Untersuchung der Strömungsverhältnisse und einer vielleicht möglichen Verbesserung der Luftwege wurden Tatra-Motoren an die Windturbinenwerke Meißen übergeben. Die Untersuchungen konnten durch das Ende des Zweiten Weltkriegs nur zum Teil durchgeführt werden.* Vorversuche mit luftgekühlten Dieselmotoren im Jagdpanzer 38 fanden 1944 bei der Kraftfahrversuchsstelle des Heereswaffenamtes in Kummersdorf statt, und zwar kamen 8- sowie 12-Zylinder Tatra-Dieselmotoren zusammen mit dem ZF-AK 5-80 Wechselgetriebe zum Einbau. Größere Probleme ergaben sich nicht.

Das Konstruktionsbüro der Firma Alkett wurde wegen der dauernden Luftbedrohung Ende 1944 in die Kaserne der Panzertruppenschule in Wünsdorf bei Berlin verlegt. Mit Beginn der Konstruktionsarbeiten wurde mit den meisten der in den panzerbauenden Firmen tätigen Fertigungsingenieuren eng zusammen gearbeitet. In Abständen von etwa drei Wochen wurden alle fertiggestellten und in Arbeit befindlichen Zeichnungen mit den Fertigungsingenieuren und den Beauftragten des Heereswaffenamtes WaPrüf 6 bis in die Einzelheiten durchgearbeitet. Dabei ergaben sich eine Anzahl wertvoller Anregungen für eine wirtschaftliche Fertigung, aber auch eine sichere Funktion einzelner Bauteile. Dieses damals erstmalig angewandte Verfahren hatte sich gut bewährt und alle Erwartungen erfüllt.

Ende März 1945 waren bei Alkett in Berlin-Borsigwalde die ersten beiden Prototypen soweit fertiggestellt, daß nach Eintreffen der Wechselgetriebe und der Zwischengetriebe die Fahrzeuge innerhalb von acht Tagen fahrbereit gemacht werden konnten. Sie sollten am 20. April Hitler in Berlin vorgeführt werden. Zu dieser Vorführung ist es aufgrund der Kriegsereignisse nicht mehr gekommen.

Der auch als Ausführung »Reich« bezeichnete Jagdpanzer 38 D sollte Mitte 1945 die Ausführung »Protektorat« ablösen. Das Fahrgestell des Jagdpanzers 38 D sollte als Universalfahrzeug weitgehend alle Aufgaben der 26 t-Klasse (Einheitsfahrgestell PzKpfw III/IV) übernehmen.

### 2.14.1 Panzerjäger-Fahrzeuge 38 D

Als Hauptbewaffnung für den Jagdpanzer 38 D war die 7,5-cm-Pak L/70 vorgesehen, eine Abart der Kanone des Panzerkampfwagens Panther, die mit einem Seitenrichtbereich von 12° bzw. 15° eingebaut werden sollte. Die Rohrerhöhung betrug –8° bis + 15°. Die Blechdicke betrug am Bug 60 mm, der Panzeraufbau hatte vorne und seitlich 20 mm, hinten 10 mm dicke Bleche. Die Feuerhöhe betrug 2 m. An Bordmunition sollten mitgeführt werden 20 Sprenggranaten und 20 Panzergranaten, die zusammen 500 kg wogen. Die Besatzung bestand aus vier Mann. Die Außenmaße betrugen 6850x2600x2400 mm. Das Gefechtsgewicht lag bei 18 t.

Neben dem rücklauflosen Einbau der Hauptbewaffnung ergaben sich zahlreiche Vorschläge über den Einbau von rückstoßfreien Panzerabwehrwaffen im Jagdpanzer 38 D.

Ein Entwurf zeigt den Einbau der PAW-Waffe 600 (Panzerabwehr-Wurfkanone) in einem festen Panzeraufbau mit Panzerblechen der Dicken 20 mm vorne und seitlich, hinten 15 mm und oben 10 mm. Das Seitenrichtfeld betrug je 15°. Die Rohrerhöhung ging von –8° bis + 15°, die Feuerhöhe betrug 1800 mm. Während Rohr und Wiege der 7,5-cm-Pak L/70 1600 kg wogen, kam es bei dieser neuen Hoch-Niederdruck-Waffe zu einem vergleichbaren Gewicht von 400 kg.

Mit der 10,5-cm-PAW (auch PWK) 1000 ausgerüstet, hatte der Jagdpanzer 38 D eine Bugblechdicke von 30 mm. Rohr mit Wiege wogen etwa 1400 kg. Der Seitenrichtbereich betrug 12 bis 15°, der Höhenrichtbereich –8° bis + 15°. Die Feuerhöhe lag bei 1950 mm. Das Geschoßgewicht lag bei einer $v_0$ von 850 m/s bei 11,7 kg.

* als Ausweichaggregat wurde ein flüssigkeitsgekühlter Motor in Erwägung gezogen

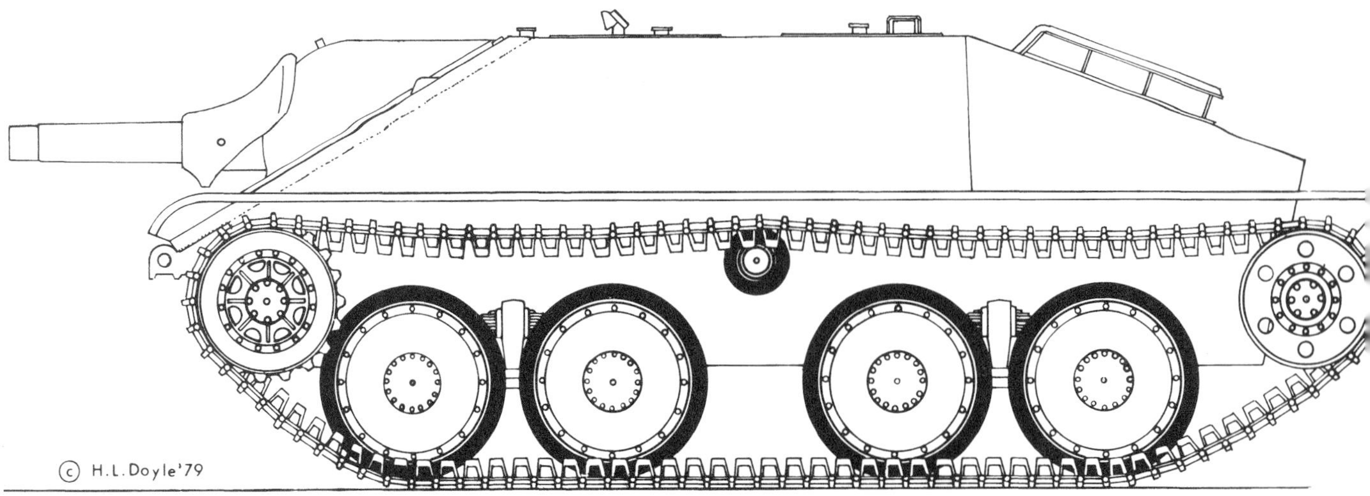


**Jagdpanzer 38 D mit 10,5-cm-StuH 42/2.**

**Jagdpanzer 38 D mit 7,5-cm-KwK L/70 (Motor Mitte).**

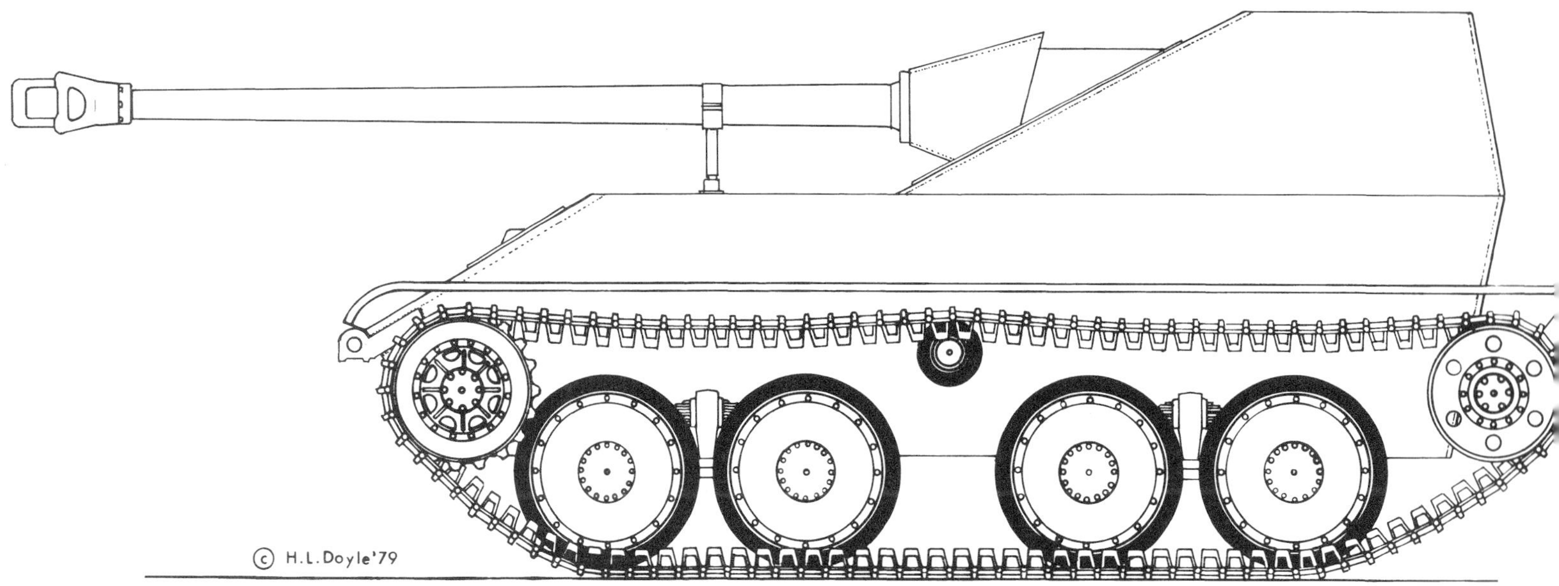

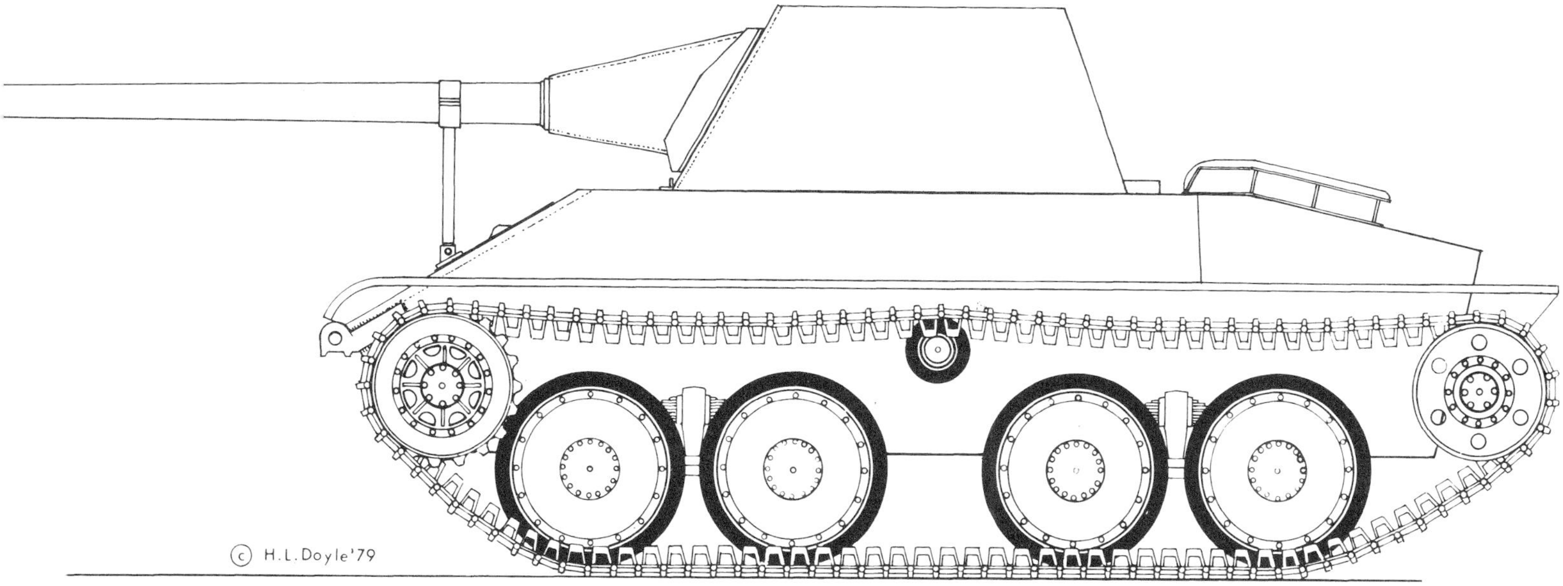


**Jagdpanzer 38 D mit 10,5-cm-PAW 1000 (Motor hinten).**

**Jagdpanzer 38 D mit 10,5-cm-PAW 1000 (Motor Mitte).**

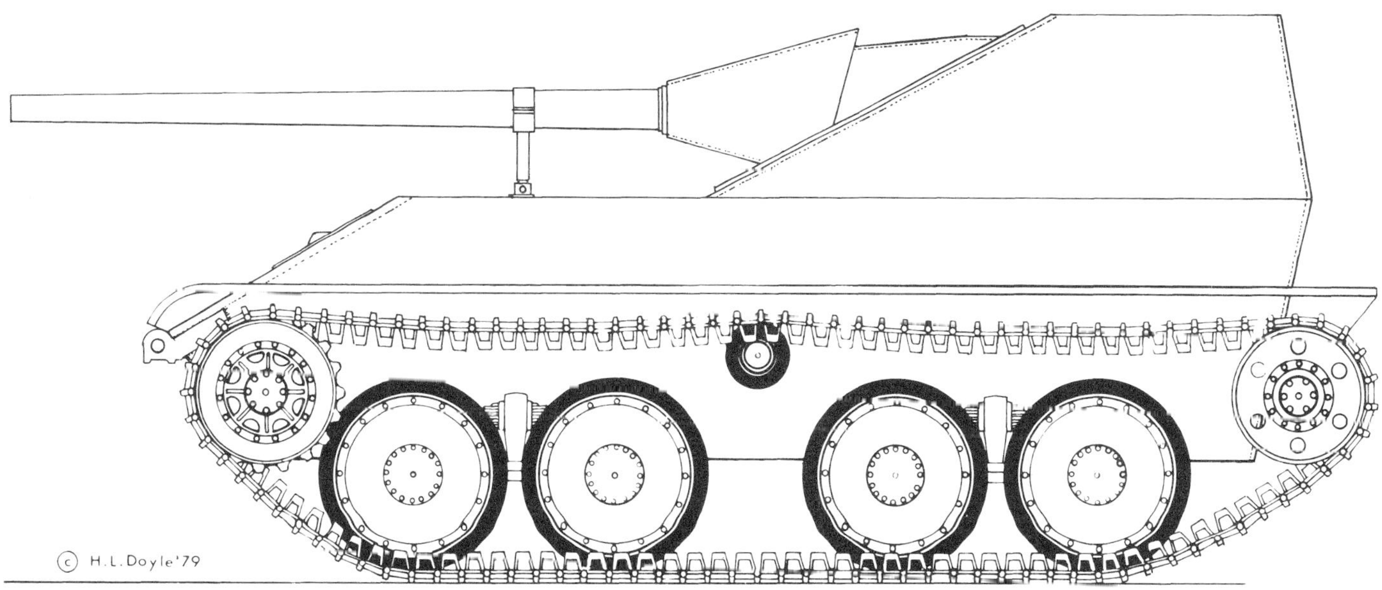

An Bord wurden 16 Schuß Munition mitgeführt. Die Außenmaße betrugen etwa 5950x2800x2400 mm.

**Aufklärungspanzer 38 D mit 7,5-cm-KwK L/48.**

### 2.14.2 Aufklärungspanzer 38 D

Die schon für den Jagdpanzer 38 geplanten vier Versionen des Aufklärungspanzers wurden für den Jagdpanzer 38 D beibehalten. Durch ein geändertes Zwischengetriebe erreichten die Aufklärungsfahrzeuge Geschwindigkeiten von 52 km/h. Die Zwischengetriebe waren in der Konstruktion austauschbar ausgelegt, da der Flakpanzer 38 D auf der Basis des Aufklärungspanzers 38 D gebaut werden sollte. Der Vollkettenaufklärungspanzer 38 D hatte ein Gefechtsgewicht von etwa 14 t, einen oben offenen Aufbau und konnte entweder mit der 2-cm-Flak 38, der 7,5-cm-K 51, der 2-cm-KwK 38 Zwilling oder dem 12-cm-GraW 42 ausgestattet werden. Ein Aufklärungspanzer 38 mit Tatra-Dieselmotor und 7,5-cm-K 51 L/24 befand sich seit Mitte 1944 bei der Heeresversuchsstelle für Panzer und Motorisierung in Kummersdorf in Erprobung.

**Aufklärungspanzer 38 D mit 12-cm-GraW 42.**

### 2.14.3 Panzersturmhaubitze 38 D

Als Ersatz für die Panzersturmhaubitze auf Panzerkampfwagen III-Fahrgestell waren die beiden Sturmhaubitzwagen 638/13 und 638/14 mit der 10,5-cm-Sturmhaubitze 42/3 bzw. 42/2 vorgesehen. Sie wurden jedoch nicht mehr gefertigt.

### 2.14.4 Flakpanzer 38 D

**Jagdpanzer 38 D mit 7,5-cm-Pak 42/1 L/70.**

Im November 1944 wurde Hitler anhand von Photos über die Weiterentwicklung der Flakpanzer berichtet, unter besonderem Hinweis auf die angestrebte Übergangslösung der Verwendung des Kugelblitz-Turmes auf dem Fahrgestell des Panzerkampfwagens IV. Als Endlösung war der Kugelblitz-Turm mit zwei schnellschießenden 3-cm-Kanonen (MK 103) auf dem Fahrgestell des Jagdpanzers 38 D vorgesehen. WaPrüf 6 hielt diese Lösung für aussichtsreich und befahl schnellsten Anlauf sowohl der Übergangs- als auch der Endlösung.

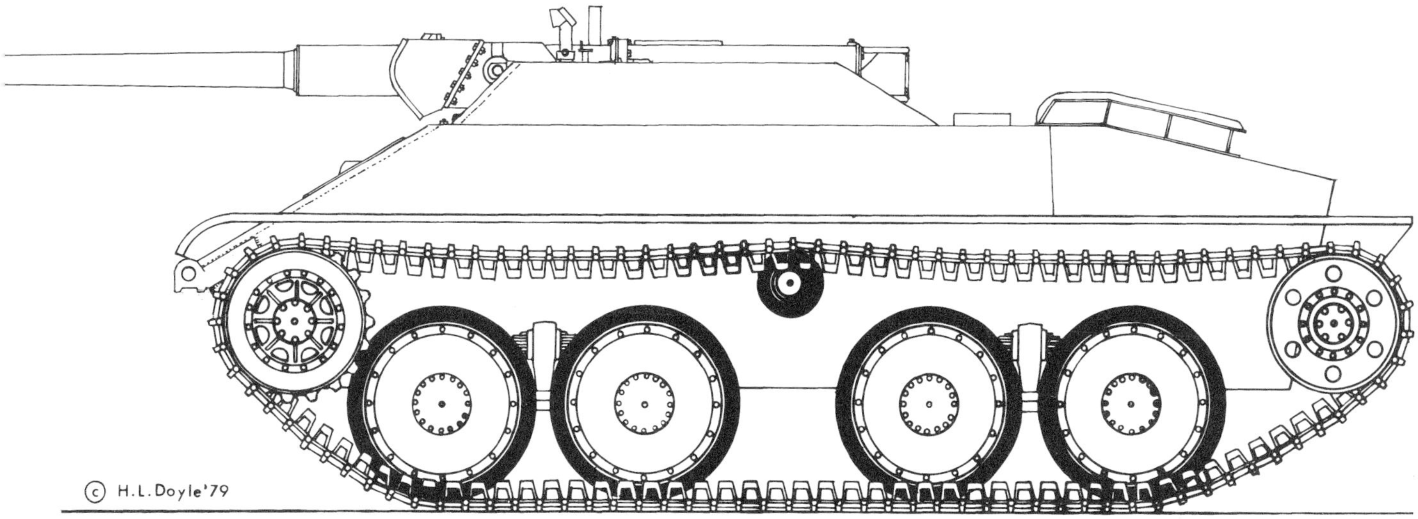
© H.L.Doyle'79

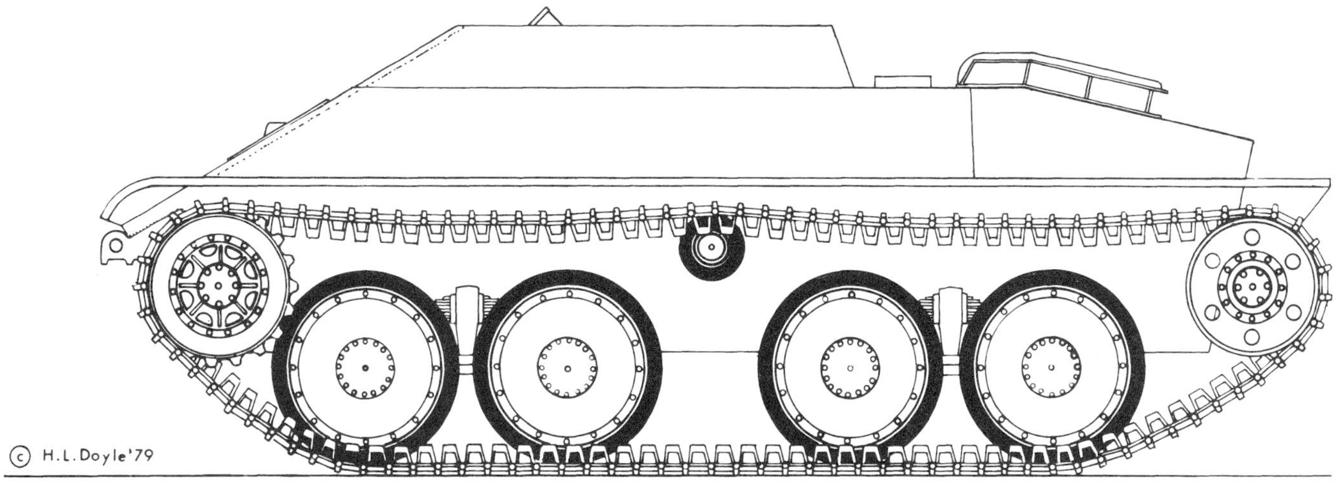
© H.L.Doyle'79

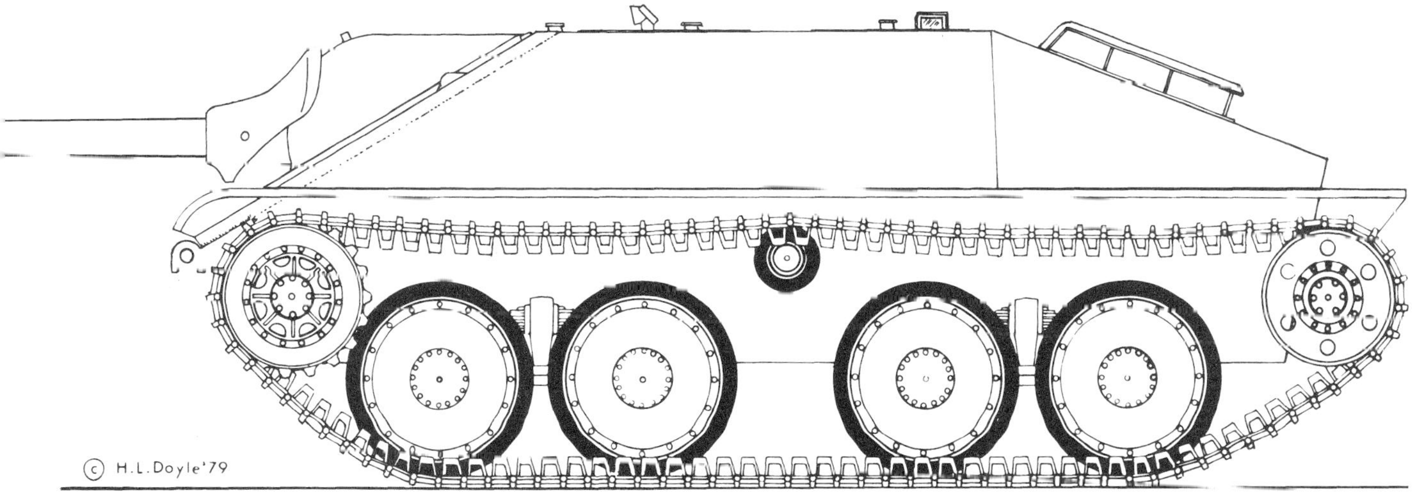
© H.L.Doyle'79

Flakpanzer 38 D »Kugelblitz«.

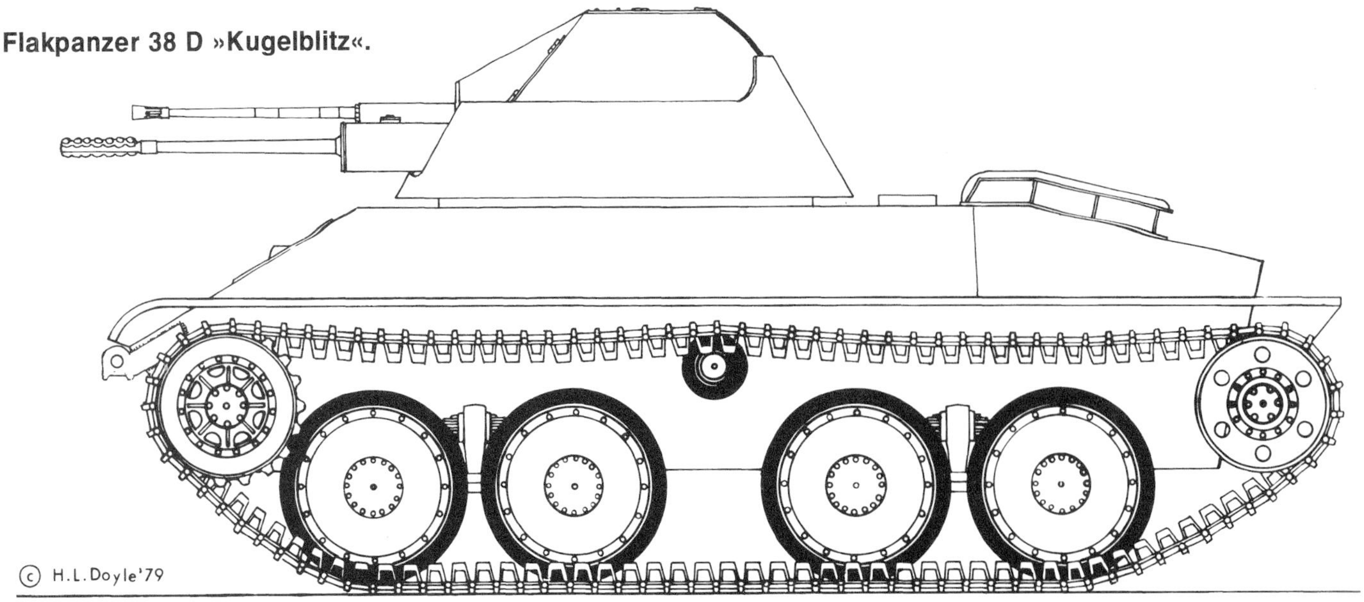


Bei Firma Alkett wurde ein Holzmodell dieses Flakpanzers (Gerät 638/15) hergestellt. Als Bewaffnung waren neben den beiden 30-mm-MK 103/38 zwei zusätzliche 2-cm-Flak 38-Rohre vorgesehen. Alle Waffen waren in einem kugelförmigen Drehturm untergebracht, der auf einem Drehkranz des Panzerkampfwagens IV aufgesetzt werden sollte. Höhen- und Seitenrichtung wurden hydraulisch betätigt und vom Richtschützen bedient. Der zweite Mann im Drehturm war gleichzeitig Kommandant und Ladeschütze. Die Flakpanzer wiesen theoretisch eine hohe Feuerkraft auf, die räumliche Beschränkung hätte jedoch der Bewegungsfreiheit der Besatzung sowie der Munitionsversorgung einschneidende Grenzen gesetzt.

### 2.14.5 Bergepanzer 38 D

Beim Bergepanzer 38 D war eine 5 t-Seilwinde vorgesehen. Das ZF-Wechselgetriebe AK 5-80 war mit einem

Bergepanzer 38 D.

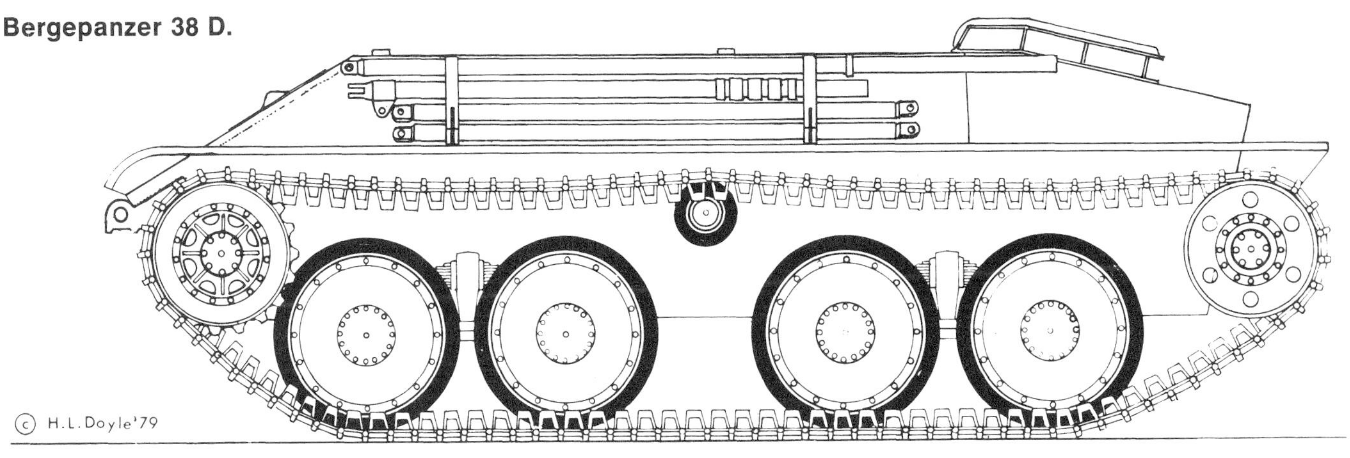

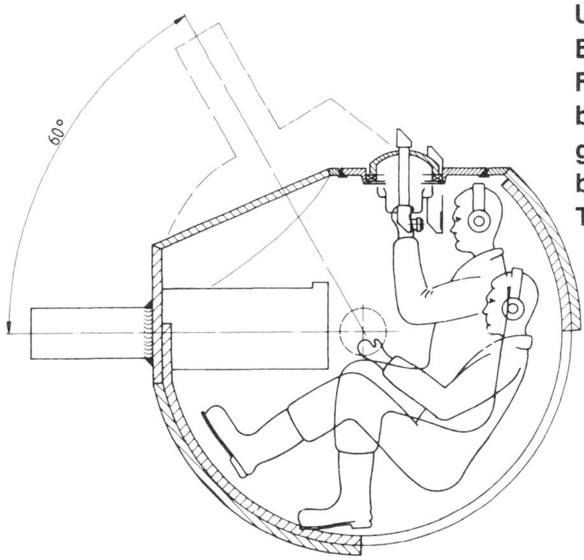


Unterbringung der Besatzung im »Kugelblitz«-Flakturm. Die Turmbesatzung machte die gesamten Höhenrichtbewegungen des Turmes mit.

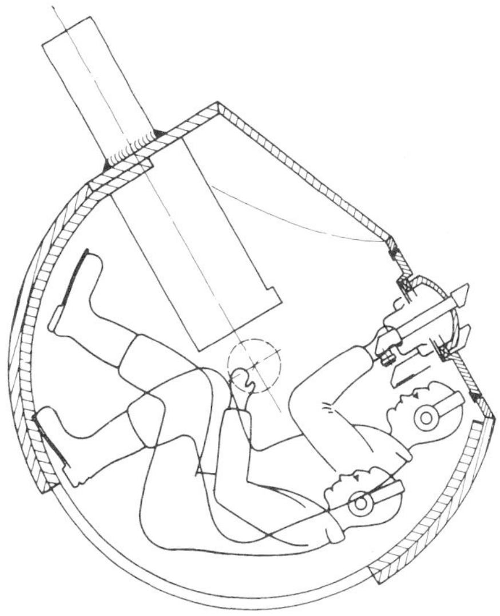

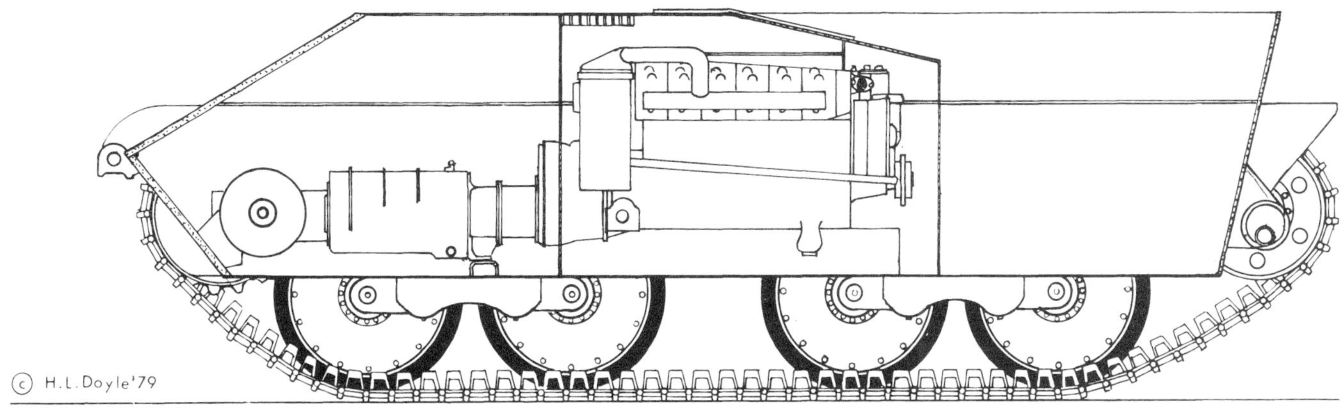


**Jagdpanzer 38 D (W 1806) Motor Mitte.**

**Jagdpanzer 38 D (W 1807) Motor hinten.**

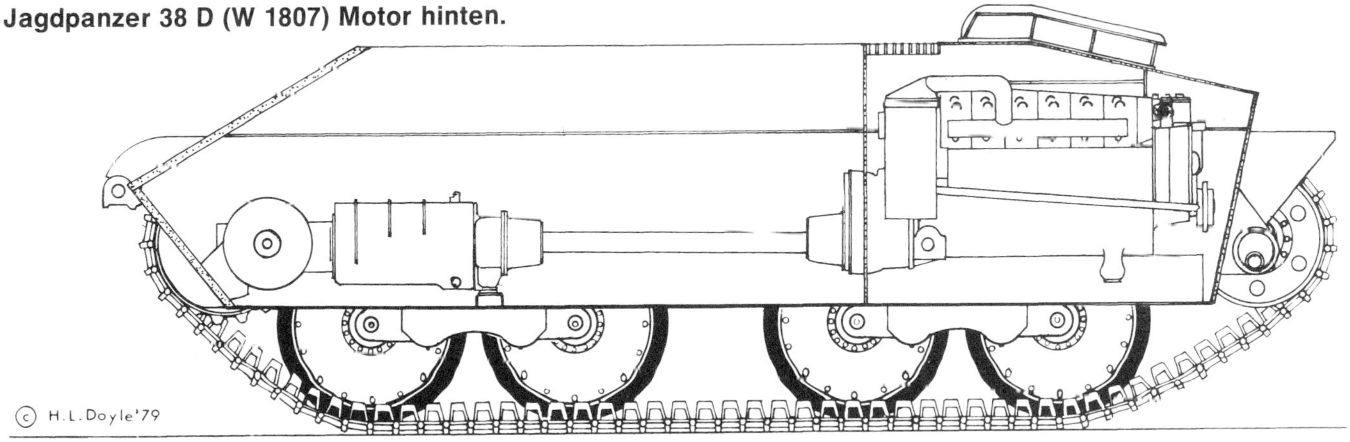

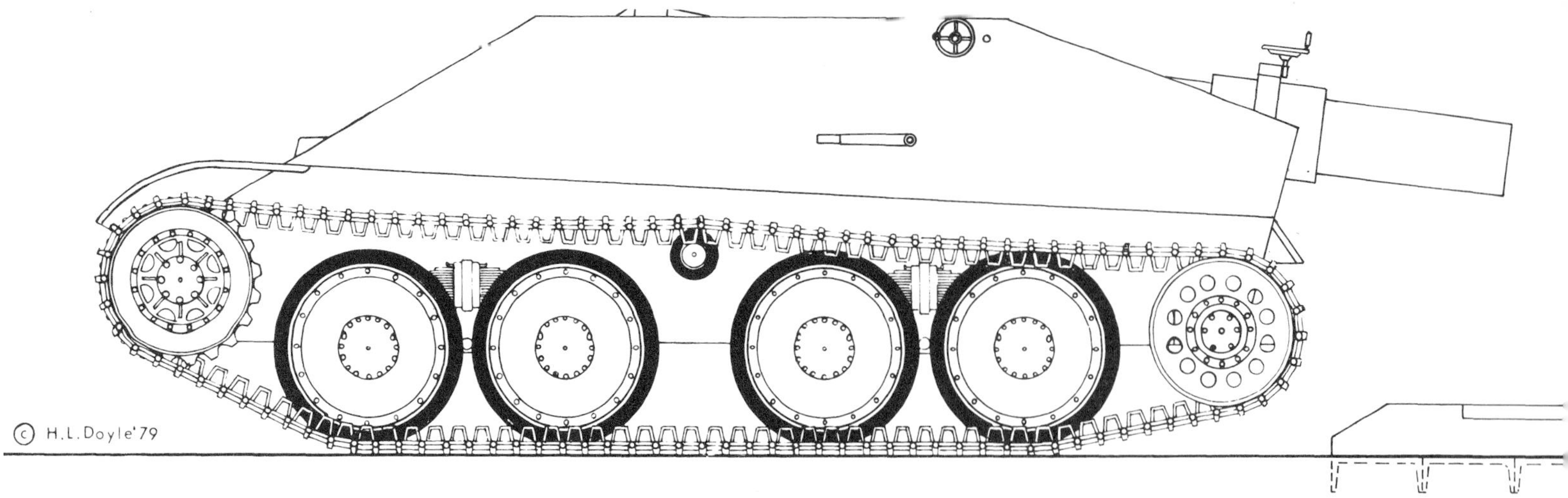
© H.L.Doyle'79

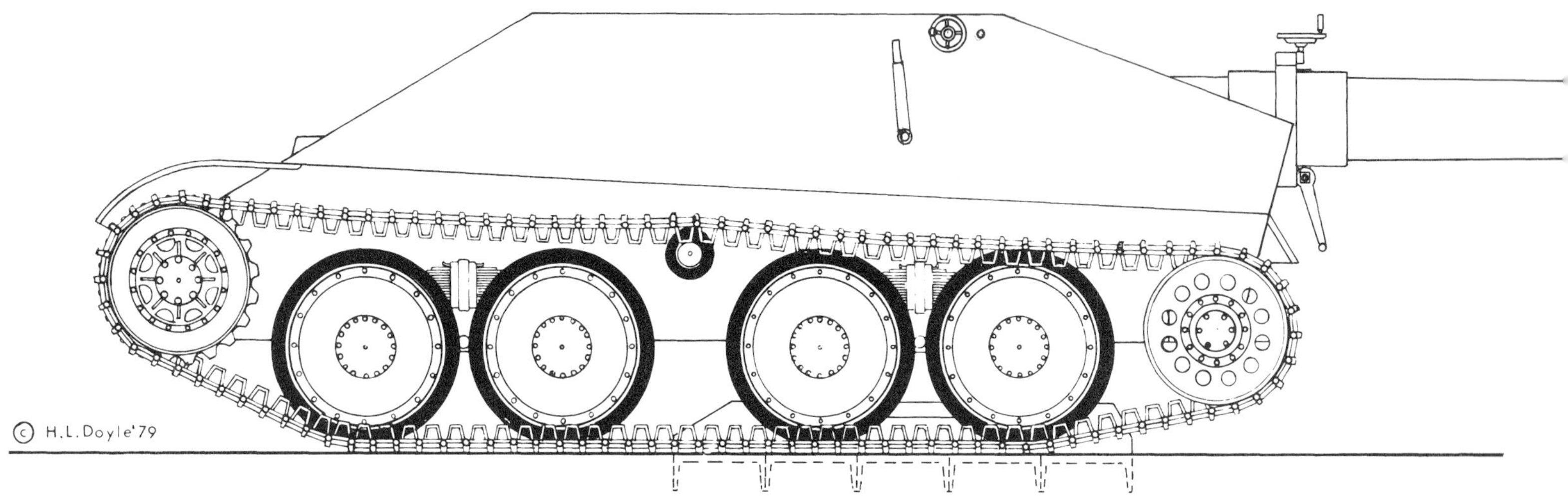
© H.L.Doyle'79

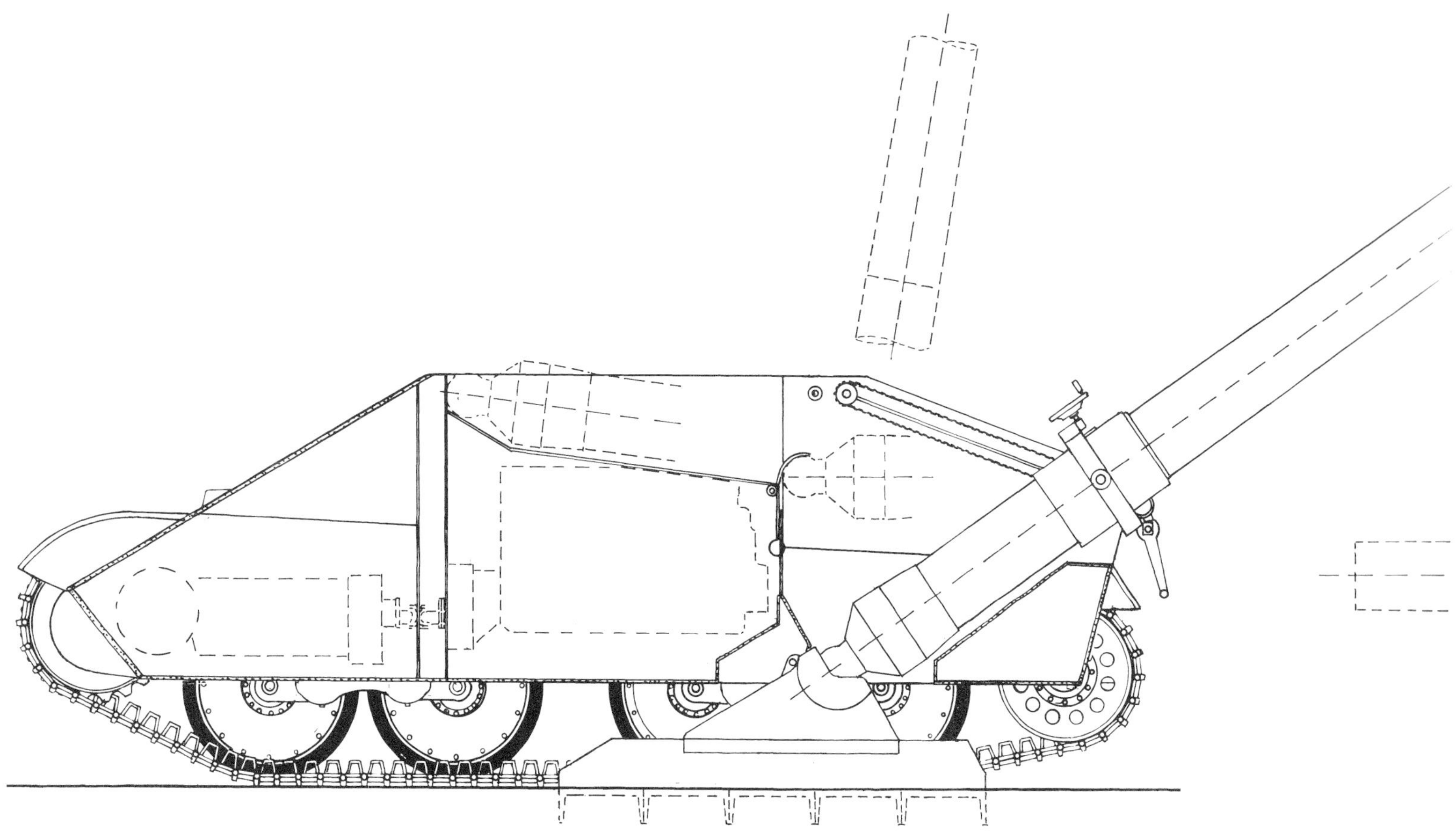

◀ **28-cm-Sturmmörser 38 D Marschstellung.**

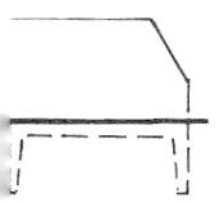

◀ **Ladestellung.**

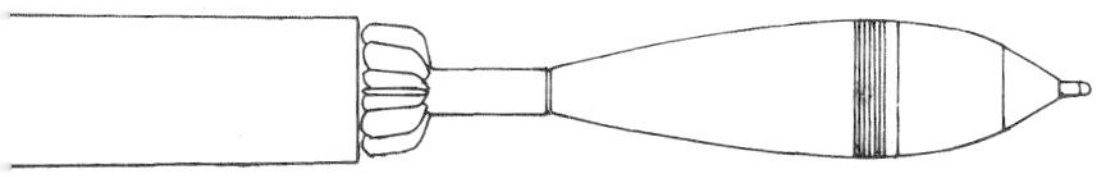

◀ **Feuerstellung.**

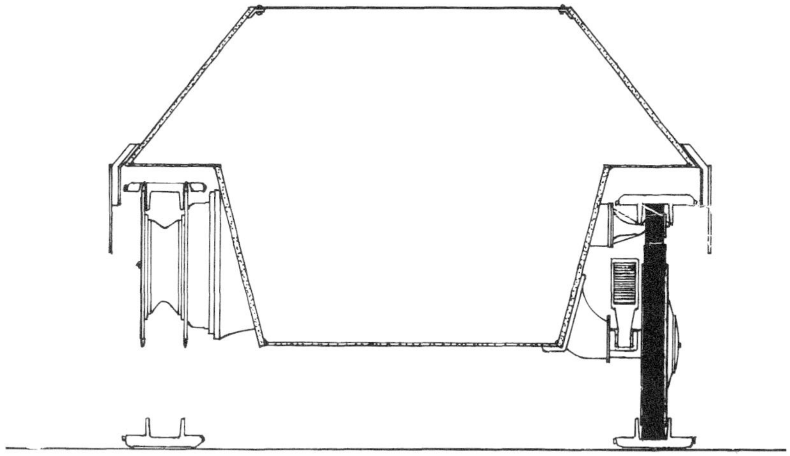

**Jagdpanzer 38 »Hetzer«.**

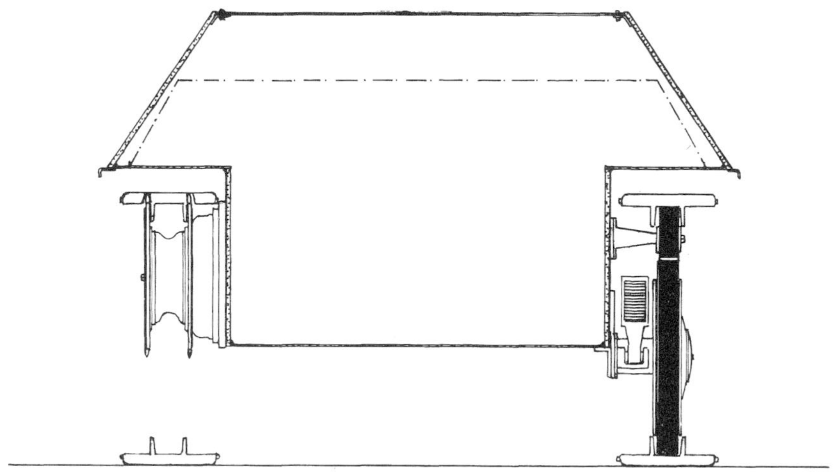

**Jagdpanzer 38 D – Wannenausbildung und Aufhängung der Laufrollen.**

Spillantrieb versehen. Die Ausrüstung, einschließlich des 2 t-Behelfskrans, wurde weitgehend vom Bergepanzer 38 übernommen. Der Besatzung von zwei Mann stand ein MG 42 zur Eigenverteidigung zur Verfügung.

### 2.14.6 Schützenpanzerwagen 38 D

Aus der Überlegung, die Panzergrenadier-Einheiten beweglicher zu machen, wurde Ende 1944 vorgeschlagen, Fahrgestellelemente des Jagdpanzers 38 D für einen Vollketten-Schützenpanzerwagen zu verwenden. Um neben der Besatzung von vier Mann noch eine Panzergrenadier-Gruppe unterzubringen, ergab sich die Notwendigkeit einer Verlängerung des Fahrgestells um eine zusätzliche Laufrolle je Seite. Der Besatzung sollte eine 2-cm-KwK 38 im Drehturm zum Erd- und Flugzielbeschuß zur Verfügung stehen. Ein Holzmodell dieses Schützenpanzers 38 D war vorhanden.

### 2.14.7 Sonstige

Die 1944 erstellten Originalzeichnungen sahen ursprünglich zwei Ausführungen für die Produktion vor:
- Jagdpanzer 38 D (W 1807) – Motoreinbau im Heck
- Jagdpanzer 38 D (W 1806) – Motoreinbau in Fahrzeugmitte.

Das Fahrzeug mit vorverlegtem Motor wurde u. a. auch für einen 28-cm-Sturmmörser konzipiert. Dabei wurde der Vorderlader-Granatwerfer im hinteren Teil des Fahrzeuges aufgebaut. Im Fahrbetrieb lag das Rohr der Waffe horizontal zurückgezogen am Fahrzeug. Zur Feuerbereitschaft wurde das Fahrzeug mit der dritten und vierten Laufrolle über ein an Bord mitgeführtes Rost gestellt und die Konsole abgesetzt. Das Rohr wurde vorgezogen und von vorne geladen. Das Gewicht einer 28-cm-Wurfgranate betrug 228 kg. Es war eine Rohrerhöhung von +35° bis +80° möglich. Das Seitenrichtfeld betrug nach jeder Seite 40°. Da das Rohr der Waffe mit einer Rohrlänge von 4005 mm nur 1000 kg wog, ergab sich ein Gefechtsgewicht für das Fahrzeug von 11,5 t. Das Fahrzeug war vorne mit 30 mm Panzerblechen geschützt.

Alle durch die ab Herbst 1944 vorgesehene, aber nicht mehr durchgeführte Einstellung der Produktion des Panzerkampfwagens IV freigewordenen Produktionskapazitäten sollten für den Bau des Jagdpanzers 38 D eingesetzt werden. Diese Entwicklung beanspruchte in den Jahren 1944/45 sämtliche Sondervollmachten des Reichsministeriums für Rüstung und Kriegsproduktion. Als Produktionsziel war vorgesehen, monatlich 2000 dieser Fahrzeuge herzustellen.

## 3. Vollketten-Aufklärungspanzer »Kätzchen«

Nach seiner Ernennung zum Generalinspekteur der Panzertruppen wies Generaloberst Guderian vor Hitler und dem Chef des Generalstabes des Heeres am 9. März 1943 im Führerhauptquartier in Winniza (Ukraine) darauf hin, daß die Panzer-Aufklärungs-Abteilungen ein Stiefkind der Panzer-Divisionen geworden seien. Seiner Forderung nach Verbesserung der Erdaufklärung und Entwicklung eines Vollketten-Panzerspähwagens mit einer Geschwindigkeit von 60–70 km/h bei ausreichender Bewaffnung und Panzerung, soweit möglich auf der Grundlage vorhandener Bauelemente, wurde zugestimmt. Eine detaillierte militärische Forderung wurde anschließend vom OKH/AHA/AgK In 6 an das Heereswaffenamt Wa Prüf 6 gestellt.
Als Ersatz für den leichten Schützenpanzerwagen mit Turm des leichten Panzerspähwagens und 2-cm-KwK L/55 (Sd. Kfz. 250/9) wurde die Entwicklung eines leichten Vollketten-Aufklärungspanzerwagens für eine Besatzung von 6–8 Mann gefordert. Vom Heereswaffenamt Wa Prüf 6 F wurde die Fa. Auto-Union, Chemnitz, mit der Konstruktion beauftragt. Nach Fertigstellung eines Holzmodells im Maßstab 1:1 wurde vom Heereswaffenamt Wa Prüf 6 F die Fertigung von 2 Prototypen in Flußeisenausführung für die Erprobung freigegeben. Die Länge des Fahrgestells betrug 5124 mm, die Breite 2360 mm und die Bodenfreiheit 500 mm. Links hinten im Fahrzeug befand sich ein 6-Zylinder Maybach-Otto-Motor Typ HL 50 Z mit einer Leistung von 200 PS, einem Hubraum von 5,0 l und dem kleinen Motorraumvolumen von 1,28 m³.
Der Motor mußte speziell für dieses Fahrzeug umgebaut werden, da die Normalausführung durch die Anbauteile zu breit war.
Das Drehmoment wurde über eine Kardanwelle zum vorne im Fahrzeug untergebrachten 8-Gang-ZF-Allklauen-Wechselgetriebe Typ AK 8-45 und weiter über das Lenkgetriebe und die Seitenvorgelege zu den vorne befindlichen Triebrädern mit einem Durchmesser von 840 mm übertragen. Es war vorgesehen, ein Lenkgetriebe aus dem Jagdpanzer 38, versuchsweise auch ein hydrostatisches Überlagerungslenkgetriebe der Fa. Renk, Augsburg, einzubauen. Das Fahrzeug hatte ein Drehstabfederlaufwerk mit fünf Laufrollen von 880 mm Durchmesser, die Notlaufeigenschaften besaßen, in Schrittanordnung. Die Spurweite betrug 2230 mm. Gleisketten des Panzerkampfwagens IV mit einer Breite von 400 mm wurden verwendet. Bei einer eventuellen Serienfertigung wurde aus Standardisierungsgründen erwogen, das Laufwerk des Jagdpanzers 38 zu verwenden.

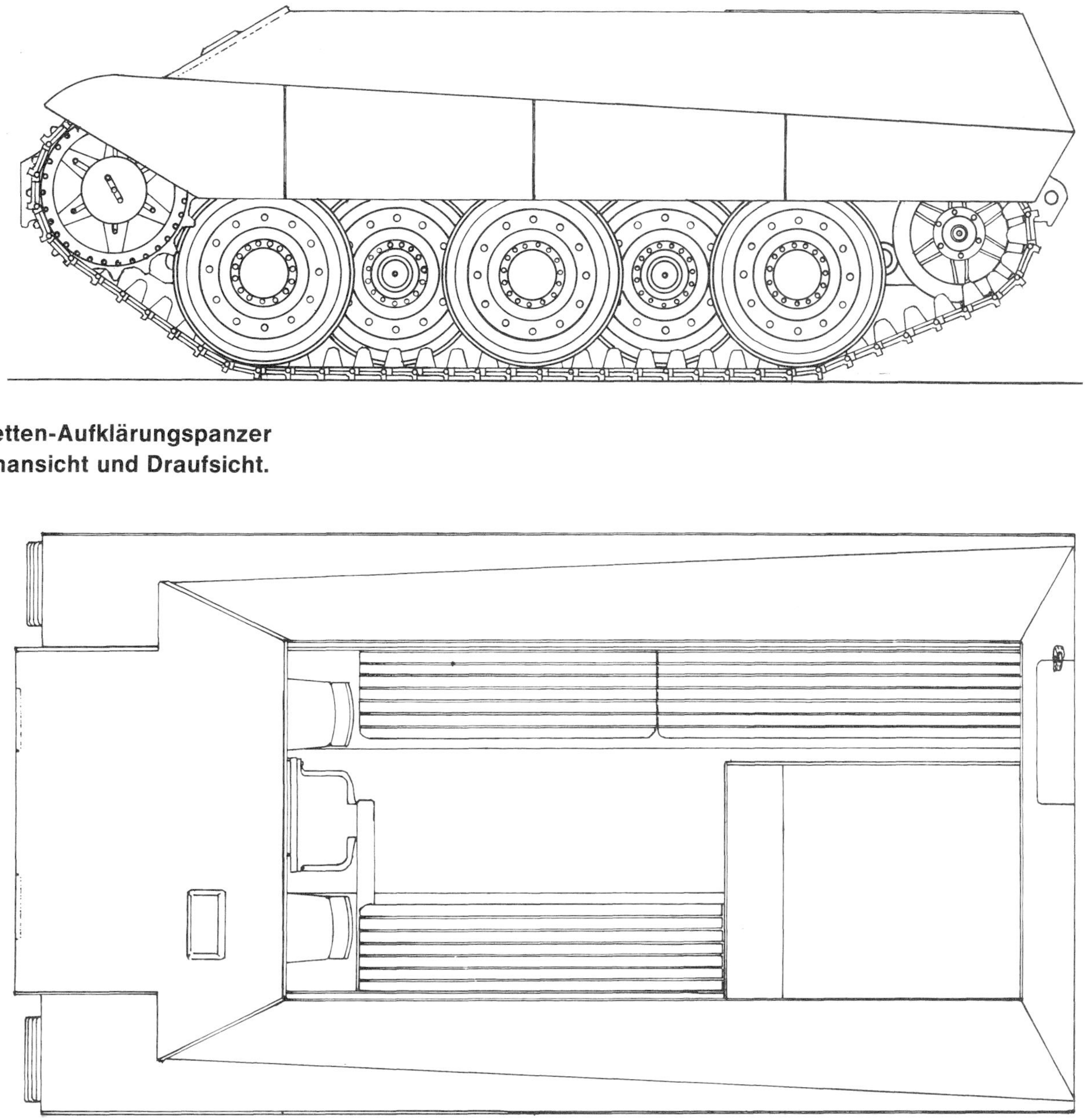

**Vollketten-Aufklärungspanzer Seitenansicht und Draufsicht.**

Der oben offene Panzeraufbau hatte vorne eine Fahrer-Sichtklappe und eine Kugelblende für ein durch einen Funker zu bedienendes MG 42, rückwärts eine Einstiegtür.

Auf zwei Längsbänken konnten 6–8 Mann Besatzung mitgeführt werden. Die Panzerung der Wanne betrug vorn 30 mm, auf den Seiten und hinten 14,5 mm. Das Bodenblech war 6,5 mm dick. Schürzen waren nicht

vorgesehen, da das Gesamtgewicht so niedrig wie möglich gehalten werden mußte.
Nach Fertigstellung des ersten Prototyps wurde bei Fa. Auto-Union in Chemnitz mit der Werkserprobung begonnen, die im Gelände positiv ausfiel. Die Konstruktion gefiel und war erfolgversprechend. Bei einer größeren Vorführung vom Heereswaffenamt Wa Prüf 6 F mit einer längeren Bergabfahrt zeigte sich jedoch, daß beim Kurvenfahren und Leerlauf des Motors die hydrostatische Überlagerungslenkung versagte. Die vorgesehene Füllpumpe war zu klein ausgelegt und mußte durch eine größere ersetzt werden.
Vom Heereswaffenamt Wa Prüf 6 F wurde bereits Ende Januar 1944 darauf hingewiesen, daß eine Einführung des Vollkettenaufklärungspanzers »Kätzchen« erst in Frage komme, wenn die materielle Lage ein Abzweigen von Bauteilen aus dem Programm des Jagdpanzers 38 erlaube.
Die Kriegsereignisse unterbanden Anfang 1945 die Fortführung der Erprobungen.

# 4. Gepanzerte Waffenträger

**Die Waffenträger-Entwicklung wäre nicht möglich gewesen ohne die aus der Jagdpanzer 38 und 38 D-Fertigung zur Verfügung stehenden Baugruppen wie Laufwerk und Antriebsaggregate.**
Im Zuge der seit langem angestrebten Loslösung der Artillerie-Selbstfahrlafetten- von der Panzer-Fertigung begann im Jahr 1942 die Entwicklung von gepanzerten Waffenträgern. Das Heereswaffenamt WaPrüf 4 schaltete dazu Firmen ein, die nicht direkt mit der Panzer-Fertigung zu tun hatten. Die aufgestellten Militärischen Forderungen verlangten u. a.:

- Vollkettenfahrgestell, unabhängig von der Panzerfertigung mit serienmäßigem Motor und eine Marschgeschwindigkeit von etwa 17 km/h.
- Vorrichtung zur Absetzbarkeit des Geschützes mit Mitteln der Truppe. Alle Vorrichtungen mußten am Fahrzeug mitgeführt werden können.
- Rundumfeuer mit 360° Traverse auf dem Fahrzeug und abgelastet.
- Geschütz sollte auf eigener Räderlafette beweglich sein.
- Splitterschutz für die Besatzung, 8 mm dicke Panzerbleche wurden als ausreichend erachtet.
- Einheitsfahrgestell für mehrere, wahlweise aufzusetzende Waffen.

Unter diesen Voraussetzungen wurden mehrere Studien ausgearbeitet. Das Heereswaffenamt WaPrüf 4 legte folgende Bezeichnungen für diese Fahrzeuge fest:

- Einheits-Waffenträger Größe I, ausgelegt für: 7,5-cm-Pak 40 L/46, 7,5-cm-Pak 44 L/70, 10,5-cm-leFH 18/40, 12-cm-sGraW, »Kugelblitz«-Drehturm und 3,7-cm-Flak. Auch sollte der Einbau von Flammenwerfern untersucht werden.
- Einheits-Waffenträger Größe II, ausgelegt für: 8,8-cm-Pak 43 L/71, 15-cm-sFH 43, 10-cm-Kanone 18 und 12,8-cm-K 43.

Die ersten Prototypen, vorgestellt von Krupp, Rheinmetall und Steyr-Daimler-Puch, fanden nur geteilten Beifall, da sie zu kompliziert und zu schwer waren. Die Industrie schlug daraufhin Vereinfachungsmaßnahmen vor. Das Heereswaffenamt WaPrüf 4 erklärte sich bereit, einige seiner Forderungen fallen zu lassen. Trotzdem konnte kurzfristig keine zufriedenstellende Lösung erzielt werden.

Am 4. Februar 1944, anläßlich einer Besprechung bei Steyr-Daimler-Puch, legte das Heereswaffenamt WaPrüf 4 nochmals die Forderungen für ein Waffenträger-Fahrzeug vor:

# Überblick Entwicklung Waffenträger (für 8,8-cm-Pak oder 10,5-cm-leFH)

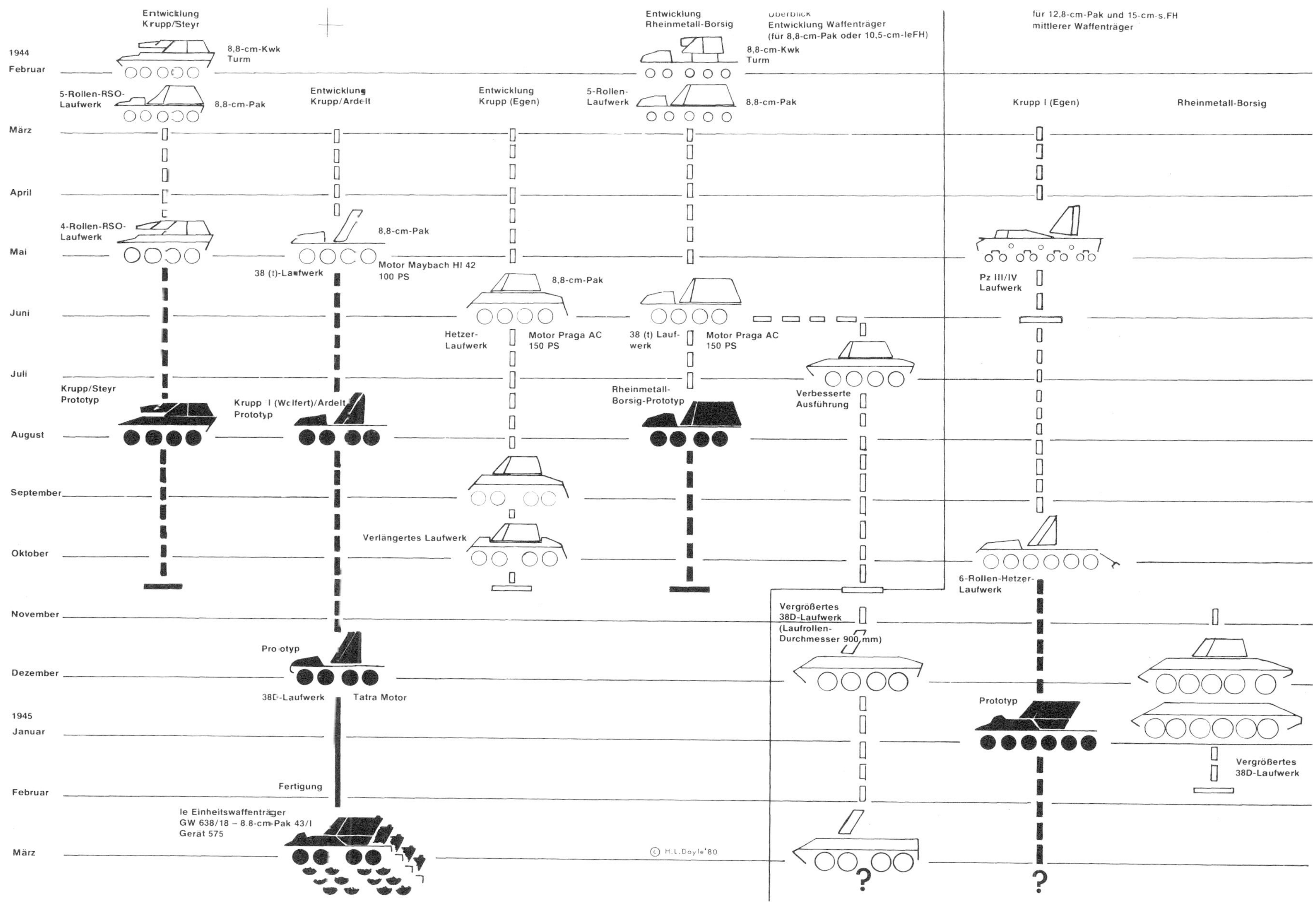

Das Holzmodell 1:1 des Waffenträgers Steyr-Daimler-Puch (19. Mai 1944).

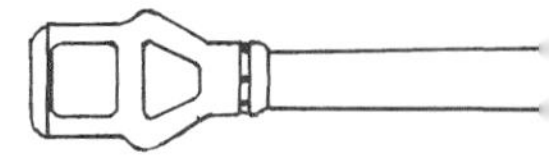

Steyr-Waffenträger
für 8,8-cm-Pak L/71.

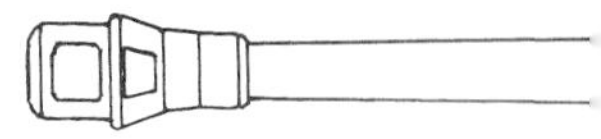

Rheinmetall-Waffenträg
für 8,8-cm-Pak L/71.

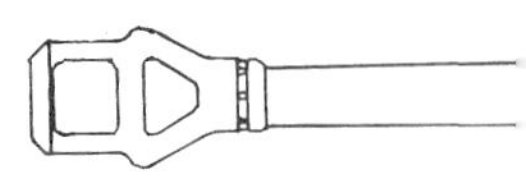

Steyr-Krupp-Waffenträ
für 8,8-cm-Pak L/71.

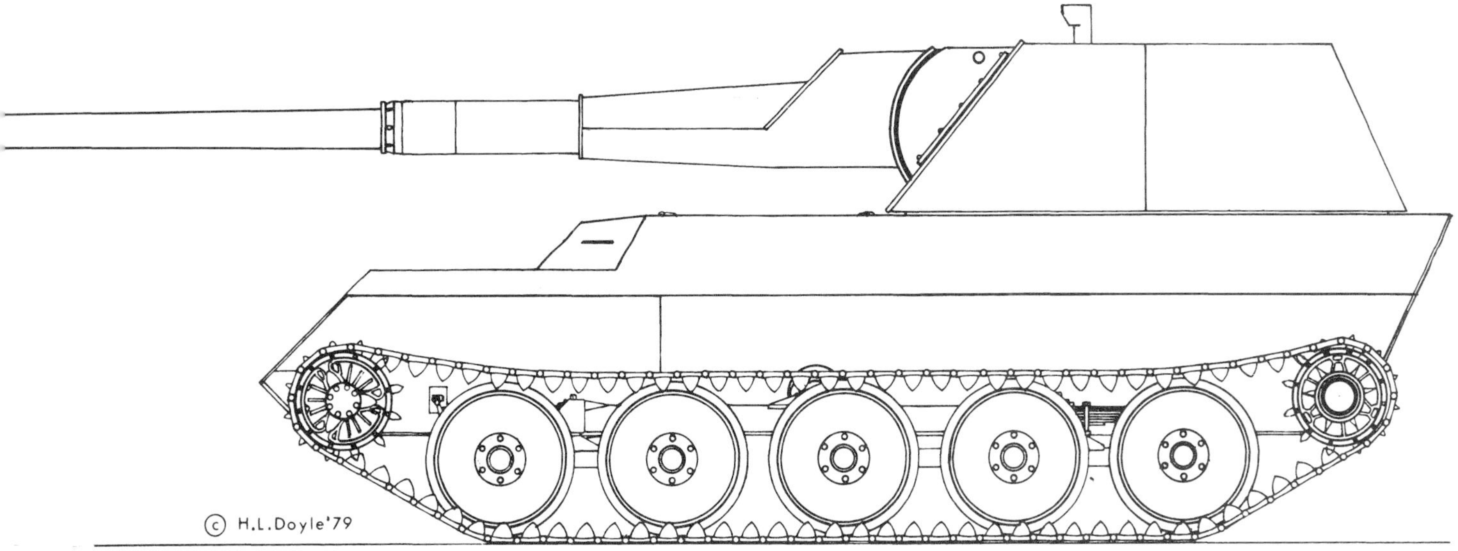

© H.L.Doyle'79

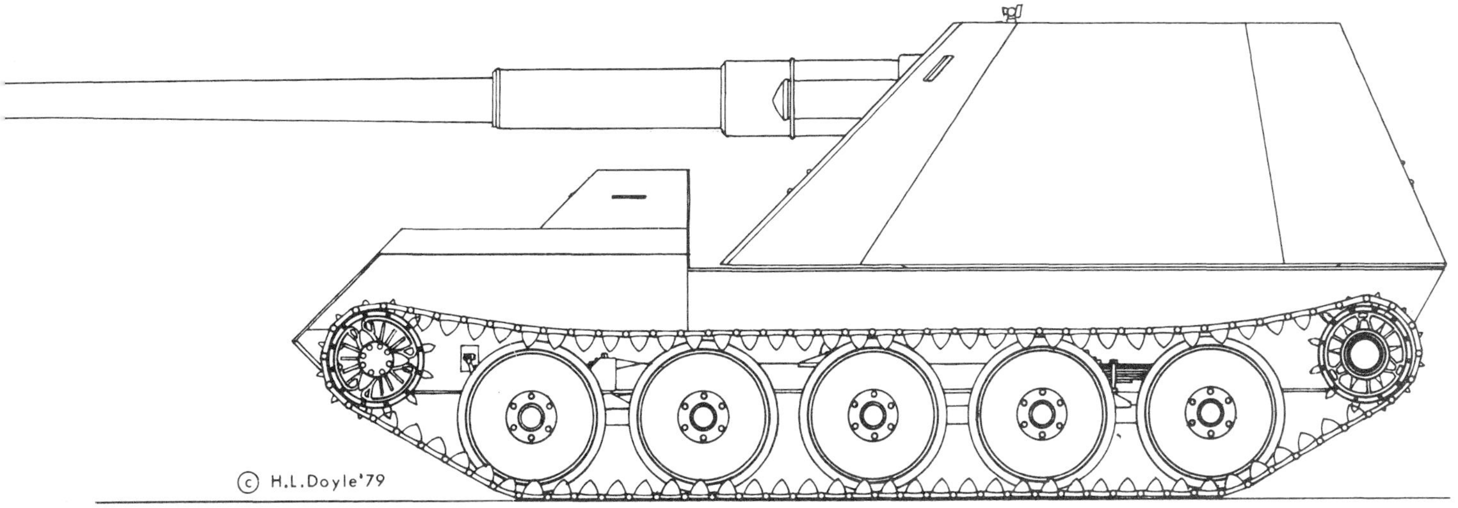

© H.L.Doyle'79

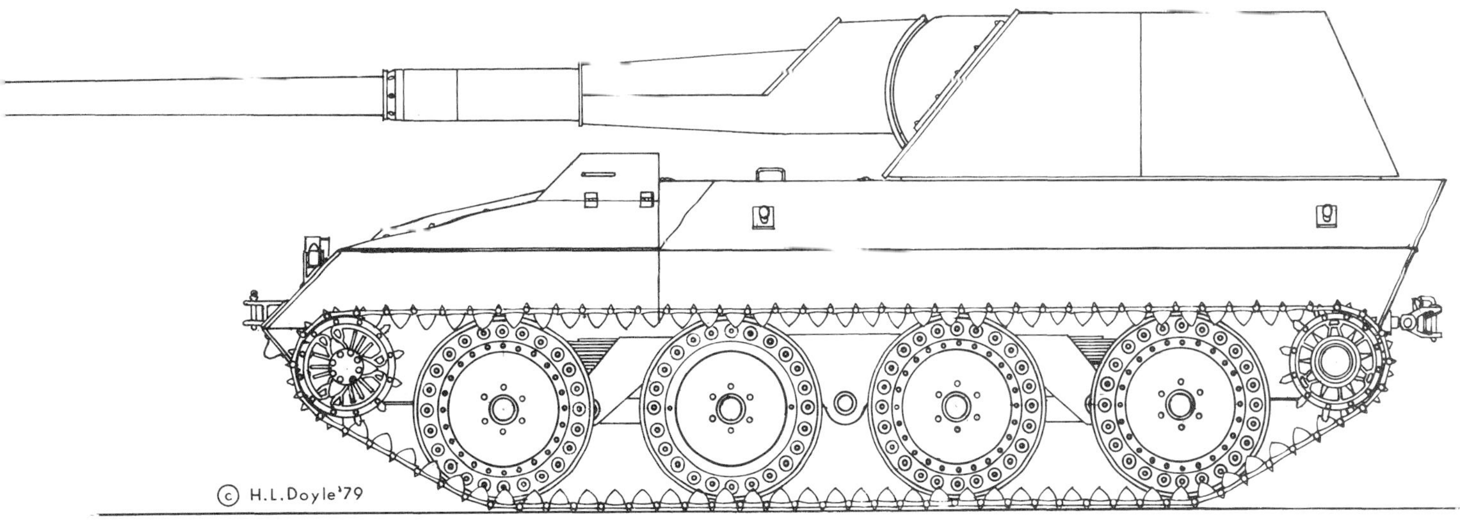

© H.L.Doyle'79

Der erste Prototyp des Steyr-Daimler-Puch-Waffenträgers mit der 8,8-cm-Pak 43 L/71.

- Es darf sich nicht um eine Zwischenlösung handeln, d.h. das Aufsetzen einer Waffe auf ein vorhandenes Fahrgestell. Das Gesamtfahrzeug muß speziell für diesen Zweck entwickelt sein.
- Die Feuerhöhe darf nicht mehr als 1800 mm betragen.
- Rohrerhöhung von –8° bis +45° (mindestens 42°).
- Rundumfeuer von 360° bei allen Rohrerhöhungen.
- Die Waffe muß für Panzerabwehr- und für artilleristische Aufgaben verwendbar sein.
- Ein MG zur Nahverteidigung war vorzusehen.
- Funkausrüstung war vorzusehen.
- Panzerdicke 20 mm vorne, 10 mm seitlich.
- Aktionsradius 100 bis 150 km.
- Höchstgeschwindigkeit 35 km/h.
- Bodenfreiheit mindestens 500 mm.
- Besatzung vier bzw. fünf Mann.
- Am Fahrzeug mitgeführter Munitionsvorrat 50 Schuß, davon 20 Schuß Bereitschaftsmunition.

Vordringlich sollte die Beweglichmachung der 8,8-cm-Pak 43 L/71 in Angriff genommen werden.

Am 7. 2. 1944 fand bei der Firma Krupp in Essen eine Besprechung statt, in der über die Waffenträger-Entwicklung für vier zu erstellende Entwürfe folgendes festgelegt wurde:

- In Zusammenarbeit mit Steyr (nur geschützmäßig) unter Verwendung der 8,8-cm-KwK 43.
- Entwurf der Gruppe Woelfert (Krupp) als Konkurrenz zu Steyr;
  Gruppe Dorn (Krupp) legte dazu am 11. Februar 1944 einen Geschützentwurf vor.
- Entwurf Egen (Krupp) mit 8,8-cm-Pak 43 (Grille), wobei für das Fahrzeug neue Vorschläge für Motor, Lenk- und Wechselgetriebe zu überlegen waren.
- Entwurf Burger (Krupp), über einen starren Einbau der 8,8-cm-Pak 43 L/71. Dieser Entwurf wurde nur interessant, wenn die Absetzbarkeit einfacher als bei vorangegangenen Entwürfen wurde. Gegenüber dem 7,5-cm-L/70 Rohr bei dem bisherigen Entwurf war das Rohr weiter vorzuschieben. Es mußten Ausgleicher verwendet werden. Dadurch ergab sich ein günstigerer Kampfraum und mehr Platz für Munition. Die Blende wurde kleiner, die Fertigung einfacher. Es wurde jedoch ein Verschlußbeweger beim Einbau der starren Lagerung erforderlich. Als Studie sollte untersucht werden, ob eine 7,5-cm-Waffe mit einer

**Waffenträger Krupp-Ardelt mit 6-Rollen-Laufwerk.**

**Der Waffenträger mit 6-Rollen-Laufwerk von hinten.**

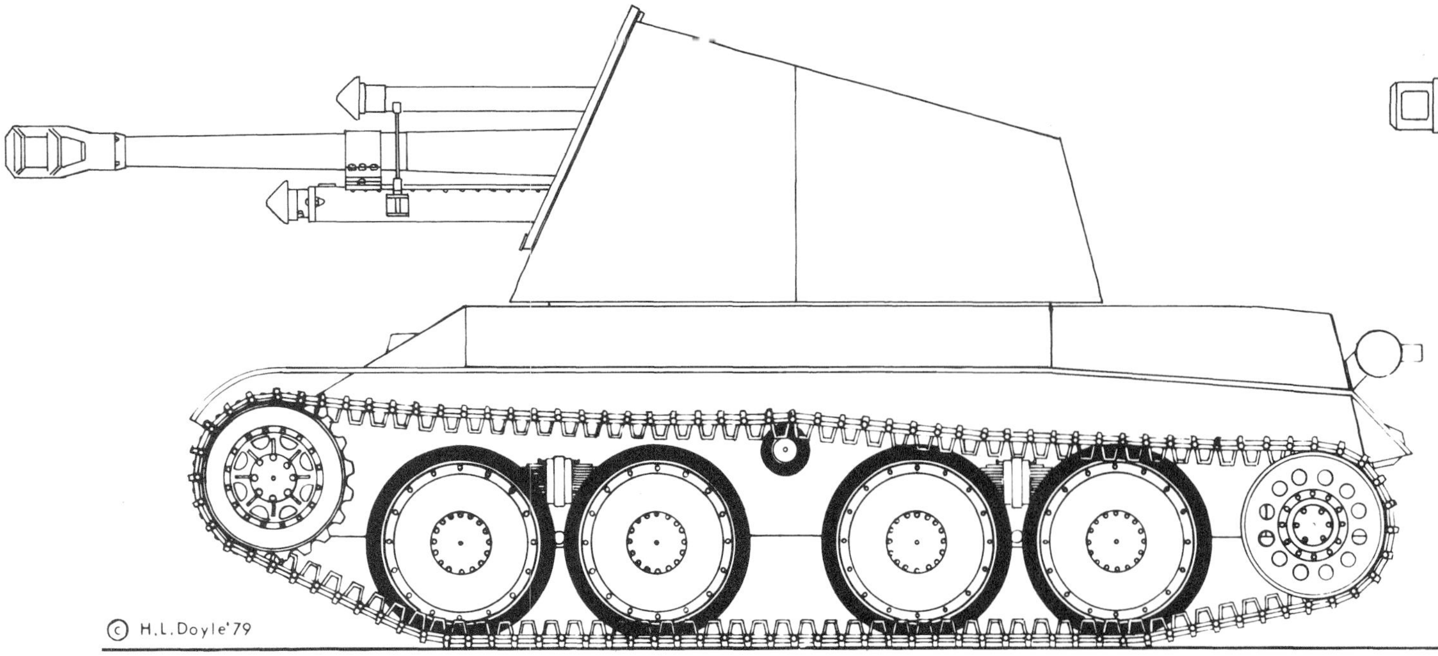


Krupp (II-Wölfert)-Waffenträger für 10,5-cm leFH 18.

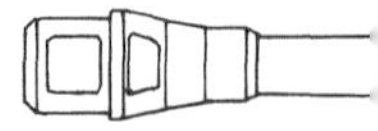

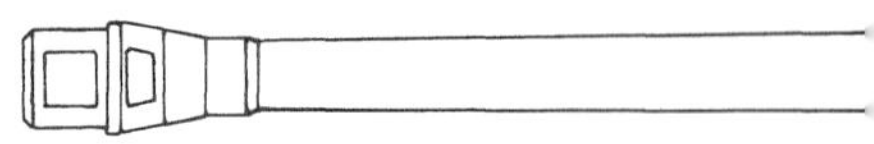

M. Einheitswaffenträger für 12,8-cm-K bzw. 15-cm-sFH 18.

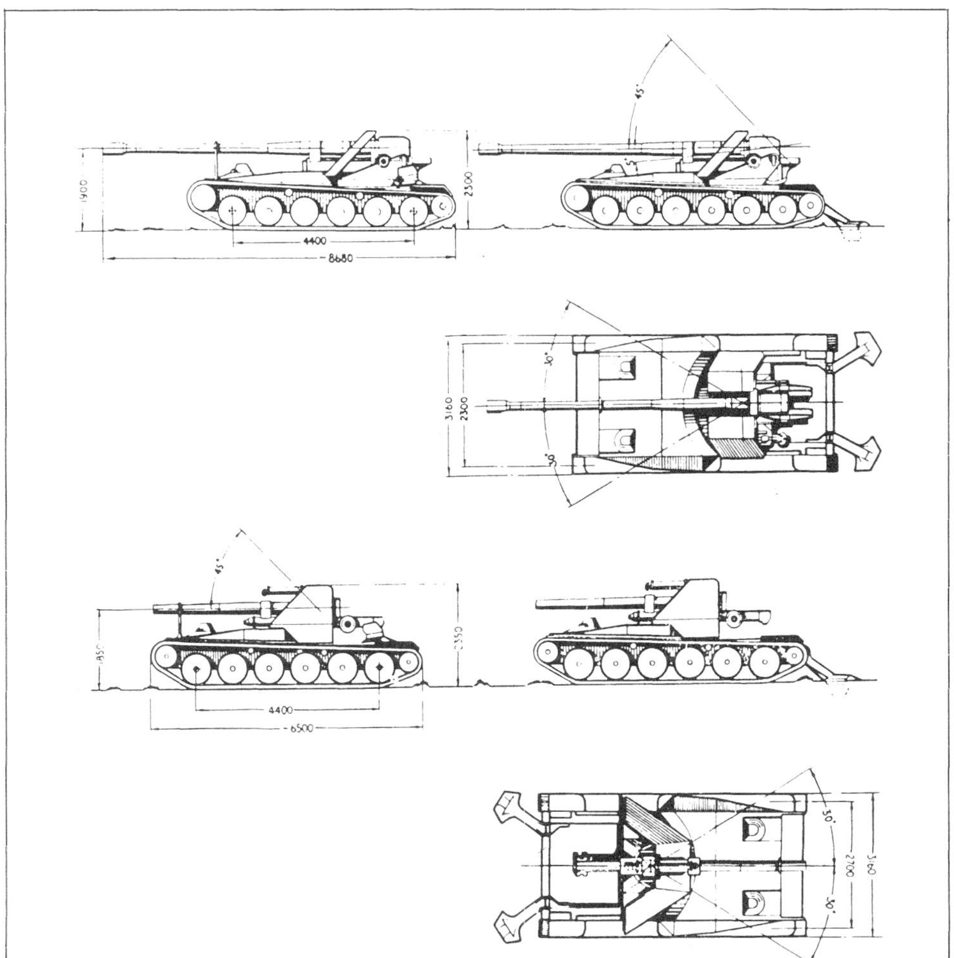


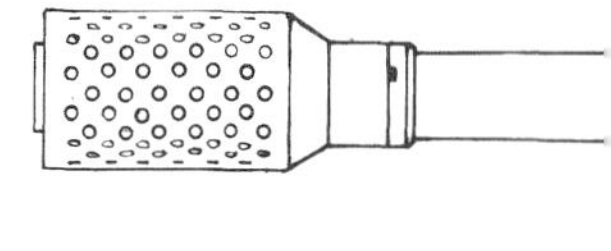

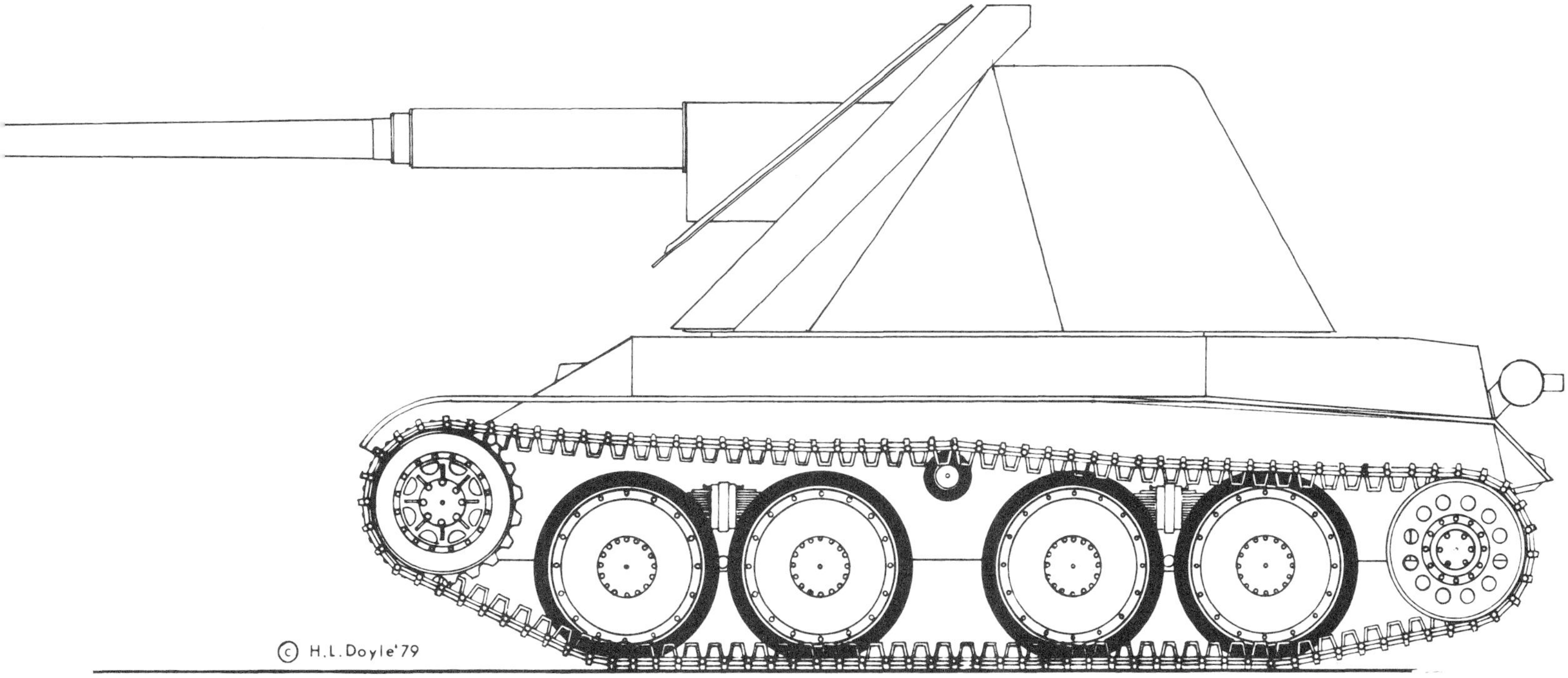


Krupp (II-Wölfert)-Waffenträger für 8,8-cm-Pak 43 L/71.

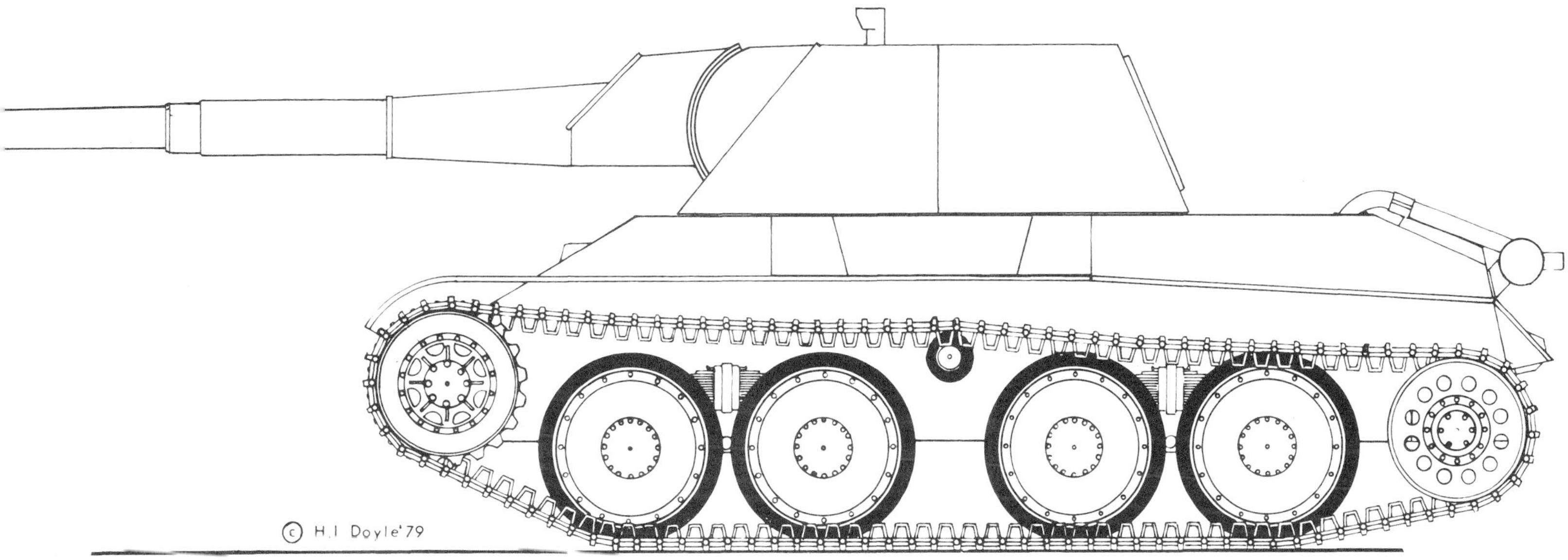


Krupp (Egen)-Waffenträger fur 8,8-cm-Pak 43 L/71.

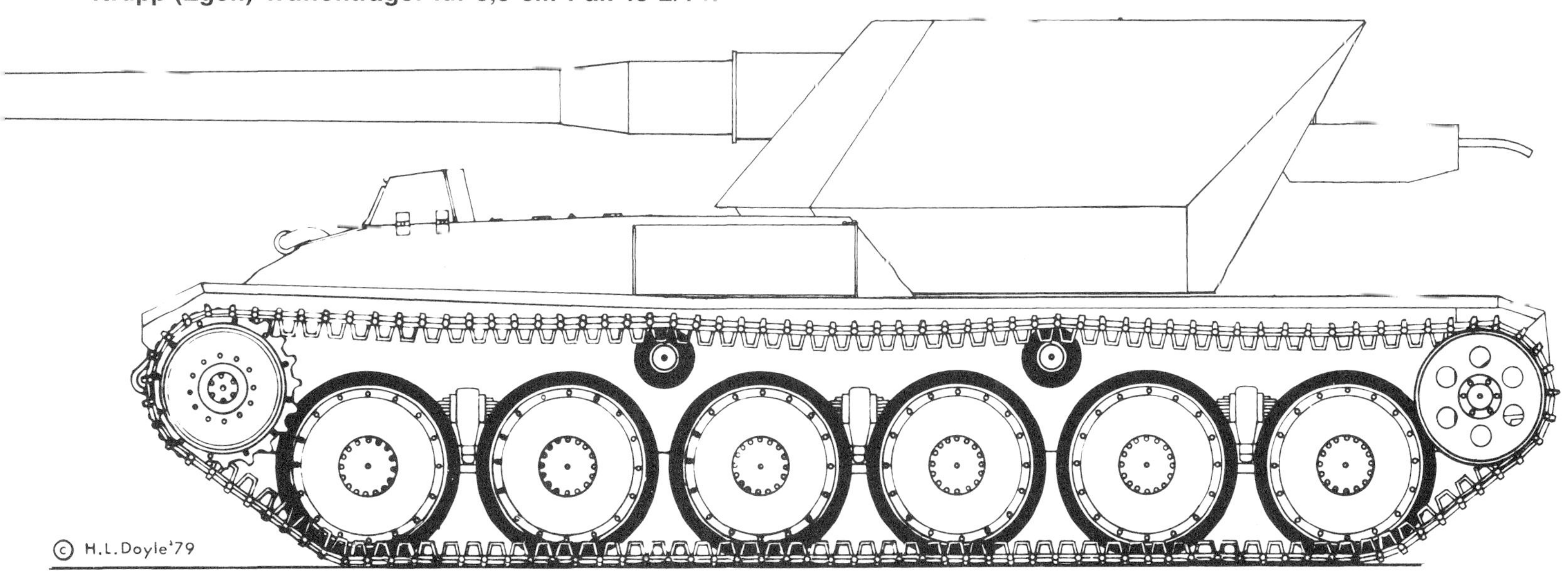


Krupp (Egen)-m. Einheitswaffenträger für 12,8-cm-K 81/3.

Rohrlänge von L/60, aber mit der Leistung der L/70, eingebaut werden konnte.

In einer Besprechung bei der Firma Krupp in Essen am 15. 2. 1944 stand u.a. auch die Selbstfahrlafette für die 10,5-cm-leFH 18/40 zur Diskussion. Dabei wurde von der Firma Krupp, Abt. AK, der Vorschlag gemacht, den Entwurf Grille 10 mit absetzbarer, unveränderter leFH 18/40, geringer Feuerhöhe und einfachem, niedrigen Splitterschutz auf Fahrgestell 38 (t) vorzulegen. Dabei sollte der Splitterschutz auf dem Drehkranz angebracht werden. Der wahlweise Einbau der 7,5-cm-KwK 42 L/70 wurde erwogen. Zu diesem Zeitpunkt wurde das Fahrgestell des Panzerkampfwagens 38 (t) als Selbstfahrlafette für die 7,5-cm-Pak L/46 verwendet.

Für das von Steyr-Daimler-Puch in Zusammenarbeit mit Krupp vorgeschlagene Trägerfahrzeug für die 8,8-cm-KwK 43 L/71 ließ sich die gewünschte Feuerhöhe von 1650 mm mit nur großen Nachteilen erkaufen.

Am 24. 2. 1944 fand beim Heereswaffenamt WaPrüf 4 in Berlin eine Besprechung statt, deren Gegenstand die Entgegennahme von Ergebnissen der inzwischen gemachten Voruntersuchungen und Entwürfe sowie deren Abstimmung mit den bereits aufgestellten vorläufigen Konstruktionsbedingungen für Waffenträger war.

– Waffentechnisches:

Verwendet wurde die 8,8-cm-KwK 43 L/71 mit ihren Hauptgruppen. Eine Umkonstruktion verlangte die Halterung des Rohres. Eine Neukonstruktion wurde für den Schirmpanzer, das Rundumschwenkwerk sowie für die Lagerung der Waffe im Fahrzeug notwendig. Firma Krupp lieferte eine Waffe, die auf ein Reservefahrzeug umsetzbar, gleichzeitig aber auch absetzbar für Rundumfeuer vom Boden aus sein sollte. die dazu notwendigen Lade- und Stützgeräte brauchten nicht am Waffenträger mitgeführt zu werden. Es sollte später entschieden werden, ob eine Absetzbarkeit grundsätzlich gefordert wurde. Für die ersten vier Geräte hatte Krupp diese Voraussetzung geschaffen. Sollte Absetzbarkeit später nicht mehr verlangt werden, ermäßigte sich das Lafettengewicht um etwa 150 kg, durch Wegfall der vier Ständerfüße um weitere 300 kg. Diese Ständerfüße sollten auf den Munitions- (Wechsel-)Fahrzeugen mitgeführt werden, ebenso wie die Übersetzhebezeuge (David-Kran).

In bezug auf Rundumschwenkwerk und dessen Antrieb schlug Krupp einen Zahnkranz mit Innenverzahnung vor. Das Heereswaffenamt WaPrüf 4 bestand jedoch auf einfachste Ausführung, da die Kapazität für große Zahnkränze (Tiger B) sehr beschränkt war. Erwogen wurde eine Ausführung aus einzelnen Segmenten, nachdem eine Außenverzahnung auch verworfen worden war. Krupp schlug schließlich eine Zahn-Kettenführung vor, bei der allerdings ein Rundumfeuer nicht fortlaufend gewährleistet war, da nach zwei vollen Umdrehungen die Lafette wieder zurückgedreht werden mußte. Für die vier Versuchsgeräte wurden zwei mit Zahnkranz und zwei mit Zahn-Ketten-Übertragung versehen. Der nicht genau arbeitende Schwenkbetrieb erforderte eine zusätzliche Seitenrichtmaschine für das Feinrichten. Klärung darüber, sowie über die neu zu entwickelnde Höhenrichtmaschine durch die Firma Wegmann, Kassel, erfolgte durch Krupp. Die Firma Steyr-Daimler-Puch versuchte ihrerseits Versuchsstücke der Höhenrichtmaschine bei der Firma Eisenbeiß in Enns fertigen zu lassen.

Krupp veranlaßte eine Zurückstellung der KwK 43 sowie den Umbau von Rohrwiegen durch die Firma Garny in Frankfurt a. M. Steyr konnte 14 Tage nach Eintreffen des Geschützes mit dem Versuchsschießen vom Probefahrgestell rechnen. Krupp und Steyr fertigten ein Holzmodell des Waffenträgers mit Waffe (absetzbar) bis zum 20. 3. 1944, zur Vorbesichtigung in der Zeit vom 1. bis 10. 4. 1944. Dieses Modell stand am 20. 4. 1944 zur Besichtigung im Führerhauptquartier.

Steyr beabsichtigte, in dem von ihr gebauten Waffenträger einen neuen, noch nicht erprobten Steyr-Boxermotor (12-Zylinder, 140 PS) zu verwenden. Getriebe, Laufwerk und Gleisketten sollten mit den nötigen Verstärkungen vom Raupenschlepper Ost übernommen werden.

Steyr-Daimler-Puch hatte zusammen mit Krupp auch ein 5-Rollen-Laufwerk im Entwurf, welches als Waffenträger für die 8,8-cm-Pak 43 L/71 vorgesehen war. Die Länge des Fahrzeuges mit der Kanone in $12^{00}$ h Stellung betrug 7800 mm, die Höhe 2050 mm, die Feuerhöhe 1700 mm. Die Laufrollen hatten einen Durchmesser von 650 mm. Die Spurweite betrug 2620 mm, die Kettenauflagelänge 3000 mm, die Kettenbreite 400 mm und die Bodenfreiheit 450 mm. Bei einem Seitenrichtfeld von 360° ergab sich eine Rohrerhöhung –8° bis +45°. Als

Schutz für die Geschützbedienung war entweder ein rundes oder ein 6-eckiges Panzergehäuse vorgesehen. Für den Schutz des Fahrers gab es eine abnehmbare Haube mit Sehschlitzen. Am Fahrzeug selbst war ein Kran angebracht, durch den die Waffe mit dem Panzerschutz abgehoben werden konnte. Das Gewicht des Aufbaus mit Waffe betrug 4400 kg. 15 Schuß Munition waren im Aufbau untergebracht, sie wogen 300 kg. Die Hubvorrichtung wog 200, die Holme wogen 400 kg.

Das Heereswaffenamt WaPrüf 6 bestand auf Verwendung bereits vorhandener, erprobter und bereits in Großserie hergestellter Baugruppen, wie es in den Konstruktionsbestimmungen vorgeschrieben war. Für Entwicklungsarbeiten war keine Zeit vorhanden. WaPrüf 6 schlug vor, zu untersuchen, inwieweit der bereits für den Panzerjäger 38 »Hetzer« verwendete Praga Motor mit einer Leistung von 160 PS verwendet werden könnte, da dessen Großserienfertigung bereits lief.

Heereswaffenamt WaPrüf 6/F beschaffte dazu Leistungsangaben und Abmessungen des noch nicht fertig erprobten luftgekühlten Klöckner-Humboldt-Deutz-Dieselmotors (8-Zylinder, etwa 140 PS) sowie ähnlicher schon oder noch in Serie laufender Hochleistungsmotoren, sowie die der dazugehörigen Vorgelege, Wechsel- und Lenkgetriebe. Steyr hatte für eine beschleunigte Lieferung der Zeichnungen der geplanten Antriebs- und Laufwerkaggregate zu sorgen und ferner Untersuchungen anzustellen über die Verwendung von schon fertigen Aggregaten, wie z. B. die Baugruppen für den schweren Wehrmachtschlepper der Firma Büssing-NAG.

Heereswaffenamt WaPrüf 6/F bestand darauf, daß die Lenkbewegungen und der Lenkvorgang der neuen Waffenträger keineswegs schwieriger sein durften als die des Raupenschleppers Ost und bezweifelte die Brauchbarkeit eines einfachen 4-Gang-Wechselgetriebes ohne Zwischengetriebe. Die Eignung der Gleiskette des Raupenschleppers Ost (RSO) mußte für 350 km gewährleistet sein. Krupp schlug die Verwendung der 400 mm breiten Gleiskette des Panzerkampfwagens IV vor. Bei den Ardeltwerken in Eberswalde fand am 19. 4. 1944 eine Besprechung statt, bei der wichtige Voraussetzungen für den Bau von Waffenträgern festgelegt wurden. Krupp war bereits in einer Sitzung der Sonderkommission I in Berlin am 17. 4. 44 gebeten worden, sich in die Entwicklung des Waffenträgers 8,8-cm-Pak 43 bei Ardelt einzuschalten und die waffentechnische Betreuung des Projektes zu übernehmen. Bis zu diesem Zeitpunkt war diese Entwicklung nur zwischen Heereswaffenamt, WaPrüf, Reichsministerium für Rüstung und Kriegsproduktion und Ardelt bearbeitet worden. Zur Entstehungsgeschichte des Projektes war folgendes mitgeteilt worden: Die Schwierigkeiten bei der Fortbewegung der schweren Pak (vor allem Pak 43/41 Rh mit 4500 kg Feuergewicht und Pak 40 Rh mit 1600 kg Feuergewicht) führten in zahlreichen Fällen zum Verlust dieser Geräte, worüber von der Truppe dauernd geklagt wurde. So mußten z. B. im Ost-Feldzug 70 Stück frisch eingesetzte Pak 43/41, ohne einen Schuß abgegeben zu haben, vor dem nachdrängenden Feind gesprengt werden, da die Zugmittel nicht zur Stelle waren. Dies führte zur Forderung Hitlers, die schwere Pak unter allen Umständen selbstfahrbar zu machen. Die 7,5-cm-Pak 40 in Spreizlafette war für den Mannschaftszug zu schwer, ihre Fertigung in dieser Form sollte in Kürze eingestellt werden.

Dr. Gunther Ardelt machte, da er als Frontoffizier ähnliche Erfahrungen gesammelt hatte, den Vorschlag, durch Anordnung eines Hilfsmotors an der Lafette der Pak 40 dieser einen behelfsmäßigen Antrieb zu geben. Aufgrund von bereits bei der Heeresversuchsstelle für Panzer und Motorisierung in Kummersdorf erfolgten Versuchen, die negativ ausfielen, wurde dieser Gedanke nicht weiter verfolgt. Darauf bot Dr. Ardelt an, in seinem Werk ein Gleiskettenfahrgestell einfachster Bauart zu bauen, geeignet für die Aufnahme von Geschützen aller Art. Ardelt erhielt zu Beginn des Jahres 1944 diesen Auftrag vom Heereswaffenamt mit der Auflage, daß dieser Waffenträger geeignet sein mußte, als Universalgerät die 10,5-cm-leFH 18/40, die 7,5-cm-Pak 40 sowie die 8,8-cm-Pak 43 zu tragen. Hierzu wurde die Firma Rheinmetall zur Beratung herangezogen. Das erste Versuchsfahrzeug, für das Krupp eine 8,8-cm-Pak-43 an WaPrüf 4/II lieferte, befriedigte noch nicht voll. Es wurde deshalb bei Ardelt ein zweites Fahrzeug in Auftrag gegeben mit der eingeschränkten Forderung, nur noch die Pak 43 aufzubauen. Dadurch schied Rheinmetall-Borsig aus dieser Entwicklung aus. Der Firma Ardelt wurde ein zweites Geschütz Pak 43 aus der Serie zugewiesen. Der damit bestückte Waffenträ-

Front- und Seitenansicht des leich

Zeichnung und Ansicht des leichten Waffenträgers Krupp-Ardelt mit dem 4-Rollen-Laufwerk. ▼

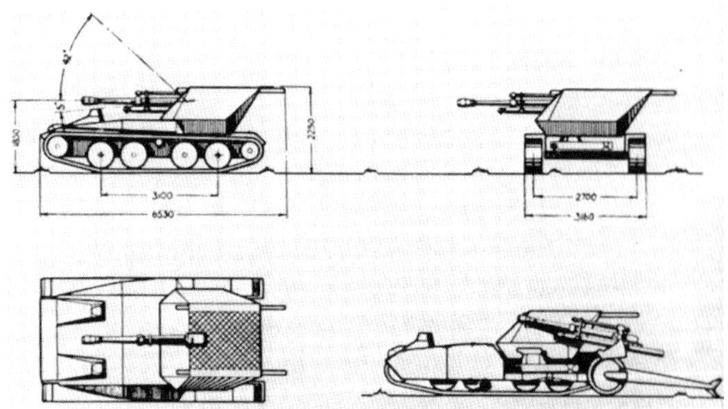

affenträgers der Firma Ardelt für 8,8-cm Pak 43 L/71 (verschiedene Prototypen

Krupp leichter Waffenträger für 10,5-cm-leFH 18/40/4.

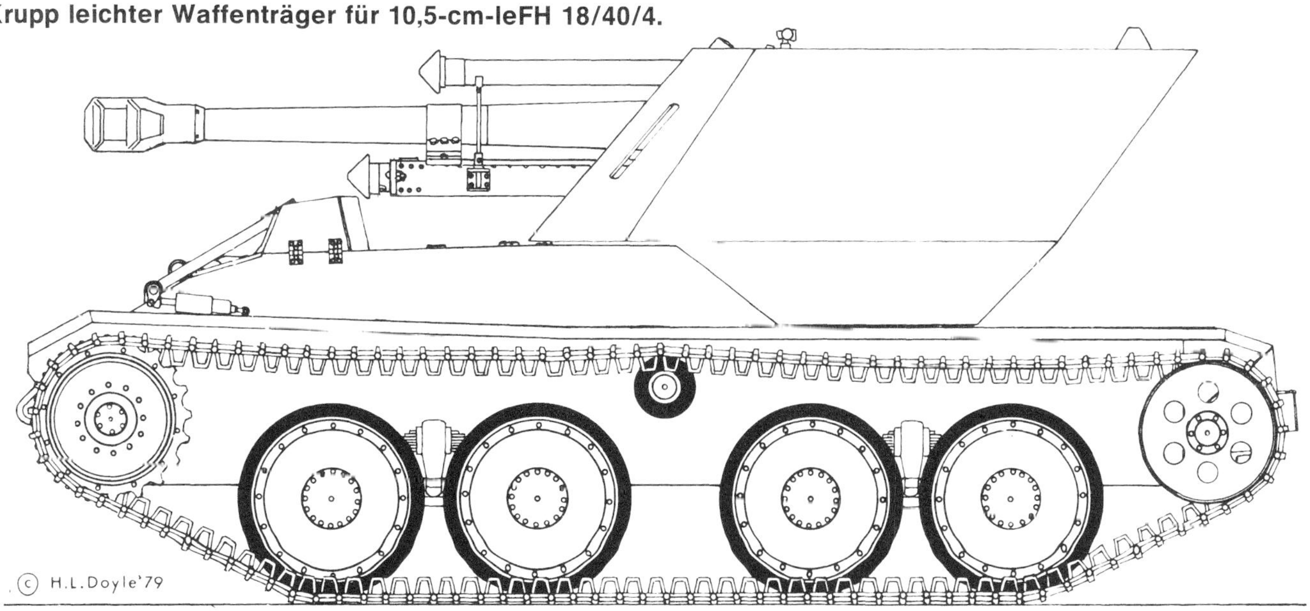

**Prototyp des Waffenträgers Rheinmetall-Borsig/Ardelt für die 8,8-cm-Pak 43 L/71.**

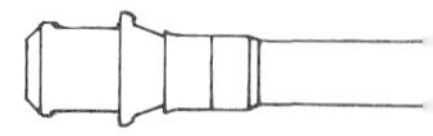

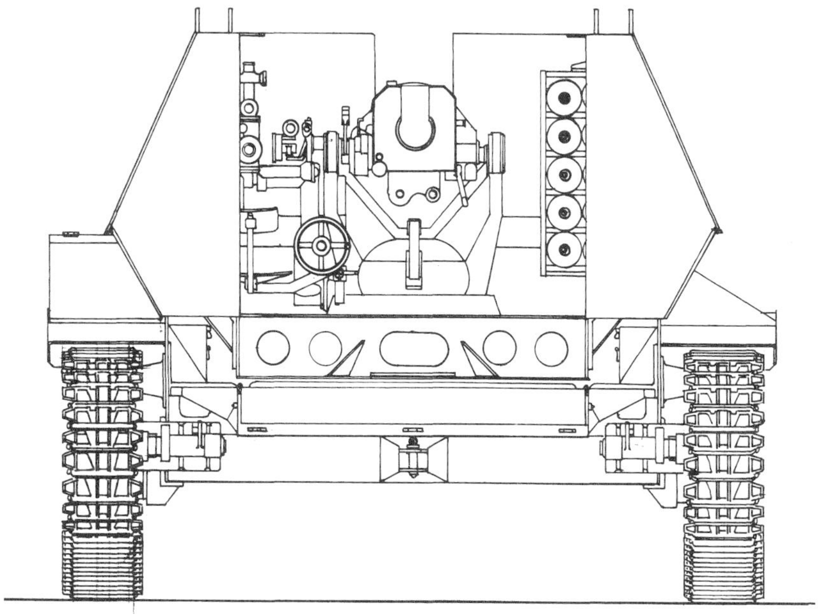

**Dreiseitenansicht Krupp leichter Waffenträger für 8,8-cm-Pak 43/1 L/71 (GW 638/18 Sf).**

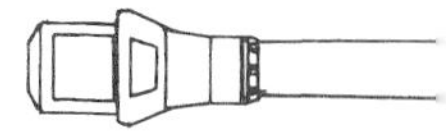

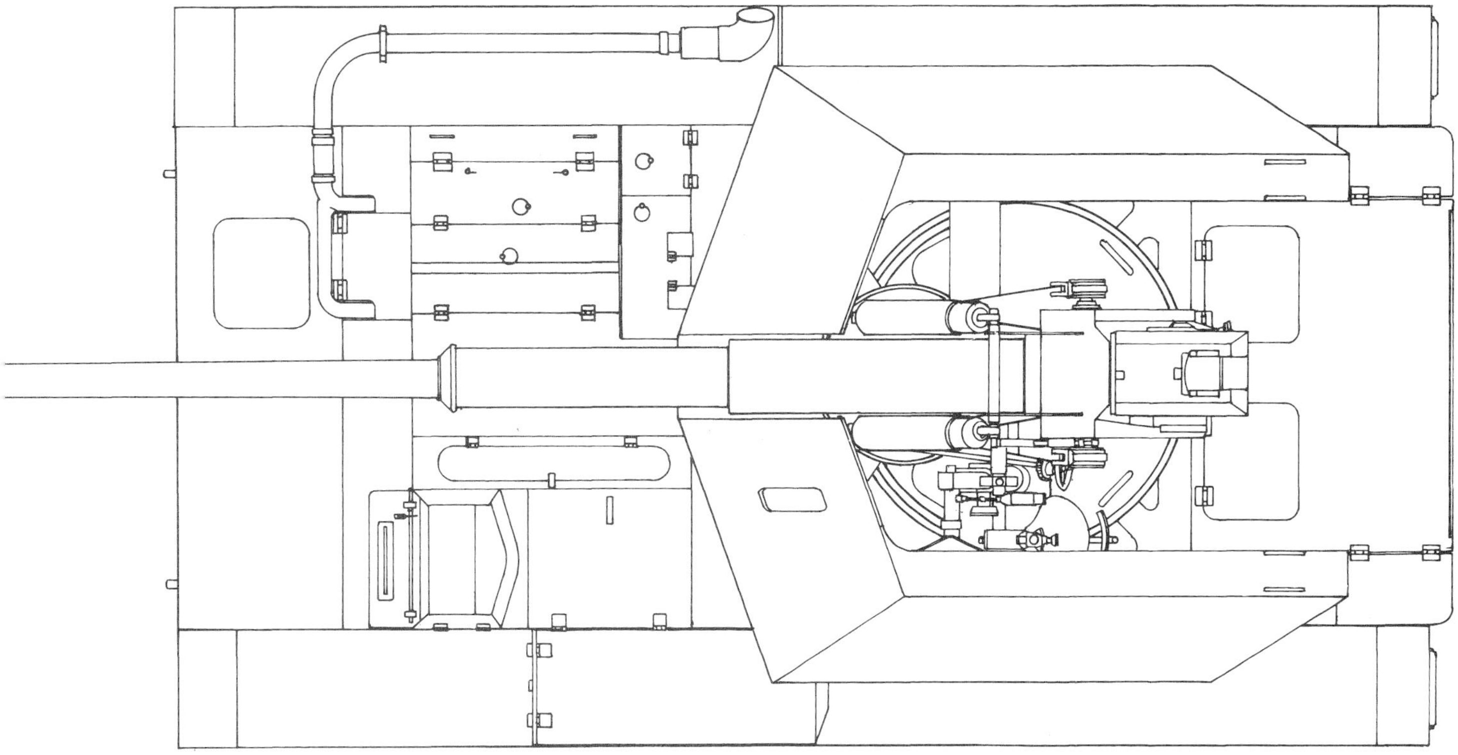

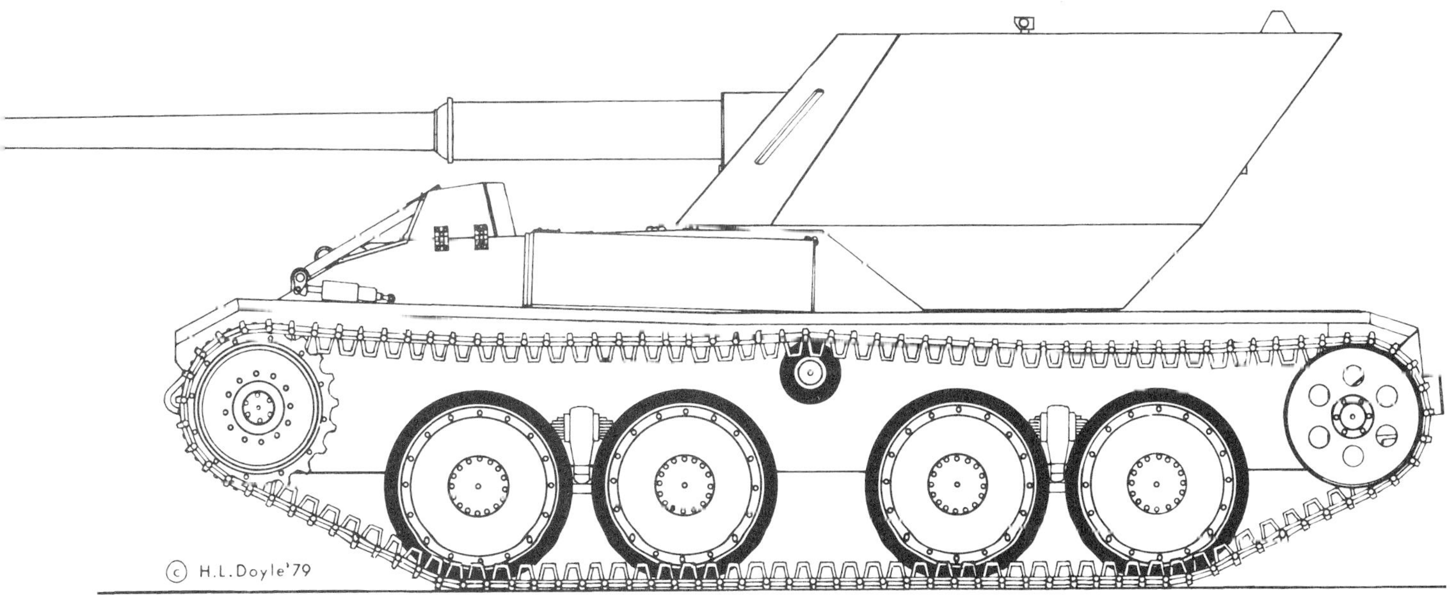
© H.L.Doyle'79

ger stellte eine wesentliche Verbesserung dar und befriedigte bei der Erprobung im Schießen und Fahren auf dem Versuchsplatz des Heereswaffenamtes in Hillersleben vollauf. Im Mai 1944 wurden die ersten Bilder des Ardelt-Waffenträgers für die 8,8-cm-Pak 43 überreicht, die benutzt wurden, um mit Fachleuten die Frage des Rundumfeuers sowie des zusätzlichen Splitterschutzes nochmals zu besprechen.

Auf Grund einer Forderung von Hauptdienstleiter Saur im Reichsministerium für Rüstung und Kriegsproduktion wurden vom Heereswaffenamt WaIRü WuG 12 nach der gleichen Konstruktion mit geringen Verbesserungen zehn Fahrzeuge in Auftrag gegeben, die bis Juli 1944 fertiggestellt wurden.

Im August 1944 wurden Hitler die Waffenträger-Fahrzeuge »Steyr-Krupp« sowie »Ardelt« vorgeführt.Das Ardelt-Fahrzeug erwies sich mit Abstand als das leichteste, kleinste und billigste Fahrzeug aller Vorschläge, wenn es auch nur wenige der ursprünglichen Forderungen erfüllte.

Da das Gerät alle Forderungen in bezug auf Beweglichkeit und taktischem Einsatz erfüllte, trat nach Ansicht von Heereswaffenamt WaPrüf 4 die sog. »organische« Lösung Krupp-Steyr in den Hintergrund und erhielt nur noch die Stelle 35 auf der Dringlichkeitsliste, während der Ardelt-Waffenträger auf Stelle 7 stand. Die schwenkbaren Teile der Pak 43 waren unverändert auf das Ardelt-Gleiskettenfahrgestell aufgesetzt. Mit einer Erhöhung von 10° bis 15° konnte Rundumfeuer abgegeben werden. Nach vorne waren ein Höhenrichtbereich von −8° bis +25°, nach hinten −8° bis +15° möglich. Querab konnte beiderseits über die Gleisketten in einem Sektor von etwa 50° Seitenrichtfeld mit 40° Erhöhung geschossen werden. Der Pivotzapfen war etwa hinter Fahrzeugmitte in einem Querträger der Wanne gelagert. Die Feuerhöhe betrug 1750 mm, die Bodenfreiheit 450 bis 500 mm. Das Nachladen der Waffe war von der Fahrzeugplattform und infolge der niedrigen Feuerhöhe beim Schießen querab vom Erdboden aus gut möglich. Das Rohr wurde in Fahrtrichtung nach vorne mit einer scherenförmigen Stütze an der Stirnwand des Fahrzeuges gezurrt, wobei der Hebelarm der Zurrung noch etwa einen Meter größer war als bei der Original-Pak 43. Das Rohr stand daher beim Fahren auf schlechten Straßen und in schwierigem Gelände absolut fest. Der seitliche Klappschild zum Schutze des Richtschützen war von Ardelt vergrößert worden. Im übrigen wurde auf jede zusätzliche, über die des Schutzschildes der Pak 43 hinausgehende Panzerung verzichtet. Hierdurch konnte das Gesamtgewicht des Waffenträgers mit Waffe nach Angabe von Ardelt auf 9 t begrenzt werden.

Die Wanne war im Aufbau sehr einfach und bestand im wesentlichen aus zwei seitlichen hochstegigen U-Trägern, die unten durch ein Bodenblech und oben durch ein Riffelblech zu einem rechteckigen Kasten verbunden waren. Die Gleisketten wurden vom RSO unverändert übernommen, das Laufwerk mit Federung vom Pz. 38 (t). Es hatte außer den Leitrollen je vier einzeln schwingende Laufrollen, die paarweise über die Federung balancierartig gekuppelt waren. Die Laufrollen (∅ 825 mm) waren jedoch statt Gummibereifung mit Stahlbandagen versehen. Die Kettenauflagelänge betrug 2950 mm bei einer Kettenbreite von 350 mm und einer Spurweite von 2700 mm. 520 mm Bodenfreiheit war vorhanden. Die offizielle Bezeichnung der Fahrzeuge lautete Geschützwagen (Gw) 638/18 Sf mit 8,8-cm-Pak 43.

Der Maybach HL 42 Motor mit 100 PS Leistung bei 3000 1/min war vorne rechts in der Wanne untergebracht. Der Kraftfluß ging über eine Mecano-Scheibenkupplung und ein Ardelt-Zwischengetriebe zum ZF-Wechselgetriebe Kb 40 D mit vier Vorwärtsgängen und einem Rückwärtsgang. Das Lenkgetriebe kam aus der Fertigung für den 3-t-Zugkraftwagen. Das Seitenvorgelege war mit 5,05 untersetzt, die vorne liegenden Antriebsräder hatten einen Durchmesser von 467,5 mm. Der Fahrersitz war vorne links neben dem Motor untergebracht, der aus der Wanne herausragende Oberkörper des Fahrers wurde durch einen schrägen, klappbaren Panzerschild mit Sehschlitz geschützt. Der Raum zwischen Motor, Wechselgetriebe und Fahrersitz einerseits und der Querträger für die Pivotlagerung andererseits war als Kraftstoffbehälter ausgebildet; der Raum hinter der Pivotlagerung enthielt zwei nebeneinanderliegende, durch Klappen verschließbare Munitionskästen, die insgesamt etwa 36 Schuß aufnehmen konnten. Mit dem Inhalt des am Schutzschild befestigten Munitionskastens ergab dies 42 Schuß. Für die Besatzung (Fahrer, Richtschütze, zwei Ladeschützen sowie evtl. den Geschützführer) waren am Fahrzeug Sitze vorhanden. Probefahrten auf Landstraßen sowie in sehr schwierigem Gelände in der Nähe des Werkes zeigten gute Fahreigenschaften, Steigungen bis zu 350° wurden bezwungen. Starke Staubentwicklung und Verschmutzung der Besatzung wurden durch eine durchgehende Abdeckung der Gleisketten weitgehend beseitigt.

Am 22. 9. 1944 ergab eine Besprechung beim Heereswaffenamt WaPrüf 4 in Berlin, daß großes Interesse an einem Waffenträger auf der Basis Panzerkampfwagen 38 für die 10,5-cm-leFH 18/40 sowie wahlweiser Unterbringung der 8,8-cm-Pak 43 bestehe. Die Konstruktion sollte weiter durchentwickelt werden.

Eine weitere Besprechung beim Heereswaffenamt WaPrüf 4/I am 13. 11. 1944 ergab, daß auf Anordnung von Hauptdienstleiter Saur eine Arbeitsgemeinschaft für die Fertigung von monatlich 550 Waffenträgern (einschl. Kugelblitz) gebildet worden war. Die Leitung wurde Obering. Dipl.-Ing. Kracht der Firma Auto-Union übertragen. Dieser teilte mit, daß Hauptdienstleiter Saur folgende Fertigung von Waffenträgern mit Serienlauf März 1945 gefordert hatte:

März 5, April 15, Mai 30, Juni 50, Juli 80, August 120, September 170, Oktober 250 und November 300.

Folgende Waffenträger-Entwicklungen mit Bauteilen des Fahrgestells 38 »Reich« sollten durchgeführt werden:

## Ardelt

4-Rollen-Laufwerk, ungepanzert für 8,8-cm-Pak 43, 15-cm-sIG, 10,5-cm-leFH 18/40, wobei der Schwerpunkt eindeutig bei der Pak 43 lag. Der Einbau der leFH 18/40 war nur als Notlösung gedacht für den Fall, daß nicht genügend Pak 43 zur Verfügung standen. Ardelt teilte mit, daß die Entwicklungsarbeiten termingerecht liefen. Er bat um Unterstützung durch andere Firmen bei der Erstellung der Konstruktionszeichnungen, die Firma Hanomag sollte Konstrukteure abstellen. Das Gewicht des 8,8-cm-Waffenträgers wurde bei 46 Schuß Munition mit etwa 14 bis 15 t angegeben, bei Verwendung der leFH 18/40 war ein etwas höheres Gewicht zu erwarten.

## Krupp

6-Rollen-Laufwerk mit
10,5-cm-leFH 18/40 mit Rundumpanzer,
12,8-cm-K 81 mit Splitterschutz,
15-cm-sFH 18 mit Splitterschutz.

Für den Einbau der leFH 18/40 war beim Waffenträger Rundumpanzerung gefordert worden, die Lösung der Firma Alkett galt nur als Notlösung. Bezüglich des Einbaus der leFH 18/40 lag der Schwerpunkt bei der Konstruktion Krupp. Da die Fertigung der Waffenträger größte Dringlichkeit hatte, mußte Firma Alkett Unterlagen des Jagdpanzers 38 »Reich« zur Verfügung stellen. Von den ersten fertiggestellten 38 »Reich«-Fahrzeugen sollten einige für die Versuchsgeräte der Waffenträger abgezweigt werden. Das Gesamtgewicht des Fahrzeuges 38 »Reich« einschließlich Ausrüstung wurde mit etwa 16 t angegeben.

Aufgrund der immer größer werdenden Gefährdung durch Luftangriffe wurde auf Drängen des Heereswaffenamtes ein Teil des Artillerie-Konstruktionsbüros (AK) der Firma Krupp von Essen zur Firma Ardelt in Eberswalde verlegt. Dadurch ergab sich die Möglichkeit, die Erfahrungen dieser Firma der Entwicklung der Waffenträger-Fahrzeuge bei Ardelt zugute kommen zu lassen.

Die Verantwortung für die Weiterentwicklung der Waffenträger-Fahrzeuge wurde damit der Abteilung Egen der Firma Krupp übertragen, die bald die Notwendigkeit für zwei verschiedene Ausführungen bestätigte. Dabei kam es laufend zu Auseinandersetzungen zwischen Egen und dem in Essen befindlichen verantwortlichen Entwicklungschef Woelfert, die sich praktisch bis Ende des Krieges hinzogen.

Durch die Auseinandersetzung Egen/Woelfert ergaben sich zwei Waffenträger-Vorschläge, die hier näher beschrieben werden:

Die Zahnradfabrik Friedrichshafen stellte im März 1945 fest, daß die Konstruktion von Ardelt zur Erzielung einer reibungslosen Fertigung durch ZF nochmals überarbeitet werden mußte und in den Teilen möglichst mit denjenigen vom Zwischengetriebe 38 D in Übereinstimmung gebracht werden sollte. Die Serienfertigung sollte bei den Waldwerken in Passau stattfinden. Zehn Versuchszwischengetriebe vom Typ Z 80-W waren bei

**Vergleich der Krupp-Waffenträger-Vorschläge.**

| | Krupp I (Egen) | Krupp II (Woelfert) |
|---|---|---|
| – Motor | Tatra 6-Zylinder 125 PS, luftgek. Diesel | Tatra 6-Zylinder 125 PS, luftgek. Diesel* |
| – Wechselgetriebe und Lenkgetriebe** | wie Pz.Jg.38 Antrieb vorne | wie Pz.Jg.38 Antrieb hinten |
| – Fahrgestell | wie Pz.Jg.38 6-Rollenlaufwerk*** | wie Pz.Jg.38 4-Rollenlaufwerk |
| – Außenmaße (mm) | L = 6600, B = 2550 | L = 4320, B = 2050 |
| – Feuerhöhe (mm) | 1575 | 1770**** |
| – Bewaffnung – mit Gefechtsgewicht und Munitionsvorrat ( ) | | |
| 8,8-cm-Pak 43 | 16 t (34) | 14,4 t (34) |
| 10,5-cm-leFH 18 | 14,5 t (40) | 13,5 t (96) |
| 15-cm-sFH 18 | 16,5 t***** (29) | wegen Heckmotor nicht möglich |
| 12,8-cm-K 43 | 17,8 t***** (30) | wegen Heckmotor nicht möglich |
| – Bodenfreiheit (mm) | 430 | 430 |
| – Panzerung (mm) | v=15–20, s = 10 | V = 15–20, s = 10 |
| – Waffenerhöhung mit 8,8-cm-Pak 43 | –7° bis +40° über 180° Traverse | –8° bis +20° über 360° Traverse |
| – Seitenrichtfeld mit 8,8-cm-Pak 43 | 360° (Höhenrichtfeld begrenzt) | 360° |
| mit 10,5-cm-leFH | 360° (Höhenrichtfeld begrenzt) | 360° |
| mit 15-cm-sFH | 38° | wegen Heckmotor nicht möglich |
| mit 12,8-cm-K 43 | 38°****** | wegen Heckmotor nicht möglich |

* Woelfert bestand darauf, daß in seinem Entwurf der luftgekühlte Tatra-12-Zylinder-Dieselmotor, Typ TD 103 P mit 207 PS bei 2250 1/min ohne Schwierigkeit untergebracht werden konnte und dabei sich die Gesamtfahrzeuglänge um 450 mm verringern würde. Beim Einbau dieses Motors im Fahrzeug Krupp I würde sich eine Verlängerung des Fahrzeuges um etwa 900 mm ergeben.

** Der Vorschlag wurde gemacht, daß anstelle des Wechselgetriebes vom Jagdpanzer 38 ein neu entwickeltes ZF-Wechselgetriebe, Typ Z 80 W mit Lenkgetriebe und Vorgelege verwendet werden sollte. Diese Änderung sollte bei beiden Fahrzeugen durchgeführt werden.

*** Die zusätzlichen Laufrollen, sowie die verlängerten Gleisketten wogen etwa 300 kg, die Fahrzeugwanne wurde schwerer.

**** Die größere Feuerhöhe, sowie die beschränkte Waffenerhöhung beim Entwurf Krupp II war durch die Antriebswelle zum hinten liegenden Motor bedingt.

***** Das Gewicht der einziehbaren Sporne war eingeschlossen.

****** Woelfert wies auf die schlechte Lenkbarkeit dieser verlängerten Fahrzeuge hin und betonte nachdrücklich die Notwendigkeit eines größeren Seitenrichtbereiches.

der ZF im Auftrag. Beim 6-Rollen-Laufwerk war der luftgekühlte Tatra-Dieselmotor TD 103 P mit 207 PS Leistung bei 2250 1/min als Antriebsaggregat vorgesehen. Über eine LA 120 Scheibenkupplung ging der Kraftfluß über ein Tatra Zwischengetriebe zum ZF-Allklauen-Wechselgetriebe AK 5-80 mit fünf Vorwärtsgängen und einem Rückwärtsgang. Beim AK 5-80 Getriebe handelte es sich um eine Neuentwicklung der ZF, welche als Einheitsgetriebe für die Fahrzeuge Panzerjäger 38, Panzerkampfwagen III und IV sowie für den Jagdpanzer 38 D vorgesehen war. Es war auch zum Einbau bei sämtlichen Lastkraftwagen und Zugkraftwagen mit Dieselmotor vorgesehen. Eine Sonderausführung des Getriebes mit einem Antrieb für Seilwinde war für die Bergepanzer III, IV und 38 D vorbereitet.

## Firma Rheinmetall-Borsig

Firma Rheinmetall-Borsig hatte noch im Oktober 1944 ihre Erfahrungen auf dem Gebiet der Waffenträger zusammengefaßt und in einer Denkschrift veröffentlicht: Kurz wird auf die Schwerpunktverlagerungen bei Geländefahrzeugen eingegangen und auf eine absolute Beherrschung der schwingenden und drehenden Gruppen nach Höhe und Seite. Der daraus resultierende Entwurf eines Waffenträgers als Einheitsgerät ließ die Verwendung mit einem 10,5-cm-leFH bzw. 8,8-cm-Pak-Rohr offen. Fahrzeug und Aufbau bildeten ein gelungenes Ganzes. Die vertikal schwingenden Teile, wie Rohr mit Jackenwiege, Rohrbremse und Rohrvorholer waren im Schwerpunkt gelagert. Dieses wurde durch ein überschweres Bodenstück, welches den Schwerpunkt außerdem möglichst weit nach hinten zog, erreicht. Auf die beiden Ausgleicher konnte man verzichten. Durch die Vergrößerung des Rohrgewichts war bei gleichbleibendem Bremsdruck der Rohrrücklaufweg kurz gehalten, beim leFH-Rohr 450 mm gegenüber 1150 mm bei der leFH 18/40, beim 8,8-cm-Pak Rohr 240 mm gegenüber 600 mm beim ersten Waffenträger mit 8,8-cm-Pak L/71. Geringe Baulängen der Rohrbremse und des Rohrvorholers wurden dadurch erreicht. Die in den Kampfraum hineinragenden Teile wurden verkürzt und erlaubten in Verbindung mit dem kurzen Rohrrücklauf größte Rohrerhöhung (–8° bis

**Rheinmetall-Borsig: Untersuchungen und Vorschläge für Waffenträger (nächste 3 Seiten). (Fahrzeug links mit, rechts ohne Gegengewicht)**

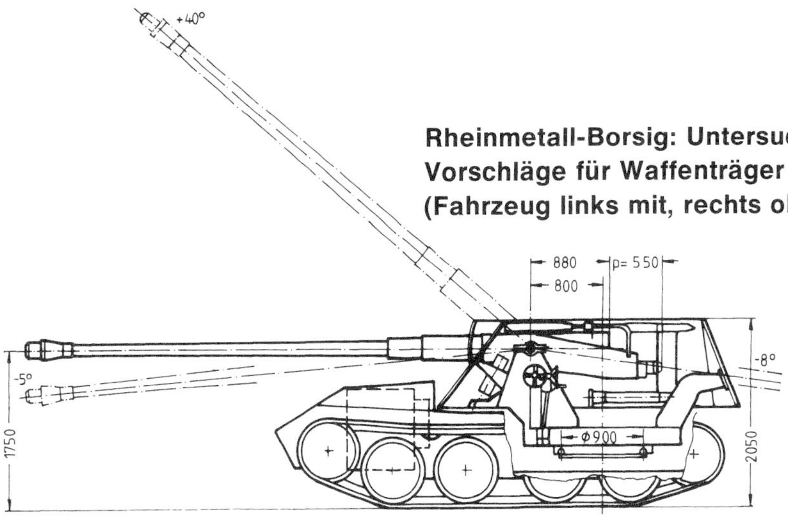


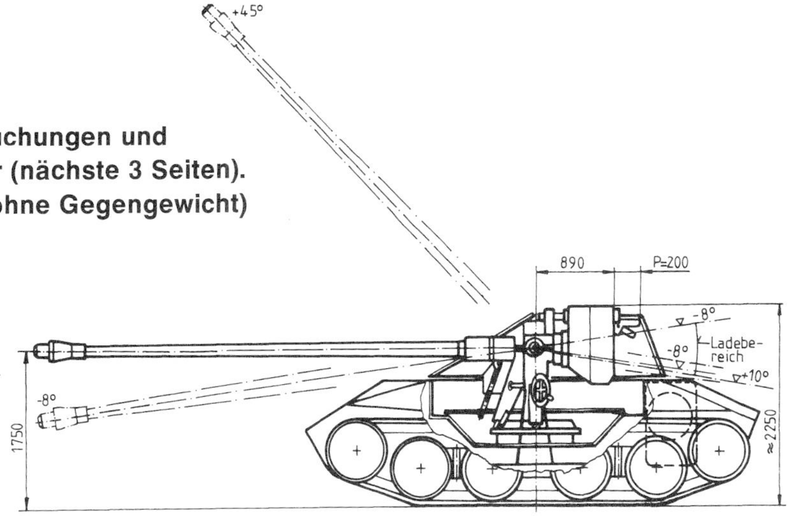


**Waffenträger für 8,8-cm-Pak 43 mit Schirmpanzer (Motor vorne).**

**Waffenträger für 8,8-cm-Pak 43 mit Schirmpanzer (Motor hinten).**

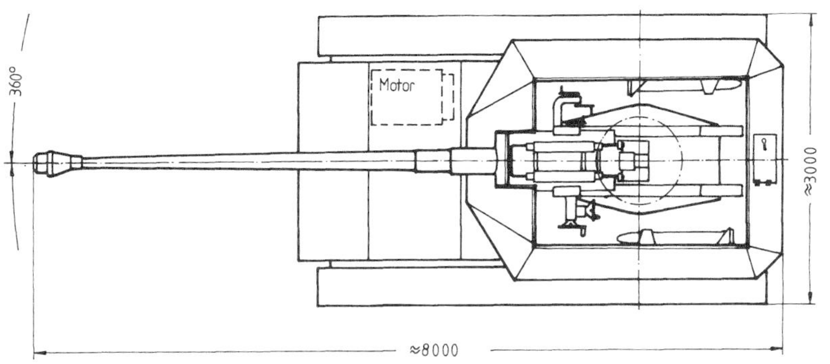


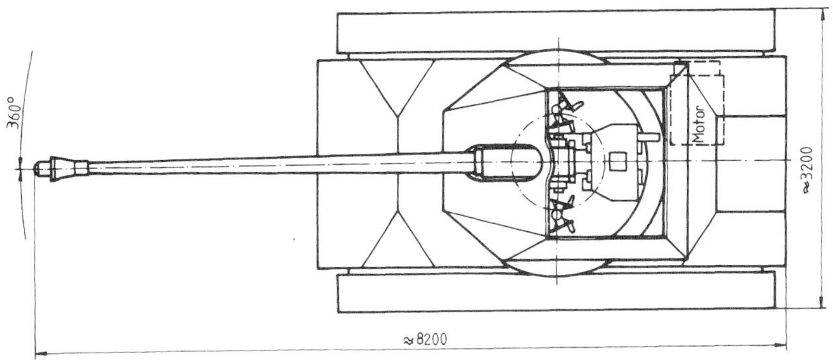


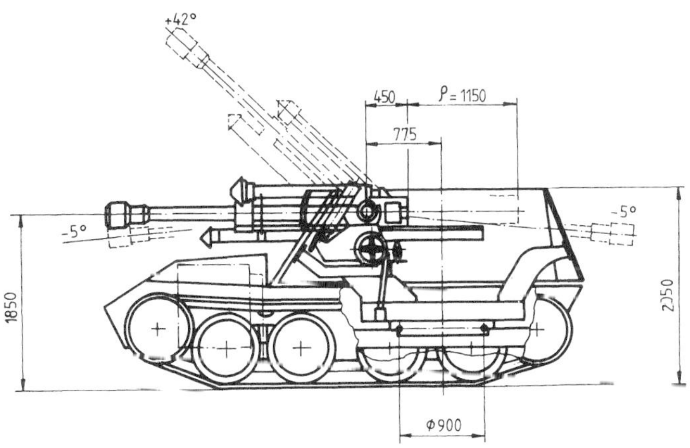


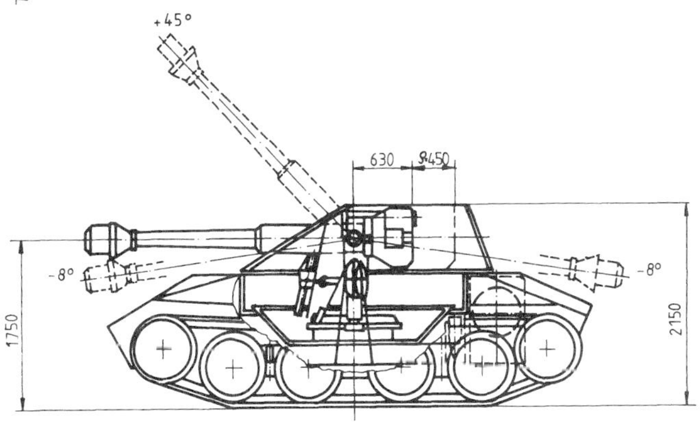


**Waffenträger für 10,5-cm-leFH 18/40 mit Schirmpanzer (Motor vorne).**

**Waffenträger für 10,5-cm-leFH mit Schirmpanzer (Motor hinten).**

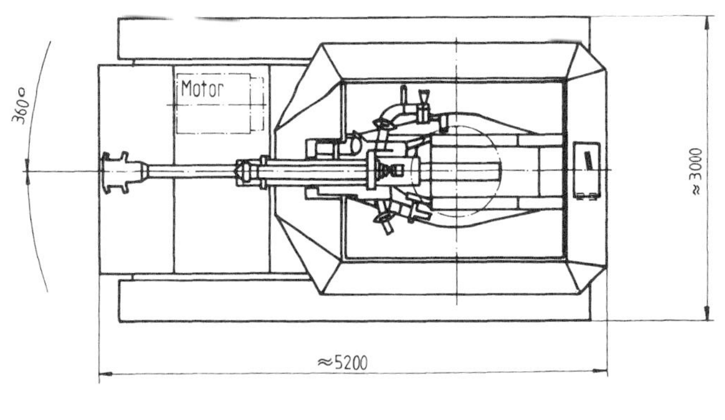


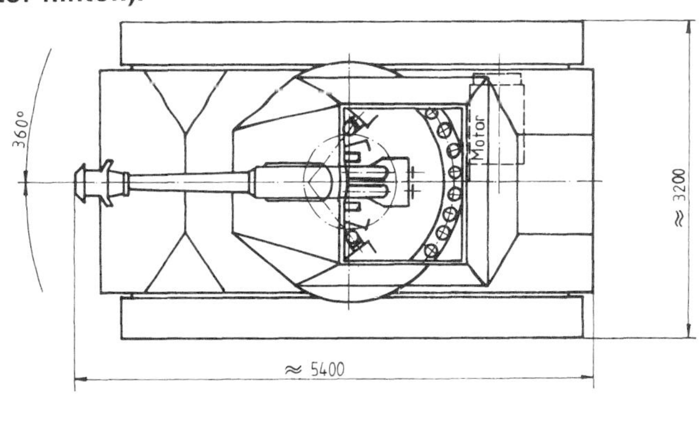

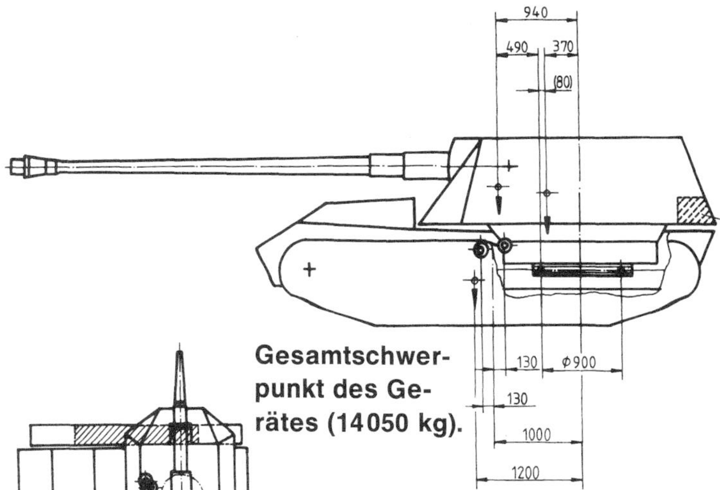


Gegengewicht 1400 kg.

Gesamtschwerpunkt des Gerätes (14050 kg).

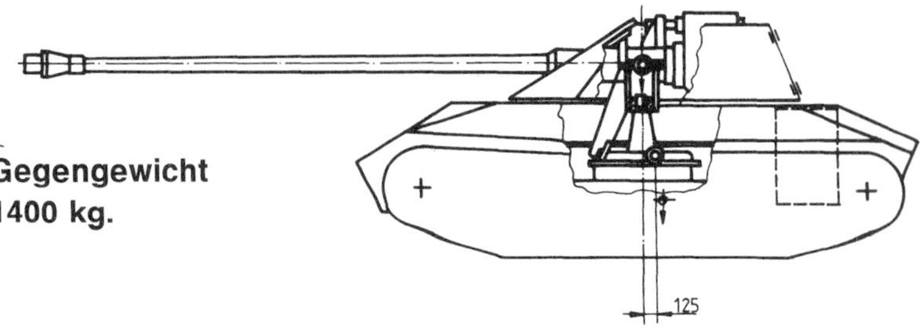


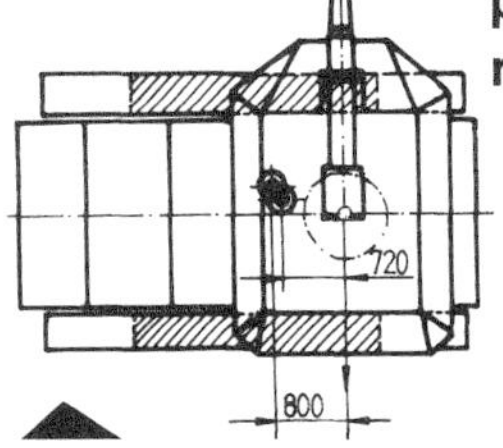


Schwerpunkt der drehenden Teile mit und ohne Gegengewicht.

Waffenträger für 8,8-cm-Pak L/71
Gesamtschwerpunkt des Gerätes (12630 kg)

▲ Schwerpunktverlagerung beim Schuß quer zur Fahrtrichtung.

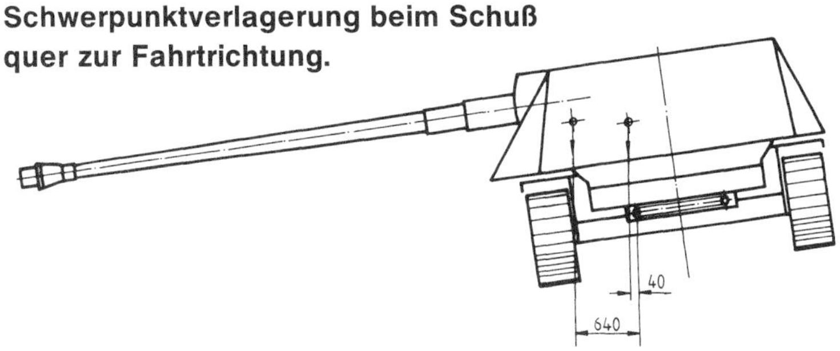


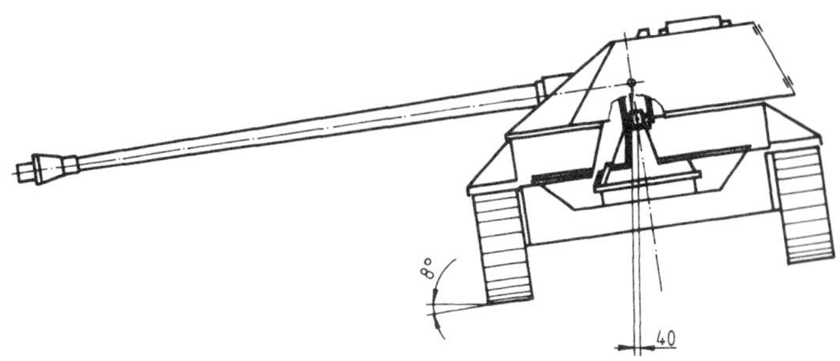


Gesamtschwerpunkt des Gerätes (12780 kg).

Gesamtschwerpunkt des Gerätes (10390 kg).

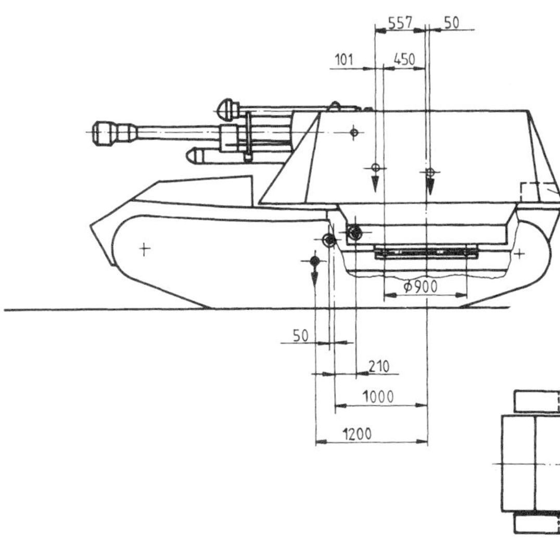


Gegengewicht 1400 kg.

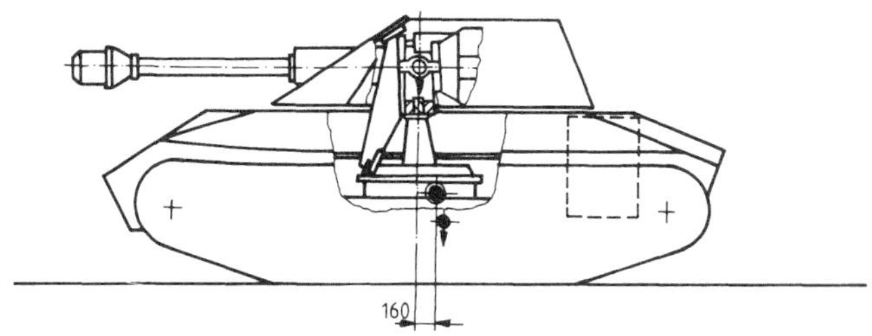


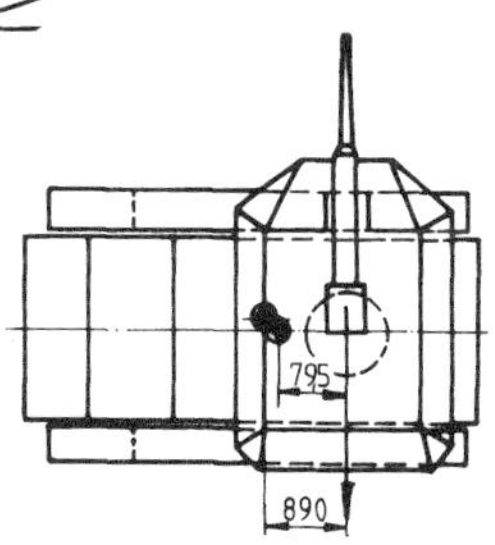


Schwerpunkt der drehenden Teile mit und ohne Gegengewicht
Waffenträger für 10,5-cm-leFH 18/40.

▲ Schwerpunktverlagerung beim Schuß quer zur Fahrtrichtung.

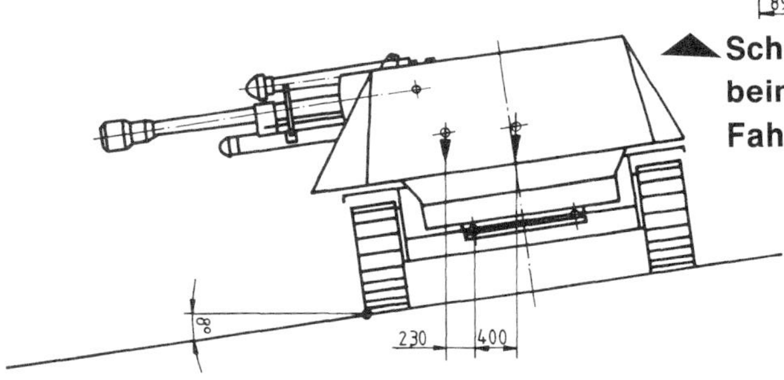


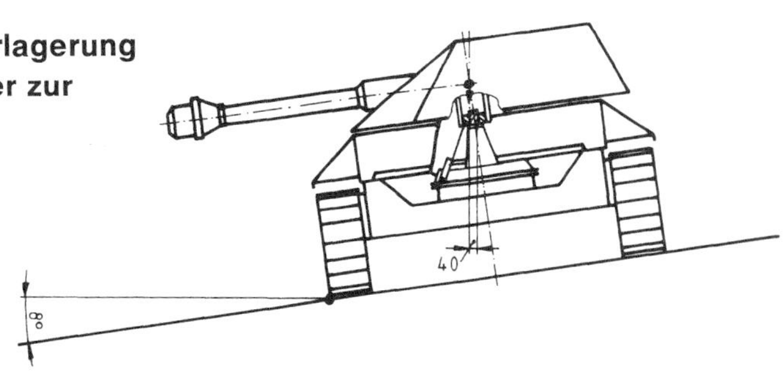

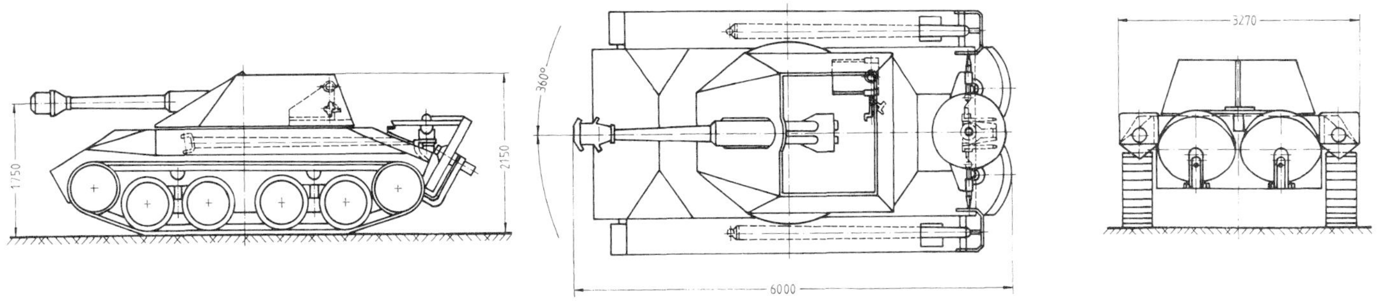


Waffenträger für 10,5-leFH (leFH-Lafette zerlegt und verlastet).

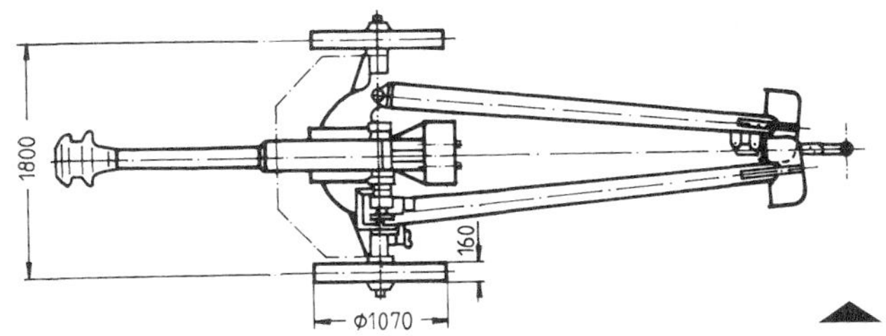


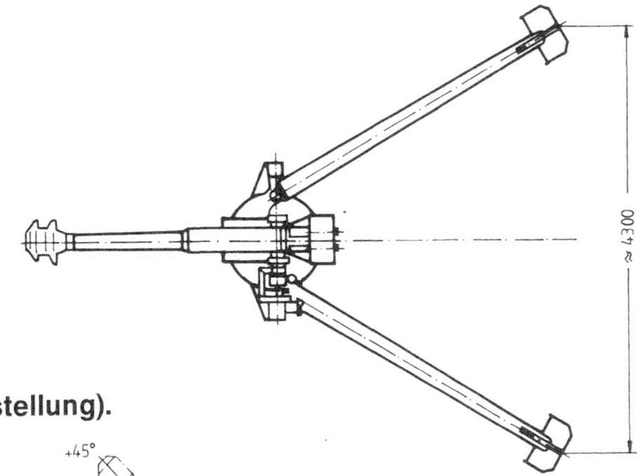


10,5-cm-leFH in zerlegbarer Räderlafette (Fahrstellung, Feuerstellung).

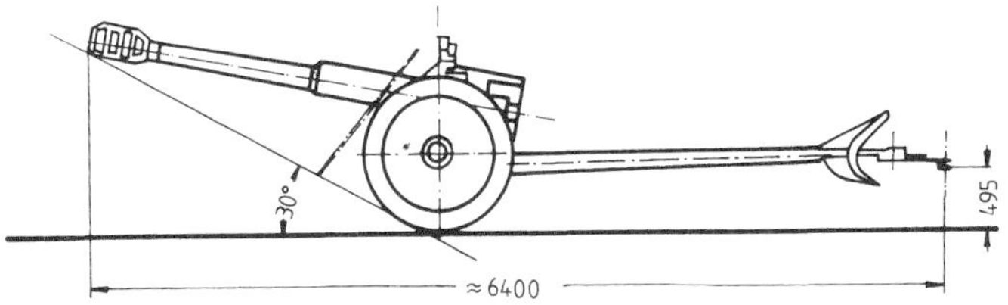


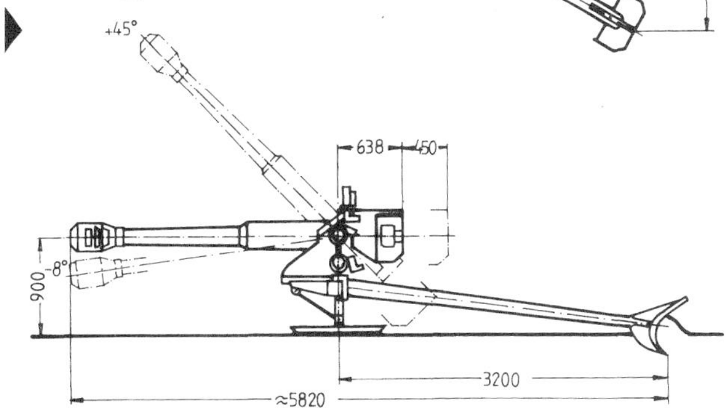


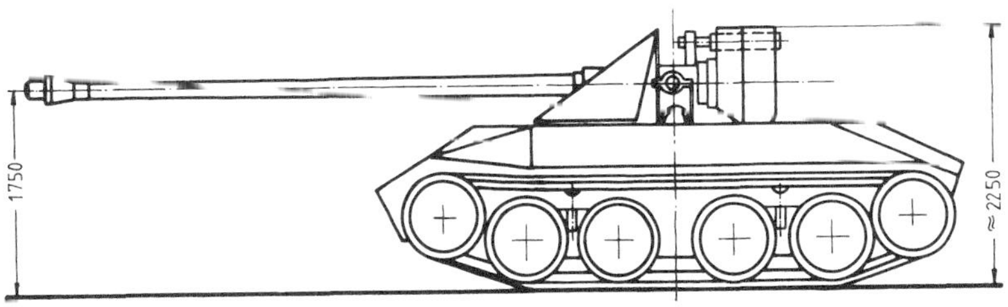


Waffenträger für 8,8-cm-Pak mit Stirnschild.

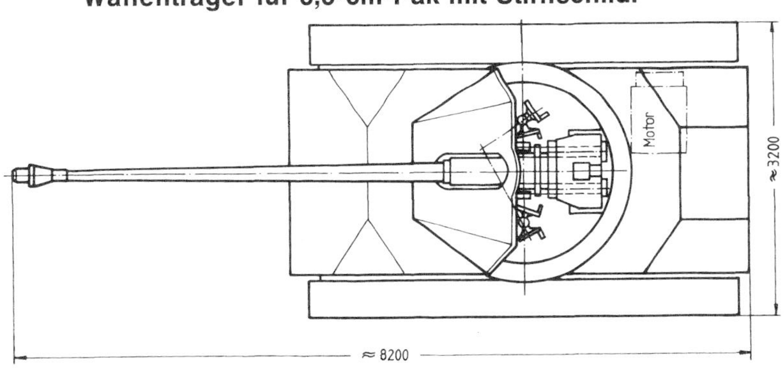


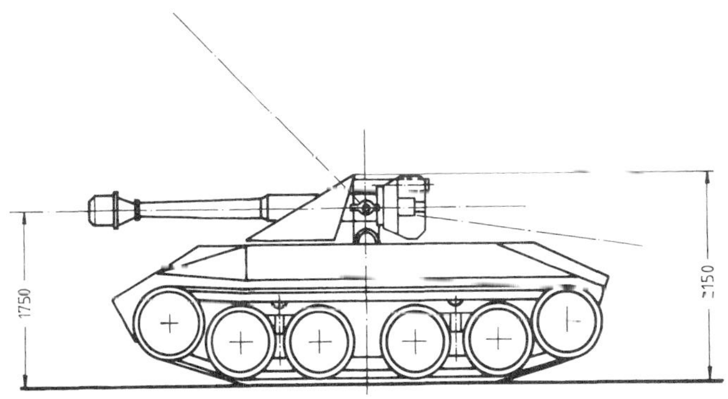


Waffenträger für 10,5-cm-leFH mit Stirnschild.

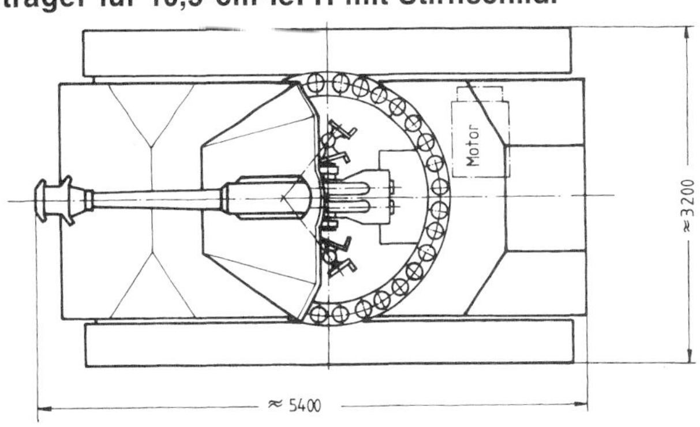

+45°) bei kleinster Feuerhöhe (1750 mm). Die horizontal bewegten Teile, Geschütz einschließlich Schirmpanzer oder wahlweise Stirnschild, waren vollständig ausgewuchtet, so daß sie bei Rundumfeuer in jeder Geschützstellung und Fahrzeuglage fast ohne Einfluß auf die Seitenrichtmaschinen blieben. Die Handradkräfte an den Richtmaschinen waren so niedrig gehalten, daß Ermüdung der Richtkanoniere vermieden werden konnte, auch im Dauerbetrieb. Dabei waren die Maschinen ohne komplizierte Übersetzungsgetriebe, ohne Schnecken und Schneckenräder, ohne Wälz- und Nadellager, also äußerst einfach gebaut. Oberlafette und Sockel waren Schweißkörper ohne Preßteile und ebenfalls ohne Wälz- und Nadellager. Die Zurrungen waren äußerst wirksam, da die beweglichen Teile ausgewuchtet waren. Der Aufbau und die Fertigung der Gerätegruppen waren sehr einfach. Es ergaben sich erhebliche Einsparungen an hochwertigen Materialien, Kontigenten und Arbeitszeiten. Folgender Vergleich bestätigt diese Aussage:

| | | Waffenträger | Einheits-Waffenträger | Waffenträger | Einheits-Waffenträger |
|---|---|---|---|---|---|
| | | 10,5-cm-leFH | 10,5-cm-leFH | 8,8-cm-Pak | 8,8-cm-Pak |
| Rohrgewicht | kg | 560 | 980 | 1600 | 3200 |
| Rücklauf | mm | 1150 | 450 | 600 | 240 |
| Bremsdruck | bar | 5200 | 8500 | 8500 | 8500 |
| Erhöhung | ° | −5−+42° | −8−+45° | −8−+42° | −8−+45° |
| Seite | ° | 360° | 360° | 360° | 360° |
| Geschützgewicht | kg | 2950 | 1950 | 4200 | 4200 |
| Fahrzeug, leer | kg | 8500 | 8500 | 8500 | 8500 |
| Gefechtsgewicht | kg | 11450 | 10450 | 12700 | 12700 |
| WT mit Ausgleich 50% | kg | 12850 | 10450<br>2,4 t | 14100 | 12700<br>1,4 t |
| WT mit Ausgleich 100% | kg | 14050 | 10450<br>3,6 t | 14300 | 12700<br>2,6 t |

Die Munitionslagerung war bei der leFH rund um den Kampfraum angeordnet, so daß bei jeder Rohrstellung die Munition greifbar war. Da bei der leichten Feldhaubitze die Forderung nach Absetzen auf eine Radlafette immer noch bestand, wurde eine zerlegbare Lafette geschaffen. Sie wurde auf dem Waffenträger untergebracht. Die einzelnen Lasten wogen 100 bis 120 kg und konnten von der Besatzung bewegt werden. Die schwingenden Teile, Rohr mit Rohrjacke, Rohrbremse und Vorholer und Zieleinrichtung wurden mittels des Sturmgeschützkranes abgesetzt. Das Gewicht in Feuerstellung betrug 1690 kg, in Fahrstellung mit Zubehör 1930 kg. Stabilität war bis zu 10° Rohrerhöhung gegeben. Der Protzdruck betrug 50 kg, der Sporndruck 80 kg. Die für die Radlafette benötigten Teile wogen 700 kg. Das Gesamtgewicht beim Waffenträger mit aufgelasteter Radlafette lag bei etwa 11200 kg.

Der Waffenträger war auch mit aufgelasteter Radlafette feuerbereit, lediglich am Heck war die Rohrabsenkung etwas eingeschränkt. Durch die erstmalige Verwendung von überschweren Bodenstücken bei Heeresgeräten, insbesondere bei den Waffenträgern, waren Waffen entstanden, die allen Konstruktionsbedingungen entsprachen und die besonders durch die Einfachheit der Baugruppen bestachen. Die Richtmaschinen für Höhe und Seite arbeiteten in jeder Gefechtslage einwandfrei, da die beweglichen Baugruppen ausgewuchtet waren. Für beide Rohre, 10,5-cm-leFH sowie 8,8-cm-Pak 43 war eine Einheitslafette entstanden. Die Waffenträger konnten gepanzert und ungepanzert verwendet werden. Um die leichte Feldhaubitze auch absetzbar zu machen, wurde eine einfache, zerlegbare Radlafette entwickelt, welche in Einzelteilen während der Fahrt auf dem Waffenträger verlastet werden konnte. Das Laufwerk war ein 4-Rollenlaufwerk mit einem Laufrollendurchmesser von 775 mm. Rheinmetall schlug auch vor, in dieses Fahrgestell das 12,8-cm-Jagdtigerrohr einzulegen. Bei diesem Entwurf wurden jedoch die Laufrollen auf 900 mm Durchmesser vergrößert, die später auch beim 5-Rollen-Laufwerk Verwendung fanden. Es konnte auch das Rohr der 15-cm-sFH 18 eingelegt werden.

Für schwere Geschütze entwickelte die Firma Rheinmetall einen Waffenträger mit fünf Laufrollen, die einen Durchmesser von 900 mm aufwiesen. Bei einer Gleis-

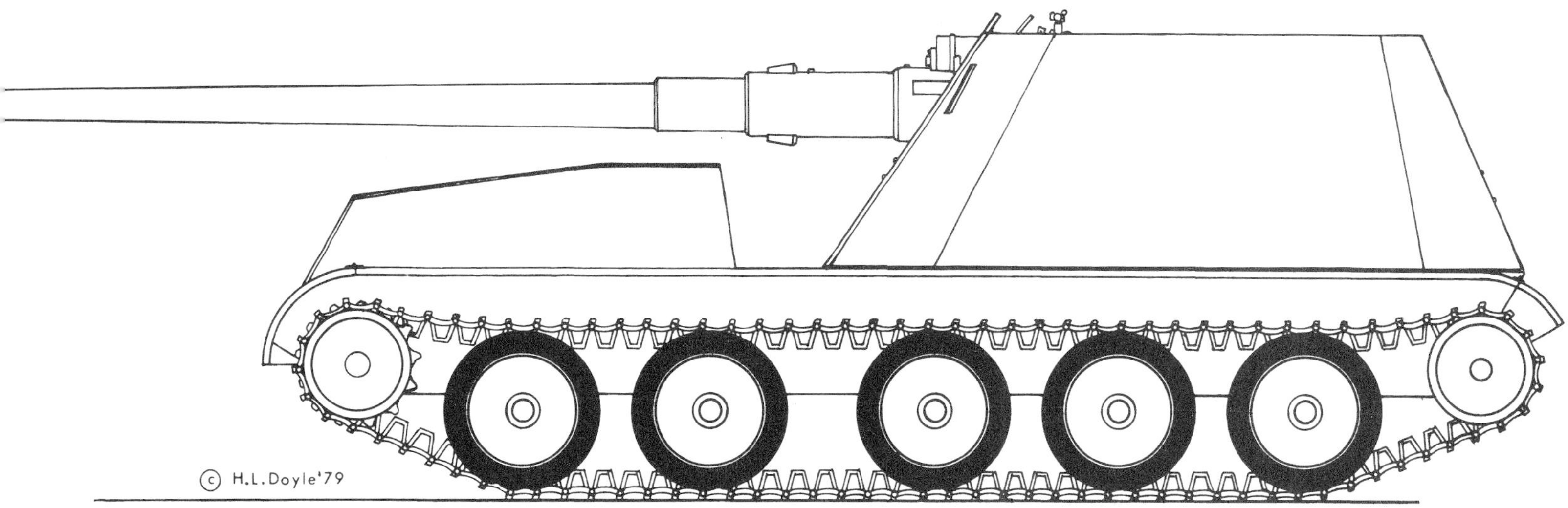


**Rheinmetall-Borsig-Waffenträger für 8,8-cm-KwK 43 L/71.**

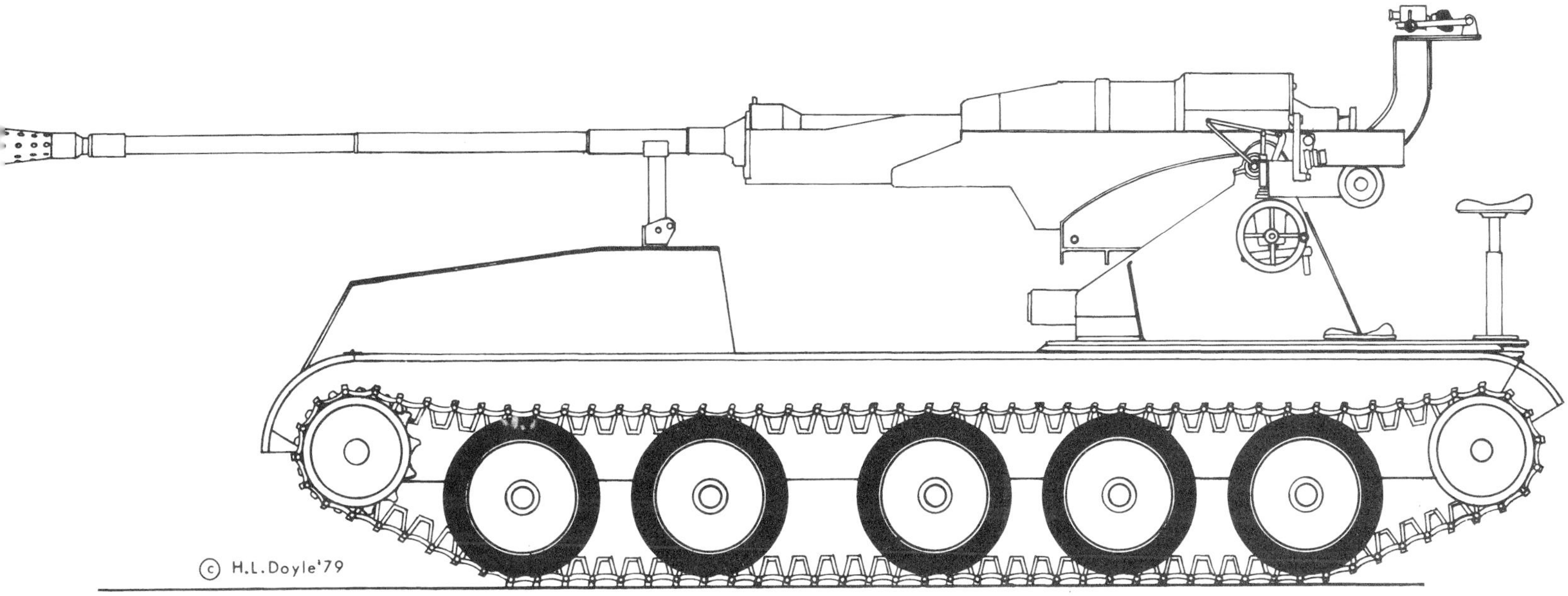


**Rheinmetall-Borsig-Waffenträger für 5,5-cm-Flakzwilling.**

**Rheinmetall-Borsig-Waffenträger für 8,8-cm-Pak 43 L/71 (mit Praga Motor).**

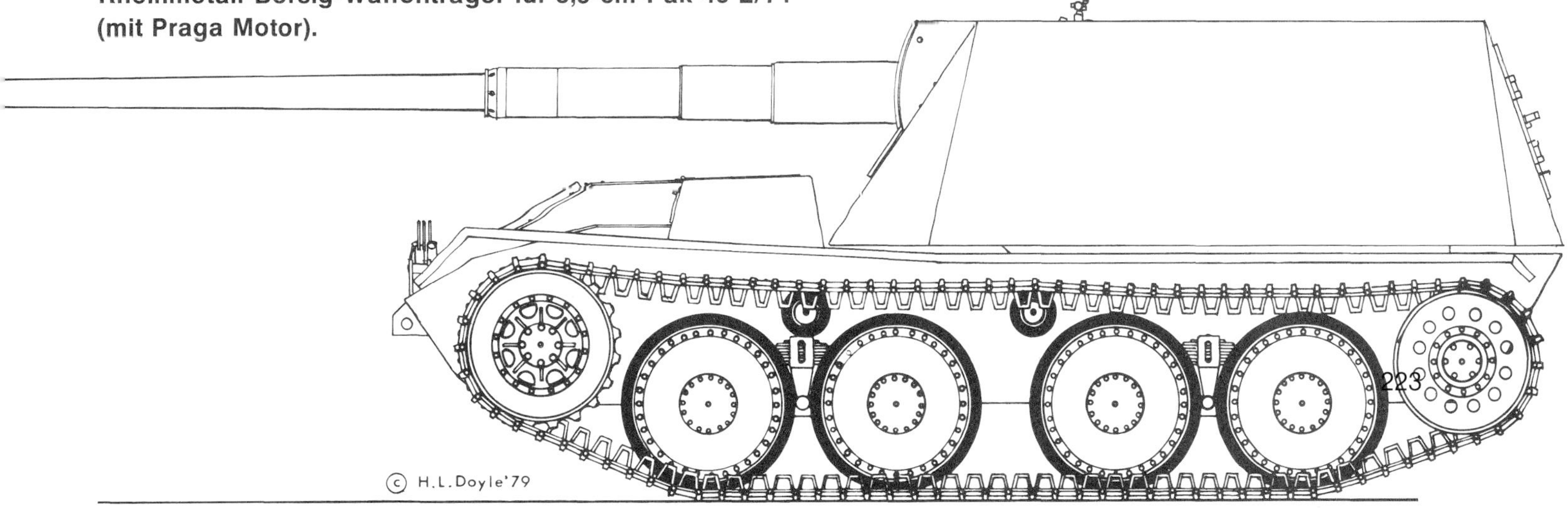

kettenauflagelänge von 4200 mm betrug die Spurweite 2600 mm und die Kettenbreite 400 mm. Eine Bodenfreiheit von 450 mm war vorgesehen. Vorgesehen zum Aufbau war u.a. das Rohr der 15-cm-sFH 18, für die arr Fahrzeug 10 Schuß 15-cm-KGr 18, 10 Schuß 15-cm-Gr 36 und 20 Kartuschen mitgeführt wurden. Bei 360° Traverse betrug das Höhenrichtfeld −8° bis +45°, die Feuerhöhe 1950 mm. Bei einer Länge des Fahrzeuges von 7050 mm ergaben sich 3260 mm Breite und 2450 mm Höhe.
Auf demselben Fahrgestell konnte auch das Rohr 12,8-cm-K 44 aufgesetzt werden. An Munition wurden 15 Schuß Spreng- und 15 Schuß Panzergranaten sowie 30 Kartuschen mitgeführt. Weitere 5-Rollen-Laufwerke für Waffenträger, jedoch mit 700 mm Laufrollendurchmesser und einem Laufrollenabstand von 830 + 1000 + 830 + 830 mm wurden von Rheinmetall-Borsig für das Gerät 58, einen 5,5-cm-Flakzwilling, vorgesehen.
Dieses Laufwerk war auch zum Aufbau der 8,8-cm-Pak 43 L/71 vorgesehen, die Feuerhöhe betrug 1750 mm. Bei einer Traverse von 360° ergab sich eine Rohrerhöhung von −8° bis +42°. Ein weiterer Vorschlag der Firma Rheinmetall-Borsig AG. zeigte ein 5-Rollen-Laufwerk mit einem Laufrollendurchmesser von 660 mm und einem Laufrollenabstand von 750 + 750 + 750 + 750 mm. Firma Rheinmetall-Borsig hatte für die Rohre der 12,8-cm-K 44 bzw. 15-cm-sFH 18 auch ein 6-Rollenlaufwerk konzipiert, wobei sich die Kettenauflagelänge gegenüber dem 4-Rollen-Laufwerk von 2900 auf 4850 mm erhöhte.
Die Waffe konnte jeweils durch einen Schild oder einen Schirmpanzer geschützt werden.

Dabei ergaben sich folgende Abmessungen und Gewichte:

| 15-cm-sFH 18 Rohr | | Schild | Schirmpanzer |
|---|---|---|---|
| Waffe | kg | 5625 | 6475 |
| Besatzung (4 Mann) | kg | 400 | 400 |
| Fahrzeug mit Pivot und Zurrung | kg | 8580 | 8580 |
| 20 Schuß Munition | kg | 1060 | 1060 |
| | kg | 15665 | 16515 |
| Spez. Bodendruck | kg/cm² | 0,68 | 0,72 |
| Lenkverhältnis | | 1:1,03 | |

| 12,8-cm-K 44 Rohr | | | |
|---|---|---|---|
| Waffe | kg | 7795 | 8645 |
| Besatzung (4 Mann) | kg | 400 | 400 |
| Fahrzeug mit Pivot und Zurrung | kg | 8580 | 8580 |
| 30 Schuß Munition | kg | 1610 | 1610 |
| | kg | 18385 | 19235 |
| Spez. Bodendruck | kg/cm² | 0,79 | 0,83 |
| Lenkverhältnis | | 1:1,03 | |

| 15-cm-sFH 18 Rohr | | | |
|---|---|---|---|
| Waffe | kg | 5625 | 6475 |
| Besatzung (4 Mann) | kg | 400 | 400 |
| Fahrzeug mit Pivot und Zurrung | kg | 10080 | 10080 |
| 20 Schuß Munition | kg | 1060 | 1060 |
| | kg | 17165 | 18015 |
| Spez. Bodendruck | kg/cm² | 0,44 | 0,46 |
| Lenkverhältnis | | 1:1,73 | |

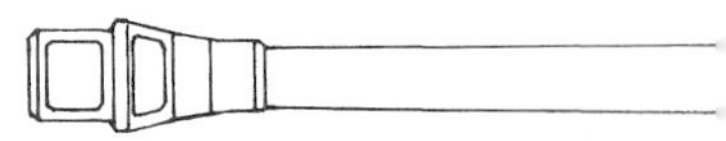

| 12,8-cm-K 44 Rohr | | | |
|---|---|---|---|
| Waffe | kg | 7795 | 8645 |
| Besatzung (4 Mann) | kg | 400 | 400 |
| Fahrzeug mit Pivot und Zurrung | kg | 10080 | 10080 |
| 30 Schuß Munition | kg | 1610 | 1610 |
| | kg | 19885 | 20735 |
| Spez. Bodendruck | kg/cm² | 0,51 | 0,53 |
| Lenkverhältnis | | 1:1,73 | |

Letztlich erlaubten die mit drei fast gleichen Prototypen gemachten Versuche die Vorbereitung für eine Serienfertigung im Frühjahr 1945. Nach vorhandenen Krupp-Unterlagen sollten ab Herbst 1945 monatlich 350 dieser Fahrzeuge hergestellt werden. Die Fahrzeugteile hierfür waren ausschließlich den Jagdpanzer 38 und 38 D-Bauprogrammen zu entnehmen und waren den Firmen herstellungsmäßig zugeteilt, die bis zu diesem Zeitpunkt den Panzerkampfwagen IV produzierten, der auslaufen sollte.
Oberleutnant Ardelt, der den Grundgedanken für diese Fahrzeuge schuf, ist bei der Verteidigung seiner Heimatstadt Eberswalde in einem seiner Waffenträger-Fahrzeuge gefallen.

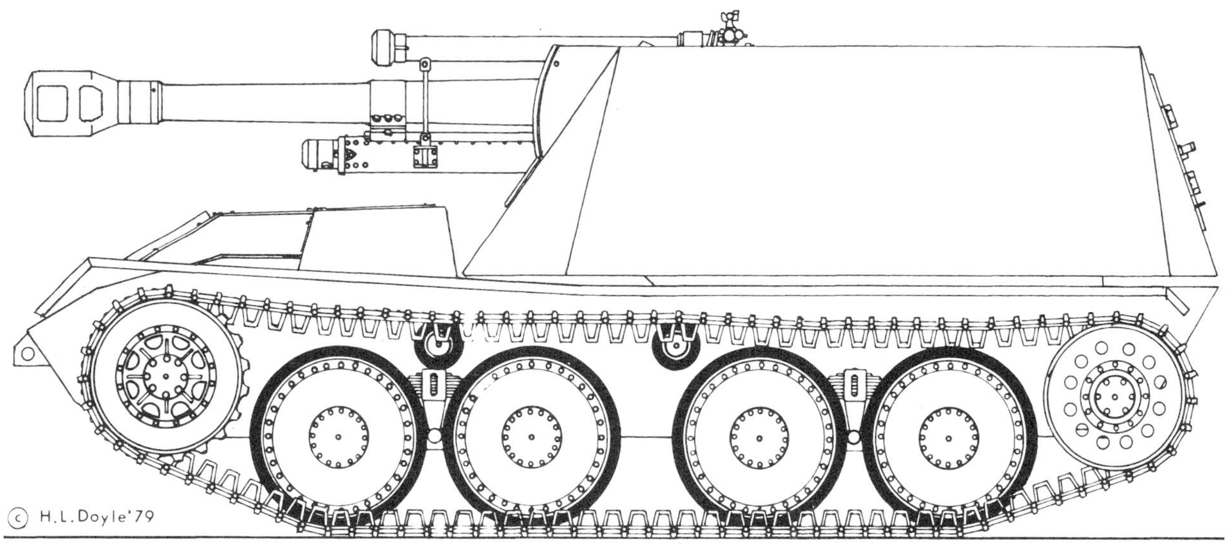


**Rheinmetall-Borsig-Waffenträger für 10,5-cm-leFH 18 (mit Praga Motor).**

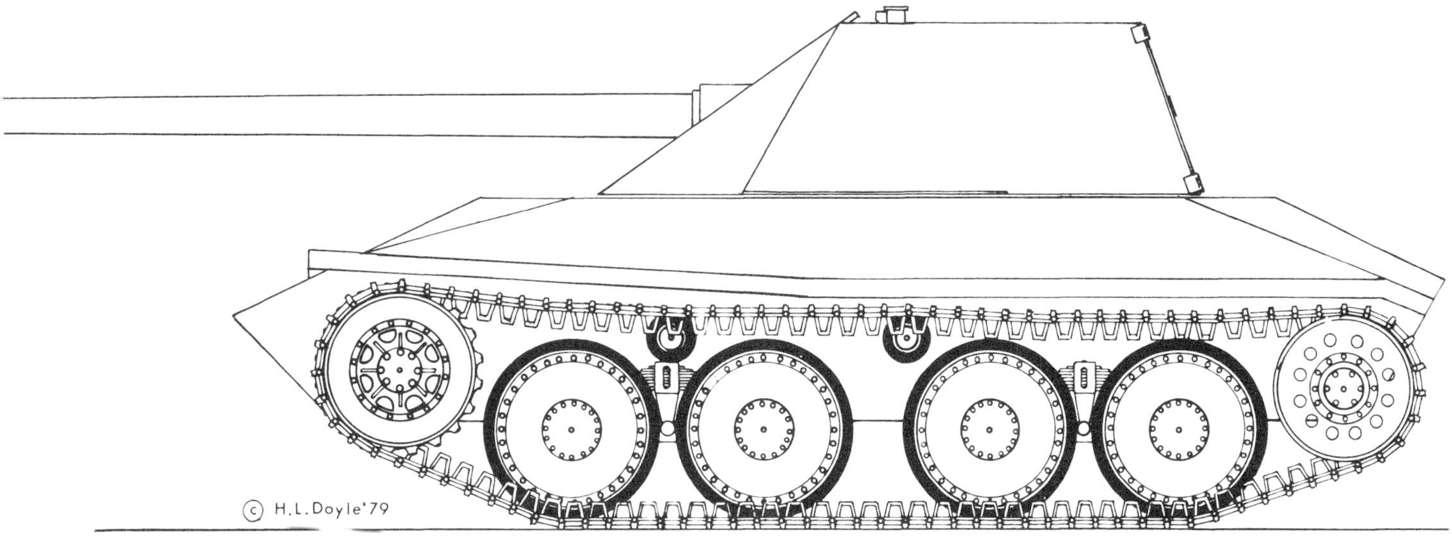


**Rheinmetall-Borsig-Waffenträger für 8,8-cm-Pak 43 L/71.**

**Rheinmetall-Borsig-Waffenträger für 10,5-cm-leFH.**

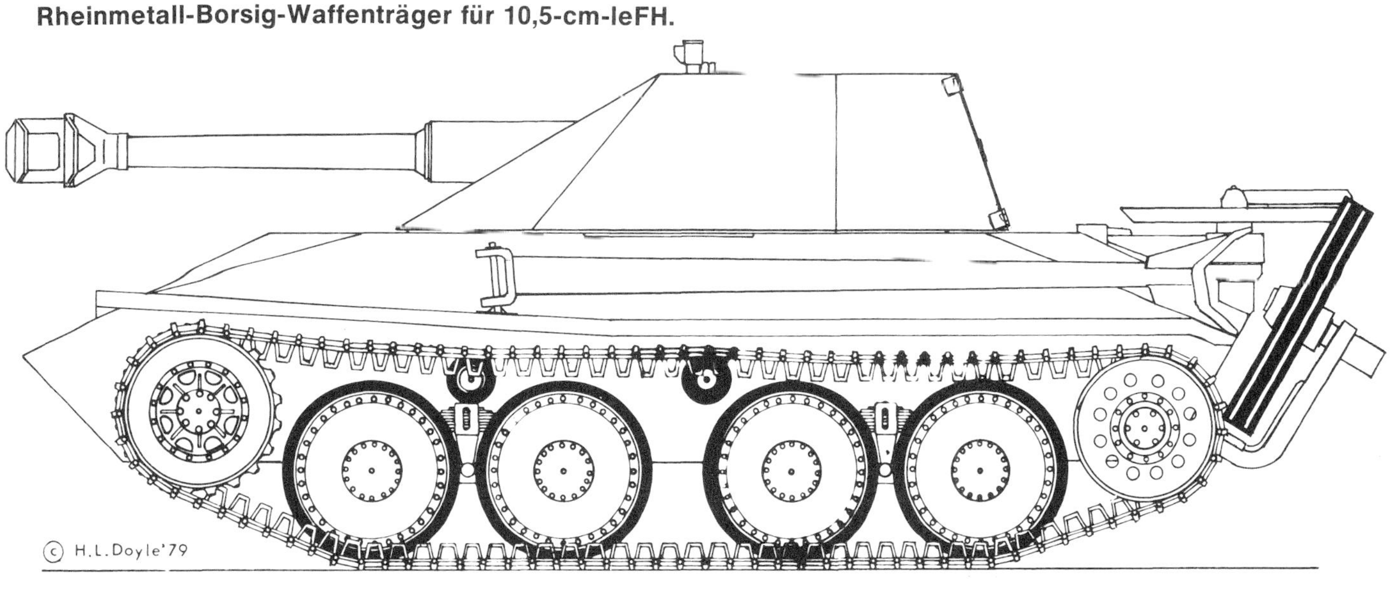

**Rheinmetall-Borsig**
**Waffenträger für 12,8-cm-K 44-Rohr**
**(5-Rollen-Laufwerk).**

**Rheinmetall-Borsig**
**Waffenträger für 15-cm-sFH 18-Rohr**
**(6-Rollen-Laufwerk).**

**Rheinmetall-Borsig**
**Waffenträger für 12,8-cm-K 44-Rohr**
**(4-Rollen-Laufwerk)**

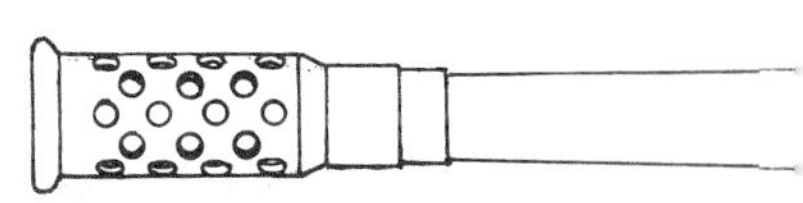

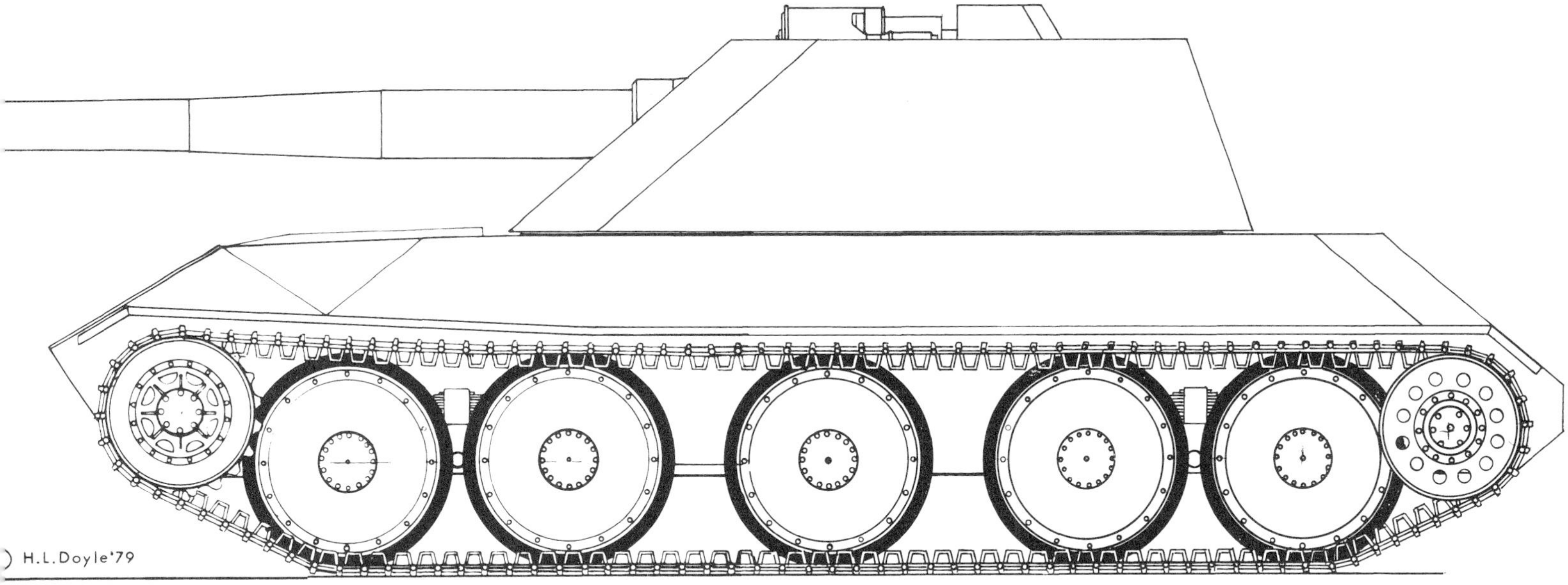
H.L.Doyle'79

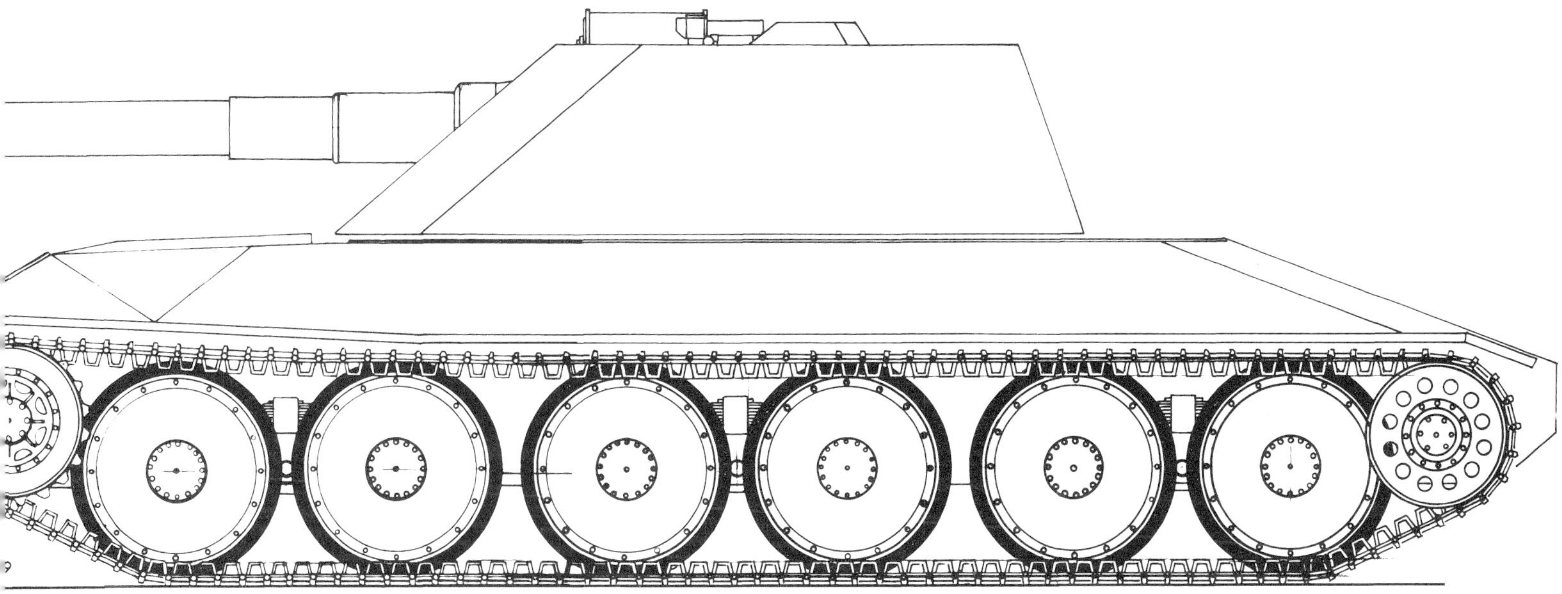

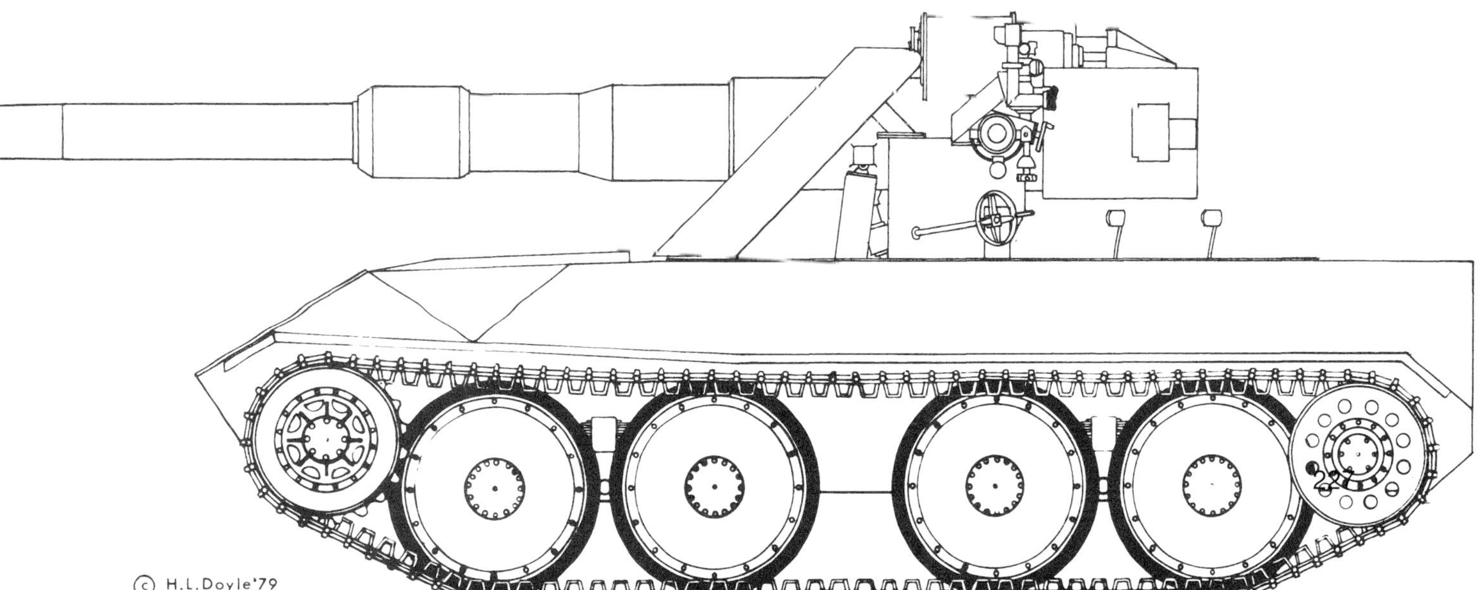
© H.L.Doyle'79

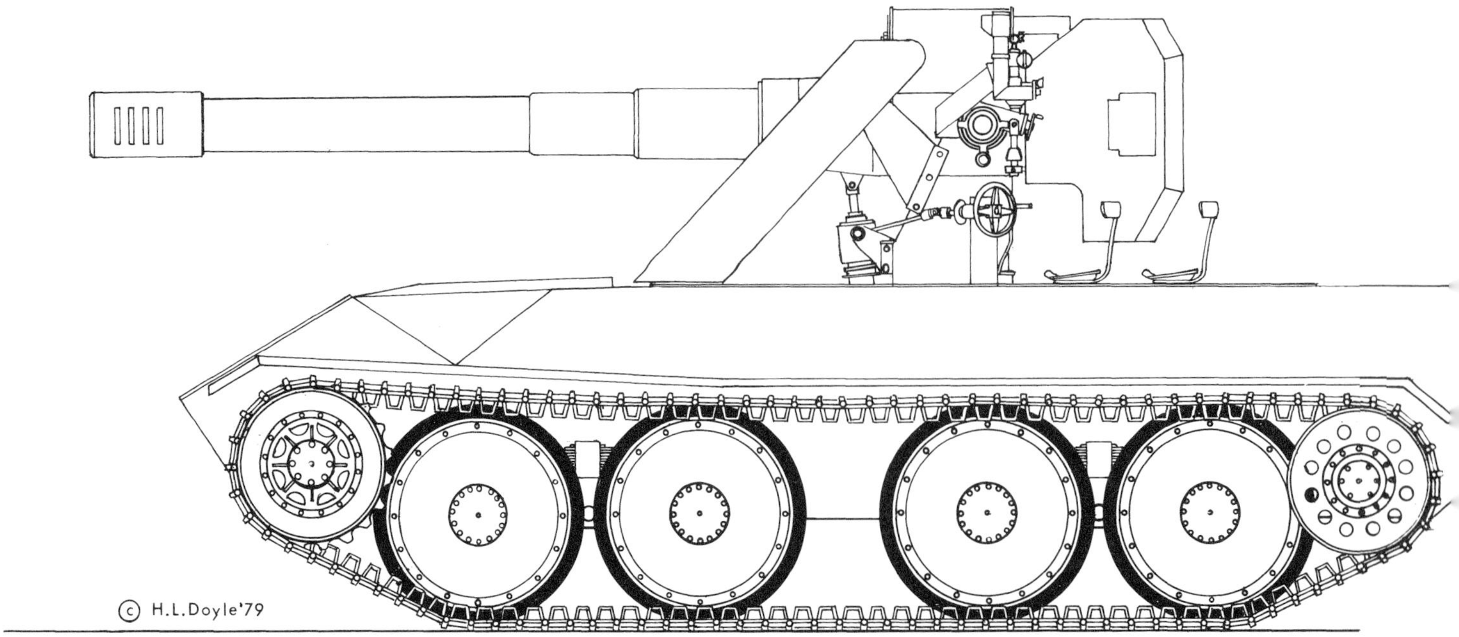


Rheinmetall-Borsig-Waffenträger mit 15-cm-sFH 18-Rohr.

Rheinmetall-Borsig-Waffenträger mit 12,8-Jagdtiger Rohr.

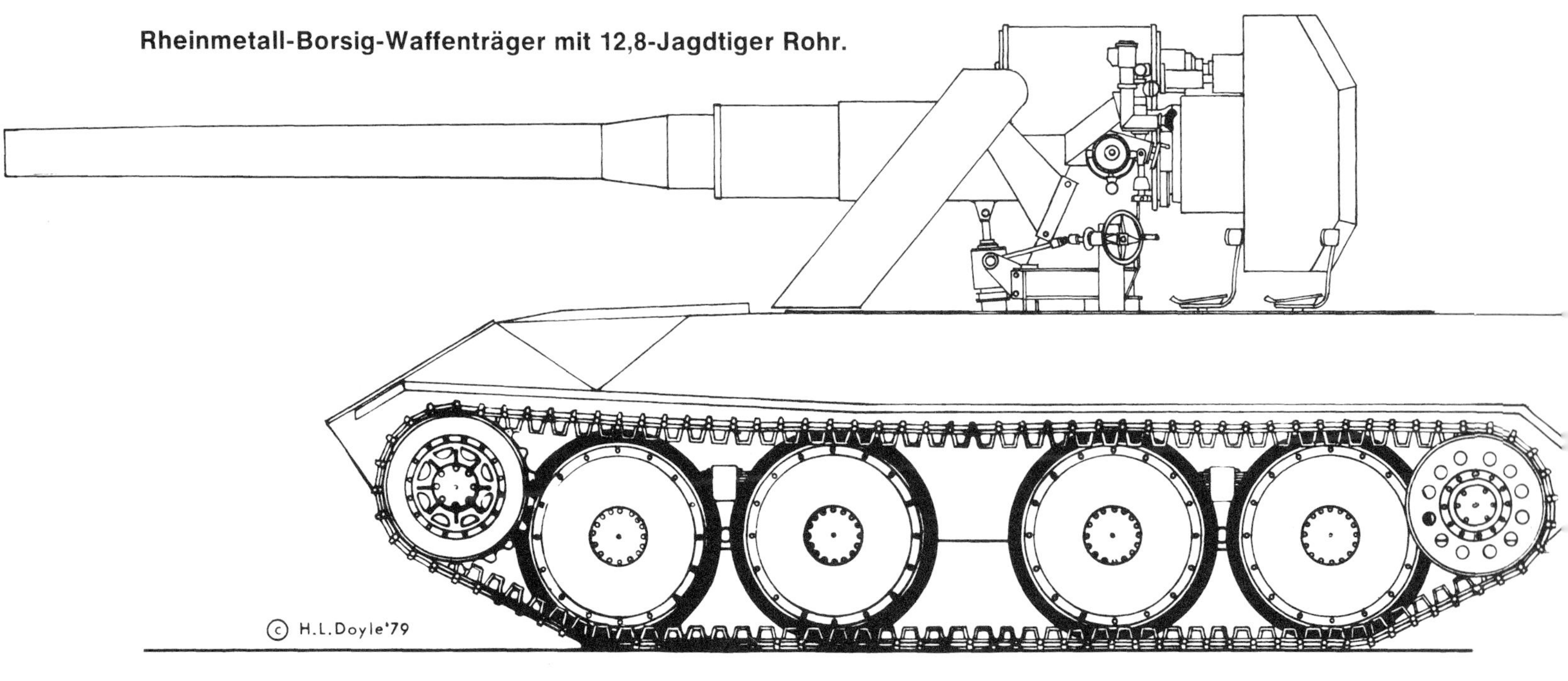

# 5. Anlagen

## 5.1 GLIEDERUNG DER HEERES-PANZER-JAGD-ABTEILUNG 6

**GLIEDERUNG**

| | |
|---|---|
| Kdr | |
| Abtlg. Stab | 3. Zug 5 Jagdp. |
| Führungsstaffel | 3. Zug 5 Jagdp. |
| Kampfstaffel | = 30 Jagdpanzer |
| = 5 Jagdpz 38 | 3. Auflärungs Kompanie |
| Führ.San. Staffel | Kp. Tr. 1 Späh Pz |
| 1. Jagdpanzerkp. | 1. Zug 4 Späh Pz |
| 2. Jagdpanzerkp. | 2. Zug 4 Späh Pz |
| Kp. Trupp 2 Jagdp. | 3. Zug 4 Späh Pz |
| Kp Trupp 2 Jagdp. | 13 Späh Panzer (Spz) |
| = 4 Jagdpanzer | Versorgungs Kp |
| 1. Zug 5 Jagdp. | Munitions Staffel |
| 1. Zug 5 Jagdp. | Verpflegungs Staffel |
| 2. Zug 5 Jagdp. | Instandsetzungs Staffel |
| 2. Zug 5 Jagdp. | Sanitäts Staffel |

## 5.2 VOR- UND NACHTEILE DER JAGDPANZER

Aus den Berichten des Oberstleutnant a. D. Mundt über den Einsatz der Heeres-Panzerjagd-Abteilung 6 aus den letzten Kämpfen des Krieges ergibt sich folgendes Bild:

Über den ersten Einsatz der Abteilung während des Aufstandes in Warschau soll nicht berichtet werden, da die Jagdpanzer für die Bekämpfung von Kampfpanzern vorgesehen und gestaltet sind und daher in den Straßen- und Häuser-Kämpfen, bei denen auf der Gegenseite nicht einmal Panzer eingesetzt waren, wenig geeignet sind.

Der Einsatz der Heeres-Panzerjagd-Abteilung 6 am Ende der Kämpfe an der Ostfront in Pommern zeigte die gute Eignung des neuentwickelten Jagdpanzers 38. Er brachte der Abteilung große Erfolge und den Truppenteilen, denen sie zugeteilt wurde, eine sehr wirksame Entlastung in den schweren Kämpfen gegen eine große Übermacht.

Die Heeres-Panzerjagd-Abteilung hatte nach der beigefügten Gliederung 39 Jagdpanzer im Einsatz. In den schweren ostwärts der Oder etwa 10 Tage andauernden Kämpfen hat diese Abteilung allein mehr als 150 feindliche Kampfpanzer abgeschossen, also viermal so viel wie die eigene Stärke. Mehrere Jagdpanzer haben allein je über 20 gegnerische Kampfpanzer außer Gefecht setzen können. Diese Tatsache allein beweist den hohen Wert des Jagdpanzers 38 trotz aller seiner Schwächen. Er war die mit Abstand wirksamste Waffe der Panzerabwehr.

Voraussetzungen für einen derart erfolgreichen Einsatz waren, daß die Infanterie, bei der die Jagdpanzer eingesetzt waren, diese dauernd und mit Erfolg gegen die feindliche Infanterie schützte und daß die Jagdpanzer im Verband und nicht einzeln oder zersplittert eingesetzt wurden.

Aus den Erfahrungen der Kämpfe konnten folgende Schlüsse gezogen werden:

### 5.2.1 Vorteile des Jagdpanzers

Die schrägen Flächen der Panzerwanne wiesen häufig Treffer ab, ohne daß diese das Fahrzeug beschädigten. Die sehr geringe Bauhöhe des Fahrzeugs ermöglichte es, daß der Jagdpanzer jede Deckung im Gelände gut ausnutzen konnte und nur schwer getroffen wurde. Die Kanone schoß sehr gut und hatte die erforderliche Wirkung im Ziel. Die Optik ermöglichte ein gutes Erkennen des Ziels und zusammen mit der Kanone eine hohe Treffsicherheit. Die Funkgeräte ermöglichten gute Sprechverbindungen mit den anderen gleichzeitig eingesetzten Jagdpanzern, sichere Abgabe der Meldungen und guten Empfang der Befehle.

### 5.2.2 Nachteile des Jagdpanzers

Der Jagdpanzer 38 mit einem Gewicht von 16 000 kg und mit einer 7,5-cm-Panzerabwehrkanone wurde aus einem Panzerkampfwagen mit allen seinen wesentlichen Bauteilen entwickelt, der ein Gesamtgefechtsgewicht von 9700 (später 9860) kg hatte und mit einer 3,7-cm-Panzerkanone ausgerüstet war. Der Kampfraum konnte natürlich für die wesentlich größere Kanone, die mit einer auch viel größeren Munition geladen werden mußte, ein Maschinengewehr, das vom Inneren des Kampfraumes aus geladen, gerichtet und abgeschossen werden mußte, dann noch 4 Soldaten Platz und Bewegungsfreiheit nicht in ausreichendem Maße bieten. Die Nachteile ergaben sich aus diesem Platzmangel und den zu schwachen, sowie bestenfalls unzulänglich verstärkten Maschinenteilen des gesamten Fahrgestells.

Der Kommandant konnte in dem beschränkten Kampfraum mit einer ganz unzulänglich bemessenen und ausgerüsteten Kommandantenkuppel nur ungenügend und sehr erschwert seine umfangreichen Aufgaben erledigen. Die Sichtmöglichkeit des Kommandanten aus der Deckung heraus war unzulänglich, die Rundumsicht noch wesentlich schlechter. Um den Jagdpanzer trotzdem führen zu können, mußte der Kommandant ungedeckt aus der Luke heraus beobachten. Durch eine viel zu große Zahl von Schuß- und Splitterverletzungen gab es sehr viele Ausfälle an Kommandanten. Für eine ausreichende Nachtbeobachtung fehlten die notwendigen Geräte oder waren gar nicht unterzubringen.

Da der Jagdpanzer in dem gleichen Raum mit der Infanterie kämpfen mußte, brauchte er eine wirksame Nahverteidigung. Das aus dem Kampfraum heraus bediente, rundum schwenkbare Maschinengewehr war sicher besser als das Maschinengewehr auf dem Sturmgeschütz, das von einem Mann außerhalb des Kampfraumes, unzulänglich durch ein Schutzschild geschützt, bedient werden mußte. Die Sichtmöglichkeiten durch ein Richtfernrohr mit kleinem Blickfeld waren sehr gering und keineswegs ausreichend. Das M.G. wurde mit einem Magazin – Inhalt 20 Schuß – geladen. Es mußte natürlich oft nachgeladen werden und sicherlich häufig dann, wenn eigentlich hätte geschossen werden müssen. Dieses Maschinengewehr, mit der Möglichkeit vom Kampfraum aus bedient zu werden, wurde für dieses Fahrzeug neu angepaßt und natürlich nur zu kurz erprobt, um die gestellte sehr schwierige technische Aufgabe ausreichend lösen zu können. Die Gleiskette reichte für die vorher gebauten Fahrzeuge dieses Baumusters mit fast 10000 kg Gewicht aus. Sie wurde verbreitert, war aber noch zu schmal für ein Fahrzeug mit einem Gewicht von 16000 kg. Die Entwicklungszeit, die zur Verfügung stand, war so kurz, daß Änderungen, die am gesamten Laufwerk, an der Leitradlagerung, am Seitenvorgelege und an der Gleiskette notwendig gewesen wären, undurchführbar waren. Für den Jagdpanzer 38 D waren zusätzliche Laufwerksänderungen vorgesehen. Der Motor war in seinem ganzen Entwicklungsgang von 100 PS bis auf 160 PS in seiner Leistung gesteigert worden und so an der Leistungsgrenze angekommen und dieses ohne wesentliche Verstärkung des Wechselgetriebes, Lenkgetriebes und Seitenvorgeleges. Für die Jagdpanzer 38 D waren ein stärkerer Motor, Wechselgetriebe, Lenkgetriebe und Seitenvorgelege vorgesehen.

### 5.2.3 Neuerungen und Formänderungen

Die Erhöhung des Gesamtgewichtes des Kampfpanzers 38 von 9860 kg auf 16000 kg des Jagdpanzers 38, deren Folgen leider noch durch eine schwere Kopflastigkeit des Fahrzeugs wegen der dicken Panzerung an den Bugblechen und der schweren 7,5-cm-Panzerkanone bedenklich erhöht wurden, brachte an den vielen jetzt wesentlich höher belasteten Bauteilen eine große Zahl von Schwierigkeiten, die sich zum großen Teil erst im laufenden Betrieb herausstellten, weil auch hier für eine gründliche Erprobung aus politischen und taktischen Gründen nicht die notwendige Zeit zur Verfügung stand. In der laufenden Fertigung konnten die nun erforderlichen Verstärkungen oder Umkonstruktionen, wenn sie sich in einer auch wieder sehr kurzen Erprobungszeit bewährt hatten, nacheinander einfließen. Manche dieser Änderungen sollten, soweit dieses überhaupt noch möglich war, bei der Truppe gelegentlich notwendiger Instandsetzungen auch noch durchgeführt werden. Sie wurden in den Heeresverordnungsblättern als Neuerungen und Formänderungen bekanntgegeben und die hierfür notwendigen Teile auf dem Nachschubwege der Truppe zugeteilt. (Siehe Anlage 12.5)

## 5.3 KRAFTFAHRVERSUCHSSTELLE KUMMERSDORF UND 5.4 PANZERINSTANDSETZUNG

In den bisherigen Werken des Verfassers wurden hauptsächlich die Entwicklungs- und Einführungsphasen der dargestellten Kraftfahrzeuge der Reichswehr und Wehrmacht behandelt. Über dem taktischen und operativen Einsatz sowie die Bewährung dieser Fahrzeuge im Gefecht wurde an anderer Stelle von kompetenten Stellen vielfältig berichtet.
Entscheidende Bedeutung für die Beurteilung der deutschen Panzerkampfwagen und gepanzerten Fahrzeuge hatte aber auch eine gründliche Erprobung und lebenswichtige Materialerhaltung. In beiden Bereichen wurde von Soldaten aller Dienstgrade und Zivilpersonen viel Idealismus und guter Wille eingesetzt. Kein Frontbericht hat über diese stille, gründliche Arbeit gesprochen, die in vielen Fällen entscheidend für den erfolgreichen Ausgang eines Einsatzes war. Darüber konnte schon wegen der Schutzbedürftigkeit der Erprobung und des Mangels an außergewöhnlichen Situationen bei der Materialerhaltung nicht in breitem Umfang der Öffentlichkeit berichtet werden. Die unge-

rühmte und selbstlose Pflichterfüllung blieb im allgemeinen unbekannt und brachte keine Schlagzeilen.

Die nachstehenden beiden Berichte sollen in einfacher Form die wichtigen Sachgebiete Panzererprobung und Materialerhaltung aufzeigen.

**5.3 Bericht über die Entstehung und Entwicklung der Kraftfahrversuchsstelle des Heereswaffenamtes (Verskraft) in Kummersdorf-Schießplatz, Kreis Teltow**
von Oberst a. D. Dipl.-Ing. Willi Esser

**5.4 Panzerinstandsetzung und Panzerabschleppdienst. Ein zusammenfassender Bericht über die Erfahrungen im Zweiten Weltkrieg**
von Oberst a. D. Dipl.-Ing. Eibe Theodor Icken

## 5.3 Kraftfahrversuchsstelle des Heereswaffenamtes in Kummersdorf-Schießplatz

Über die Entstehung der Kraftfahrzeugversuchsstelle des Heereswaffenamtes (amtl. Kurzbezeichnung: Verskraft) in Kummersdorf-Schießplatz stehen keine dokumentarischen Unterlagen mehr zur Verfügung. So ist man über ihre Anfänge auf wenige noch verfügbare Aussagen und Aufzeichnungen angewiesen.

Der Schießplatz Kummersdorf, etwa 40 km südlich Berlin, der im 8. Jahrzehnt des vorigen Jahrhunderts eingerichtet wurde, diente zunächst der Erprobung von infanteristischen und artilleristischen Feuerwaffen und der Feststellung vergleichbarer Meßergebnisse.

Die Messungen und die technische Erprobung wurden von den sachbearbeitenden Referenten der Inspektion für Waffen und Gerät des Heereswaffenamtes (IWG) durchgeführt und ausgewertet. Aufgabe der Kommandantur des Schießplatzes war die örtliche Vorbereitung mit der Bereitstellung der Versuchsgeräte, der Munition, der Meßgeräte und Hilfskräfte. Das galt in gleicher Weise für die Vorführung von Geräten vor entsprechenden Gremien.

Das auf dem Schießplatz tätige Personal war nach Etat, Disziplinar- und Arbeitsrecht Bestandteil der Kommandantur. Eingeschlossen waren auch die Beamten und Offiziere des Schießplatzes.

Andere, in den späteren Jahren in Kummersdorf untergebrachte Versuchsstellen, wozu die Verskraft gehörte, wurden gleichartig in die Kommandantur eingegliedert. Jedoch wurde dem Leiter der Verskraft in technischer Hinsicht Unabhängigkeit von der Kommandantur gewährt.

Aufzeichnungen über die vorhandenen Motorenprüfstände, Meßgeräte und Hersteller lassen nach Art und Bezeichnung darauf schließen, daß die älteren in der ersten Hälfte der zwanziger Jahre angeschafft wurden, und daß in diese Zeit die Entstehung der Verskraft fällt.

Fachlich unterstand die Verskraft der Abteilung Wa Prüf 6 (Kraftfahrzeuge und Kampfwagen) der Amtsgruppe Entwicklung und Prüfwesen im Heereswaffenamt. Von Wa Prüf 6 erhielt die Verskraft ihre Versuchsaufträge. Ihrem wesentlichen Inhalt nach kann man die erteilten Aufträge etwa wie folgt kennzeichnen:

- Prüfung von neu entwickelten Geräten, Baugruppen und Bauteilen auf Erfüllung der Baubedingungen und zur Feststellung ihrer Leistung.
- Vergleich von Entwicklungen gleicher Gerätetypen verschiedener Hersteller hinsichtlich der allgemeinen Baubedingungen und ihrer Leistung.
- Dauererprobung von Geräten, Baugruppen und Bauteilen im praktischen Fahrbetrieb und nach besonderen Programmen im Prüfstandsversuch. Truppennahe Bedingungen waren hierbei anzustreben.
- Instandsetzungs- und Erhaltungsaufwand.
- Messungen über die Eignung von Kampffahrzeugen als Beobachtungs- und Schießplattform.
- Prüfung von Hilfsmitteln und Maßnahmen für besondere klimatische Einsatzbedingungen. Untersuchungen unter extremen Temperaturen.
- Prüfung von kriegsbedingten Ersatz-Werkstoffen und Ersatz-Betriebsstoffen.
- Untersuchung von Beutegeräten.

Für Versuche im stationären Betrieb standen zur Verfügung:

- Motorenprüffeld,
- Reifenprüffeld,
- Gleiskettenprüffeld,
- Luftfilterprüffeld,

deren Ausstattung nachstehend kurz aufgeführt wird.

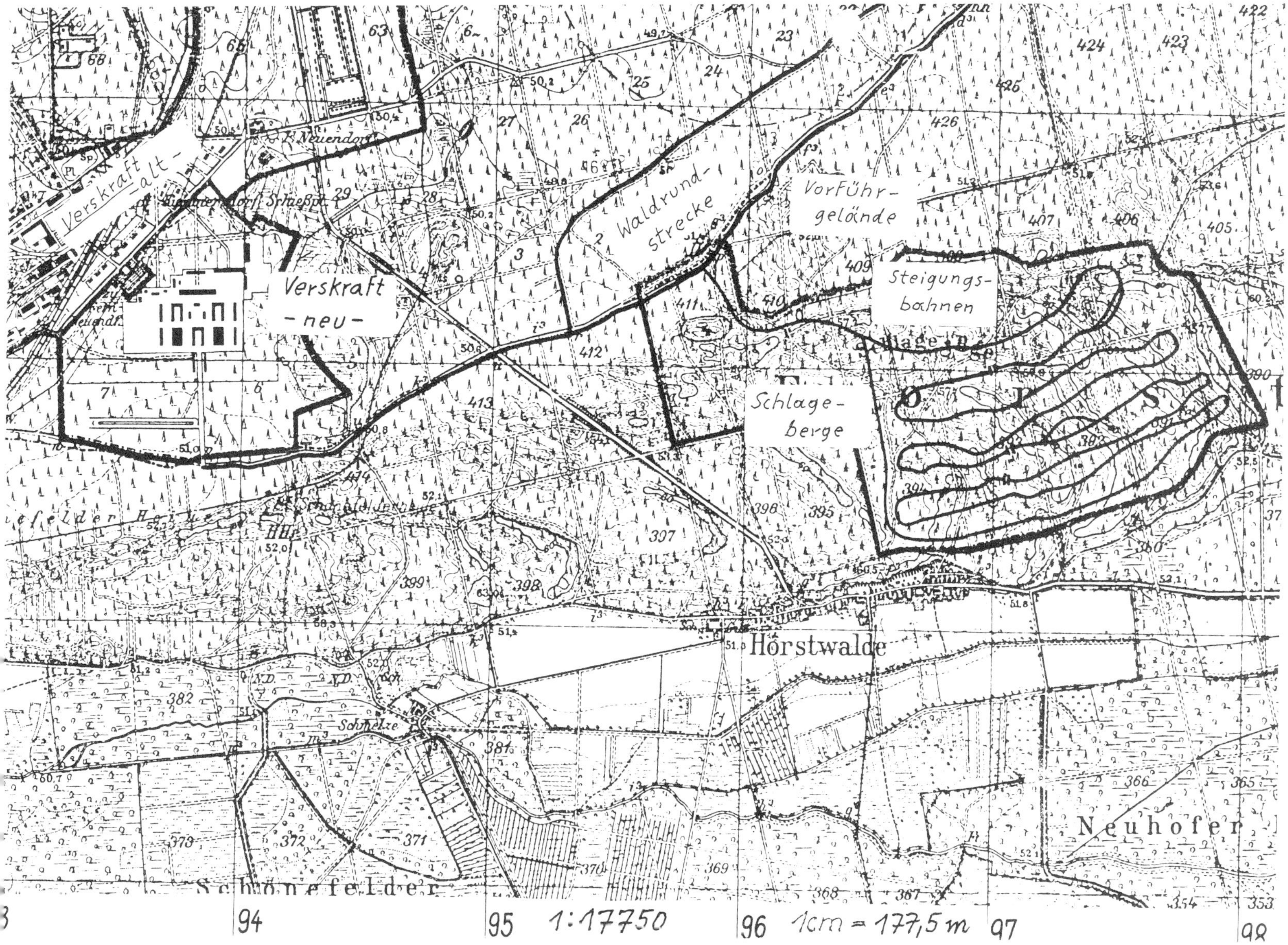


**Kraftfahrversuchsstelle des Heereswaffenamtes Kummersdorf und Umgebung**

#### 5.3.1 Motorenprüffeld

Bremsen (Zahl, Leistung, Art der Bremse)

| | | |
|---|---|---|
| 2 | für Hilfsmotoren bis 10 PS | Generator, Luftwirbel |
| 2 | 20–25 PS | Generator, Wasser |
| 2 | 95 PS | Generator |
| 1 | 170 PS | Generator |
| 1 | 265 PS | Generator |
| 1 | 1000 PS | Wasser |

Zur Bestimmung der Zündwilligkeit von Dieselkraftstoffen:
2 HWA-Dieselprüfmotoren.

Zur Bestimmung der Klopfgrenze von Kraftstoffen verschiedener Oktanzahlen:
1 IG-Prüfmotor

Für Öl-Alterungsversuche ein »synthetischer Motor« mit Fremdheizung.

Dauerprüfläufe wurden nach besonderen Programmen durchgeführt, u.a.
mit dem Maybach-Motor HL 230 im 100-Stundenlauf in Anpassung an die Belastungen im Fahrbetrieb,
mit verschiedenen neuentwickelten luftgekühlten Dieselmotoren der Firmen Daimler-Benz, Deutz und Tatra

unter teilweise erschwerten Bedingungen für tropenähnliche Temperaturen der Ansaug- und Kühlluft.

### 5.3.2 Reifenprüffeld

1. Schenck-Trommelprüfstand (2 Stück)
   Reifen senkrecht über der Trommel
   Trommeldurchmesser 1000 mm
   Höchstbelastung 1250 kg
   Höchstgeschwindigkeit 110 km/h
   Antriebsleistung 40 PS
2. Hasbach-Trommelprüfstand (1 Stück)
   2 Reifen wurden waagrecht gegen die Trommel gedrückt
   Trommeldurchmesser 1600 mm
   Höchstbelastung 1500 kg
   Höchstgeschwindigkeit 100 km/h
   Antriebsleistung 40 PS
   Die Belastung wurde durch Öldruck gesteuert.
   Es konnten zwei Reifen verschiedener Größe bei gleicher Geschwindigkeit geprüft werden.
3. Hasbach-Trommelprüfstand (2 Stück)
   Abmessungen und Bauweise wie vor.
   Geschwindigkeit regelbar durch Wülfel-Regelgetriebe und polumschaltbaren Motor.
4. Hasbach Trommelprüfstand (1 Stück)
   Bauweise wie vor (3). mit regelbarer Geschwindigkeit wie vor.
   Höchstbelastung 7000 kg
5. 1 Polster-Prüfmaschine, Bauart Batá

Bei den Prüfstandsversuchen wurde eine Raumtemperatur von +30° C angestrebt. Temperaturmessungen an 4 Stellen des Reifenumfanges. Reifen galten als brauchbar, wenn sie einen Prüfstandslauf von 20000 km durchgehalten hatten.
Für Bandagen galt:
Belastung und Geschwindigkeit wie im Fahrzeug. Verlangte Fahrstrecke auf dem Prüfstand 6000 km.

### 5.3.3 Gleiskettenprüffeld

1. Ein Gleiskettenprüfstand zur Feststellung der Kettenleistungsverluste. (Baujahr 1931/32).
2. 2 Stoßdämpferprüfmaschinen bis 5000 kg bzw. 16000 kg.
3. Eine Schwingungsprüfmaschine mit oszillographischer Aufnahme des Öldruckes und Messung der ef-

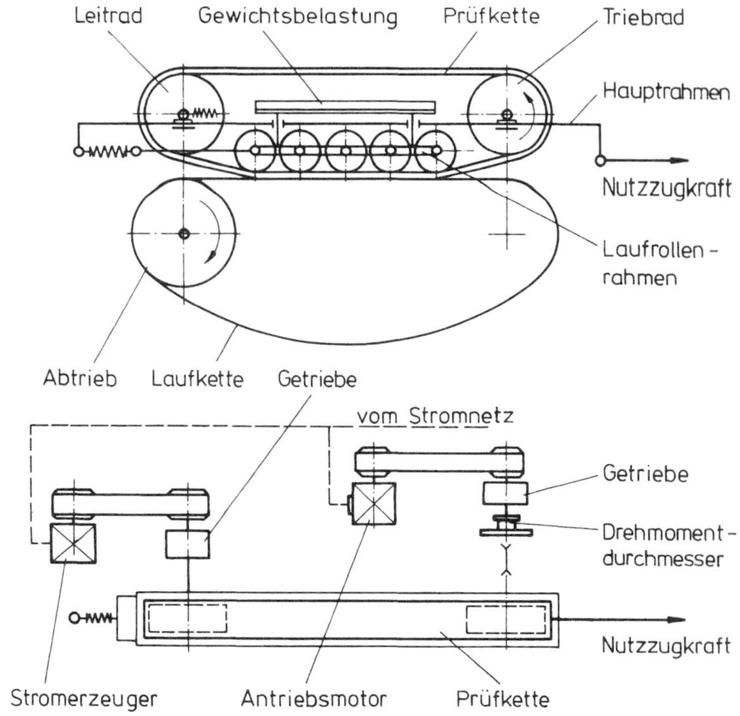


**Gleiskettenprüffeld**

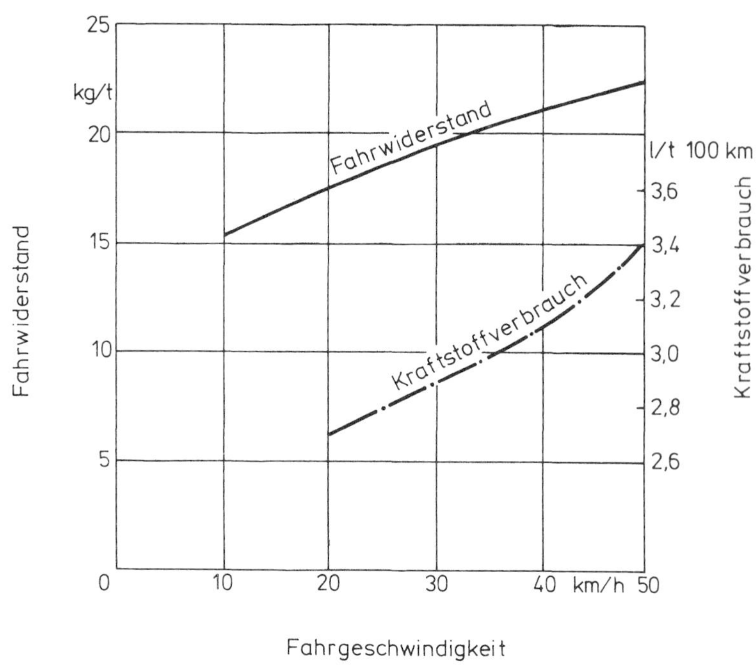

fektiven Dämpfung bei Lauf über Einzelhindernisse, wie z. B. Gleitschutzstollen.

4. Eichwaage bis 10000 kg für Federn, Torsionsstäbe, Laufrollen mit Bandagen, gummisparende Laufrollen.
5. Dauerprüfmaschine für Dichtungen in geschmierten Gleisketten.

Beschreibung der Versuchsanordnung zur Prüfung der Kettenverluste:

Die Prüfkette wurde durch einen Elektromotor über einen Drehmomentmesser (Torsionsdynamometer mit optischer Ablesung) angetrieben. Trieb- und Leitrad waren auf einem in Längsrichtung beweglichen Hauptrahmen befestigt, der auf Walzen gelagert war, so daß die Nutzungskraft gemessen werden konnte.

Die Laufrollen, durch Gewichte belastet, waren an einem besonderen Laufrollenrahmen befestigt, der gegenüber dem Hauptrahmen beweglich war, so daß der Rollwiderstand der Laufrollen meßbar wurde.

Die Kette lief auf einer schweren Laufkette, die aus einzelnen Stahlgußgliedern mit seitlichen Laufrollen bestand. Die Laufkette gab die Leistung über ein Triebrad und einen Generator an den Antriebsmotor ab, so daß nur die Verlustleistung der ganzen Anlage vom Netz gedeckt werden mußte.

Gemessen wurde bei gleichbleibender Leistung in Abhängigkeit von der Geschwindigkeit:

1. Das eingeleitete Drehmoment an der Triebradwelle oder die Umfangskraft P bezogen auf den Teilkreisdurchmesser des Kettentriebrades.
2. Die an die Laufkette abgegebene Nutzzugkraft Z.
3. Der Rollwiderstand der Laufrollen $R_1$.

Die Differenz aus der Umfangskraft P und der Nutzungskraft Z war der Gesamtverlust $V_g$ in der Kette und im Laufwerk, also:

$V_g = P - Z$ (kg)

Subtrahierte man von diesem Kraftverlust den Rollwiderstand der Laufrollen R, so verblieb der eigentliche Kettenverlust $V_k$, der durch den Antrieb, der Bolzenreibung in den einzelnen Kettengliedern, der Reibung an den Führungen usw. entstand, oder auch:

$V_g = R_1 + V_k$ (kg)

### 5.3.4 Luftfilterprüffeld

Die serienmäßige Ausstattung der Kraftfahrzeuge aller Art mit Ölbadluftfiltern erwies sich beim Einsatz an der Ostfront und in Nordafrika als ganz unzureichend. Zur Entlastung der Ölbadfilter wurden Entwicklungen betrieben, dem Ölbadfilter Zyklon-Trockenfilter nach dem Prinzip Feifel als Batterie (Mehrfachzyklone) oder als Mantelzyklone vorzuschalten. Bei der wechselnden Luftmenge im Fahrbetrieb konnten Zyklone allein keine ausreichende Staubabscheidung bringen.

Die ersten Versuche auf breiter Basis wurden mit Volkswagen gemacht, die Ölbadfilter als Serienausstattung hatten. Das Ansaugrohr wurde bis an ein Hinterrad verlängert, um einen möglichst großen Staubanfall zu erhalten. In dem Ansaugrohr wurde der Versuchs-Zyklonfilter dem Ölbadfilter vorgeschaltet. Die Summe der aufgenommenen Staubmengen im Ölbad- und Zyklonfilter wurde annäherungsweise mit 100 v. H. gewertet und so der Grad der Vorabscheidung ermittelt.

Zur Beschleunigung dieser grundlegenden Versuche wurde bei Verskraft aus drei RAD-Lagerbaracken ein etwa 70 m langer Tunnel gebaut, um nach Regen eine trockene Versuchsstrecke zu haben.

Für weitere grundsätzliche Versuche standen zwei Luftfilterprüfstände mit einer Luftförderung von 5 $m^3$/min und 20 $m^3$/min zur Verfügung. Ein dritter Stand für 90 $m^3$/min war Ende 1944 im Bau.

### 5.3.5 Kältekammern

Für Versuche unter Tiefsttemperaturen wurde eine Kälteanlage für Temperaturen bis –60° C entwickelt mit folgenden Kennwerten:

1. Eine Fahrzeugkammer mit einer
   Grundfläche von 6,00x14,00 m und einer Höhe von 4,50 m
   Die Kammer konnte in zwei Räume unterteilt werden, mit einer Länge von 8,00 und 6,00 m. Der Fahrzeugkammer war ein Raum von 12,00 m Länge für eine Temperatur von –2° C vorgelagert.
   Der Nutzung wurde ein Fahrzeuggewicht von 60000 kg und eine Abkühlzeit von 28 Stunden zugrundegelegt.
2. Zwei Kammern mit einer
   Grundfläche von je 4,20x5,00 m und einer Höhe von 4,15 m
   In diesen Kammern konnte gleichzeitig je ein Motor

von 50 PS bei Vollast oder ein Motor von 100 PS bei Vollast geprüft werden.

Der Leistungsbedarf der gesamten Anlage betrug 430 kW.

Das Bauwerk war Ende 1944 fertig. Die begonnene Montage der Maschinenanlage wurde Anfang 1945 abgebrochen. Die Maschinen wurden vor Kriegsende nach Westdeutschland verlegt.

### 5.3.6 Laboratorium/Staubversuche

Zur Untersuchung von Ölen, Fetten und Kraftstoffen stand ein Laboratorium zur Verfügung, das auch Untersuchungen in verwandten Bereichen durchführte.

Laboratorium und Staubversuche standen unter einer Leitung. So fielen hier weiter an:

- Die Windsichtung von Staubproben
- Die Bestimmung des spezifischen Gewichts von Staubproben
- Messungen der Staubdichte an und in Fahrzeugen
- Die praktische Filtererprobung in Lkw, Zugkraftwagen, Panzerkampfwagen Panther und Tiger

### 5.3.7 Geräuschmessungen

wurden u.a. an Panzerkampfwagen IV, VI (Tiger) und T 34 durchgeführt und zwar

- bei Fahrt auf Betonstraße, Kopfsteinpflaster und im Gelände,
- im Stand beim Schießen mit Kanone (Übungsmunition) und MG
- Im KWI bei Beschuß mit MG und 2-cm-Kanone (ohne Durchschuß).

### 5.3.8 Meßstrecken

Als ebene Meßstrecke war die Landstraße Sperenberg – Kummersdorf über eine Länge von 2000 m in Beton ausgebaut, zur Feststellung einschlägiger Werte, wie z.B.:

- Fahrwiderstand im Ausrollen,
- Beschleunigung in allen Gängen,
- Zugkraft in allen Gängen,
- Bremsvermögen und Bremsverhalten.

Zur Durchführung der Versuche wurde die Strecke für den öffentlichen Verkehr intermittierend gesperrt.

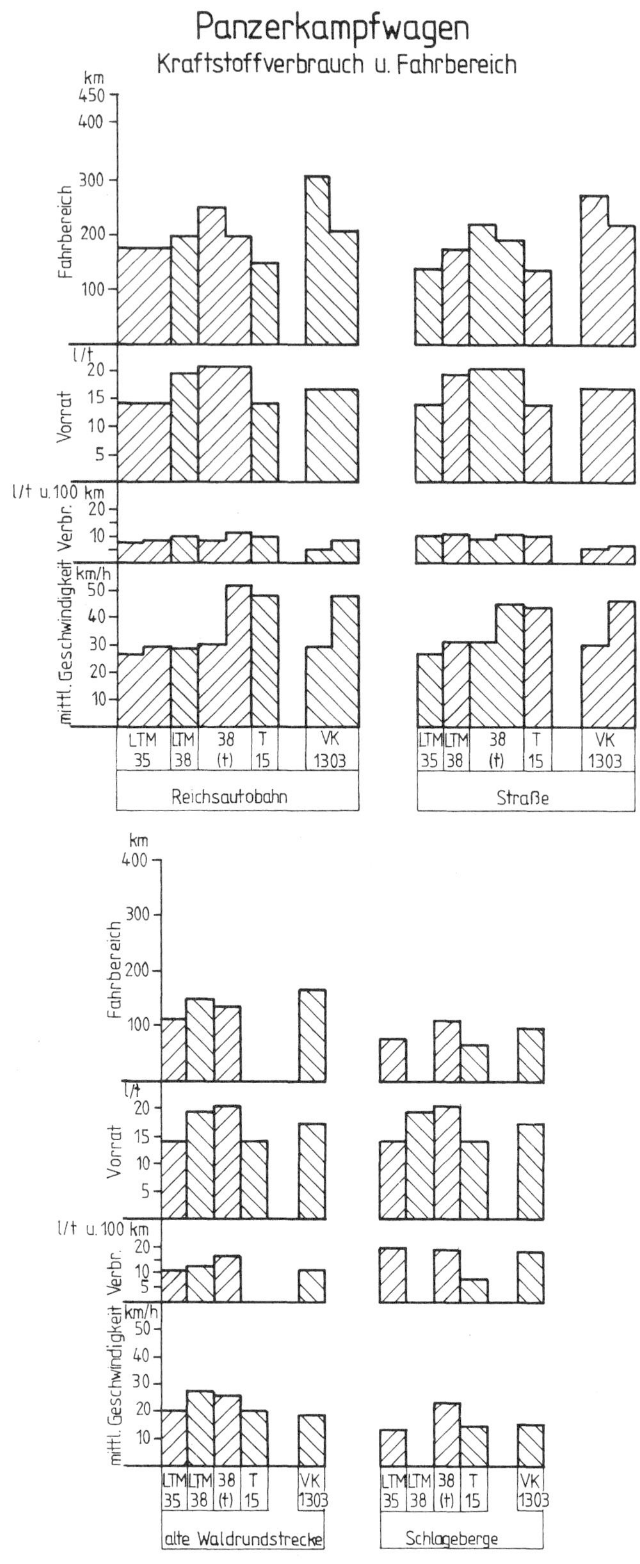

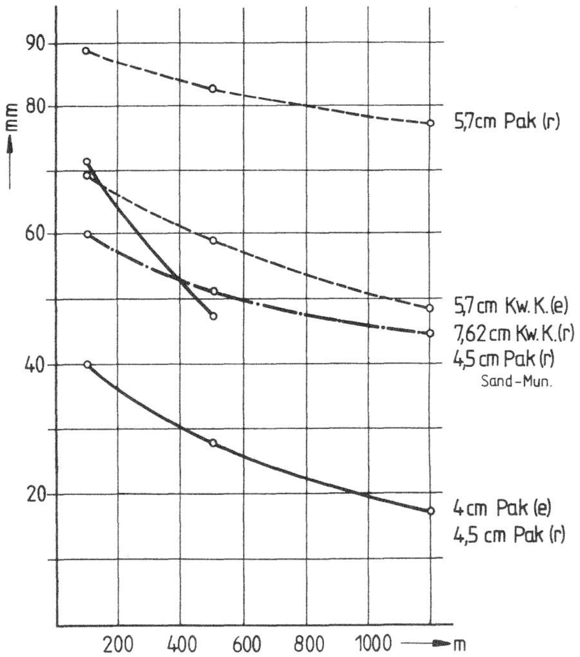


Panzerdurchschlagsleistung englischer und russischer Waffen
Auftreffwinkel 60°
Kraftf.-Vers.-Stelle Kummersdorf 1942

Zu Versuchs- und Vorführungszwecken wurden in den nahe bei Kummersdorf befindlichen Schlagebergen Bahnen mit Steigungen angelegt.
Der verfügbare Höhenunterschied betrug 10 m.

| Steigung % | Grad | Länge (m) |
|---|---|---|
| 5 | 2,9 | 200 |
| 10 | 5,8 | 100 |
| 15 | 8,6 | 67 |
| 20 | 11,5 | 50 |
| 25 | 14,5 | 40 |
| 30 | 17,5 | 33 |
| 35 | 20,5 | 29 |
| 45 | 26,8 | 22 |
| 55 | 33,4 | 18 |

Das vorgelagerte Gelände (loser Sand) wurde für Vorführzwecke genutzt. Dort waren die Einrichtungen vorhanden zur Feststellung der:
- Grabenüberschreitfähigkeit,
- Kletterfähigkeit,
- Achsverschränkung an zwei- und mehrachsigen Radfahrzeugen

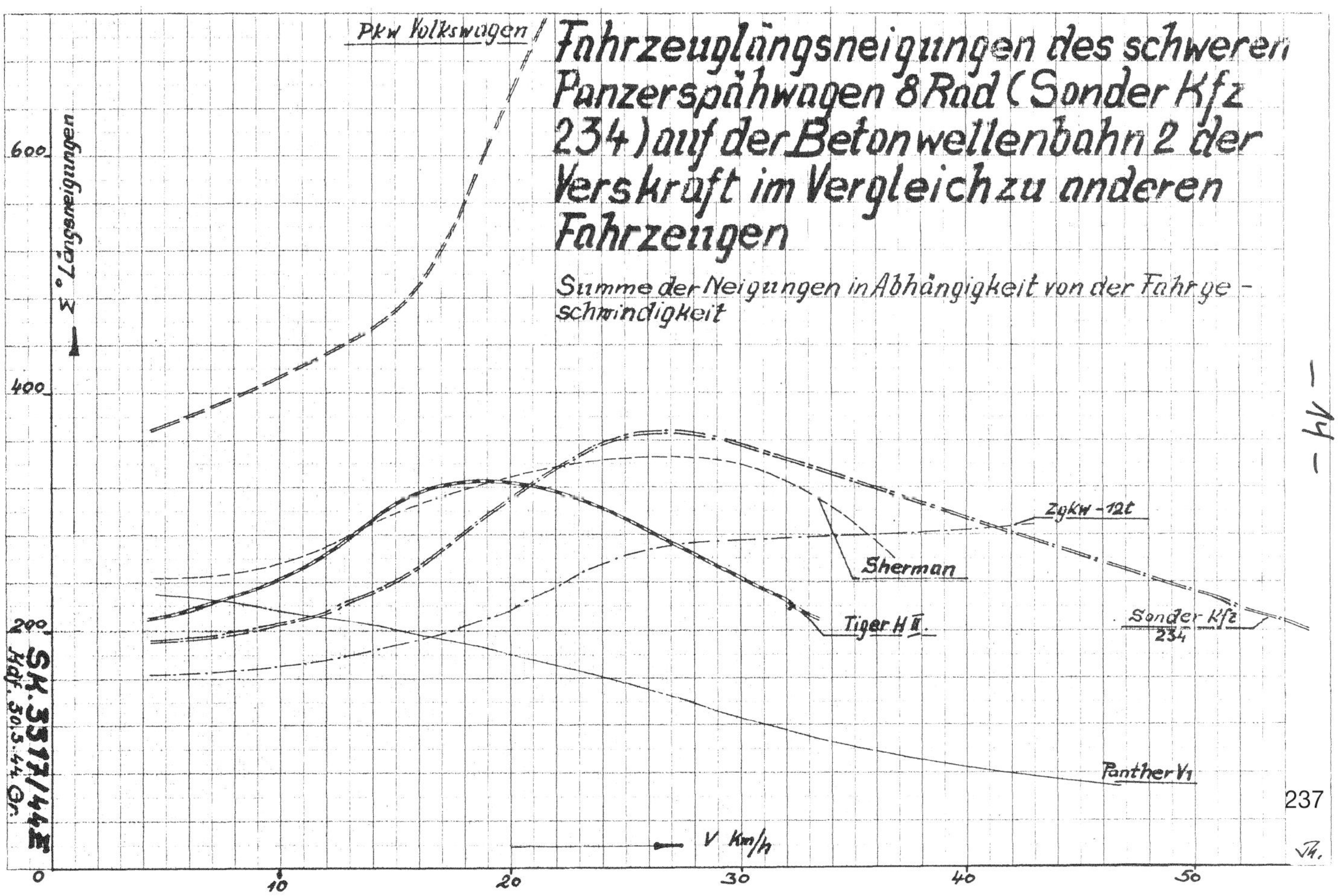

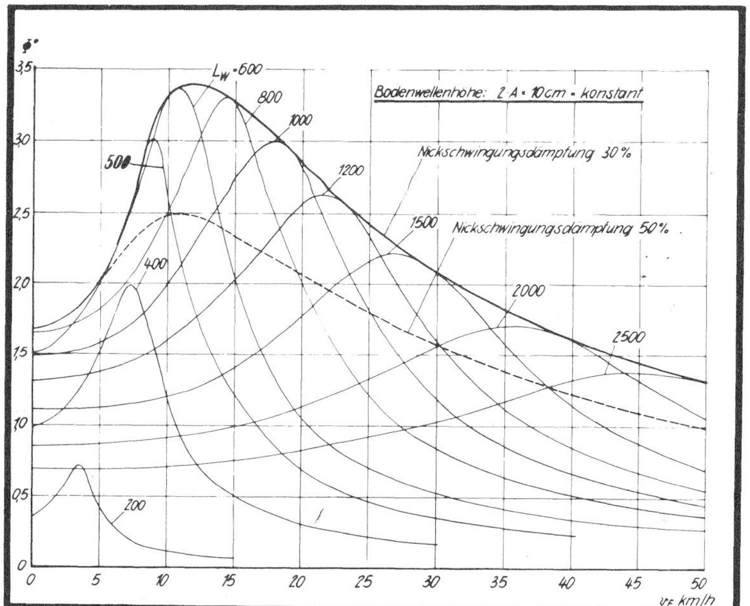


M·A·N 1944 | Panther: Resonanzkurven des Nickwinkels für verschiedene Bodenwellenlängen $L_W$ | Tfu 74

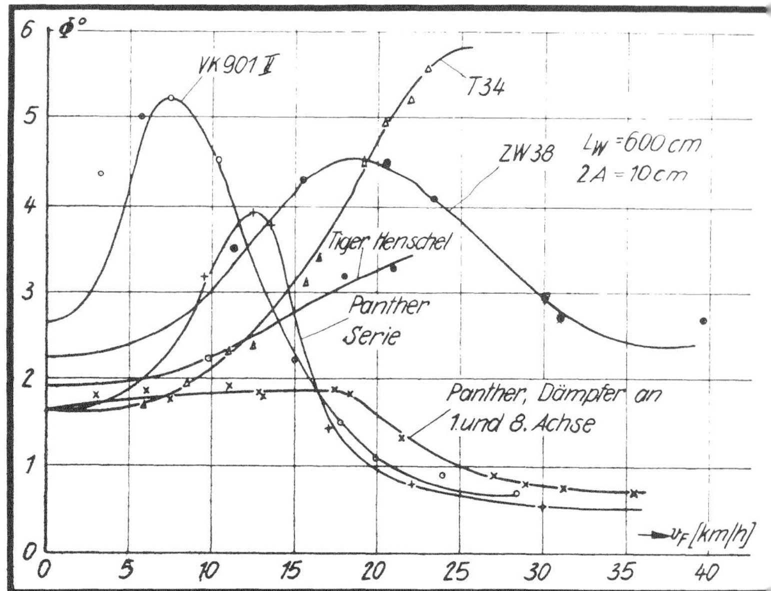


M·A·N 1944 | Nickschwingungsausschläge verschiedener Fahrzeuge auf Wellenbahn | Tfu 75

### 5.3.9 Prüfung von Fahrzeugen als Schießplattform

Im Bereich der Schießbahnen waren zwei betonierte Versuchsstrecken angelegt; davon eine als ebene Betonbahn mit auswechselbaren Hindernissen für grundsätzliche Messungen zur Abfederung.

Die Hindernisse bestanden aus zehn mit Blech beschlagenen Holzschwellen in Form von Kreisabschnitten, die in regelmäßigen Abständen – 6,00 m – ausgelegt wurden. Je nach Versuch wurde eine Hindernishöhe von 10 bis 15 oder 20 cm gewählt. Die hierbei auftretenden Neigungswinkel der Nickschwingungen wurden zeitabhängig mit einem Kreiselneigungsmesser der Firma Anschütz gemessen.

Die zweite Bahn – Länge etwa 75 m – war die Nachbildung einer Geländestrecke in abgeschwächter Form, aber in mindestens gleicher Wirkung. Sie diente der subjektiven Beurteilung der Fahrzeuge als Beobachtungs- und Schießplattform mit praktischen Schießübungen. Dabei fand besonderes Interesse die Beurteilung von Maßnahmen zur Stabilisierung der Zieloptik und der Waffe.

Für objektive Vergleiche wurden mit einem Kreiselneigungsmesser bei verschiedenen Geschwindigkeiten die Winkelausschläge der Nickschwingungen registriert und daraus die Summe der Winkelausschläge für jede gewählte Geschwindigkeit ermittelt. Die hiernach aufgezeichneten Schaubilder boten einen anschaulichen Vergleich der Federungseigenschaften verschiedener Fahrzeuge in Abhängigkeit von der Geschwindigkeit.

### 5.3.10 Versuchsstrecken zur Dauererprobung

Zur Dauererprobung auf Straßen mit Fahrbahndecken unterschiedlicher Art und Beschaffenheit wurden mehrere Versuchsstrecken im öffentlichen Straßennetz festgelegt.

Die zu befahrende Strecke wurde je nach Art des Versuchsauftrages bestimmt.

In den Jahren von 1937 bis 1939 waren 18 Pkw (BMW bzw. Opel) zur Erprobung von Buna-Reifen im Einsatz. Es wurde im dreischichtigen Betrieb mit etwa 500 km je Schicht gefahren. Die Fahrten verliefen in der Hauptsache auf der Autobahn von Berlin nach Süden.

Nichtöffentliche befestigte Straßen standen der Verskraft nicht zur Verfügung.

### 5.3.11 Geländestrecken

Zur Erprobung abseits befestigter Straßen war eine Rundstrecke von etwa 15 km in der »Märkischen Heide« als Waldrundstrecke bestimmt. Sie führte durchweg durch ebenes Gelände. Durch den Fahrbetrieb hatten sich Resonanzwellen gebildet, die nur einen ganz unzureichenden Wechsel der Geschwindigkeit und der Belastung zuließen.

Um diesem Mangel abzuhelfen, wurde im Jahre 1938 der nahe Bereich der Schlageberge hinzugewonnen. Unter Ausnutzung der dortigen Geländerücken mit einem Höhenunterschied zwischen 7 bis 10 m konnten hier Fahrstrecken angelegt werden, die in einem starken Wechsel des Auf und Ab Steigungen und Gefälle zwischen 5 % und 36 % boten, wie die nachstehende Übersicht zeigt.

### 5.3.12 Anfahrtstraße

1. Steigung = 11 % (6°)
   Gefälle = 9 % (5°)
2. Steigung = 14 % (8°)
   Gefälle = 18 % (10°)
3. Steigung = 15 % (8°)
4. Steigung = 25 % (14°)
   Gefälle = 9 % (5°)
5. Steigung = 19 % (11°)
   Gefälle = 12 % (7°)

**Bahn 1**

1. Steigung = 17 % (10°)
   Gefälle = 15 % (9°)
2. Steigung = 13 % (7°)
   Gefälle = 22 % (12°)
3. Steigung = 15 % (8°)
   Gefälle = 21 % (12°)
4.
   Gefälle = 32 % (18°)

**Bahn 2** (von unten)

1. Steigung = 36 % (20°)
2. Steigung = 24 % (13°)
   Gefälle = 11 % (6°)
3. Steigung = 24 % (13°)
4. Steigung = 24 % (15°)
   Gefälle = 17 % (10°)
5. Steigung = 25 % (14°)
   Gefälle = 13 % (7°)

**Bahn 3**

1. Steigung = 12 % (7°)
   Gefälle = 24 % (13°)
2. Steigung = 14 % (8°)
   Gefälle = 25 % (14°)
3. Steigung = 14 % (8°)
   Gefälle = 30 % (17°)
4. Steigung = 10 % (6°)
   Gefälle = 26 % (15°)
5. Steigung = 12 % (7°)
   Gefälle = 36 % (20°)

**Bahn 4**

1. Steigung = 21 % (12°)
   Gefälle = 12 % (7°)
2. Steigung = 32 % (18°)
   Gefälle = 12 % (7°)
3. Steigung = 42 % (23°)
   Gefälle = 12 % (7°)
4. Steigung = 15 % (8°)
   Gefälle = 11 % (6°)
5. Steigung = 27 % (15°)
   Gefälle = 6 % (3°)

Bahn = 1 Schleife, Bahn 1 bis 4 zusammen ca. 8000 m

Höhenunterschied 7 bis 10 m

Diese Versuchsstrecke erwies sich von sehr hohem Wert, weil sie für die Dauererprobung einen häufigen Gangwechsel erforderte und zu einer stark wechselnden Motorbelastung führte. Auch zur Prüfung und Demonstration der Schaltbarkeit der Wechselgetriebe und für Schaltzeitmessungen war diese Strecke sehr nützlich.

Die Schlageberge dienten fast ausschließlich der Erprobung der Halb- und Vollkettenfahrzeuge. Radfahrzeuge konnten nur mit Allradantrieb in Teilstrecken gefahren werden.

Die starke Belastung der Strecke verlangte bei dem sandigen Untergrund einen erheblichen Erhaltungsaufwand, so daß von den acht Bahnen nur jeweils vier Bahnen dem Fahrbetrieb zur Verfügung standen.

Schließlich sei vermerkt, daß an mehreren Stellen Betonwannen als Wasserdurchfahrt für den Laufwerksbereich eingebaut waren, um die Abdichtungen der Laufradlagerungen zu prüfen.

### 5.3.13 Außenstellen der Verskraft

Die Möglichkeiten im Bereich Kummersdorf reichten nicht aus, um die Erprobung der Geräte unter truppenähnlichen Bedingungen ausreichend zu gestalten. Es fehlten

- Gelände mit schwerem Boden,
- Möglichkeiten für die Winter- und Gebirgserprobung im näheren Bereich.

#### 5.3.13.1 Gelände mit schwerem Boden

Der Standortübungsplatz von Eisenach in Berka vor dem Hainisch hatte einen sehr schweren und hartnäkkigen Lößboden. Er bot die Möglichkeit, Streckenführungen anzulegen, um Dauererprobungen unter anspruchsvollen Bedingungen vorzunehmen. Für den Ausbau als Versuchsgelände wurde im Jahre 1939 ein Teil des Standortübungsplatzes für die Verskraft abgetrennt und hergerichtet.

Für den Pflege-, Untersuchungs- und Instandsetzungsdienst stand eine Werkhalle zur Verfügung. Der ungewöhnlich schwere Boden, der bei Wind und Sonne sehr rasch aushärtete, verlangte besondere Einrichtungen zur Reinigung der Laufwerke:

Waschwannen mit Betonschwellen zum Aufweichen der hart gewordenen Verschmutzung und besondere Hochdruckspritzen.

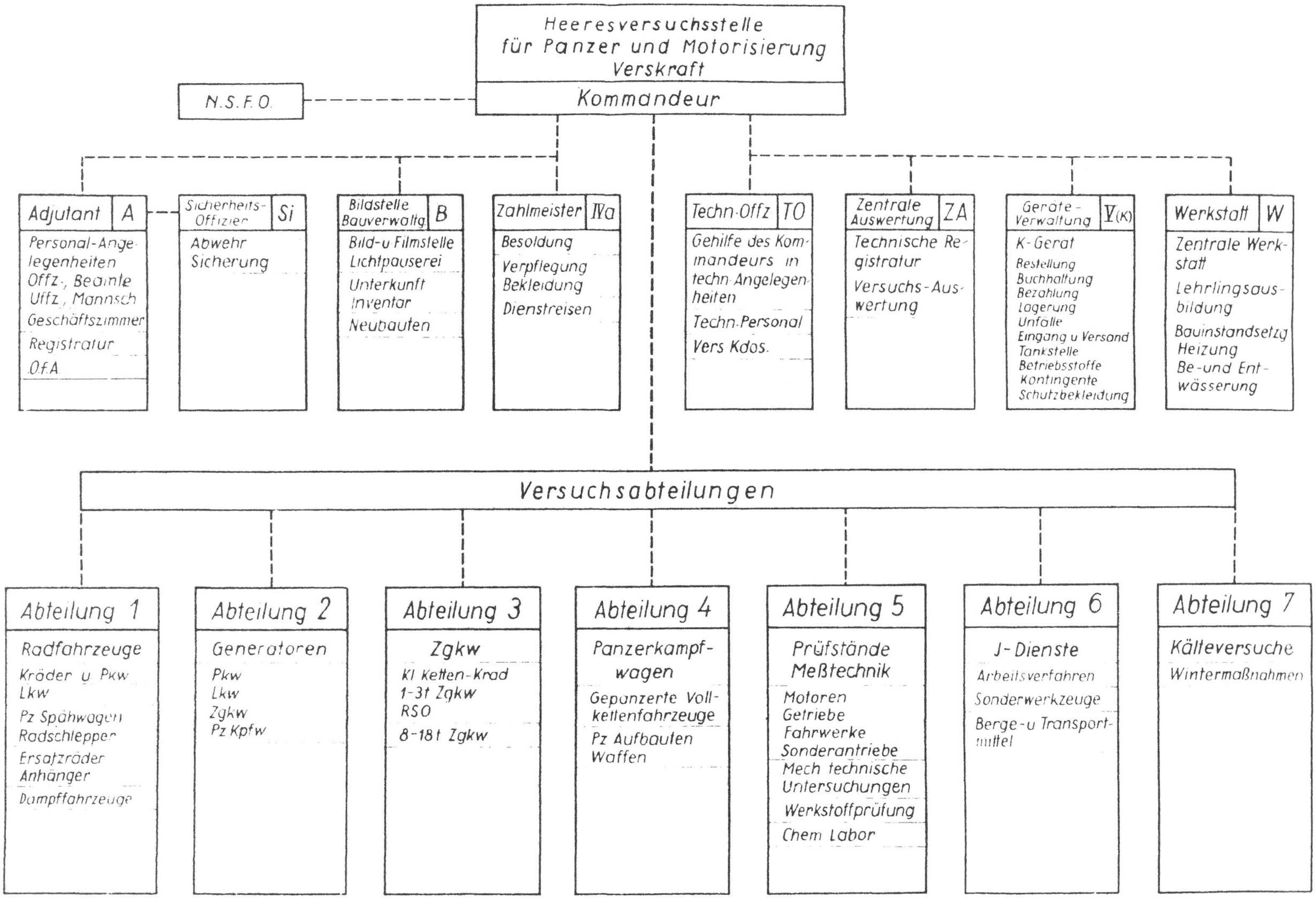


Eine bescheidene Baracke nahm die Sozialräume und die Zimmer für den Versuchsdienst auf.

Die für die Erprobung angelegten Strecken im Großlupnitzer Wald hatten den großen Vorteil, daß sie wind- und sonnengeschützt lagen und so in ihrem Schwierigkeitsgrad fast ununterbrochen erhalten blieben.

Berka wurde für Vorführungen und Vergleiche gewählt, wenn es galt, besonders schwierige Bedingungen zu stellen, so beispielsweise

- für den Vergleich der beiden Tiger-Entwicklungen im Jahre 1942,
- für eine Vorführung von Berge- und Abschleppgeräten vor einem größeren Kreis von Frontoffizieren im Winter 1943/44.

### 5.3.13.2 Winter- und Gebirgsversuchsstelle

Die Bemühungen um einen geeigneten Standort für Winter- und Gebirgsversuche zielten von vorneherein auf Übungsplätze und Orte in Österreich ab.

Nach eingehender Prüfung der in Frage kommenden Möglichkeiten fiel die Wahl auf St. Johann in Tirol Voraussetzungen für den Standort waren:

- breites, für Fahrversuche nutzbares Gelände,
- verzweigtes Straßennetz, nutzbar auch für schwere Halbketten- und Vollkettenfahrzeuge sowie für Lastzüge,
- gute und sichere Schneeverhältnisse,
- im Durchschnitt der Jahre tiefe Temperaturen,

Berka (Verskraft).
Waschwanne mit Betonschwellen.

Berka (Verskraft).
Werkhalle.

St. Johann (Verskraft).

St. Johann (Verskraft).

- kurzer Zugang für Gebirgsversuche,
- Verlängerungs- und Ergänzungsmöglichkeiten für die Winterversuche im Frühjahr, wenn die Verhältnisse in St. Johann nicht mehr ausreichten (z.B. Arlberg, Großglockner),
- Bahnstation in der Nähe.

Im Winter 1938/39 wurde das Winterkommando probeweise in der Gebirgs-Sanitätsschule in St. Johann untergebracht, um zu prüfen, ob die vorgesehene Standortwahl richtig war. Das wurde bestätigt.

Bereits im Winter 1939/40 standen ausgezeichnete Unterkünfte zur Verfügung:
- Werkstatt mit Ersatzteil- und Materiallager,
- Mannschaftsunterkunft mit Küche und Speiseraum,
- Büroräume für die Versuchsleitung und das Versuchspersonal.

In der Regel wurden die Vorkehrungen so getroffen, daß mit den Versuchen Anfang Januar begonnen werden konnte. Ein früherer Zeitpunkt erwies sich wegen der klimatischen Verhältnisse nicht als sinnvoll.

Der Schwerpunkt der Wintererprobung lag in folgenden Bereichen:
- Prüfung von Gleitschutz auf Reifen und gummibewehrten Gleisketten (Wirkung, Haltbarkeit, Einfluß auf Gummi, Vereisung),
- Prüfung von Gleitschutz auf Stahlgleisketten (Wirkung, Vereisung, Haltbarkeit),
- Verhalten der Laufwerke von Halb- und Vollkettenfahrzeugen bei verschiedenen Schneeverhältnissen (Vereisung / Bildung von Kompressionseis, Verstopfungen, Selbstreinigung der Leit- und Triebräder),
- Auskühlung der Triebwerke (Motoren, Getriebe) und der Triebwerk- und Kampfräume,
- Maßnahmen aller Art, die Inbetriebsetzung der Fahrzeuge nach der Auskühlung zu erleichtern bzw. zu sichern (Kaltstart, Andrehhilfsmittel, Vorwärmgeräte),
- Maßnahmen zur Erhöhung der Schneefahrbarkeit,

Die Versuchsstrecken auf Straßen und im Gelände wurden je nach Zustand (besonders Schneelage) von Fall zu Fall festgelegt.

Mitte Februar wurden die Versuchsgeräte und die eingesetzten Mittel nacheinander zwei Personenkreisen (Behörden und Industrie) vorgeführt und die gewonnenen Ergebnise vorgetragen. Der damit verbundene Gedankenaustausch war immer sehr nützlich und erfreute sich allseitiger Beliebtheit.

Im Februar 1942 nahm erstmals Minister Speer teil.

Dem harten russischen Winter gegenüber konnten die Versuchsbedingungen in St. Johann allein nur unzureichend genügen. Deshalb wurde im Winter 1942/43 und 1943/44 ein besonderes Versuchskommando in Mogilew (Rußland) eingesetzt, um in Verbindung mit der Fronttruppe weiterreichende Erfahrungen zu gewinnen.

Durch einen Bericht in einer Wiener Zeitung vom 30. April 1942 wurde Verskraft auf das Kuriosum der Gstetter-Alm aufmerksam. Die hier festgestellten Tieftemperaturen gaben den Anreiz, dort die Voraussetzungen für Winterversuche zu schaffen. Das konnte bei den dortigen geographischen Verhältnissen nur mit gewissen Einschränkungen geschehen.

Die Unterbringung eines ausreichenden Versuchskommandos in einem unweit von der Doline gelegenen Jagdhaus machte keine Schwierigkeiten. Die Material- und Gerätetransporte unter winterlichen Verhältnissen verlangten den Bau einer Seilbahn. Diese wurde – nur zugelassen für Materialtransporte, jedoch nicht für Personenverkehr – von der Pionierversuchsstelle Mittersill gebaut. Sie führte von der Talstation über eine Zwischenstufe zur Bergstation am Jagdhaus.

Mit dieser Seilbahn konnten mittelgroße Motoren als Ganzes oder größere in Teilen befördert werden.

Das Personal mußte erfahren sein im Gebirge und im Skilauf.

Im Winter 1943/44 konnte zum ersten Mal ein fachlich ausgesuchtes Kommando von etwa 25 Personen, das den strengen winterlichen Verhältnissen gewachsen war, eingesetzt werden. Der erste Versuch brachte eine große Enttäuschung. Die in der Doline aufgestellten Versuchsgeräte waren sehr bald von hohem Schnee zugedeckt und konnten nur sehr mühsam freigeschaufelt werden. Unter dem Schutz der Schneedecke konnten sich die erwarteten Tieftemperaturen nicht entwickeln.

Die gewonnenen Erkenntnisse konnten nur noch für den Winter 1944/45 nutzbar gemacht werden. Die Versuchsgeräte wurden schneegeschützt auf einer 3 m hohen Bühne aufgestellt.

Gemessen wurden Lufttemperatur, Luftfeuchte, Luftdruck, Kühlwasser- und Öltemperatur (im Winter um 8.00 Uhr; später um 7.00 Uhr und um 6.00 Uhr). Die Lufttemperatur wurde am häufigsten mit –10° C bis –15° C gemessen; nach klaren Nächten im Januar / Februar mehrfach mit –39° C (einmal wurde Anfang Mai 1944, ohne geschlossene Schneedecke, –20° C gemessen).
Auffallend war, daß die Motoren bei Temperaturen um –15° C besonders schlecht ansprangen. Es schien in Verbindung mit der Luftfeuchte eine kritische Temperatur zu sein. Für eine sichere Aussage reichten die Beobachtungen nicht aus.
Beim Abbruch im April 1945 blieb das Versuchsgerät zurück.

### 5.3.14 Turm- und Waffenerprobung von Panzerfahrzeugen

Die Entwicklung der Turmwaffen*) wurde in ihrer ersten Phase zunächst bei den Firmen Rheinmetall und Krupp in eigener Verantwortung durchgeführt. Auch die erste Erprobung erfolgte so, in Form einer Werkserprobung auf den werkseigenen Schießplätzen Unterlüß/Han. (Rheinmetall) und Meppen/Emsland (Krupp). Bereits dort schaltete sich mit fortschreitender Erprobung die Wa Prüf 4 ein, die Abteilung des Heereswaffenamtes für Entwicklung und Prüfwesen für Artillerie und großkalibrige Waffen vom Kaliber 20 mm an aufwärts.
Nach beendeter Werkserprobung wurde durch Wa Prüf 4 für die betreffende Waffe die technische Reife erklärt. Sie wurde damit für den Einbau in gepanzerte Fahrzeuge freigegeben.
Mit dem Einbau der Waffe in den Kampfpanzer ging die Verantwortung für die Entwicklung an die Wa Prüf 6, die Abteilung des Heereswaffenamtes für Entwicklung und Prüfwesen für Kraftfahrzeuge und Kampfwagen, über. Die der Wa Prüf 6 unterstehende Verskraft erhielt damit das Waffensystem zur Erprobung in Kummersdorf. Anschließend erfolgte die technische Erprobung für Waffe und Turm an der Panzertruppenschule in Putlos. Dort wurden auch die Truppenversuche durchgeführt. Diese Phase wurde durch die Panzertruppenschule mit einem Bericht an die Verskraft abgeschlossen.
Der Leiter der Verskraft faßte sodann die vorliegenden Ergebnisse – einschließlich der Erkenntnisse der Verskraft – in einem Bericht an die Wa Prüf 6 zusammen. Die Wa Prüf 6 entschied daraufhin über die Freigabe des Waffensystems.
Günstig bei diesem Verfahren wirkte sich aus, daß der Leiter der Verskraft in seiner vorhergehenden Tätigkeit an entscheidender Stelle der Panzertruppenschule Dienst getan hatte und die wichtigsten Persönlichkeiten und Besonderheiten der Schule selbst gut kannte. Dieses Verfahren lief bemerkenswert unbürokratisch auf dem kürzesten Dienstweg ab und brachte schnelle und gut verwertbare Ergebnisse. An diesem erfolgreichen Verfahren nahm auch keine vorgesetzte oder gleichgestellte Amtsstelle Anstoß, weil es der Sache diente. Im Gegensatz zu den bekannten Hindernissen zwischen höhergestellten Behörden im Reich wurde in dem geschilderten Bereich der Ämteregoismus der Aufgabe zuliebe zurückgestellt.
Bereits 1933, nach dem Ablauf der Erprobungen in Kama in der Sowjetunion, wurden an der Panzertruppenschule in Wustrow/Rerik, an der vorpommerschen Ostseeküste, sofort Schießlehrgänge an der Abteilung C der Schule eingerichtet. Im Jahre 1935 wurde die Panzertruppenschule nach Putlos in Holstein verlegt.
An der Panzertruppenschule in Putlos wurden, neben anderen Neuheiten, für die Erprobungen zwei technische Einrichtungen entwickelt und eingeführt, die sich gut bewähren sollten und die noch heute in ähnlicher Form an den Panzertruppenschulen der neuzeitlichen Heere mit Erfolg im Gebrauch sind.

- Betonbahnen
  Je eine Bahn wurde für Radfahrzeuge und für Vollkettenfahrzeuge eingerichtet. Sie stellten die Nachahmung von Geländestrecken dar, die man benötigte, um für das Schießen stets gleiche Fahrbedingungen für Vergleichszwecke zu erhalten.
- Rüttelstand
  Dieser bestand aus einem Stahlrahmengestell, das durch einen Motor zu vertikalen und horizontalen Rüttel- und Schwingbewegungen angetrieben wurde, in das die Türme mit ihren Waffen zum Schießen eingesetzt werden konnten. Auch in diesem Falle

* Mit Turmwaffen sind in dieser Abhandlung nur Kampfwagenkanonen (KwK) mit Kalibern von 20 mm und größer gemeint. Leichte Waffen, z. B. MG, werden darin nicht behandelt.

konnte man so gleiche Bedingungen für jeden Turm für Vergleichszwecke erhalten. Der Rüttelstand wurde für die Schießausbildung mit Turm-MG verwendet.

### 5.3.15 Firmen und Verskraft in der Panzer-Erprobung

Die mit der Panzerentwicklung beauftragten Firmen – in der Regel für einen Typ zwei Firmen – hatten für ihre eigenen Zwecke ein Versuchsgelände. Das war sinnvoll. So war den Firmen die Möglichkeit gegeben, frühzeitig

- Unzulänglichkeiten der Konstruktion zu erkennen und zu beheben,
- Verbesserungen hinsichtlich Gestaltung, Betrieb und Fertigung zu entwickeln.

Verskraft erhielt die ersten Versuchsfahrzeuge von Neuentwicklungen, wenn sie einen gewissen Entwicklungsstand erreicht hatten, der nicht präzise definierbar und auch je nach Situation sehr unterschiedlich war. Das war vor dem Krieg ganz anders als im Krieg.
In den dreißiger Jahren stand die Erprobung der Panzerkampfwagen III (ZW = Zugführerwagen) und Panzerkampfwagen IV (BW = Bataillonsführerwagen) im Vordergrund.
Vor Beginn der Serienfertigung erhielt die Verskraft mehrere Fahrgestelle ohne Aufbauten, die durch Belastungsgewichte ersetzt waren, zur Erprobung. Fahrzeuge mit Aufbau und Turm wurden bei den Schießlehrgängen der Panzertruppenschule in Putlos einer Prüfung unterzogen, wo hierfür die besseren Voraussetzungen gegeben waren.
Das änderte sich im Krieg. Während der Tiger E noch vor der Serienfertigung mit Aufbau bei der Verskraft in Erprobung war, wurden die ersten Panther der Serienfertigung, ohne Erprobung durch Verskraft, der Truppe zugewiesen. Es konnte noch durchgesetzt werden, daß ein Kommando der Verskraft bei der ausbildenden Truppe auf dem Truppenübungsplatz Grafenwöhr zum Einsatz kam, um frühzeitig über die Erfahrungen unterrichtet zu werden.
Mängel in der ersten Serie verlangten beschleunigt Verbesserungen, die aber nur zu unterschiedlichen Zeiten im Produktionsablauf wirksam werden konnten. Um den jeweiligen Stand der Änderungen zu verfolgen, wurde in regelmäßigen Abständen ein Serien-Panther zur Untersuchung an Verskraft überwiesen.
Eine gleichartige Maßnahme war für die Tiger-Fertigung nicht erforderlich, weil die Erprobungsergebnisse rechtzeitig für die Serienfertigung verarbeitet werden konnten.

### 5.3.16 Versuchsaufträge

Die Statistik der Jahre 1941 bis 1943 (10 Monate) zählt folgende Arten von Versuchsaufträgen:

| Fahrzeuge | 1941 | 1942 | 1943 (10 Mon.) |
|---|---|---|---|
| Radfahrzeuge | 28 | 22 | 24 |
| Halbkettenfahrzeuge | 8 | 8 | 6 |
| Vollkettenfahrzeuge | 30 | 36 | 30 |
| zusammen | 66 | 66 | 60 |

| Aggregate und Teile | 1941 | 1942 | 1943 (10 Mon.) |
|---|---|---|---|
| Radfahrzeuge | 112 | 182 | 136 |
| Halbkettenfahrzeuge | 253 | 276 | 164 |
| Vollkettenfahrzeuge | 112 | 122 | 154 |
| zusammen | 477 | 580 | 454 |

Die Vielzahl der Einzeluntersuchungen sei durch folgende Beispiele gekennzeichnet:

- Bewährung luftgekühlter Motoren
- Vergleich von Wechselgetrieben verschiedener Bauart
- Schalthäufigkeit und Schaltzeit von Wechselgetrieben verschiedener Bauart
- Wendegeschwindigkeit von Vollkettenfahrzeugen
- Bewährung verschiedener Laufwerke in Vollkettenfahrzeugen
- Messung der Leitradspannung in Halb- und Vollkettenfahrzeugen
- Messung des Drehmoments im Kettenantrieb
- Messung der Nickschwingungen
- Vergleich verschiedener Stoßdämpfer auf dem Prüfstand und im Fahrbetrieb
- Messung der Motorbelastung im Fahrbetrieb
- Vergleich Bergegeräte und Montagemittel
- Einzelmaßnahmen für Winterbetrieb
- Luftfilter und Staubbelastung

Beispiele kriegsbedingter Maßnahmen:

- Kraftstoff-Einsparung durch kleinere Motoren

- Kraftstoff-Einsparung durch vermehrte Anhängerlast
- gummisparende Ersatzräder für Radfahrzeuge
- gummisparende Laufrollen für Kettenfahrzeuge
- Gleitlager statt Wälzlager
- sparstoffarme Wälzlager
- sparstoffarme Gleisketten
- alkoholhaltige Kraftstoffe
- Benzin-Diesel-Gemisch in Otto-Motoren
- Dieselkraftstoffe verschiedener Qualität
- Motoren- und Getriebeöle mit herabgesetzen Qualitätsmerkmalen
- asbestarme und asbestfreie Bremsbeläge

In die Untersuchung der Fahrzeuge war selbstverständlich einbezogen:

- die Austauschbarkeit der Baugruppen mit Zeitbedarf
- die Zugänglichkeit und der Zeitbedarf für Wartung und Pflege sowie für den Austausch von Verschleißteilen
- der Bedarf an Sonderwerkzeugen und -vorrichtungen und von Hebezeugen

### 5.3.17 Fahrzeuge fremder Streitkräfte

Nach dem Frankreich-Feldzug nahm die Untersuchung der dort übernommenen Fahrzeuge einen breiten Raum ein. Neben der Feststellung der allgemeinen Kenndaten galt die besondere Aufmerksamkeit den Entwicklungen der

- Motoren,
- Wechselgetriebe,
- Lenkgetriebe,
- Laufwerke und Federung,
- Bestückung,
- Stabilisierung der Optik und Waffen,
- Panzerung.

Über die Untersuchungsergebnisse an französischen, englischen, amerikanischen und russischen Panzerkampfwagen ist wie folgt ausführlich berichtet worden:

Esser:
4. 12. 1942 »Die Panzerkampfwagen unserer Gegner«
Vortrag vor der Wehrtechnischen Arbeitsgemeinschaft des VDI in Berlin (TH).
Im vollen Wortlaut wiedergegeben mit Zahlentafeln als D 659/11 und in der ATZ-Nr. 17/18 vom 25. 9. 1943. Gekürzte Wiedergabe:
»Die Panzerkampfwagen Englands, der Sowjetunion und der Vereinigten Staaten von Nordamerika« in VDI-Zeitschrift Nr. 19/20 vom 13. 5. 1944.

Esser:
7. 2. 1945 »Neuzeitliche Panzerkampfwagen«
Vortrag vor der Wehrtechnischen Arbeitsgemeinschaft des VDI in Berlin (VDI-Haus).
Dieser Vortrag schloß die neuesten deutschen Panzerkampfwagen ein.

### 5.3.18 Unterbringung und Ausbau der Verskraft

Die in den zwanziger Jahren entstandene Verskraft war an der Basis des Schießplatzes Kummersdorf untergebracht. Ende 1937 waren bei ihr etwa 250 Personen beschäftigt. Der Leiter und die beiden Referatsleiter für den Fahrzeugversuchsdienst waren Wehrmacht-Beamte des höheren technischen Dienstes. Die übrigen Personen standen im zivilen Arbeitsverhältnis.

Räumlich sehr beengt hatte die Verskraft

- Fahrzeughallen ohne Hebezeuge für die im Versuch stehenden Rad-, Halbketten- und Vollketten-Fahrzeuge,
- eine Werkstatt mit Kranhalle und Nebenwerkstätten,
- vier Räume mit Motorenprüfständen,
- zwei oder drei Räume mit Reifenprüfständen,
- einen kleinen Kettenprüfstand,
- ein Verwaltungsgebäude.

Zu Beginn des Jahres 1938 wurde dem Leiter der Verskraft der Auftrag erteilt, die Versuchsstelle so neu zu planen, daß sie den zu erwartenden künftigen Aufgaben in vollem Umfang gerecht werden konnte.

Für die neue Versuchsstelle wurde ein großes Gelände südlich des Schießplatzes zur Verfügung gestellt, das gute Entwicklungsmöglichkeiten bot. Es hatte direkte Verbindung zur Waldrundstrecke, so daß für die Dauererprobung die Geländestrecken ohne Inanspruchnahme und Überquerung öffentlicher Wege erreicht werden konnten.

Für die Bauausführung der geplanten Vorhaben wurden erst nach Kriegsbeginn im August 1939 Arbeitskräfte und Material bereitgestellt, weil bis dahin die öffentlichen Bauten Vorrang hatten.

### 5.3.19 Organisation und Arbeitsteilung

Im August 1939 mußte der bis dahin zivile Aufbau der Verskraft einem militärischen weichen.

Die Beamten des höheren technischen Dienstes wurden in das neugebildete Ingenieur-Offizierkorps übernommen. Für den Versuchsdienst wurde eine Versuchkompanie gebildet, in die alle kriegsverwendungsfähigen Männer der Verskraft eingezogen wurden, mit deren Einberufung zu anderen Einheiten gerechnet werden mußte.

Ohne diese Maßnahme wäre der Versuchsdienst der Verskraft zusammengebrochen.

Die Verskraft erhielt den Status eines Regiments und der Leiter der Verskraft – zunächst Oberstleutnant (Ing.), ab 1. 2. 1942 Oberst (Ing). – die Stellung und Befugnisse eines Regimentskommandeurs.

Im Januar 1945 hatte die Verskraft 680 Mann Personal. Zur Straffung des Versuchswesens und zur Personaleinsparung wurde mit Wirkung vom 1. April 1945 die Versuchsabteilung der Schule für Heeresmotorisierung in die Verskraft überführt, was aber ohne praktische Bedeutung blieb.

Um 1943/44 wurde die Kraftfahrversuchsstelle des Heereswaffenamtes umbenannt in Heeresversuchsstelle für Panzer und Motorisierung, eine Bezeichnung, die sich im allgemeinen Sprachgebrauch nicht eingebürgert hat.

Geblieben ist **Verskraft**

### 5.3.20 Leiter der Verskraft

- Dr.-Ing. Alfred Reinsch bis 1. 10. 1933 (anschl. ordentlicher Professor an der Technischen Hochschule, Berlin)
- Dr.-Ing. Georg Beck, vom 1. 1. 1934 bis Januar 1936 (anschl. ordentlicher Professor an der Technischen Hochschule, Dresden, später Berlin)
- Reg.-Baurat Dipl.-Ing. Boje, vom 1. 2. 1936 bis 31. 1. 1938
- Ob.-Reg.-Baurat Dipl.-Ing. (ab 1. 2. 1942 Oberst) Willi Esser von Februar 1938 bis Kriegsende

## 5.4 Panzerinstandsetzung und Panzerabschleppdienst

– ein zusammenfassender Bericht über die Erfahrungen im Zweiten Weltkrieg
von Oberst a. D. Dipl.-Ing. Eibe Theodor Icken

### 5.4.1 Aufstellung der Instandsetzungsdienste

Nach Aufstellung der Panzertruppe zeigte es sich, daß für die Instandsetzung und Pflege der Pz.Kpfw., das heißt zur Erhaltung der kostbaren Kampffahrzeuge, besondere Instandsetzungseinrichtungen erforderlich waren. Alle Kraftfahrzeuge einschließlich Panzerkampfwagen wurden nur in ortsfesten Werkstätten instandgesetzt. Für den Einsatz wurde den Panzer-Regimentern je eine Panzerwerkstatt-Kompanie und darüber hinaus den Panzer-Divisionen je zwei Werkstatt-Kompanien für die Instandsetzung der Radfahrzeuge unterstellt.

Beim Einmarsch in Österreich wurden sie erstmals zusammen mit Bergezügen aufgestellt und auch eingesetzt. Bald zeigte es sich, daß diese Instandsetzungseinrichtungen nicht ausreichten. Sie waren für alle motorisierten Einheiten nötig und wurden von der Panzertruppe bereits im Jahre 1937/38 gefordert. Der Aufwand an ausgebildetem Fachpersonal, Kraftfahrzeugen, Werkzeugen, Gerät und Ersatzteilen für die Aufstellung dieser Instandsetzungseinheiten war aber erheblich. Von Seiten des Oberkommando des Heeres/Allgemeines Heeresamt/Inspektion 6 wurde laufend auf die Dringlichkeit der Aufstellung dieser Instandsetzungsdienste hingewiesen. Aber erst im Verlauf des Krieges war es möglich, alle Stellen des OKH von der Dringlichkeit dieser Instandsetzungseinrichtungen, die sich bei der Feldtruppe schon längst Anerkennung verschafft hatten, zu überzeugen. Da Aufträge zur Beschaffung der technischen Hilfsmittel zum Teil sehr spät erfolgten, konnten der Feldtruppe das erforderliche technische Werkzeug und die notwendigen Ersatzteile nur zum geringen Teil ordnungsgemäß zur Verfügung gestellt werden. Mit vielen Improvisationen war es möglich, die Kraftfahrzeuginstandsetzungseinrichtungen aufzubauen. Da auch bei vielen höheren Stäben kein volles

Verständnis für die Aufgaben der Instandsetzung und Erhaltung der Kraftfahrzeuge bestand, war es meist mit großen Schwierigkeiten verbunden, das benötigte Fachpersonal zu einer technischen Einheit zu versetzen.

Nachdem der Einsatz in Polen, Frankreich und während des ersten Kriegsjahres in Rußland alle Stäbe von der Notwendigkeit der Instandsetzungsdienste überzeugt hatte, wurden im Jahre 1943 durch die Abteilung AgK/M des Allgemeinen Heeresamt (AHA) die endgültige Stärke und Gliederung der Instandsetzungsdienste für alle motorisierten Einheiten festgelegt.

Die Forderungen für die Stärke der Instandsetzungsdienste der Panzertruppen wurden hierbei durch Allgemeines Heeresamt/Inspektion 6 (AHA/In 6) angegeben. Von diesem Zeitpunkt an war es möglich, planmäßig Aufträge zur Beschaffung der Instandsetzungs-Kfz., Werkzeuge, Spezial-Geräte und Ersatzteile zu erteilen.

Die Entwicklung und auch die Lieferung sämtlicher Instandsetzungs-Kraftfahrzeuge auf verschiedenen Fahrgestellen und deren Ausrüstung erfolgte durch die Firma Marx & Traube (Matra) in Frankfurt/Main.

Die Entwicklung und Lieferung des sonstigen Instandsetzungsgerätes wurde wie folgt durchgeführt:

| | |
|---|---|
| Drehstrom-Maschinensätze (7,5, 15 und 30 kVA) | Fa. Still, Hamburg |
| Elektro-Instandsetzungs-Staffel | Fa. Robert Bosch AG, Stuttgart |
| Lichtbogenschweißmaschinensatz (nur für Pz.Werkst.Züge) | Fa. Klöckner-Humboldt-Deutz, Köln |
| Drehkran-Kraftwagen (Hebekraft 3 t) auf dem Fahrgestell des 4,5 t Büssing-NAG-Lkw. | Fa. August Bilstein, Altenvoerde (Westf.) |
| Drehkran-Kraftwagen (Hebekraft 6 t) auf dem Fahrgestell des Zugkraftwagen 18 t (nur für Pz.Werkst.Züge) | Fa. August Bilstein Altenvoerde (Westf.) |
| Strabo-Kran (Hebekraft 16 t) (nur für Tiger Werkst.Züge) | Maschinenfabrik Stratenwerth GmbH, Duisburg |
| Zugkraftwagen 18 t (Sd.Kfz. 9) (für Pz.Berge Züge) | Fa. Famo Breslau |
| Tieflade-Anhänger 10 und 23 t (für Pz. Berge Züge) | Fa. Waggon-Fabrik Bautzen, Bautzen |
| Tieflade-Anhänger 60 t | Fa. Kässbohrer, Ulm |

Zur Überprüfung, Pflege und Durchführung von Instandsetzungen an Kraftfahrzeugen wurden allen motorisierten Verbänden und Einheiten im Jahre 1943 Instandsetzungsdienste zugeteilt. Diese Instandsetzungs-Dienste gliederten sich in zwei Teile und zwar in die für Einheiten mit

- Radfahrzeugen und
- Panzerfahrzeugen.

Entsprechend dem Arbeitsanfall waren die Instandsetzungs-Dienste für Panzerfahrzeuge an Personal, Kraftfahrzeugen und Gerät wesentlich stärker als die für Radfahrzeuge. Demgemäß wurden auch die Instandsetzungs-Dienste verschieden bezeichnet. Die Instandsetzungs-Dienste für Radfahrzeug-Einheiten hießen Instandsetzungs-Trupps und die für Panzer-Einheiten Instandsetzungs-Gruppen.

### 5.4.2 Die Instandsetzungs (I)-Trupps der Radfahrzeugkompanien und deren Stäbe sowie die I-Gruppen der Panzerkompanien und deren Stäbe hatten die Aufgabe

- Kfz. zu überprüfen und zu pflegen
- kleine Kfz.-Instandsetzungen mit feldmäßigen Mitteln durchzuführen (Instandsetzungsdauer bis zu 10 Arbeitsstunden)

Aufgaben der I-Trupps

- Pflege und Wartung von Radfahrzeugen einschließlich der Bereifung
- Nachstellen von Bremsen, Kupplungen und Ventilen
- Austausch von Vergasern, Kraftstoffpumpen, Wasserpumpen, Dichtungen, Sicherungen, Zündkerzen, Zündkabeln, Verteilern, Zündspulen, Kondensatoren, Lichtmaschinen, Anlassern und Batterien
- Kleinere Instandsetzungen durch Löten und Schweißen

Ausstattung der I-Trupps mit Kraftfahrzeugen und Gerät

- leichter gl. Pkw (4sitzig) Volkswagen
- gl. Lkw., 2 t, offen (Steyr 2000 A)
- weitere Kfz. nach Kriegsstärkennachweisung (KStN) Satz Werkzeug und Gerät für einen Kfz.-Instandsetzungstrupp
- Sonderwerkzeugsätze

– Ersatzteile für Radfahrzeuge entsprechend den bei der Einheit vorhandenen Kfz-Baumustern
– Gemäß Kriegsausrüstungsnachweisung (KAN) der betreffenden Einheit Sätze für Motorenschlosser und Sätze für Elektriker

Aufgaben der Kraftfahrzeug-Instandsetzungsgruppen
– Pflege und Wartung von gepanzerten Kfz. (Panzerkampfwagen, Sturmgeschütze, Jagdpanzer, Schützenpanzerwagen, Panzerspähwagen).
– Nachstellen von Bremsen, Bremsen an Lenkgetrieben der Pz.Kpfw., Kupplungen, Kupplungen an Lenkgetrieben der Pz.Kpfw. und Ventilen.
– Austausch von Vergasern, Kraftstoffpumpen, Wasserpumpen, Dichtungen, Sicherungen, Zündkerzen, Zündkabeln, Verteilern, Zündspulen, Kondensatoren, Lichtmaschinen, Anlassern, Batterien.
– Kleinere Instandsetzungen durch Löten und Schweißen.

Ausstattung mit Kraftfahrzeugen und Gerät
– leichter gl. Pkw. (4sitzig) (Volkswagen)
– gl. Lkw., 2 t, offen (Steyr 2000 A)
– m gl. Lkw. offen (Opel, Typ 6700 A)
– gl. Lkw. offen für Ersatzteile (Büssing-NAG Typ 4500 A)
– le Zgkw. 1 t (Sd.Kfz. 10)
– Satz Werkzeug und Gerät für einen Kfz.-Instandsetzungstrupp
– Satz Werkzeug und Gerät für eine Kfz.-Instandsetzungsgruppe
– Sonderwerkzeugsätze
– Ersatzteile für Pz.Kpfw. und Radfahrzeuge entsprechend den bei der Einheit vorhandenen Kraftfahrzeug-Baumustern
– Gemäß Kriegsausrüstungsnachweisung der betreffenden Einheit Werkzeug-Sätze für Panzerwart und Kraftfahrzeug-Elektriker

Einsatz der Instandsetzungs-Trupps (I-Trupps) und Instandsetzungs-Gruppen (I-Gruppen)

Die I-Trupps und I-Gruppen mußten in der Lage sein, Störungen unter schwierigen Verhältnissen mit folgenden Mitteln an Ort und Stelle zu beseitigen.

Auf dem Marsch fuhren die I-Truppen und -Gruppen bei ihren Kampfstaffeln. Teile betreuten die Trosse (Versorgungs-Kompanie).

Bei einem ausgefallenen Fahrzeug entschied der Führer des I-Trupps bzw. der I-Gruppe, ob der Schaden durch diese oder auch durch Pz.Werkst.Kp. bzw. I-Staffel instandgesetzt werden sollte. Falls der Schaden durch den I-Trupp bzw. die I-Gruppe behoben werden sollte, so blieb ein Kfz. des I-Trupps bzw. der I-Gruppe mit einer entsprechenden Zahl von Panzerwarten bei dem ausgefallenen Kfz. (Pz.Kpfw.) und führte die Instandsetzung durch. Bei dieser Art des Einsatzes blieb ein Kfz. des I-Trupps bzw. der I-Gruppe nach dem anderen zurück. Die Lkw des I-Trupps bzw. I-Gruppe hielten bei jedem ausfallenden Kfz ihrer Einheit, an dem gearbeitet wurde, und gab die benötigten Ersatzteile und Werkzeuge aus.

In der Bereitstellung der Truppe überprüften die I-Gruppen die Pz.Kpfw. und sonstige Kfz ihrer Einheit.

**Militärische Grundausbildung der Instandsetzungs-Einheiten. Im Hintergrund ein Panzerkampfwagen II auf dem Sd. Anh. 115.**

### 5.4.3 I-Staffeln und leichte Kraftfahrzeugwerkstatt-Züge

Einer I-Staffel wurden nur Tiger- und Panther-Abteilungen sowie solche Panzer-Abteilungen (Panzerjäger, Panzergrenadier, Panzeraufklärer) zugeteilt, die nicht auf eine Panzerwerkstattkompanie angewiesen waren. Instandsetzungsarbeiten, die von den I-Gruppen nicht durchgeführt werden konnten, übernahm die I-Staffel. Sie führte Instandsetzungen bis zu 30 Arbeitsstunden

Ortsfeste Werkstätte des Panzer-Regiments 6 (3. Panzer-Division) in Neuruppin.

Verladung von Schadpanzern (Panzerkampfwagen I) auf dem Tiefladeanhänger (Sd. Anh. 115). Zugmittel ist der Zugkraftwagen 8 t.

Panzer-Instandsetzung während des Polenfeldzuges 1939.

**Diese Bilder aus dem Frankreichfeldzug 1940 zeigen die Bergung deutscher Panzerkampfwagen III und IV mit dem Sonderanhänger 116 mit einer Tragkraft von 22 t. Zugmittel war der Zugkraftwagen 18 t.**

**Auch erbeutete Bergefahrzeuge (englische Zugmaschine Scammel) wurden zum Bergen von eigenem und feindlichem Gerät eingesetzt.**

durch (Austausch von Motor oder Getriebe, mittlere Schweißarbeiten). Der Abstand der I-Staffel zu ihrer Abteilung durfte nicht zu groß werden. Das Nachziehen der I-Staffel richtete sich nach der Art der beweglichen Kampfführung nach dem Arbeitsanfall.

Durchzuführende Arbeiten

- Austausch von Kupplungen, Teilen des Motor-Kühlsystems, Ansaug- und Auspuffleitungen, Vergasern, Kraftstoffpumpen, Kraftstoffleitungen, Getrieben, Bremsen, Lenkungsteilen, Laufrollen, Laufwerkshebeln, Gleisketten und Aufbauteilen
- Überholen von Ventilkegeln und Ventilsitzen
- Instandsetzungen durch Löten oder Schweißen

Ausstattung der I-Staffel mit Kraftfahrzeugen und Gerät

- gl. Lkw 3 t (Opel Typ 6700 A) für Maschinen und Werkstattgerät
- gl. Lkw 3 t (Opel Typ 6700 A) für Werkstattgerät und Einbauten für Ersatzteile
- Anhänger für Drehstrom-Maschinensatz 7,5 kVA.
- weitere Kraftfahrzeuge nach Kriegsstärkennachweisung
- Kleinere Instandsetzungen an der elektrischen Ausrüstung
- Laden von Batterien
- Prüfen von Einspritzdüsen
- Reifeninstandsetzung (Radfahrzeuge)

**Stand ein Eisenbahnanschluß zur Verfügung, ergab sich eine direkte Verladung durch ortsfeste oder bewegliche Kräne.**

– Satz Werkzeug und Gerät für eine Kraftfahrzeuginstandsetzungsstaffel
– Sonderwerkzeugsätze
– Ersatzteile für Pz.Kpfw. und Radfahrzeuge entsprechend den in der Abteilung vorhandenen Kfz.-Baumustern
– Gemäß Kriegsausrüstungsnachweisung der betreffenden Einheit Werkzeug-Sätze für Motorenschlosser, Sätze für Panzerwart und Sätze für Kraftfahrzeug-Elektriker

Die Instandsetzungsstaffel war der Versorgungskompanie angeschlossen. Einsatz erfolgte möglichst nahe der Kampftruppe. Das Nachziehen der I-Staffel richtete sich nach der Art der beweglichen Kampfführung und nach dem Arbeitsanfall.

**Zum Transport der schweren Panzerkampfwagen Panther und Tiger wurde der 60 t Sonderanhänger 121 eingesetzt.**

### 5.4.4 Panzer-Werkstatt-Kompanie des Panzer-Regiments

Die Panzerwerkstatt-Kompanie führte Instandsetzungen durch, die von den I-Gruppen bzw. I-Staffeln nicht durchgeführt werden konnten. Auf Grund der vorhandenen personellen und Geräte-Ausstattung war die Panzer-Werkstatt-Kompanie fähig, mittlere und schwere Instandsetzungen an Pz.Kpfw. durchzuführen. Die Panzer-Werkstatt-Kompanie mußte in der Lage sein, sämtliche durch Verschleiß oder durch Beschuß entstandenen Mängel an Pz.Kpfw. und Radfahrzeugen mit folgenden Ausnahmen zu beheben: Grundüberholungen von Motoren und Getrieben (Schleifen von Zylindern bzw. Kurbelwellen) sowie Instandsetzung von durch Beschuß sehr verbogenen oder stark beschädigten Panzerteilen.

Aufgaben der Panzer-Werkstatt-Kompanie
– Austausch von Kupplungen, Teilen des Kühlsystems, Ansaug- und Auspuffleitungen, Vergasern, Kraftstoffpumpen, Kraftstoffleitungen, Getrieben, Laufwerkteilen, Bremsen, Lenkungen, Einheiten der elektrischen Ausrüstung, Aufbauteilen
– Instandsetzung von Baugruppen und Teile-Austausch sowie Erneuerung
– Instandsetzung durch Schweißen (einschl. Elektroschweißen von Panzermaterial) und Löten
– Laden von Batterien, Herstellung von destilliertem Wasser
– Beheben von Schäden der elektrischen Ausrüstung
– Instandsetzung von Waffen
– Instandsetzung von Funkgerät
– Bergen und Abschleppen beschädigter Pz.Kpfw.

Der Fernmeldewerkstattzug der Panzer-Werkstatt-Kompanie hatte die Aufgabe, das in den Pz.Kpfw. befindliche Funkgerät instandzusetzen. Der Waffenwerkstattzug der Pz. Werkst. Kp. reparierte die in den Pz.Kpfw. befindlichen Waffen.

Unter dem Begriff »Bergen« war das Flottmachen eingesunkener und festgefahrener Pz.Kpfw. und das Abschleppen instandsetzungsbedürftiger oder durch Feindeinwirkung ausgefallener Pz.Kpfw. zu verstehen. Die Erhaltung der Kampfkraft erforderte schnelles Bergen und Instandsetzen ausgefallener Pz.Kpfw. mit dem Ziel, sie in der gleichen Kampfhandlung wieder zum Einsatz zu bringen.

Anzustreben war, ausgefallene Pz.Kpfw. bald der gegnerischen Sicht und Waffenwirkung zu entziehen. Das Bergen ausgefallener Pz.Kpfw. erfolgte durch
– die eigene Einheit oder durch
– den Bergezug der Panzer-Werkstatt-Kompanie.

Der Bergezug hatte ausgefallene Pz.Kpfw. zu bergen, die nicht mit Mitteln der Einheit geborgen werden konnten. Er arbeitete in zwei Teilen und hatte folgende Aufgaben (bei Panther- und Tiger-Abteilung die Bergegruppe der I-Staffel)

- Herausziehen festgefahrener Pz.Kpfw.
- Abschleppen ausgefallener Pz.Kpfw. zur Instandsetzung an Arbeitsstellen der I-Gruppen und I-Staffeln, wenn sie nicht am Ausfallort instandgesetzt werden konnten.
- Abschleppen ausgefallener Pz.Kpfw. zur Instandsetzung an Arbeitsstellen der Panzer-Werkstatt-Kompanie.
- Mitführen noch nicht fertig instandgesetzter Pz.Kpfw. bei Stellungswechsel der Panzer-Werkstatt-Kompanie.

Möglichkeiten der Bergung von Pz.Kpfw.

- Zugmittel Zugkraftwagen (Zgkw) 18 t, Zugkraft = 12000 kg.
  Reichte bei schweren Pz.Kpfw. (Tiger) die Zugkraft eines Zgkw. nicht aus, war der Doppelzug (2 Zgkw.) oder notfalls der Dreifachzug (3 Zgkw.) anzuwenden.
- Zugmittel Panzerkampfwagen gleicher Art.
- Abschleppen mit Abschleppstangen (Allgemeinfall).
- Abschleppen mit Abschleppseil, falls Abschleppstangen nicht vorhanden; der angehängte Pz.Kpfw. mußte bremsfähig sein.
- Bergen mit Hilfe einer Seilwinde.
  Höchste Zugkraft der Seilwinde mit einfachem Zug s.
  Zgkw 18 t = 7000 kg
  Bergepanther = 40000 kg
- Abschleppen mit Zgkw. und Tiefladeanhänger. Voraussetzung für Abschleppen auf Tiefladeanhänger waren befestigte und trockene Straßen (keine schmalen oder schwachen Brücken). Auf Tiefladeanhänger wurden nicht mehr rollfähige und noch rollfähige, aber über längere Strecken abzuschleppende Pz.Kpfw. verladen.

  Es wurden verwendet:
  Tiefladeanhänger mit einer Tragkraft von
  12 t (Sonderanhänger 115) für Pz.Kpfw. II und 38
  22 t (Sonderanhänger 116) für Pz.Kpfw. III und IV
  60 t (Sonderanhänger 121) für Pz.Kpfw. Panther und Tiger
- Durch Einsatz eines Bergeankers war es möglich, mit einem schwächeren Zugmittel auch schwerste Pz.Kpfw. zu bergen. Die Zugkraft betrug bis zu 50 t.

Jedem Pz.Rgt. wurde eine Pz.Werkst.Kp. bzw. jeder selbständigen Pz. Abt. ein Pz.Werkst.Zug unterstellt.
Ausnahme: Bei jeder Tiger-Abteilung war eine Pz.Werkst.Kp. vorhanden.

Ausstattung der Pz.Werkst.Kp. mit Kraftfahrzeugen und Gerät

- 2 mittlere Kfz.-Instandsetzungszüge bestehend aus je 4 gl. Lkw 4,5 t (Büssing-NAG 4500 A) für Maschinen und Werkstattgerät
- 2 Sätze Maschinen, Werkzeug und Gerät, verlastet
- 4 Lkw. für Waffenmeistergerät
- 3 Lkw. für Funk-Werkstatt
- 1 Drehkran-Kraftwagen (Hebekraft 3 t) auf 4,5 t gl. Lkw.
- 1 Drehkran-Kraftwagen (Hebekraft 6 t) auf Fahrgestell Zugkraftwagen 18 t
- Zugkraftwagen 18 t für Panzer-Bergung
- Tiefladeanhänger für Pz.Kpfw. (22 t) (Sd.Anh. 116) für Pz. Bergung
- 2 schwere Maschinensätze A (Drehstrommaschinensatz 15 kVA)
- 2 Schweißmaschinensätze (zum Schweißen von Panzermaterial)
- 1 Sammlerladegerät
- 2 Portalkräne 16 t (nur für Tiger-Werkstätten)
- weitere Kfz. nach Kriegsstärkenachweisung (KStN)
- Sonderwerkzeugsätze
- Ersatzteile für Pz.Kpfw. und Radfahrzeuge entsprechend den im Pz. Regiment (Abteilung) vorhandenen Kfz.-Baumustern und dem in der Pz.Werkst. Kp. vorhandenen Laderaum
- Gemäß Kriegsausrüstungsnachweisung (KAN) der betreffenden Einheit Werkzeugsätze für Motorenschlosser und Sätze für Kraftfahrzeug-Elektriker
- Je vorhandenen Zgkw. 18 t ein Satz Bergegerät für Pz.Kpfw.

Einsatz der Panzer-Werkstatt-Kompanie

Pz.Werkst.Kp. wurden geschlossen eingesetzt. Bei beweglicher Kampfführung konnten sie auch getrennt eingesetzt werden. Damit die Pz.Werkst.Kp. beim Eintreffen sofort mit der Instandsetzung beginnen konnte, schleppte der Bergezug ausgefallene Pz.Kpfw. zu einem Sammelplatz, der dem späteren Arbeitsplatz der Pz.Werkst.Kp. möglichst nahe lag.
Nicht fahrbereite Pz.Kpfw. wurden durch die

Pz.Werkst.Kp. bis zur Verlegung rollfähig gemacht, damit diese Pz.Kpfw. zum neuen Einsatzort der Pz.Werkst.Kp. mit Hilfe der Zugmaschinen des Bergezuges abgeschleppt werden konnten.
Die Arbeitsstellen der Pz.Werkst.Kp. wurden so ausgewählt, daß die Abschleppwege der nicht fahrbereiten Pz.Kpfw. nicht zu groß wurden. Pz.Kpfw., die bei einer Pz.Werkst.Kp. nicht instandgesetzt werden konnten, wurden einer rückwärtigen Pz.Kpfw.Werkst.Kp. bzw. Pz.Inst.Abt. (meist den Armeen unterstellt) oder einem Pz.-Instandsetzungs-K-Werk (der Heeresgruppe unterstellt) zur Durchführung der Instandsetzung übergeben.
Für die Unterbringung der Werkst.Kp. war Regen- und Kälteschutz wichtig. Standen Hallen oder Werkstätten als Arbeitsraum zur Verfügung, so war die Arbeitsleistung wesentlich höher. Wurden Arbeitsplätze außerhalb von Ortschaften gesucht, waren Waldränder vorzuziehen.
Reichlich Platz für die Kfz. der Werkst.Kp. und die instandzusetzenden Kfz. war vorzusehen.

### 5.4.5 Aufgabe der Divisions-Werkstattkompanie

Es war Aufgabe der Divisions-Werkstatt-Kompanie Instandsetzungsarbeiten an Radfahrzeugen, die von den I-Staffeln der unterstellten Abteilungen bzw. Regimenter nicht durchgeführt werden konnten, zu übernehmen. Pz.Kpfw. wurden in der Div.Werkst.Kp. nicht instandgesetzt. Sämtliche in den Einheiten der Pz.Div. befindlichen Vollketten-Panzerfahrzeuge wurden in der Pz.Werkst.Kp. des Panzer-Regiments repariert.
Für die Durchführung der Instandsetzung der Radfahrzeuge unterstanden einer Pz.Div. unmittelbar die Kraftfahrparktruppen der Division. Diese wurden durch den Divisionskraftfahroffizier eingesetzt.
Die Kraftfahrpark-Truppen einer Pz.Div. gliederten sich wie folgt
- 1 mittlere Div.Werkst.Kp. mit Waffenmeisterzug
- 1 mittlere Div.Werkst.Kp. ohne Waffenmeisterzug
- 1 schwere Div.Werkst.Kp.
- 1 Ersatzteilstaffel (75 t)

In der schweren Werkstatt-Kompanie befanden sich neben dem mittleren Kfz.-Instandsetzungszug ein

**Der erste Tiger-Einsatz 1942 zeigte rasch die Unzulänglichkeit der vorhandenen Bergegeräte. Es mußten bis zu drei Zugkraftwagen 18 t eingesetzt werden, um einen Tiger zu bergen.**

schwerer Kfz.-Instandsetzungszug. Im schweren Zug befanden sich Einrichtungen für Flächen- und Pleuelbearbeitung, Zylinderschleifen, Lagergießen und Motoreinlaufen, Haupt- und Pleuellagerbearbeitung, Kurbelwellenschleifen, Bremsenbearbeitung, Kfz.-Elektroinstandsetzung, Dieseleinspritzpumpeninstandsetzung.
Außer den normalen Arbeiten einer Werkstatt-Kompanie war die schwere Werkstatt-Kompanie einer Pz.Div. somit befähigt, nachstehende Arbeiten an Radfahrzeugen auszuführen:

Oben links: Ersatzmotoren für den Tiger wurden teilweise mit Transportmaschinen der Luftwaffe eingeflogen, um die kostbaren Kampfpanzer beschleunigt wieder zum Einsatz zu bringen. Im Vordergrund ein Drehkran-Kraftwagen (Hebekraft 6 t) auf dem Fahrgestell des 18 t-Zugkraftwagens.

Der Drehkran-Kraftwagen (Hebekraft 3 t) auf dem Büssing-NAG 4,5 t Fahrgestell, Typ 4500 A.

Rechts: Zum Abheben der Drehtürme der Panzerkampfwagen Panther und Tiger standen fahrbare Strabo-Kräne mit 16 t Hebekraft zur Verfügung.

**Bergegruppe der I-Staffel beim Bergen von Panzerkampfwagen Panther bei Bjelgorod, Sowjetunion, im September 1943.**

Vollständige Motorenüberholung, Zylinderschleifen, Haupt- und Pleuellagerbearbeitung, Kurbelwelleninstandsetzung.
Vollständige Fahrgestellüberholung einschl. Bearbeitung der Bremstrommeln und Bremsbacken.
Vollständige Überholung von Aufbauten.
Überholen von Einheiten der elektrischen Ausrüstung.
Divisions-Werkstatt-Kompanien wurden in der beweglichen Kampfführung überschlagend eingesetzt.
Die Ersatzteilstaffel der Division hatte einen Laderaum von 75 t für Radfahrzeug-Ersatzteile. Sie empfing: die Ersatzteile vom Zentral-Ersatzteillager und versorgte die Einheiten der Division und die Divisions-Werkstatt-Kompanien mit Radfahrzeug-Ersatzteilen. Die Ersatzteilstaffel wurde im allgemeinen in der Nähe einer Divisions-Werkstatt-Kompanie untergebracht.

### 5.4.6 Panzerkampfwagen-Werkstatt-Kompanien und Panzer-Berge-Kompanien

waren selbständige Einheiten und meistens den Armeen unterstellt. Sie hatten die Aufgabe, Arbeiten zu übernehmen, die von den Panzer-Werkstatt-Kompanien der Panzer-Regimenter wegen Arbeitsüberlastung nicht durchgeführt werden konnten. Im wesentlichen dienten sie zur Unterstützung von Einheiten, die mit Panzerfahrzeugen ausgerüstet waren, aber keine ausreichenden eigenen Instandsetzungseinrichten besaßen. Der Einsatz der Panzerkampfwagen-Werkstattkompanien und Panzer-Berge-Kompanien erfolgte im Schwerpunkt der vorhandenen Panzerkräfte. War an einer Stelle der Front eine größere Zahl von Panzer-Ausfällen zu verzeichnen und mußten die Panzerfahrzeuge beschleunigt geborgen werden, so wurden auf Befehl der Heeresgruppe bzw. der Armee Zugkraftwagen der Panzerbergekompanie angesetzt, um die Bergeaktion vordringlich durchzuführen.
Die Art des Einsatzes sowie die Gliederung und Ausrüstung einer Pz.Kpfw.Werkst.Kp. war ähnlich der einer Pz.Werkst.Kp. (ohne Bergung) eines Panzer-Regiments.
Um hochwertige Kraftfahrzeuge zu sparen, wurden versuchsweise Maschinen, Gerät und Ersatzteile von zwei Pz.Kpfw.Werkst.Kp. auf Eisenbahnwaggons verlastet

und so die Pz.Kpfw.Werkst.Kp. 657 (eisb.) und 658 (eisb.) aufgestellt. Für rückwärtige Einheiten hat sich diese Art der Pz.Kpfw.Werkst.Kp. bewährt. Im Dezember 1944 waren nachstehend aufgeführte Einheiten vorhanden und auch eingesetzt: 17 Pz.Kpfw. Werkst.Kompanien und 8 Pz.Berge Kompanien. Totalverluste waren bis zu diesem Zeitpunkt nicht eingetreten.

### 5.4.7 Panzerinstandsetzungs-Abteilungen

waren in der Art ihrer Ausstattung, Gliederung, Aufgabe und in der Art ihres Einsatzes sehr ähnlich einer Pz.Kpfw.Werkst.Kp. Im allgemeinen bestand eine Panzerinstandsetzungs-Abteilung aus 3 Werkstatt-Zügen und einem Pz.Bergezug oder einer Panzer-Bergekompanie.
Im Dezember 1944 waren acht Panzerinstandsetzungs-Abteilungen vorhanden und bei den Heeresgruppen eingesetzt.

### 5.4.8 Panzerinstandsetzungs-K-Werke

Wie bereits angegeben, konnten nachstehend angeführte Instandsetzungen an Pz.Kpfw. durch die Feldtruppe nicht durchgeführt werden: Richten und Schweißen von durch Beschuß verbogenen oder stark beschädigten Panzerteilen, Grundüberholungen von Getrieben und Motoren (Schleifen von Zylindern bzw. Kurbelwellen).
Pz.Kpfw.-Motoren und Getriebe mit den angeführten Schäden sowie Pz.Kpfw. mit Grundüberholungen wurden daher zur Durchführung der Instandsetzung zu in der Heimat befindlichen Panzerherstellerfirmen geschickt. Als sich aber im Jahre 1942 im Rußlandfeldzug durch die weite Verlagerung der Front in Richtung Osten zeigte, daß durch den Pz.Kpfw.-Versand in die Heimat eine erhebliche Belastung der Eisenbahn entstand und ein großer Zeitaufwand bis zur Rückkehr des instandgesetzten Pz.Kpfw. In Kauf genommen werden mußte, wurden in Rußland drei Panzerinstandsetzungs-K-Werke gegründet. Einsatzorte waren Riga, Minsk und Dnjepropetrowsk. Die Firmen MAN, Daimler-Benz und Krupp wurden mit der Aufstellung dieser Groß-Reparaturwerkstätten beauftragt. Anweisung dafür erging vom Reichsministerium für Rüstung und Kriegsproduktion (Ministerium Speer). Den K-Werken wurden nicht Soldaten, sondern Zivil-Fachpersonal der verschiedenen Panzer-, Motoren- und Getriebe-Firmen (einschließlich Böhmisch-Mährische Maschinenfabrik, Prag) zugeteilt. Sie wurden mit allen erforderlichen Materialien ausgestattet, so daß auch die schwierigsten Panzer-Instandsetzungen durchgeführt werden konnten. Nach Beendigung der Aufstellung wurde je ein Panzerinstandsetzungs-K-Werk der Heeresgruppe Nord, Mitte und Süd unterstellt. Für die Arbeit der Panzer-Ersatzteillager bildeten die Panzerinstandsetzungs-K-Werke ebenfalls eine erhebliche Erleichterung. Austauschaggregate (Motoren, Getriebe, elektrische Aggregate) konnten ohne großen Zeitverlust und ohne Eisenbahnversand instandgesetzt werden. Nach Zurückverlegen der Front wurde die Bedeutung der Panzerinstandsetzungs-K-Werke geringer, da der Versand von reparaturbedürftigen Panzern und Aggregaten in die Heimat mit einfachen Mitteln durchführbar war. Da aber Beschäftigung in den Panzerinstandsetzungs-K-Werken, deren Einsatz von den Heeresgruppen gesteuert wurde, bis zum Schluß des Krieges reichlich vorhanden war, wurden diese nicht aufgelöst. Eine rückwärtige Verlegung der Panzerinstandsetzungs-K-Werke, die allerdings stets mit erheblichem Arbeits- und Zeitaufwand verbunden war, wurde sogar mehrmals durchgeführt.
Ende 1944 bestanden folgende Panzerinstandsetzungs-K-Werke unter Angabe der Einsatzorte:

| | |
|---|---|
| Braunsberg (Ostpr.) | Heeresgruppe Nord |
| Kreising (bei Posen) | Heeresgruppe Mitte |
| Brieg (Schlesien) | Heeresgruppe A |
| Wien-Arsenal | Heeresgruppe Süd |

### 5.4.9 Industrielle Instandsetzung

Pz.Kpfw., die im Bereich der Feldtruppe nicht instandgesetzt werden konnten, wurden durch Panzer-Firmen in der Heimat instandgesetzt. Die Feldtruppe hatte Anweisung, solche Pz.Kpfw. an ein in der Heimat befindliches Panzerersatzteillager zu schicken.

Gemäß Anweisung von OKH/Wa I Rü WuG 6, dem die Fertigung von Pz.Kpfw. und Pz.Kpfw.-Ersatzteilen sowie die Instandsetzung von Pz.Kpfw. bei den Panzer-Firmen unterstand, wurden die im Panzer-Ersatzteillager eingetroffenen Panzerfahrzeuge den Panzer-Firmen zur Instandsetzung zugeführt. Für die Instandsetzung von Pz.Kpfw. in der Heimat kamen nachstehend angeführte Firmen in Betracht:

| | |
|---|---|
| Fa. Alkett, Berlin-Spandau | (Pz.Kpfw. II, III, IV) |
| Fa. Krupp-Druckenmüller, Berlin-Tempelhof | (Pz.Kpfw. II, III, IV) |
| Fa. Daimler-Benz, Berlin-Marienfelde | (Pz.Kpfw. III) |
| Fa. Henschel & Sohn, Kassel | (Pz.Kpfw. Tiger) |
| Fa. MAN, Nürnberg | (Pz.Kpfw. Panther) |
| Fa. Böhmisch-Mährische Maschinenfabrik, Prag | (Pz.Kpfw. 38) |
| Fa. Krupp-Gruson, Magdeburg | (Pz.Kpfw. IV) |
| Arsenal, Wien (Heereswerkstatt, dem OKH/AHA Feldzeuginspektion (FzIn) unterstellt | (Pz.Kpfw. II, III, IV, 38) |

Nach beendeter Instandsetzung wurden die Pz.Kpfw. durch die Panzer-Firmen auf Anweisung von OKH/Wa A-WalRü WuG 6 an ein Panzerersatzteillager geschickt. Hier wurden die Panzer mit den notwendigen Ausrüstungsteilen versehen (Funkgerät, Waffenzubehör, Munition usw.) und dann gemäß Anweisung von OKH/AHA/In 6, ebenso wie neugefertigte Pz.Kpfw., der Truppe zugeteilt.

### 5.4.10 Die Panzer-Ersatzteilversorgung

der Pz.Werkst.Kp. der Panzer-Regimenter sowie der selbständigen Pz.Kpfw.Werkst. Kompanien bzw. Pz.Inst.Abteilungen erfolgte durch Selbstabholer von den Panzer-Ersatzteillagern. Im allgemeinen unterstand jeder Heeresgruppe ein Panzer-Ersatzteillager. An der Ostfront befanden sich zum Beispiel den drei Heeresgruppen entsprechend auch drei Panzer-Ersatzteillager. Diese waren im Jahre 1942/43 in Riga, Minsk und Dnjepropetrowsk untergebracht und waren somit in unmittelbarer Nähe der Panzerinstandsetzungs-K-Werke. Vom Panzer-Ersatzteillager wurden an die Truppe sämtliche Ersatzteile und Austauschaggregate für Pz.Kpfw. und Pz.Sp.Wg. einschl. deren Ausrüstungsteile (Waffen und Funkgerät) ausgeliefert. Diese Ersatzteilversorgung wurde im allgemeinen befriedigend durchgeführt.

Die Panzer-Ersatzteillager der Heeresgruppe wurden durch die in der Heimat befindlichen Heeres-Panzer-Zeugämter mit Ersatzteilen versorgt. Die Pz.-Ersatzteillager waren, nach Pz.Kpfw.-Typen spezialisiert, mit Ersatzteilen ausgestattet. Heeres-Panzer-Zeugämter waren dem OKH/AHA/FzIn unterstellt. Dieses war auch für den gesamten Nachschub und die rechtzeitige Anforderung der von der Truppe benötigten Pz.-Ersatzteile bei OKH/Wa A – WalRü WuG 6 verantwortlich.

Entsprechend den Anforderungen von Pz.-Ersatzteilen durch OKH/AHA/FzIn machte OKH Wa A Wa I Rü WuG 6 Ersatzteil-Beschaffungs-Planungen und gab die Ersatzteile den Panzer-Herstellerfirmen bzw. Motoren-, Getriebe-, Gleisketten- und Waffen-Herstellerfirmen in Auftrag.

Die Belieferung der Heeres-Panzer-Zeugämter durch die Panzer-Ersatzteilherstellerfirmen und ferner der Transport der Panzer-Ersatzteile von den Heeres-Panzerzeugämtern zu den Panzer-Ersatzteillagern der Heeresgruppe erfolgte mit der Eisenbahn. In dringenden Fällen wurden die Pz.-Ersatzteillager auch im Lkw- oder im Luft-Transport beliefert.

Im allgemeinen erfolgte die Auslieferung zur Zufriedenheit der Truppe. Gewisse Engpaßersatzteile waren dagegen oft gar nicht vorhanden oder nur unter großen Schwierigkeiten erhältlich. Ein derartiger Mangel an Ersatzteilen erschwerte natürlich die Instandsetzung der Pz.Kpfw. bei der Truppe erheblich. Mit Recht beschwerte sich dann die Truppe über das mangelnde Verständnis für die Instandsetzung. Wegen Mangel an Ersatzteilen wurde mancher Pz.Kpfw. bei der Pz.Werkst.Kp. der Pz.Regimenter dann erst mit erheblicher Verzögerung instandgesetzt. Konnte ein bestimmtes Ersatzteil auf längere Sicht nicht geliefert werden, so mußte der betreffende Pz.Kpfw. als nicht instandsetzungsfähig an das Panzerinstandsetzungs-K-Werk oder auch in die Heimat zur Durchführung der Instandsetzung abgeschoben werden. Vor Abgabe dieses Pz.Kpfw. wurden jedoch im allgemeinen durch die Truppe an diesem dringend benötigte Engpaßersatzteile ausgeschlachtet, um damit andere Pz.Kpfw. fahrbereit zu erhalten.

Die Organisation der Panzer-Instandsetzung hat sich während des Krieges bewährt. Panzer-Einheiten sowie die überwachenden Stellen waren mit der Panzer-Instandsetzung an der Front, im rückwärtigen Operationsgebiet sowie auch in der Heimat einverstanden. Grund zur Klage über mangelhafte Instandsetzung lag selten vor. Wenn Anlaß zur Beschwerde über die Instandsetzung vorlag, so war es im allgemeinen die Instandsetzungsdauer. Die Ursache für die Nichteinhaltung des Instandsetzungstermins war meistens die unzureichende Belieferung mit Ersatzteilen.
Unverständlich mußte es unter anderem der Truppe erscheinen, daß der Rußlandkrieg im Jahre 1941 mit vollkommen unzureichenden Beständen an Panzer-Ersatzteilen und Austauschaggregaten begonnen wurde. Es war daher nicht erstaunlich, daß nach einem Marsch der Panzer von durchschnittlich 2000 km (z. B. bis in die Gegend Smolensk) ein großer Teil der Pz.Kpfw. nicht oder nur noch bedingt fahrbereit war. Eine grundlegende Panzer-Überholung durch die Truppe konnte jedoch wegen Mangel an Ersatzteilen nicht durchgeführt werden. Die vorhandenen Panzerinstandsetzungseinheiten dagegen waren ausreichend, um die notwendigen Instandsetzungsarbeiten durchzuführen.
Einige hohe Stellen des O.K.H. und insbesondere auch das Reichsministerium für Rüstung und Kriegsproduktion (Ministerium Speer), die für die Durchführung des Panzer-Programms verantwortlich waren, zeigten im wesentlichen nur Interesse an der Neufertigung von Pz.Kpfw. und hatten auch große Verdienste um die Steigerung des Panzer-Ausstoßes.
Die Fronttruppe hatte aber kein Verständnis dafür, daß die Fertigung der Panzer-Ersatzteile und auch des Panzer-Instandsetzungs- und Panzerbergegeräts bewußt zugunsten der Panzer-Neufertigung vernachläßigt und daher nicht in der erforderlichen Dringlichkeitsstufe hergestellt wurde.

### 5.4.11 Ausbildung des Panzerinstandsetzungs-Personals

Zu Beginn des Zweiten Weltkrieges und in den ersten Kriegsjahren wurde Panzerinstandsetzungs-Personal nur in geringem Umfang ausgebildet. Nur Fahrer für Radfahrzeuge und Pz.Kpfw. sowie auch Panzerwarte wurden in Lehrgängen bei den Panzer-Ersatzabteilungen in der Heimat geschult.
Die Anforderungen, die an das technische Personal bei der Fronttruppe gestellt wurden, zeigten jedoch, daß dessen Ausbildung nicht ausreichend war. Eine zusätzliche Schulung der Panzerwarte und eine grundsätzliche Ausbildung der Panzer-Werkstattschlosser sowie des Panzer-Bergepersonals erwies sich als erforderlich. Speziallehrgänge über den Einsatz der Pz.Kpfw. im Winter mit einer Ausbildung am neu entwickelten Wintergerät sowie über den Einsatz von Pz.Kpfw. bei großer Hitze und Staub erwiesen sich ebenfalls als notwendig. Neben der grundlegenden Panzerausbildung (Dauer etwa 8 Wochen) in einer Panzerausbildungsabteilung war es erforderlich, jeden Panzerwart für die Dauer von etwa 6 Wochen in einem Lehrgang bei der Panzertruppenschule in Bergen (Kr. Celle) theoretisch und praktisch zu unterrichten. Erst nach Ablegen einer Prüfung an der Panzertruppenschule wurden die Lehrgangsteilnehmer zum Panzerwart ernannt. Neben dieser Ausbildung fanden an der Panzertruppenschule auch Ausbildungslehrgänge über das Bergen von Pz.Kpfw. statt. Besonderer Wert wurde hierbei auf die Durchführung der richtigen Bergung der schweren Pz.Kpfw. Tiger und Panther gelegt.
Daß eine Ausbildung des Personals für die Panzerwerkstatt-Kompanien notwendig war, zeigte sich erst im Verlauf des Zweiten Weltkrieges. Zu Beginn vertrat man die Ansicht, daß die Kenntnisse von Zivil-Autoschlossern auch für die Panzerwerkstatt-Kompanien ausreichend waren. Bald wurde aber erkannt, daß die Fähigkeit eines Autoschlossers nicht den Anforderungen der Panzerwerkstatt-Kompanien entsprach. Eine Ausbildung in der Instandsetzung von Pz.Kpfw. wurde daher dem Arsenal in Wien (ehemalige österreichische Heereswerkstatt) angegliedert, Spezialisten zur Instandsetzung der Pz.Kpfw.-Fahrgestelle, Motoren, Getriebe und Aufbauten, sowie Pz.-Elektriker und Pz.-Elektro-Schweißer wurden hier ausgebildet. Besonderer Wert wurde dabei auf die Kenntnis der Instandsetzung aller Pz.-Kpfw.Typen (einschl. Pz.Kpfw. 38, Panther und Tiger) gelegt.

### 5.4.12 Vorschriften für Panzerinstandsetzung und Bergung

Für das vorstehend beschriebene Gebiet wurden folgende Vorschriften und Merkblätter erarbeitet.

| | |
|---|---|
| HDv 471 | Handbuch für Kraftfahrer |
| D 600 | Anhaltswerte für Kraftfahrzeuge und Gerät |
| D 617/3 | Tiefladeanhänger für Pz.Kpfw. (22 t) |
| D 622/6 | Werkstattzug |
| D 622/10 | Praktische Winke für Instandsetzungsdienste |
| D 623/1 | Kleiner Instandsetzungskraftwagen (Kfz. 2/40) |
| D 623/3 | Lkw für Werkstattgerät der Kfz.Instandsetzungsgruppe |
| D 623/10 | Kfz.-Instandsetzungstrupp |
| D 623/15a | Schwerer Kfz.-Instandsetzungszug |
| D 635/5 | Kraftfahrzeuge im Winter |
| D 635/50 | Kraftfahrzeuge in Staub, Hitze und Schlamm |
| D 659/4 | Bergen von Pz.Kpfw. |

sonstige D-Vorschriften:

| | |
|---|---|
| | Gerätebeschreibung und Bedienungsanweisungen für Radfahrzeuge bzw. Pz.Kpfw., Ersatzteillisten für Radfahrzeuge bzw. Pz.Kpfw. |
| H.Dv. 428 | Standortausstattung für Kfz.-Gerät und Instandsetzungsgerät |
| H.Dv. 428/1 | Sonderwerkzeugsätze für Radfahrzeuge und Pz.Kpfw. |
| H.Dv. 472 | Ausbildungsvorschrift über Kfz. |
| H.Dv. 488 | Grundlegende kraftfahrtechnische Vorschrift für Verwaltung der Kfz. und deren Gerät. |

### 5.4.13 Erfahrungen und kritische Stellungsnahme

Im Verhältnis zur Zahl der vorhandenen Pz.Kpfw. und Radfahrzeuge und der Art ihres Einsatzes wurden Instandsetzungsdienste in großem Umfang eingesetzt. Um die Kraftfahrzeuge einsatzbereit zu erhalten, war die große Zahl der Instandsetzungsdienste erforderlich. Die Instandsetzung der Radfahrzeuge nahm durch die Überbeanspruchung der in großer Zahl in der Panzertruppe vorhandenen handelsüblichen und nicht geländegängigen Kfz. einen erheblichen Umfang an. Da darüber hinaus die Radfahrzeuge nicht nach Fabrikaten und Typen getrennt, sondern oft sehr gemischt bei den Divisionen eingesetzt wurden, war der Ersatzteilnachschub erheblich erschwert. Außerdem nahm die Menge der bei den Werkstatt-Kompanien mitzuführenden Ersatzteile einen erheblichen Umfang an. Bei der Auffrischung von Panzer-Divisionen und auch beim Nachschub von Ersatz-Kraftfahrzeugen wurde der Gedanke der Typenbereinigung in keiner Weise beachtet. Die Instandsetzung hätte man aber damit erheblich erleichtern können. Daß eine Typenbereinigung durchführbar war, hat der Verfasser dieser Abhandlung in eigener Erfahrung als Kraftfahrzeug-Offizier bei der 4. Panzer-Division feststellen können. Trotzdem die Forderung der Division auf Typenbereinigung weder durch die Heeresgruppe noch durch den Generalstab des Heeres/Generalquartiermeister gestützt wurde, war es bei einer Auffrischung der Division im Juni 1944 möglich, die Zahl der Radfahrzeugtypen von 280 auf 180 zu verringern. Hätte man die Typenbereinigung überall durchgeführt, so hätte man die Instandsetzung der Kraftfahrzeuge erheblich vereinfachen und den Umfang der Instandsetzungseinrichtungen verringern können.

Bei den Panzer-Regimentern war eine Typenbereinigung der Pz.Kpfw. nur teilweise durchgeführt. Zum Beispiel waren die Panzer-Regimenter entweder mit Pz.Kpfw. I, II, III und IV oder I, II, IV und 38 (t) ausgestattet. Die reinrassige Aufstellung von Tiger- und Panther-Abteilungen wirkte sich ab 1942 bzw. 1943 vorteilhaft in der Materialerhaltung aus. Bei der Truppe bestand aber wenig Verständnis dafür, daß bis zum Schluß des Krieges neben dem Fahrgestell des Pz.Kpfw. III ein Fahrgestell des Pz.Kpfw. IV hergestellt wurde. Im Gewicht, in der Tragfähigkeit, in der Geschwindigkeit, in der Leistung, in den äußeren Abmessungen sowie in der Größe des Kampfraumes waren sich beide Pz.Kpfw. sehr ähnlich. Die Fertigung eines der beiden Panzer-Fahrgestelle wurde jedoch nicht unterbrochen. Der Ersatzteilnachschub der Zeugämter und Panzerersatzteillager wurde dadurch erheblich erschwert, die Instandsetzungsdienste mußten vergrößert werden und die Zahl der Troßfahrzeuge der Panzerwerkstatt-Kompanien mußte entsprechend vermehrt werden, um die erforderlichen Panzer-Ersatzteile mitführen zu können.

Die deutschen Pz.Kpfw. haben sich waffentechnisch bewährt. Kraftfahrtechnisch waren sie den an sie gestellten Anforderungen nicht gewachsen. In ihrer Bauweise wurden sie bis zur Grenze ihrer zulässigen Beanspruchung konstruiert. Darüber hinaus versuchte man in allen Bauteilen die Spitzenleistung zu erreichen und glaubte, zusätzlich der Truppe noch Erleichterungen in der Bedienung bieten zu müssen. Diese waren jedoch bei ihrer Einführung noch nicht immer voll truppenbrauchbar. Die Folge dieser Baurichtung, die von Seiten OKH/Wa A-Wa Prüf 6 trotz vieler Angriffe durch die Truppe nicht aufgegeben wurde, war eine entsprechende Belastung der Pz.Inst.Dienste. Die Truppe forderte daher mit Recht eine einfachere Pz.Kpfw.-Bauart und wies als Beispiel auf die Pz.Kpfw. 38 und T 34 hin. Trotzdem war der waffentechnisch ausgezeichnete Tiger kraftfahrtechnisch anfälliger als die bisherigen Pz.Kpfw.-Bauarten. Die Mängel lagen beim hochgezüchteten Motor und nicht ausgereiftem halbautomatischen Wechselgetriebe. Das Heereswaffenamt WaPrüf 6 hatte versucht, soweit möglich, eine Höchstleistung aus allen Bauteilen herauszubringen. Das Ergebnis war jedoch eine starke Anfälligkeit des Tiger-Fahrgestells. Tiger-Einheiten benötigten daher eine relativ hohe Zahl an Instandsetzungsdiensten. Die Panzer-Ersatzteillager andererseits hatten größte Schwierigkeiten, die Truppe rechtzeitig mit der benötigten Zahl von Motoren und Getrieben zu versorgen.

## 5.5 Neuerungen am Jagdpanzer 38 (Auszug aus dem Heerestechnischen Verordnungsblatt)

**Nur für den Dienstgebrauch!**
Dies ist ein geheimer Gegenstand. Mißbrauch ist strafbar.

### Jagdpanzer 38

**Neuerungen und Formänderungen**
Beiblatt zum Heerestechnischen Verordnungsblatt 1944. 23. Ausgabe

**A. Fahrgestell.**

1. Wasserpumpe.
   Vorzeitiges Undichtwerden infolge Verschleißens des Graphitringes.
   Einbau einer neuen Pumpe. Einführung November 1944.
   Von der Truppe können neue Pumpen auf dem Nachschubwege angefordert und gelegentlich Motorinstandsetzungen eingebaut werden.
   Hierbei ist nach folgender Umbauanweisung vorzugehen:
   a) Motor ausbauen.
   b) alte Wasserpumpe und den Magnetzünder abschrauben.
   c) Kreuzgelenk mit dem Schwingungsdämpfer von der Kurbelwelle abschrauben. Stirndeckel abnehmen.
   d) Klauen am hinteren Ende der Wasserpumpenwelle abschrauben. Sechskantmutter von der Wasserpumpenwelle vorn abschrauben. Zahnrad von der Welle abziehen.
   e) Welle mit dem vorderen Kugellager nach Schwingungsdämpferseite herausschlagen, ohne Kugellager zu beschädigen. Kugellager von der Welle abziehen. Das hintere Kugellager kann im Gehäuse verbleiben.
   f) vorderes Kugellager auf die neue Wasserpumpenwelle aufsetzen. Keil hineinlegen. Zahnrad aufsetzen, neues Sicherungsblech einlegen. Sechskantmutter anziehen und sichern.
   g) die zusammengebaute Welle in das Gehäuse einbauen, hinteres Kugellager mit Seegerring sichern.
   h) neues Wasserpumpengehäuse mit Stopfbüchsenmutter und eingelegter Dichtschnur aufsetzen. Papierdichtung unterlegen und anziehen,
   i) Schaufelrad aufsetzen und mit Hutmutter befestigen.
   k) Wasserpumpendeckel aufsetzen. Papierdichtung unterlegen und befestigen. Wasserableitungsrohr befestigen, Fiberdichtung unterlegen. Altes Verbindungsrohr zwischen Wasserpumpe und Kühler fällt weg, deswegen Kühler am Wasserstutzen mit Holzstopfen oder ähnlichem abschließen.
   l) Stirndeckel wieder festschrauben, neue Papierdichtung unterlegen, Schwingungsdämpfer und Kreuzgelenk wieder einbauen.
   m) Magnetzünder aufsetzen, dabei die vorgeschriebene Grundeinstellung auf oberen Totpunkt einhalten,
   n) Stopfbüchse der Wasserpumpe mäßig nachziehen. Motor in das Fahrzeug einbauen.
   o) zwischen Wasserpumpe und Kühler neues Wasserrohr einbauen.
   p) Wasser einfüllen und Dichtheit sämtlicher Rohrleitungsverbindungen bei laufendem Motor prüfen.
2. Vergaser.
   Die derzeit eingebaute Düse mit der Bezeichnung 165–51 ist mit einer Düse 170–51 funktionsgleich. Bei Ersatzanforderung auf dem Nachschubwege sind nur Düsen mit der Bezeichnung 170–51 anzufordern.

3. Andrehkurbel.
4-Mann-Kurbel ist vorgesehen. Einführung November 1944.
4. Kühlwasserheizgerät, Bauart Fuchs.*
   a) Verstauben des Heizkessels. Esse wird mit einer Klappe versehen, die beim Heizen zu öffnen ist. Einführung November 1944.
   b) Brandgefahr beim Anheizen. Anbringung eines Sicherheitssiebes an der Esse. Einführung November 1944.
5. Kraftstoffeinfüllung.
Zu große Einfülldauer. Verbesserte Einfüllung mit großen Querschnitten und Überlaufschüssel. Einführung Oktober 1944.
6. Kraftstoffpumpe.
Störungen an elektrischer Pumpe. An Stelle der elektrischen Pumpe wird eine Solex-Handpumpe ab Oktober 1944 eingebaut.
7. Flammen-Vernichter.
Einbau an Stelle des Auspufftopfes. Einführung Oktober 1944.
8. Abziehschraube für Seitenantriebswelle.
Häufige Brüche. Verstärkung der Abziehschraube von 12 auf 16 mm. Durchführung November 1944. Soweit der Truppe verstärkte Abziehschrauben nachgeschoben werden, welche in die 12 mm-Gewindebohrung der Seitenwelle nicht passen, müssen die Abziehschrauben von der Truppe auf ein Gewinde M 12 abgedreht und nachgeschnitten werden.
9. Laufrolle.
Lösen der Befestigungsschrauben zwischen Felgenring und Scheibe. Genietete bzw. geschweißte Ausführung. Durchführung Oktober 1944.
10. Federung.
   a) Herausrutschen der Federpakete aus den Bügeln. Einbauweise der Federblätter in die Bügel wurde verbessert (mit Truppenmitteln nicht durchzuführen). Durchführung November 1944. Spätere Formänderung durch Verstärkung des Haltebolzens sowie der Haltewarzen ist vorgesehen.
   b) Vorzeitiger Verschleiß der Federgleitsteine. Verwendung unbearbeiteter Gleitsteine (Gußhaut). Durchführung Oktober 1944.
   c) Federbrüche. Verstärkung der Federn: vorn 16 Blatt, 9 mm stark, hinten 16 Blatt, 7 mm stark. Durchführung September 1944.
11. Lufteinlaßschlitze.
Eindringen von Laub, dadurch Zusetzen der Kühler. Anbringung eines weitmaschigen Gitters. Einführung November 1944.
12. Kampfraumheizung.
Ungünstige Temperaturverteilung im Kampfraum. Abhilfe durch verbessertes Verteilerstück an Trennwand. Einführung November 1944.
13. Schürzen.
Abreißen beim Anstreifen an Bäume. Anwinkeln der vorderen und hinteren Schürzenenden an die Wanne. Durchführung September 1944. Änderung kann auch von der Truppe durchgeführt werden.

* Eingeführt aufgrund eines Vorschlages von Kriegsverwaltungsrat Fuchs

14. Sammler.
Sammler-Isolierkasten mit Heizplatte für den Winterbetrieb. Einführung November 1944.
15. Reglerschalter.
Anbringung bisher im Motorraum an der Trennwand, in Zukunft auf Lichtmaschine. Durchführung Oktober 1944.

1. Kopflastigkeit des Fahrzeugs.
Außen- und Innenblende um etwa 200 kg erleichtert. Durchführung August 1944.
2. Kommandantenseheinrichtung.
Schlechte Beobachtungsmöglichkeit.
   a) An Stelle des einen geraden Schwenkarmes der Kommandantenseheinrichtung verkürzter und nach innen gebogener Doppelarm an der Halterung. Durchführung August 1944.
   b) Spaltung des Deckels der Kommandantenluke. Durchführung September 1944.
   c) Anbringung eines Kopfpolsters am Deckel der Kommandantenluke. Einführung Oktober 1944.
3. Rundumfeuer-MG.
Behinderung des Richtschützen durch Hebelarme des Rundumfeuer-MG und Reißen des Bowdenzuges. Verkürzung des Armes zur Bedienung der Seite um 50 mm und Einführung eines 2-mm-Stahldrahtes. Einführung Oktober 1944. Änderung ist auch bei der Truppe durchzuführen.
4. Betätigung des Sicherheitsschalters.
   a) Gestänge zur Betätigung des Sicherheitsschalters stößt an die rechte Munitionslagerung an. Anbringung eines Bowdenzuges. Durchführung September 1944.
   b) Reißen des Bowdenzuges und Abbrechen des Handgriffes von Bowdenzug zur Betätigung des Sicherheitsschalters. An Stelle der alten Ausführung 2-mm-Stahldraht. Verlegen des Griffes für Bowdenzug unter den Abweiser, so daß das Ende des Griffes mit dem Längsrohr des Abweisers abschneidet. Durchführung Oktober 1944. Änderung ist auch bei der Truppe durchzuführen.
5. Munitionsverlagerung.
Zu geringe Munitionsausstattung. Wegfall des Kastens für Zielfernrohrunterbringung. Unterbringung des Gerätes im Kasten rechts vom Kommandanten. Lagerung von 5 Schuß mehr an der frei gewordenen Stelle. Diese Änderung ist von der Truppe durchzuführen.
6. Ausstiegsmöglichkeit für Fahrer.
Schlechte Ausstiegsmöglichkeit des Fahrers nach hinten. Anbringung von zwei Haltegriffen hinten über dem Fahrersitz. Einführung August 1944.
7. Fahreroptik.
Durchschüsse, hervorgerufen durch die Wulst des Panzergehäuses für die Fahreroptik. Wegfall des Panzergehäuses, dafür Einpassung eines Einsatzstückes. Durchführung Oktober 1944.
8. Seitenrichtmaschine.
Schwere und ruckartige Gängigkeit. Begradigung der Gelenkwelle der Seitenrichtmaschine. Durchführung November 1944.
9. Höhenrichtmaschine.
Schwere Gängigkeit der Höhenrichtmaschine durch Umstellung

von Wälz- und Gleitlager. Anbringen eines Federausgleiches zur Behebung der Hinterlastigkeit. Einführung Oktober 1944. Bei den Geräten ab Fahrgestell-Nr. 321630 wird der Federausgleicher nachgeliefert. Vorrichtung zum Anbringen ist bei diesen Fahrzeugen bereits vorhanden. Bei der Truppe ist folgende Änderung durchzuführen: Das Schneckengehäuse ist so weit zu drehen, bis die Gelenkwelle der Seitenrichtmaschine völlig gestreckt ist.

10. Abweiser- und Auswerferwelle.
Auswerferwelle ist nicht herausnehmbar, da das Gestänge des Abweisers davor liegt. Durchbiegen des Abwassergestänges um 10 mm am Sitz der Auswerferwelle nach oben. Durchführung November 1944. Änderung ist auch bei der Truppe durchzuführen. O.K.H (Ch H Rüst u. BdE). 17. 11. 44. Az 76g/2 Nr. 22691 44 AHA In6 (Z/Ing. Z WuG/WaR) – Wa A/Wa Prüf 6.

**Nur für den Dienstgebrauch!**
Dies ist ein geheimer Gegenstand. Mißbrauch ist strafbar.

## Jagdpanzer 38

**Neuerungen und Formänderungen**
Beiblatt zum Ht. V. Bl. 1945, 2. Ausgabe

**I. Umstellung der Luftansaugung (Kampfraum/Motorraum).**
Bei allen Jagdpanzern 38 mit Ölbadfilter ohne Novoklon wird die Luft aus dem Kampfraum durch den Luftkanal und den Saugkopf entnommen.
Um im Winterbetrieb bei geringerem Staubanfall auf Motorraumabsaugung umstellen zu können, ist bei allen Jagdpanzern 38, die mit Luftkanal und Saugkopf ausgerüstet sind, folgende Formänderung durchzuführen:

1. Ein viereckiges Loch in die Unterseite des Luftkanals schneiden. Die im Bild angegebenen Maße müssen zur Erzielung gleicher Druckverhältnisse genau eingehalten werden.
2. Einen Deckel aus Blech anfertigen. Der Deckel muß gleichzeitig in den Saugkopf passen. Der Deckel enthält zwei Bohrungen 5 mm ∅ und auf den Innenseiten zwei aufgeschweißte Muttern.
3. Zwei Winkel aus Blech oder Winkeleisen anfertigen und sie auf der Unterseite des Luftkanals durch Nieten oder Schweißen befestigen.
4. In den Saugkopf zwei Löcher bohren.

5a) Für den Sommerbetrieb ist der Deckel zwischen die beiden Winkel zu schrauben.
5b) Für den Winterbetrieb ist der Deckel in den Saugkopf einzubringen und anzuschrauben.

**II. Fehlende Motoröl-Rückschlagventile.**
140 Fahrzeuge mit den Fahrgest.-Nr. 323021 bis 323160 wurden ohne Ölrückschlagventile ausgeliefert. Die Einsatzbereitschaft ist hierdurch nicht in Frage gestellt, jedoch sind folgende Punkte zu beachten:

a) Bei abgestellten Fahrzeugen kann betriebswarmes Öl durch die Ölrücklaufleitung und die Absaugpumpen in den Ölsumpf gelangen, so daß sich bei Nachmessen des Ölstandes ein scheinbarer Ölverlust ergibt. Dieser ist um so größer, je mehr Spiel die Ölabsaugpumpe infolge an der unteren Grenze liegender Fertigungstoleranzen hat bzw. je höher die Öltemperatur ist. Wird dieser scheinbare Ölverlust ergänzt, so befindet sich im System eine zu große Ölmenge, welche dann an den Kurbelwellenenden des Motors austreten kann bzw. beim Starten zum Verölen der Kerzen führt. Infolgedessen beachten: Motor mindestens zwei Minuten mit Leerlaufdrehzahl laufen lassen. Motor abstellen und Ölstand sofort mehrmals messen. (Achtung: Nicht durch Ölschaum täuschen lassen!)
b) Bei Fahrzeugen, die am Hang in Richtung des Gefälles abgestellt werden, ist es möglich, daß betriebswarmes Öl an den Kurbelwellenenden aus dem Ölsumpf in geringen Mengen nach außen gelangt und auf diese Weise ein tatsächlicher Ölverlust eintritt. Es ist daher häufige Ölstandsprüfung erforderlich. Durchführung wie oben.

**III. Bremsbeläge für Getriebe.**
Es ist darauf zu achten, daß in das Praga-Wilson-Getriebe im Jagdpanzer 38 nur Bremsbänder mit der Bezeichnung »Jurid 300C« eingebaut werden.

**IV. Seitenantriebe.**
Es gelangen an die Truppe Fahrzeuge mit folgenden Seitenantrieben zur Auslieferung:

a) Modul 6: Antriebswelle mit 12 Zähnen; Gehäuse mit Innenverzahnung (Kronenräder) mit 88 Zähnen.
b) Modul 6.75: Antriebswelle mit 10 Zähnen; Gehäuse mit Innenverzahnung (Kronenräder) mit 80 Zähnen.

Ab Mitte Januar 1945 werden sämtliche Fahrzeuge aus der Serie mit dem verstärkten Modul 6.75 (10:80) ausgerüstet. Es ist jedoch möglich, daß als Ersatzteile noch Seitenantriebe mit Modul 6 (12:88) nachgeschoben werden. Es ist daher beim Austausch von Seitenantrieben folgendes zu beachten: Es dürfen nur Seitenwellen bzw. Kronenräder mit der gleichen Zähnezahl, wie sie die ausgebauten Teile aufweisen, verwendet werden. Sollten die Teile mit gleichen Zähnezahlen auf dem Nachschubwege nicht zu erhalten sein, so müssen sowohl der linke wie auch der rechte Seitenantrieb gegen Seitenwellen und Kronenräder mit der neuen Verzahnung ausgetauscht werden!

O.K.H. (Ch H Rüst u. BdE). 19. 12. 44 Az. 76g/2 Nr. 21260 44 AHA/In 6 (Z/Ing) – Wa A/Wa Prüf 6.

# 5.6 Technische Daten

## Gepanzerte Vollkettenfahrzeuge

| **Hersteller** | **Škoda** | **Českomoravska Kolben Daněk** | **Českomoravska Kolben Daněk** |
|---|---|---|---|
| **Typ** | **S-II-a** | **TNHP** | **TNHP** |
| **Baujahr** | **1935–1938** | **1938–1940** | **1940–1942** |
| **Informationsquelle** | **D 652/31 v. 1. 5. 1939** | **D 652/32 v. 15. 5. 1942** | **D 652/38 v. 1. 9. 1943** |
| **Motor: Hersteller/Typ** | Škoda T 11/0 | Praga EPA I-III | Praga EPA I-III |
| **Zylinderzahl/Anordnung** | 4, Reihe | 6, Reihe | 6, Reihe |
| **Bohrung/Hub (mm)** | 140 x 140 | 110 x 136 | 110 x 136 |
| **Hubraum (cm³)** | 8520 | 7754 | 7754 |
| **Verdichtungsverhältnis** | 6 | 6,2 | 6,2 |
| **Drehzahl: normal/maximal (1/min)** | 1800 | 2200 | 2200 |
| **Höchstleistung (PS)** | 120 | 125 | 125 |
| **Ventilanordnung** | hängend | hängend | hängend |
| **Kurbelwellenlager** | 5 Gleit- | 7 Gleit- | 7 Gleit- |
| **Vergaser bzw. Einspritzpumpe** | 2 Zenith UDD | 1 Solex 48 FNVP I | 2 Solex 46 FNVP |
| **Zündfolge** | 1-4-3-2 | 1-5-3-6-2-4 | 1-5-3-6-2-4 |
| **Anlasser** | Scintilla, später Bosch BPD 3/12 | Bosch BPD 3/12 | Bosch BPD 3/12 |
| **Lichtmaschine** | Scintilla, später Bosch GQLN 300/12-900 | Bosch GQLN 300/12-900 | Bosch GQLN 300 12-900 |
| **Batterie: Zahl/Volt/Ah** | 2/12/100 | 1/12/100 | 1/12/100 |
| **Kraftstofförderung** | Pumpen | mech. und elt. Pumpen | mech. und elt. Pumpen |
| **Kühlung** | Flüssigkeit | Flüssigkeit | Flüssigkeit |
| **Kupplung** | Scheiben, Druckluft | Trockenscheiben | Trockenscheiben |
| **Wechselgetriebe** | Planeten, Druckluft | Praga-Wilson Vorwahl | Praga-Wilson Vorwahl |
| **Anzahl der Gänge: V/R** | 6/6 | 5/1 | 5/1 |
| **Triebräder** | Ketten, hinten | Ketten, vorne | Ketten, vorne |
| **Vorgelegeuntersetzung** | | 7,63 | 7,63 |
| **Höchstgeschwindigkeit (km/h)** | 34 | 42 | 42 |
| **Fahrbereich (km)** | 190 | 230 | 230 |
| **Art der Lenkung** | Planeten, Druckluft | Planeten- | Planeten- |
| **Wendekreisdurchmesser (m)** | 7,0 | 8,7 | 8,7 |
| **Federung** | 2 x 2 Halbfedern | Blatt-Verbundfederung | |
| **Fahrgestellschmierung** | Hochdruck | Hochdruck | |
| **Bremsanlage: Wirkungsweise** | Druckluft | mechanisch | |
| **Bremsart** | Innenbacken | Bandbremse | |
| **Fuß- und Handbremse wirkt auf** | Antrieb | Antrieb | |
| **Laufwerkauslegung** | Lauf- und Stützrollen | Lauf- und Stützrollen | |
| **Spurweite (mm)** | 1660 | 1770 | |
| **Kettenauflagelänge (mm)** | 3140 | 2920 | |
| **Glieder pro Gleiskette** | 105 | 93 | |
| **Kettenbreite (mm)** | 320 | 290 | |
| **Bodenfreiheit (mm)** | 350 | 400 | |
| **Außenmaße (mm)** | 4450 x 2140 x 2200 | 4610 x 2135 x 2252 | |
| **Bodendruck (kg/cm²)** | 0,53 | 0,57 | |
| **Gefechtsgewicht (kg)** | 10 500 | 9725 | 9850 |
| **Zuladung (kg)** | 552 | 900 | 900 |
| **Besatzung** | 4 | 4 | 4 |
| **Kraftstoffverbrauch (l/100 km)** | S = 80/G = 133 | S = 80/G = 125 | S = 80/G = 125 |
| **Kraftstoffvorrat (l)** | 153 | 220 | 220 |
| **Panzerung: Wanne vorn (mm)** | 25 | 25 | 50 |
| **seitlich (mm)** | 16 | 15 | 30 |
| **hinten (mm)** | 20 | 12,5 | 12,5 |
| **Turm vorne (mm)** | 25 | 25 | 25 |
| **seitlich (mm)** | 16 | 25 | 25 |
| **hinten (mm)** | 16 | 25 | 25 |
| **Bewaffnung: Haupt-** | 1 3,7-cm- KwK A3 | | |
| **Munitionsvorrat** | 72 | | |
| **Neben-** | 2 MG 7,9 mm | | |
| **Munitionsvorrat** | 1800 | | |
| **Leistungen: steigt** | 28,6° | 28,6° | 37° |
| **klettert (mm)** | 800 | 800 | 800 |
| **watet (mm)** | 800 | 800 | 800 |
| **überschreitet** | 2000 | 2100 | 2100 |
| **Bemerkungen:** | bei der Deutschen Wehrmacht als Panzerkampfwagen 35 (t) | bei der Deutschen Wehrmacht als Panzerkampfwagen 38 (t) Ausf. A–D | bei der Deutschen Wehrmacht als Panzerkampfwagen 38 (t) Ausf. E–G |

| Böhmisch-Mährische Maschinenfabrik TNHP 1942 D 652/34 v. 27. 4. 1942 | Böhmisch-Mährische Maschinenfabrik TNHP 1942–1943 D 652/36 v. 15. 1. 1942 | Böhmisch-Mährische Maschinenfabrik TNHP 1942–1944 Handbuch WaA, Blatt 368 | Böhmisch-Mährische Maschinenfabrik TNHP 1944–1945 D 652/63 v. 1. 11. 1944 |
|---|---|---|---|
| Praga EPA II | Praga epa/AC IV | Praga AC/2600 | Praga AC/2800 |
| 6, Reihe | 6, Reihe | 6, Reihe | 6, Reihe |
| 100x136 | 110x136 | 110x136 | 110x136 |
| 7754 | 7754 | 7754 | 7754 |
| 6,2 | 6,5 | 6,5 | 6,5 |
| 2200 | 2500 | 2600 | 2800 |
| 125 | 140 | 150 | 160 |
| hängend | hängend | hängend | hängend |
| 7 Gleit- | 7 Gleit- | 7 Gleit- | 7 Gleit- |
| 1 Solex 48 FNVP | 2 Solex 46 FNVP | 2 Solex 46 FNVP | 2 Solex 46 FNVP |
| 1-5-3-6-2-4 | 1-5-3-6-2-4 | 1-5-3-6-2-4 | 1-5-3-6-2-4 |
| Bosch BPD 3/12 | Bosch BPD 3/12 | Bosch BPD 3/12 | Bosch BPD 3/12 |
| Bosch GQLN 300/12-900 | Bosch GQLN 300/12-900 | Bosch GQLN 300/12-900 | Bosch GQLN 300/12-900 |
| | | | |
| 1/12/100 | 1/12/100 | 1/12/100 | 1/12/100 |
| mechanische und elektrische Pumpen | | | |
| Flüssigkeit | Flüssigkeit | Flüssigkeit | Flüssigkeit |
| Trockenscheiben | Trockenscheiben | Trockenscheiben | Trockenscheiben |
| Prag-Wilson Umlauf/Vorwählgetriebe | | | |
| 5/1 | 5/1 | 5/1 | 5/1 |
| Ketten, vorne | Ketten, vorne | Ketten, vorne | Ketten, vorne |
| 7,63 | 7,63 | 7,63 | 7,33 ab 11. 1944 8 |
| 42 | 47 | 35 | 40 |
| S = 185/G = 140 | S = 200/G = 140 | S = 185/G = 140 | S = 180/G = 130 |
| Planeten- | Planeten- | Planeten | Planeten |
| 4,54 | 4,54 | 4,54 | 4,54 |

Blatt-Verbundfederung
Hochdruck
mechanisch
Bandbremse
Antrieb
Lauf- und Stützrollen

| | | | |
|---|---|---|---|
| 1770 | 1770 | 1770 | 2123 |
| 2920 | 2920 | 2920 | 2725 |
| 93 | 93 | 93 | 96 |
| 290 | 290 | 290 | 350 |
| 400 | 400 | 400 | 380 |
| 5850x2150x2500 | 5780x2130x2500 | 4835x2150x2400 | 6270x2630x2100 |
| 0,69 | 0,67 | 0,73 | 0,78 |
| 10800 | 10800 | 11500 | 16000 |
| 900 | 900 | 1000 | 1500 |
| 4 | 3 | 5 | 4 |
| S = 100/G = 140 | S = 107/G = 150 | S = 95/G = 132 | S = 180/G = 250 |
| 218 | 218 | 218 | 320 |

| | | | |
|---|---|---|---|
| 50 | 50 | 15 | 60 |
| 15 | 15 | 15 | 20 |
| 12,5 | 12,5 | 15 | 20 |
| 14,5 | 20 | 25 | – |
| 10 | 10 | 14,5 | – |
| – | – | 14,5 | – |
| 1 7,62-cm-Pak 36/1 (r) | 1 7,5-cm-Pak 40/3 | 1 15-cm-sIG 33 | 1, 7,5-cm-Pak 39 |
| 30 | 41 | 15 | 40 |
| 1 MG 7,9 mm | 1 MG 7,9 mm | – | 1 MG 34 |
| 1200 | 600 | – | 600 |
| 30° | 30° | 30° | 25° |
| 850 | 850 | 850 | 650 |
| 900 | 900 | 900 | 1100 |
| 1900 | 1800 | 1900 | 1500 |
| Panzerjägerselbstfahrlafette für 7,62-cm-Pak 36/1 (Sd. Kfz. 139) u.a. | Panzerjägerselbstfahrlafette für 7,5-cm-Pak 40 (Sd. Kfz. 138) u.a. | Panzerjägerselbstfahrlafette für 15-cm-sIG 33 (Sd. Kfz. 138/1) u.a. | Jagdpanzer 38 »Hetzer« Nachbau durch Škoda |

| Hersteller | Škoda | Böhmisch-Mährische Maschinenfabrik und Alkett | Škoda/Weisz |
|---|---|---|---|
| Typ | Panzerjäger G 13 | Jagdpanzer 38 D | Kampfpanzer T 22/Turan |
| Baujahr | 1945–1947 | 1945 | 1940–1944 |
| Informationsquelle | Schweizerische Armee 65.703 d | diverse Unterlagen | vorl. techn. Anweisung 1943 |
| **Motor: Hersteller/Typ** | Saurer CM 2 DRM | Tatra TD 103 P | Weisz Turan |
| **Zylinderzahl/Anordnung** | 8, V Form 60° | 12, V Form | 8, V Form |
| **Bohrung/Hub (mm)** | 115x140 | 110x130 | 130x140 |
| **Hubraum (cm³)** | 11640 | 14820 | 14866 |
| **Verdichtungsverhältnis** | 17,45 | 17 | 6, früher 5,7 |
| **Drehzahl: normal/maximal (1/min)** | 2000 | 2250 | 2200 |
| **Höchstleistung (PS)** | 150 | 207 | 260 |
| **Ventilanordnung** | hängend | hängend | hängend |
| **Kurbelwellenlager** | 6 Rollen- | 7 Gleit- | 5 Rollen- |
| **Vergaser bzw. Einspritzpumpe** | Diesel-I Saurer E8DE 301 | Diesel-Bosch PE 12 | 1 Solex Doppel- JFF 2-50 |
| **Zündfolge** | 1-8-5-4-7-2-3-6 | 1-8-5-10-3-7-6-11-2-9-4-12 | 1-8-3-6-4-5-2-7 |
| **Anlasser** | Scintilla AKT 24 V | Bosch BPD 6/24 | Bosch BPD 6/24 |
| **Lichtmaschine** | Scintilla 500 W/12 V | Bosch RKCK 300/12-1400 | 2 Bosch GQLN 300/12-900 |
| **Batterie: Zahl/Volt/Ah** | 2/12/120 | 2/12/150 | 2/12/150 |
| **Kraftstofförderung** | Pumpe | Pumpe | 3 elt. und 2 mech. Pumpen |
| **Kühlung** | Flüssigkeit | Luft, Gebläse | Flüssigkeit |
| **Kupplung** | Einscheiben, tr. | Mehrscheiben, tr. | Mehrscheiben, tr. |
| **Wechselgetriebe** | Praga-Wilson, Vorwähl- | ZF AK 5-80 | Schub- Druckluft |
| **Anzahl der Gänge: V/R** | 5/1 | 5/1 | 6/6 |
| **Triebräder** | Ketten, vorne | Ketten, vorne | Ketten, hinten |
| **Vorgelegeuntersetzung** | | 5,58 | |
| **Höchstgeschwindigkeit (km/h)** | 42,6 | 40 | 47,2 |
| **Fahrbereich (km)** | S = 200/G = 150 | 510 | 165 |
| **Art der Lenkung** | Kupplungs- | Planeten- | Planeten-, Druckluft |
| **Wendekreisdurchmesser (m)** | 8,7 | | 12,0 |
| **Federung** | Blatt-Verbundfederung | Blatt-Verbundfederung | Blattfedern, längs |
| **Fahrgestellschmierung** | Hochdruck | Hochdruck | Hochdruck |
| **Bremsanlage: Wirkungsweise** | mechanisch | mechanisch | Druckluft |
| **Bremsart** | Bandbremse | Bandbremse | Innenbacken |
| **Fuß- und Handbremse wirkt auf** | Antrieb | Antrieb | Antrieb |
| **Laufwerkauslegung** | Lauf- und Stützrollen | Lauf- und Stützrollen | Lauf- und Stützrollen |
| **Spurweite (mm)** | 2140 | 2183 | 2020 |
| **Kettenauflagelänge (mm)** | 3000 | 2700 | 3430 |
| **Glieder pro Gleiskette** | 96 | | 107 |
| **Kettenbreite (mm)** | 350 | 425 | 420 |
| **Bodenfreiheit (mm)** | 420 | | 380 |
| **Außenmaße (mm)** | 6270x2650x2150 | 6850x2600x2400 | 5500x2440x2300 |
| **Bodendruck (kg/cm²)** | 0,8 | | 0,61 |
| **Gefechtsgewicht (kg)** | 16000 | 18000 | 18200 |
| **Zuladung (kg)** | | | 2000 |
| **Besatzung** | 4 | 4 | 5 |
| **Kraftstoffverbrauch (l/100 km)** | S = 115/G = 160 | 76 | 160 |
| **Kraftstoffvorrat (l)** | 210 | 390 | 135+50+80 = 265 |
| **Panzerung: Wanne vorn (mm)** | 60 | 60 | 50 |
| **seitlich (mm)** | 20 | 20 | 25 |
| **hinten (mm)** | 8 | 10 | 25 |
| **Turm vorne (mm)** | – | – | 50 |
| **seitlich (mm)** | – | – | 50 |
| **hinten (mm)** | – | – | 25 |
| **Bewaffnung: Haupt-** | 1 7,5-cm-Pak 40 L/48 | 1 7,5-cm-Pak 42 L/70 | 1 4-cm-KwK M.41 |
| **Munitionsvorrat** | 45 | 40 | 101 |
| **Neben-** | 1 7,5-mm-MG 38 | 2 MG 42 | 2 MG 8 mm 34/40 |
| **Munitionsvorrat** | 600 | 600 | 1000 |
| **Leistungen: steigt** | 60% | 30° | 45° |
| **klettert (mm)** | 650 | 650 | 800 |
| **watet (mm)** | 900 | 900 | 900 |
| **überschreitet** | 1500 | 1800 | 2200 |
| **Bemerkungen:** | Panzerjäger G 13 in der schweizerischen Armee | vorgesehenes Einheits-Panzerfahrzeug der Deutschen Wehrmacht. Nur Prototypen gebaut | Entwurf der Skoda-Werke T22, Serienfertigung in Ungarn als Kampfpanzer 40 M Turan. Spätere Ausführung mit 7,5-cm-Bewaffnung |

# 5.7 PANZERFAHRZEUGE DER DEUTSCHEN WEHRMACHT AUS TSCHECHISCHEN FERTIGUNGSSTÄTTEN

| **Zusammenstellung durch Dokumentation Kraftfahrwesen e. V. Oberst a. D. Dipl.-Ing. Icken** | | **PzKpfw 35 (t)** | **PzKpfw 38 (t)** | **Panzerjäger 38 (t) für 7,62-cm-Pak 36 / 7,5-cm-Pak 40 »Marder III«** | **Jagdpanzer 38 »Hetzer«** | **Jagdpanzer 38 D (Prototyp)** |
|---|---|---|---|---|---|---|
| **Entwicklungs-Firma** | | Škoda | BMM | BMM | BMM | Alkett + BMM |
| **Serienfertigung-Firma** | | Škoda+BMM | BMM + Škoda | BMM | BMM + Škoda | Alkett + BMM |
| **Zahl der gefertigten Fahrzeuge** | | 219 (Übergabe an Dtsch. Wehrmacht) | 1424 | 1561 (z. T. umgebaute PzKpfw) | 2584 (BMM 1834, Škoda 750) | nur Prototypen |
| **Besatzung** | **Mann** | 4 | 4 | 3 | 4 | 4 |
| **1. Gewichte und Abmessungen** | | | | | | |
| **Gefechtsgewicht** | **t** | 11,0 | 9,7 ab Ausf. E 9,86 | 10,8 | 16,0 | 18,0 |
| **Lage des Antriebs** | | Heck | Front | Front | Front | Front |
| **Länge** | **m** | 4,45 | 4,61 | 4,95 | 6,27 (4,87 ohne Waffe) | 6,85 |
| **Breite** | **m** | 2,14 | 2,14 | 2,15 | 2,65 (o. Schürzen 2,50) | 2,60 (ohne Schürzen) |
| **Höhe** | **m** | 2,20 | 2,25 | 2,47 | 2,10 | 2,40 |
| **Spurweite** | **m** | 1,66 | 1,775 | 1,775 | 2,123 | 2,183 |
| **Lenkverhältnis** | | 1,84 | 1,64 | 1,64 | 1,56 | 1,24 |
| **Kraftstoffvorrat** | **l** | 186 | 220 | 220 | 320 | 390 |
| **Kraftstoffvorrat: Gefechtsgewicht** | **l/t** | 16,9 | 22,5 | 20,2 | 20,0 | 21,6 |
| **Bodenfreiheit** | **mm** | 350 | 400 | 380 | 380 | |
| **2. Leistungsangaben** | | | | | | |
| **spez. Bodendruck** | **N/cm²** | 5,2 | 5,7 | 6,7 | 8,5 | 7,8 |
| **Höchstgeschwindigkeit** | **km/h** | 40 | 42 | 47 | 40 (ab Nov. 1944 geändert auf 36,7) | 40 (AufklärungsPz52) |
| **Höchstgeschwindigkeit im 1. Gang** | **km/h** | | 4,1 | 4,1 | 4,1 | |
| **Leistungsgewicht** | **kW/t (PS/t)** | 8,2 (10,9) | 9,7 (13,2) | 9,6 (13,0) | 6,9 (9,4) später 7,4 (10,0) | 8,4 (11,5) 9,6 (13,0) |
| **Fahrbereich Straße** | **km** | 190 | 250 | 185 | 180 | 510 215 |
| **Kraftstoffverbrauch Straße** | **l/100 km** | 81 | 92 | 120 | 180 | 76 180 |
| **Kraftstoffverbrauch Straße** | **l/t/100 km** | 7,4 | 9,8 | 11,1 | 11,2 | 4,2 10,0 |
| **Steigfähigkeit** | **°** | 30 | 30 | 30 | 30 | 30 30 |
| **Kletterfähigkeit** | **m** | 0,80 | 0,80 | 0,80 | 0,64 | |
| **Grabenüberschreit-fähigkeit** | **m** | 2,00 | 1,80 | 1,80 | 1,80 | |
| **3. Hauptwaffe** | | | | | | |
| **Entwicklung und Hersteller** | | Škoda | Škoda | UdSSR (Beute) Rheinmetall Borsig | Rheinmetall-Borsig | Rheinmetall-Borsig |
| **Typ** | | 3,7/KwKA 3 Škoda | 3,7/KwKA 7 Škoda | 7,62/Pak 36 7,5/Pak 40 | 7,5/Pak 39 L 48 (Panzerjäger-kanone 40) | 7,5-cm-Pak L 70 |
| **Turmbesatzung** | **Mann** | 2 | 2 | – | – | – |
| **Feuerhöhe** | **m** | 1,71 | 1,67 | 2,00 | 1,67 | 2,00 |
| **Kaliber** | **mm** | 37 | 37 | 76,2 75 | 75 | 75 |
| **Verschluß** | | Fallblock | Fallblock | Fallblock / Horizontal | Halbautomatisch Fallblock | Halbautomatisch Fallblock |
| **Kaliberlänge** | | 42 | 42 | 54 46 | 48 | 70 |
| **Schußfolge** | **Schuß/min** | 15 | 15 | 10–12 12–14 | 12–14 | 12–14 |
| **Mündungsbremse** | | ja | nein | ja ja | nein | nein |

| | | PzKpfw 35 (t) | PzKpfw 38 (t) | Panzerjäger 38 (t) für 7,62-cm-Pak 36 / 7,5-cm-Pak 40 »Marder III« | Jagdpanzer 38 »Hetzer« | Jagdpanzer 38 D (Prototyp) | |
|---|---|---|---|---|---|---|---|
| **3.1 Munition** | | | | | | | |
| **Art der Munition** | | Spreng- Panzer-<br>granate granate | Spreng- Panzer-<br>granate granate | Pak 36 Pak 40<br>Panzergranate<br>(Sprenggranate)<br>7,62 7,5<br>39 40 39 40<br>(39) (34) | PzGr SprGr Gr38<br>39+40 34 HL | | |
| **Geschoßgewicht** | **kg** | | | 7,54 4,05 6,2<br>(6,)8 (3,2) (5,74) | 6,8/ 5,74 5,0<br>4,15 | | |
| **Mündungs-geschwindigkeit** | **m/s** | 704 741 | 704 741 | 740 990 792 933<br>(550) (550) | 750/ 550 450<br>930 | | |
| **Munitionsvorrat** | | 72 | 72 (12 Magazine)<br>– 90 Original – | 30 (7,62) 38 (7,50) | 40 (ab Nov. 1944<br>u. Nachrüstung 45) | 40 | |
| **4. Sekundärwaffen** | | | | | | | |
| **Zahl der vorhandenen MG** | | 2 | 2 in Kugelblende | 1 in Kugelblende | 1 Rundumfeuer | 1 Rundumfeuer<br>1 in Kugelblende | |
| **Typ** | | MG 37 (t)<br>Gasdrucklader<br>Brünner<br>Waffenwerke | MG 37 (t)<br>Gasdrucklader<br>Brünner<br>Waffenwerke | MG 37 (t) | MG 34 | MG 42 | |
| **Kaliber** | **mm** | 7,92 | 7,92 | 7,92 | 7,92 | 7,92 | |
| **Mitgeführte MG-Munition** | **Schuß** | 1800 | 2700<br>Leuchtmunition | 1200 | 600 | | |
| **Höhenrichtbereich** | | ±10° | ± 10° | | +12°, –6° | | |
| **Seitenrichtbereich** | | ± 15° | ± 15° | | 360° | 360° | |
| **5. Richt-, Ziel- und Beobachtungsmittel** | | | | | | | |
| **Turmzielfernrohr** | | T.Z.F. | | | | | |
| **Typ/Vergrößerung** | | | 2,6 | PaK 30 | SfL ZF 1 a<br>Vergr. 3<br>Blickfeld 8° | SfL ZF 1 a | |
| **Höhenrichtbereich** | | | –10° bis +25° | –8° bis +13° | –6° bis +12° | –8° bis +15° | |
| **Seitenrichtbereich** | | 360° | 360° | ± 21° | 11°R, 5°L | ± 12° bis ± 15° | |
| **Kugelblendenzielfernrohr** | | | | | | | |
| **Vergrößerung** | | | 2,6 | 2,6 | | | |
| **Gesichtsfeld** | | | 25° | 25° | | | |
| **Turmrundblickfernrohr** | | | | | | | |
| **Vergrößerung** | | | 4 | | schwenkbar 360° | | |
| **Sichtfeld** | | | 11,2° | | kippbar ± 22,5° | | |
| **6. Motor** | | | | | | | |
| **Entwicklung und Hersteller** | | Škoda | BMM | BMM | BMM | Tatra / | Škoda |
| **Typ** | | T II/0 | Praga EPA | Praga EPA-AC | Praga EPA-AC | TD103P | T 15 |
| **Arbeitsverfahren** | | 4-Takt Otto | 4-Takt Otto<br>1 Vergaser | 4-Takt Otto<br>2 Vergaser | 4-Takt Otto<br>2 Vergaser | 4-Takt<br>Diesel | 4-Takt<br>Otto |
| **Zylinder/Anordnung** | | 4 Reihe | 6 Reihe | 6 Reihe | 6 Reihe | 12 V | 8 V |
| **Bohrung/Hub** | **mm** | 140/140 | 110/136 | 110/136 | 110/136 | 110/130 | 115/130 |
| **Hubraum** | **l** | 8,520 | 7,754 | 7,754 | 7,754 | 14,82 | 10,80 |
| **Verdichtungsverhältnis** | | 6 | 6,2 | 6,2 | 6,2 | 17 | |
| **Höchstleistung/Drehzahl** | **kW (PS)<br>1/min** | 88,5 (120) 1800 | 92 (128) 2000 | 103 (140) 2500 | 110 (150) 2600<br>später<br>118 (160) 2800 | 152 (207)<br>2250 | 172 (235)<br>2800 |
| **Kühlung** | | Flüssigkeit | Flüssigkeit | Flüssigkeit | Flüssigkeit | Luft | Flüssigkeit |
| **Literleistung** | **kW/l (PS/l)** | 10,3 (14) | 11,6 (15,8) | 13,3 (18,1) | 14,2 (19,4) | 10,3<br>(14,0) | 15,9<br>(21,8) |
| **m. eff. Kolbendruck** | **bar** | 7,0 | 7,4 | 6,5 | 6,7 | 5,96 | 7,0 |
| **mittlere Kolben-geschwindigkeit** | **m/s** | 8,4 | 9,0 | 11,3 | 11,7 | 9,75 | 12,1 |

| | | PzKpfw 35 (t) | PzKpfw 38 (t) | Panzerjäger 38 (t) für 7,62-cm-PaK 36 / 7,5-cm-PaK 40 »Marder III« | Jagdpanzer 38 »Hetzer« | Jagdpanzer 38 D (Prototyp) | |
|---|---|---|---|---|---|---|---|
| **7. Kraftübertragung** | | | | | | | |
| **7.1 Hauptkupplung** | | Scheiben | Rutschkupplung | Rutschkupplung | Rutschkupplung | Scheiben LA 120 | |
| **7.2 Wechselgetriebe** | | | Vorwahl | Vorwahl | Vorwahl | Allklauen | Vorwähl |
| **Entwicklung und Hersteller** | | Škoda/Wilson | Praga/Wilson | Praga/Wilson | Praga/Wilson | ZF | Praga-Wilson |
| **Typ** | | Planeten | Planeten | Planeten | Planeten | AK5-80 | Planeten |
| **Schaltung** | | Luftdruck | Vorwahl | Vorwahl | Vorwahl | Schub | Vorwahl |
| **Anzahl der Gänge V/R** | | 6/1 | 5/1 | 5/1 | 5/1 | 5/1 | 5/1 |
| **Übersetzung und Geschwindigkeit** | | | | | | | |
| **1. Gang** | **km/h** | | 10,25 4,1 | 10,25 4,1 | 10,25 4,1 | 9,36 | 10,25 |
| **2. Gang** | **km/h** | | 4,08 10,3 | 4,08 10,3 | 4,08 10,3 | 4,18 | 4,08 |
| **3. Gang** | **km/h** | | 2,55 16,5 | 2,55 16,5 | 2,55 16,5 | 2,615 | 2,55 |
| **4. Gang** | **km/h** | | 1,6 26,2 | 1,6 26,2 | 1,6 26,2 | 1,78 | 1,6 |
| **5. Gang** | **km/h** | 34 | 1 42 | 1 42 | 1 42 | 1 | 1 |
| **R-Gang** | **km/h** | | 6,88 6,1 | 6,88 6,1 | 6,88 6,1 | 8,8 | 6,88 |
| **7.3 Bremse** | | | | | | | |
| **Fußbremse** | | Druckluft | mechanisch | mechanisch | mechanisch | mechanisch | |
| **Handbremse** | | mechanisch | mechanisch | mechanisch | mechanisch | mechanisch | |
| **7.4 Kegeltrieb** | | | 1,083 (26:24) | 1,083 (26:24) | 1,083 (26:24) | 1,066 Zwischen-getriebe 0,89 (Tatra) | |
| **7.5 Lenkgetriebe** | | | | | | | |
| **Entwicklung** | | Škoda | BMM | BMM | BMM | BMM | BMM |
| **Typ** | | Planeten-Lenk-getriebe und Kupplungslenk-getriebe | Planeten-Lenk-getriebe mit festem Lenkradius von 9 m und Kupplungslenk-getriebe | Planeten-Lenk-getriebe mit festem Lenkradius von 9 m und Kupplungslenk-getriebe | Planeten-Lenk-getriebe mit festem Lenkradius von 9 m und Kupplungslenk-getriebe | Planeten-Lenk-getriebe mit festem Lenkradius von 9 m und Kupplungslenk-getriebe | |
| **Übersetzung** | | | 1 und 1,32 | 1 und 1,32 | 1 und 1,32 | | |
| **7.6 Seitenvorgelege** | | | 7,63 (84:11) | 7,63 (84:11) | 7,33 (88:12) ab Nov. 1944 8 (80:10) verstärkt | 5,58 | |
| **8. Laufwerk** | | | | | | | |
| **Art der Federung** | | 2x2 Halbfedern | Blatt-Verbund-federung 2x2 Laufrollen | Blatt-Verbund-federung 2x2 Laufrollen | Blatt-Verbund-federung 2x2 Laufrollen | Blatt-Verbund-federung 2x2 Laufrollen | |
| **Laufrollen** | **je Seite** | 9 | 4 | 4 | 4 | 4 | |
| **Laufrollen-Durchmesser** | **mm** | | 775 | 775 | 825 | 800 | |
| **Stützrollen** | **je Seite** | 4 | 2 | 2 | 1 | 1 | |
| **Stützrollen-Durchmesser** | | | 220 | 220 | 220 | | |
| **Leitrad-Durchmesser** | | | 535 | 535 | 535 | | |
| **Gleiskette** | **Art** | trockene Scharnierkette | trockene Scharnierkette | trockene Scharnierkette | trockene Scharnierkette | trockene Scharnierkette | |
| **Gleisketten-Auflagelänge** | **m** | 3,14 | 2,90 | 2,90 | 3,02 | 2,70 | |
| **Kettenteilung** | **mm** | | 104 | 104 | 104 | 104 | |
| **Gleiskettenbreite** | **mm** | 320 | 293 | 293 | 350 | 425 | |
| **Zahl der Kettenglieder** | **je Kette** | 105 | 93 | 93 | 96 | | |

| | | PzKpfw 35 (t) | PzKpfw 38 (t) | Panzerjäger 38 (t) für 7,62-cm-PaK 36 / 7,5-cm-PaK 40 »Marder III« | Jagdpanzer 38 »Hetzer« | Jagdpanzer 38 D (Prototyp) |
|---|---|---|---|---|---|---|
| **9. Elektrische Anlage** | | | | | | |
| **Lichtmaschine** | | Scintilla 12 V,<br>später Bosch<br>GQLN 300/12-900 | Scintilla 12 V<br>380 W<br>später Bosch<br>CQLN 300/12-900 | Bosch<br>300 W | Bosch<br>300 W | Bosch / Bosch |
| **Anlasser** | | Scintilla, später<br>Bosch BPD 3/12 | Scintilla<br>später Bosch<br>BPD 3/12 | Bosch<br>3 PS | Bosch<br>3 PS | Bosch |
| **Batterie** | | Nickel-Cadmium<br>2/12 V, 100 Ah | Nickel-Cadmium<br>12 V, 110 Ah | Bleibatterie<br>12 V, 110 Ah | Bleibatterie<br>12 V, 150 Ah | Bleibatterie |
| **Zündung** | | Vertex-<br>Magnetzünder | Magnet später<br>Vertex Magnet<br>Bosch | Magnet<br>Bosch | Magnet<br>Bosch | Magnet<br>Bosch |
| **10. Panzerschutz** | | | | | | |
| **Art** | | Bleche vernietet<br>und verschraubt | Bleche vernietet<br>und verschraubt | Bleche vernietet<br>und verschraubt | Bleche geschweißt | Bleche geschweißt |
| **Dicke Front** | **mm** | 25 | 25 | 25 | 60 bei 30° (oben)<br>und 60° (unten) | 60 |
| **Seite und hinten** | **mm** | 16 | 15<br>Ab Ausführung E<br>zusätzlich<br>Frontpanzerung<br>25 mm Dicke | 15<br>Aufbau<br>Front 14,5<br>Seite 10 | 20 bei 50° (oben)<br>bzw. 75° (unten)<br>Decke 8<br>Notausstiegöffnung<br>unter<br>Richtschützensitz | seitlich 20<br>hinten 10 |
| **11. Funkausrüstung** | | 10 Watt Sender<br>UKW Empfänger | UKWFu 5<br>PzBefWg<br>zusätzl.Fu 8 | UKWFu 5 | UKWFu 5<br>PzBefWg<br>zusätzl.Fu 8 | |

# Literaturverzeichnis


G. Beck
Maßnahmen zur Steigerung der Geländegängigkeit bei Sonderfahrzeugen. Das Wenden von Gleiskettenfahrzeugen

Giulio Bernussi
Veicoli Speziali del Regio Esercito Italiano

Willi A. Boelcke
Deutschlands Rüstung im Zweiten Weltkrieg

Heinz Guderian
Erinnerungen eines Soldaten

E. Heidebroek
Mechanik der Raupenfahrzeuge

Fritz Heigl
Taschenbuch der Tanks
- Ausgabe 1926
- Ergänzungsband 1927
- Ausgabe 1930
- Neubearbeitung 1935/38 (Teil I bis III)
- Nachdruck der Neubearbeitung (Teil I bis III)
- Ergänzungsband, herausgegeben von Hofrat Dr. F. Wiener

E. Johannes
Otto- und Dieselmotoren, ihre Eignung für militärische Kraftfahrzeuge

k u k Kriegsministerium
Neuorganisation während des Krieges

H. Klaue
Scheibenbremse für Kraftfahrzeuge

H. E. Kniepkamp
Der Kraftzug im Heerwesen

Werner Oswald
Die Kraftfahrzeuge und Panzer der Reichswehr, Wehrmacht und Bundeswehr

Petter
Der motorische Zug der deutschen schweren Artillerie

M. J. B. Rauck
Der erste Benzwagen

Norbert Schausberger
Rüstung in Österreich 1938–45

Walter J. Spielberger/Uwe Feist
Armor Series 1–10

Walter J. Spielberger
Die Panzerkampfwagen I und II und ihre Abarten

Walter J. Spielberger
Die gepanzerten Radfahrzeuge des deutschen Heeres

Walter J. Spielberger
Die Halbkettenfahrzeuge des deutschen Heeres

Walter J. Spielberger
Spezial-Panzerfahrzeuge des deutschen Heeres

Walter J. Spielberger
Die Kraftfahrzeuge und Panzer des österreichischen Heeres

Bart Vanderveen
Military Vehicles directory

D-Vorschriften:
D 600 Anhaltswerte für Kraftfahrzeuge

Weitere D-Vorschriften siehe unter »Technische Daten«

# Abkürzungsverzeichnis

| | |
|---|---|
| a/A | alte Art, alte Ausführung |
| A (2) | Infanterieabteilung des Kriegsministeriums |
| A (4) | Feldartillerieabteilung des Kriegsministeriums |
| A (5) | Fußartillerieabteilung des Kriegsministeriums |
| A 7 V | Verkehrsabteilung des Kriegsministeriums |
| AD (2) | Allgemeines Kriegsdepartment, Abteilung 2 (Infanterie) |
| AD (4) | Allgemeines Kriegsdepartment, Abteilung 4 (Feldartillerie) |
| AD (5) | Allgemeines Kriegsdepartment, Abteilung 5 (Fußartillerie) |
| AHA/Ag K | Allgemeines Heeresamt, Amtsgruppe Kraftfahrwesen |
| AK | Artillerie-Konstruktionsbüro |
| AKK | Armeekraftwagenkolonne |
| ALkW | Armee-Lastkraftwagen |
| ALZ | Armee-Lastzug |
| AOK | Armee-Oberkommando |
| APK | Artillerieprüfungskommission |
| ARW | Achtradwagen |
| A-Typen | mit Allradantrieb (Schell-Typ) |
| BAK | Balion-Abwehr-Kanone |
| Bekraft | Betriebsstoffabteilung des Feldkraftfahrwesens |
| BMW | Bayerische Motoren Werke |
| Chefkraft | Chef des Feldkraftfahrwesens |
| (DB) | Daimler-Benz |
| DM6 | Daimler-Motoren-Gesellschaft |
| Dtschr. Krprz. | Deutscher Kronprinz |
| E-Fahrgestell | Einheitsfahrgesteii |
| E-Pkw | Einheits-Personenkraftwagen |
| E-Lkw | Einheits-Lastkraftwagen |
| Fa | Feldartillerie |
| FAMO | Fahrzeug- und Motorenbau GmbH |
| Fgst | Fahrgestell |
| FF-Kabel | Feldfernkabel |
| FH | Feldhaubitze |
| FK | Feldkanone |
| Flak | Flugabwehrkanone |
| F. T. | Funk/Telegraph |
| Fu | Funk |
| Fu Ger | Funkgerät |
| Fu Spr Ger | Funksprechgerät |
| g | geheim |
| Gen. St d. H. | Generalstab des Heeres |
| Gengas | Generatorgas |
| G. f. d. MV | Generalinspektion des Militärverkehrswesens |
| g. Kdos | geheime Kommandosache |
| gp | gepanzert |
| gRS | geheime Reichssache |
| gi | geländegängig |
| GPD | Gewehrprüfungskommission |
| Gw | Geschützwagen |
| (H) | Heckmotoranordnung |
| Hanomag | Hannoversche Maschinenbau AG |
| HK | Halbkette, Halbkettenfahrzeug |
| H Techn. V Bf | Heerestechnisches Verordnungsblatt |
| HWA | Heereswaffenamt |
| I. D. | Infanteriedivision |
| I. G. | Infanteriegeschütz |
| In. | Inspektion |
| In. 6 | Inspektion des Kraftfahrwesens |
| Ikraft | Inspektion des Feldkraftfahrwesens |
| ILuk | Inspektion des Luft- und Kraftfahrwesens |
| K | Kanone |
| KD | Krupp-Daimler |
| K. D. | Kavalleriedivision |
| KdF | Kraft durch Freude (NS-Organisation) |
| K. d. K. | Kommandeur der Kraftfahrtruppen |
| K. Flak | Kraftwagen-Flugabwehrkanone |
| Kfz. | Kraftfahrzeug |
| K | klein, -ner, kleines |
| KM | Kriegsministerium |
| KP | Kraftprotze |
| (Kp) | Krupp |
| Kogenluft | Kommandierender General der Luftstreltkräfte |
| Krad | Kraftrad |
| Kr. Zgm. | Kraftzugmaschine |
| KS | Kraftspritze |
| Kw | Kraftwagen, auch Kampfwagen |
| KrKW | Krankenkraftwagen |
| KOM | Kraftomnibus |
| KwK | Kampfwagenkanone |
| l | leicht |
| L/ | Kaliberlänge |
| le | leicht |
| le FH | leichte Feldhaubitze |
| le FK | leichte Feldkanone |
| l. F. H. | leichte Feldhaubitze |
| le. I. G. | leichtes Infanteriegeschütz |
| le. W. S. | leichter Wehrmachtsschlepper |
| LHB | Linke-Hoffman-Busch |
| l. I. G. | leichtes Infanteriegeschütz |
| Lkw | Lastkraftwagen |
| LWS | Land-Wasser-Schlepper |
| in | mittel, mittlerer |
| MAN | Maschinenfabrik Augsburg-Nürnberg AG |
| MG | Maschinengewehr |
| MP | Maschinenpistole |
| MTW | Mannschaftstrantsportwagen |
| Mun.Pz | Munitionspanzer |
| n | Umdrehungen pro Minute |
| n/A | neue Art/neue Ausführung |
| NAG | Nationale Automobilgesellschaft |
| (o) | handelsüblich |
| Ob. d. H. | Oberbefehlshaber des Heeres |
| O. H. L | Oberste Heeresleitung |
| O. K. H. | Oberkommando des Heeres |
| O. K. W. | Oberkommando der Wehrmacht |
| Pak | Panzerabwehrkanone |
| P. D. | Panzerdivision |
| Pf | Pionierfahrzeug |
| Pakw | Personenkraftwagen |
| Pz. F. | Panzerfähre |
| Pz. Kpfwg. | Panzerkampfwagen |
| Pz. Spwg. | Panzerspähwagen |
| Pz. Jg | Panzerjäger |
| Pz. Bef. Wg | Panzerbefehlswagen |
| (R) | Raupen |
| R/R | Räder/Raupenantrieb |
| (RhB) | Rheinmetall Borsig |
| RS | Raupenschlepper |
| RSG | Gebirgsraupenschlepper |
| RSO | Raupenschlepper Ost (Radschlepper Ost) |
| RV | Richtverbindung |
| Sankra | Sanitätskraftwagen |
| s | schwer |
| sFH | schwere Feldhaubitze |
| seng. | schienengängig |
| Schlp. | Schlepper |
| schf. | schwimmfähig |
| Sd. Kfz. | Sonderkraftfahrzeug |
| Sfl. | Selbstfahrlafette |
| Sf | Selbstfahrlafette |
| S-Typen | mit Hinterradantrieb (Schell-Typ) |
| SmK | Spitzgeschoß mit Kern |
| SPW | Schützenpanzerwagen |
| SSW-Zug | Siemens-Schuckert-Werke-Zug |
| s. W. S. | schwerer Wehrmachtsschlepper |
| StuG | Sturmgeschütz |
| StuK | Sturmkanone |
| StuH | Sturmhaubitze |
| Tak | Tankabwehrkanone |
| Takraft | Technische Abteilung der Inspektion des Kraftfahrwesens |
| TF | Tragefrequenz (funktechnisch) |
| Tp | Tropenausführung |
| Vakraft | Versuchsabteilung des Feldkraftfahrwesens (Erster Weltkrieg), Versuchsabteilung der Inspektion des Kraftfahrwesens |
| ve | voll entstört |
| Verskraft | Kraftfahrversuchsstelle des Heereswaffenamtes |
| v/max | Höchstgeschwindigkeit |
| V | Mündungsgeschwindigkeit |
| VPK | Verkehrstechnische Prüfungskommission |
| Vs. Kfz. | Versuchsfahrzeug |
| VKz | Versuchsfahrzeug |
| ZF | Zahnradfabrik Friedrichshafen |
| ZRW | Zahnradwagen |
| Zgkw | Zugkraftwagen |
| WaPrüf/WaPrw | Waffenprüfungsamt |
| Wumba | Waffen- und Munitionsbeschaffungsamt |
| wg | wassergängig |